제 8판

Principles and Applications of Digital Logic Circuits

디지털논리회로의 기초와 응용

박군종 / 정성순 / 정길수 共著

B.C.Info

PREFACE

본 교재는 전기, 전자, 전자 통신, 기타 산업분야에서 많이 쓰이는 디지털 논리회로를 배우고 이를 응용하려는 모든 학생과 엔지니어를 위하여 기초부터 응용까지를 다루고 있다. 본 교재에서 다룬 디지털 논리회로에 대한 출력 파형은 OrCAD사의 시뮬레이션 프로그램인 PSpice와 알테라의 MAX+PLUS II를 사용하여 모의실험한 결과 나온 파형이다. 아날로그 부품과 디지털 부품이 혼합된 회로의 모의 실험은 주로 PSpice를 이용하였고 순수 디지털 부품만 있는 회로의 모의 실험은 MAX+PLUS II를 이용하였다.

본 교재의 특징은

첫째, 디지털 논리회로를 소개하면서 이 논리 회로를 기본으로 간단한 디지털 시스템을 설계하는 과정을 다루었다. 이에 따라 독자는 단편적인 디지털 논리회로의 이해가 아닌 체계적인 디지털 논리회로 및 디지털 시스템 설계 능력을 갖추게 될 것이다.

둘째, 디지털 논리회로 및 디지털 시스템 설계 시 유의할 점을 상세히 다루었다.

셋째, 디지털 논리회로의 세부 기능을 충분히 이해할 수 있도록 교재내의 모든 디지털 논리 회로에 대한 모의실험을 실시하여 결과를 제공하고 있기 때문에 보다 더 상세히 디지털 논리회로의 원리를 이해할 수 있을 것이다.

넷째, 디지털 논리회로의 설계 시 개별소자를 집적화할 수 있는 PLD를 소개하면서 디지털 시스템의 간소화 방법을 제시하고 있다.

다섯째, 교재에서 언급한 각종 디지털 논리 디바이스를 이용하여 소규모의 디지털 시스템 설계 과정을 소개함으로써 설계의 개념과 능력을 겸비할 수 있도록 하였다.

본 교재는 전체 10개의 장으로 구성되었으며 제1장에서 디지털의 정의를 다루면서 아날로그와 디지털을 비교하였고, 2장에서는 수의 표현방법과 디지털 시스템에의 접근 방법을 다루었다. 3장에서는 디지털 신호의 기본 개념과 TTL 디바이스의 특징을 기술하였고 디지털 논리 회로를 간소화할 수 있는 부울 대수와 카노프 맵을 다루었다. 4장에서는 현장에서 사용되는 TTL 디바이스의 실제적인 특성을 소개하였고 5장에서는 조합논리회로의 기본 개념과 설계 방법을 예제를 통해 나타내었다. 6장에서는 다양한 플립플롭의 동작원리를 알아보고 플립플롭과 기본 게이트로 설계할 수 있는 순서논리회로에 대해 다루었다. 7장에서는 카운터와 카운터의 응용회로를, 8장에서는 메모리의 기본 요소가 되는 레지스터에 대해 다루었다. 9장에서는 디지털 논리 회로의 기본 개념을 토대로 디지털 시스템을 설계하는 방법에 이어 10장에서는 PLD에 대해 다루었다.

본 교재는 필자가 산업체에 근무하면서 경험했던 디지털 시스템에 대한 기본 개념과 여러 해 동안 강의를 통해 습득한 경험을 토대로 집필하였으나 필자의 부족함으로 수정 보완해야할 부분이 많을 것으로 판단되며 이 교재를 사용하는 모든 분들의 조언을 부탁드린다.

2007년 2월

저자 씀

CONTENTS

제 10 장 프로그래머블 디바이스와 응용회로 • 353

CHAPTER 1

디지털의 정의

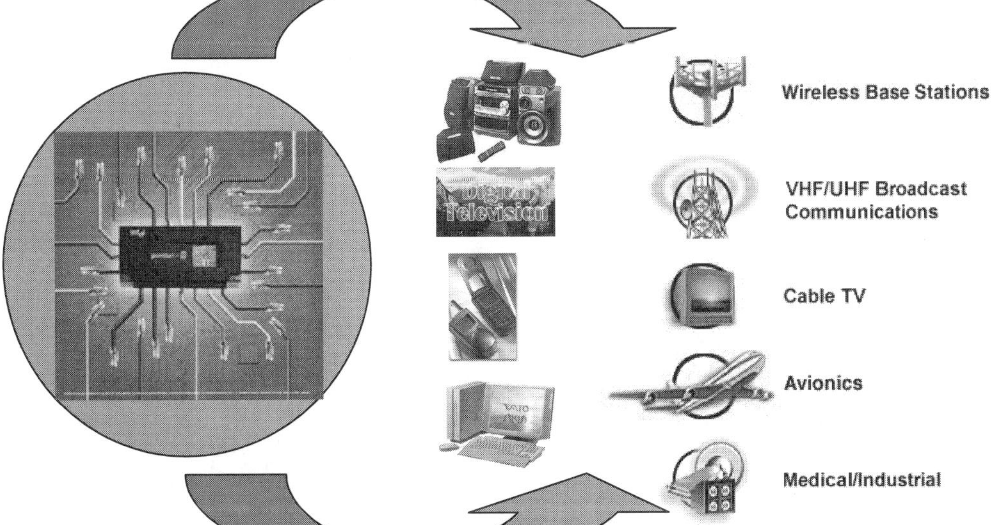

1-1 디지털신호와 아날로그신호

1-1-1 신호의 종류

(1) 아날로그 신호(Analog Signal)

아날로그 신호는 자연상태에서 자주 접하는 신호이며 사람들의 음성, 물의 흐름, 온도의 변화, 습도의 변화 그리고 바람의 움직임 등이 이에 포함된다. 이러한 신호들은 시간적으로 연속적인 특성을 갖는데 신호의 크기 즉, 진폭이 시간에 따라 연속적인 값을 갖고 있음을 의미한다. 그래서 아날로그 신호를 연속 시간(Continuous Time), 연속 진폭(Continuous Amplitude) 신호라 부른다.

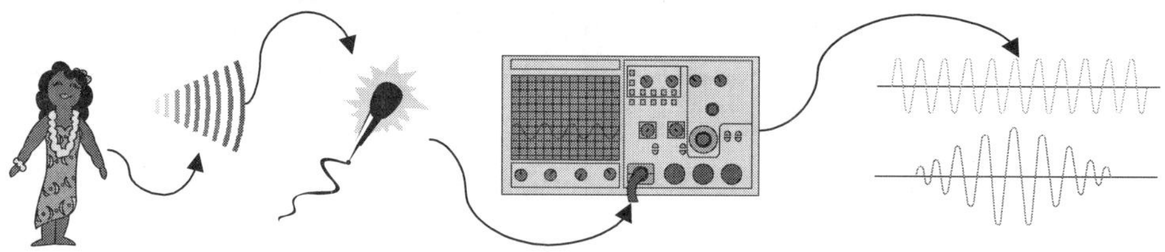

그림 1-1 아날로그 신호 발생의 예

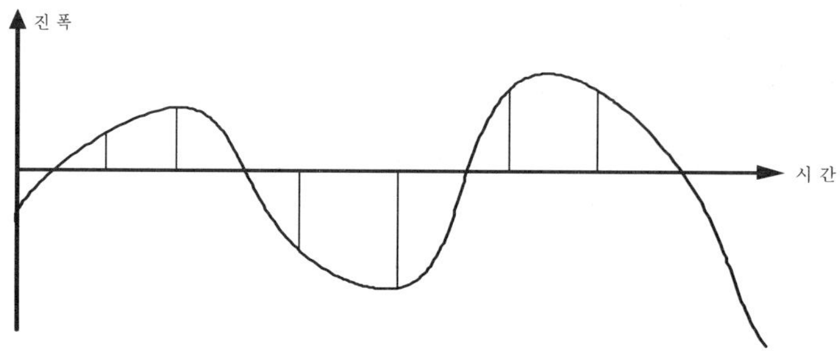

그림 1-2 아날로그 신호의 예

그림 1-1을 살펴보자. 음악을 하는 사람이 마이크로폰을 이용하여 노래를 부른다. 마이크로폰은 음성신호를 전기신호로 변환하는 장치이며 마이크로폰에서 출력되는 전기신호를 전자장비를 이용하여 측정하면 전기적인 신호의 형태를 볼 수 있다. 이 신호는 그림 1-2와 같이 시간 축에 대해 연속적인 값을 갖는 신호로 나타날 것이다. 이와 같은 신호를 아날로그 신호라 부른다.

(2) 디지털 신호(Digital Signal)

아날로그 신호가 자연상태에서 자주 접할 수 있는 신호라면 디지털 신호는 자연 상태에서 거의 접하기 어려운 신호이며 어떤 신호를 처리하기 위해 인위적으로 가공한 신호이다. 그림 1-3과 같이 이 신호의 특징은 시간적으로 불연속적인 값을 가지며 진폭 또한 불연속적인 값을 갖는다는 점이다. 이러한 신호를 이산 시간(Discrete Time), 이산 진폭(Discrete Amplitude) 신호라 부른다.

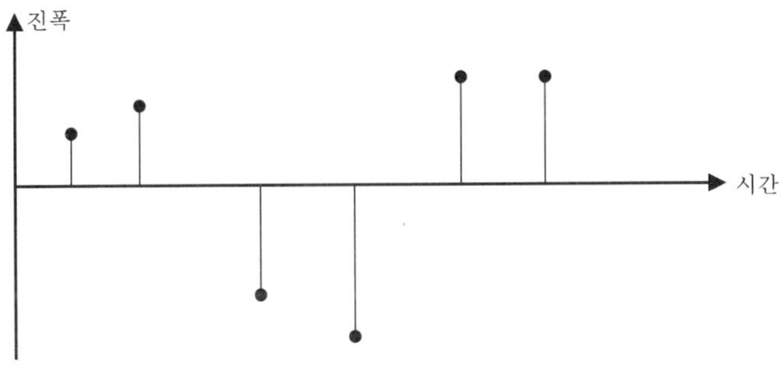

그림 1-3 디지털 신호(이산 시간, 이산 진폭 신호)의 예

1-1-2 일반적인 디지털 신호

이산 시간, 이산 진폭 신호를 통틀어 디지털 신호라고 부르지만 본 교재에서는 디지털 신호 중에서도 진폭이 [0](0 volt)과 [1](5 volt)의 두 가지만 존재하는 신호를 다룰 것이다. 일반적으로 [0]은 논리레벨 [Low] 또는 [L]이라 표현되며 이를 전압기호로 표현하면 V_{SS}, GND 등이 된다. 반면 [1]은 논리레벨 [High] 또는 [H]라 표현되며 이를 전압기호로 표현하면 V_{DD}, V_{CC} 등이 된다.

1-1-3 아날로그 대신 디지털이 사용되는 이유는?

(1) 잡음(Noise)에 강하다

아날로그 신호는 잡음에 취약하여 원래의 신호에 잡음 신호가 섞이면 재생할 때 원래의 신호를 얻어내기가 어렵다. 반면 디지털 신호는 원래의 신호 크기에 비해 진폭이 상대적으로 작은 잡음 신호에 거의 영향을 받지 않는다.

(2) 온도 특성이 좋다

아날로그 신호를 처리하는 아날로그 시스템의 주요 구성 요소는 저항, 콘덴서, 코일, 다이오드, 트랜지스터 그리고 연산증폭기 등이다. 그런데 이들 소자는 원래 갖고 있는 고유의 값이 온도에 따라 크게 변한다. 만약 이와 같은 소자를 이용하여 시스템을 구성하면 온도의 변화에 따라 시스템의 동작 특성이 변하게 된다. 이것은 경우에 따라 시스템의 성능에 치명적인 영향을 줄 수 있으므로 온도 특성을 고려한 시스템의 설계조건이 요구되고 이러한 설계 조건은 시스템 구성을 어렵고 복잡하게 만들 수 있다. 반면 디지털 시스템은 [High] 신호와 [Low] 신호만을 처리하기 때문에 온도에 따른 특성변화에 거의 영향을 받지 않는다.

(3) 정보가공의 효율성 및 저장 용이성

디지털 데이터는 아날로그 데이터에 비해 보다 더 효율적이고 신뢰성 있게 처리하거나 전송 할 수 있으며 음악 데이터나 영상 데이터 등을 저장할 때는 아날로그 보다 더 압축하여 저장할 수 있다. 그리고 보다 정확하고 깨끗하게 재생할 수 있다.

(4) 시스템 변경이 용이하다.

디지털 신호는 소프트웨어로 처리하는 것이 가능하므로 설계자의 의도에 따라 소프트웨어만을 수정하므로써 시스템의 내용이나 특성을 변경할 수 있다. 예를 들어, 컴퓨터 업그레이드 등이 대표적인 것이라 할 수 있다. 반면, 아날로그 시스템은 시스템의 특성을 변경하고자할 경우 하드웨어를 변경시켜야 하므로 디지털 시스템에 비해 설계변경이 용이하지 않다.

1-2 아날로그 신호를 디지털로 변환하기

앞 절에서 살펴본 것처럼 디지털 신호가 아날로그 신호에 비해 장점이 많으므로 디지털 신호를 이용하기 위해서는 아날로그 신호를 디지털 신호로 바꾸어 주는 장치가 필요할 것이다. 그림 1-4는 가수의 노래를 CD(Compact Disk)로 저장하는 과정을 간략하게 나타낸 것이다. 마이크로폰에서 출력되는 신호는 아날로그 신호이고 CD는 디지털 신호를 저장하는 매체이므로 아날로그 신호를 디지털 신호로 바꾸어 주는 신호의 변환과정이 필요하게 된다. 이러한 변환과정에 사용되는 디바이스를 ADC(Analog To Digital Converter)

라 부른다. 그림 1-5와 같이 CD에 디지털 신호로 저장되어 있는 노래를 사람이 들을 수 있으려면 디지털 신호를 아날로그 신호로 변환하는 과정이 필요하며 이러한 변환 과정에 사용되는 디바이스를 DAC(Digital To Analog Converter)라 부른다. 아날로그 신호를 디지털로 변환하기 위한 필수적인 기술 요소로 표본화 및 양자화가 있다. 그러면 표본화와 양자화에 대하여 알아보자.

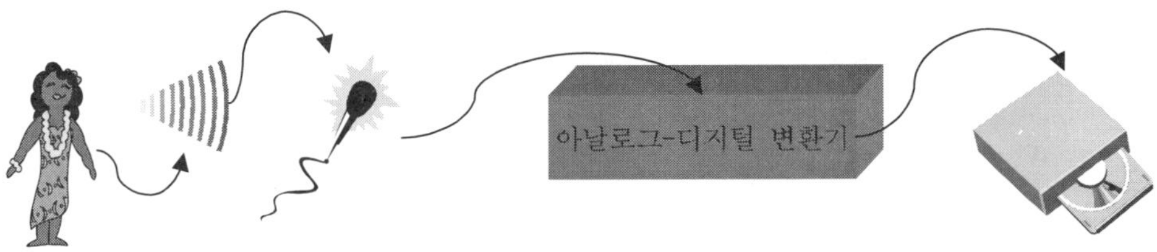

그림 1-4 아날로그-디지털 변환(ADC) 과정

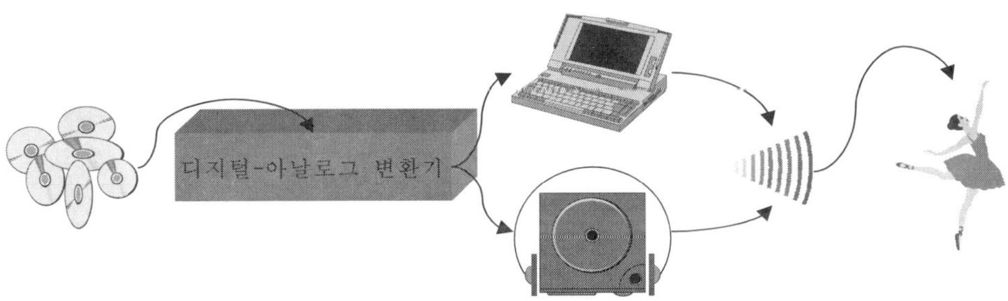

그림 1-5 디지털-아날로그 변환(DAC) 과정

1-2-1 표본화(Sampling)

아날로그 신호는 연속시간, 연속 진폭 신호인 반면 디지털 신호는 이산 시간, 이산 진폭 신호이다. 따라서 아날로그 신호를 디지털 신호로 바꾸기 위해서는 연속 시간, 연속 진폭 신호를 이산시간, 이산 진폭 신호로 변환시켜 주어야하며 이러한 과정을 표본화라 부른다.

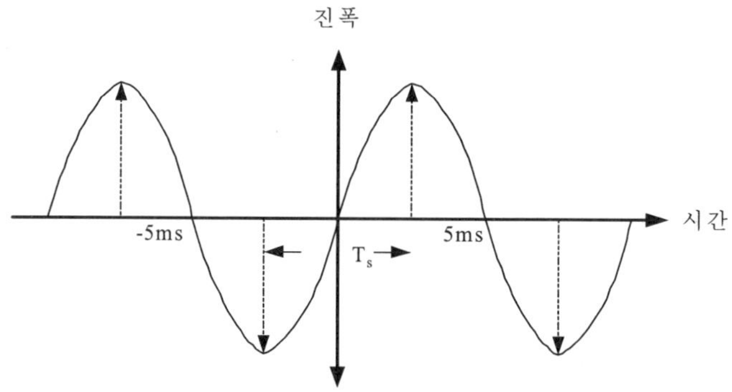

그림 1-6 주파수가 100[Hz]인 정현파 신호의 표본화

그림 1-6과 같이 주파수가 100[Hz]인 정현파 신호를 표본화하는 과정을 예로 들어 살펴보자. 100[Hz] 정현파 신호의 주기는 10[ms]이다. 디지털 신호의 표본화에는 Aliasing 효과라는 것이 있는데 그림 1-6과 같이 주기 T_S로 100[Hz] 주파수 신호를 표본화할 경우, $T_s \geq 5[ms]$ 이상 즉, $200[Hz]\left(=\frac{1}{5[ms]}\right)$보다 적은 주파수로 신호를 샘플링하면 샘플링된 신호를 이용하여 원래의 신호를 복원할 경우 원래의 신호가 왜곡될 수 있다는 것을 말한다. 그러므로 이 Aliasing 효과를 방지하기 위해서는 원래 신호의 최고 주파수를 f_1이라 할 때 표본화 주파수 f_s는 f_1의 두 배 이상이어야 한다($f_s \geq 2 \cdot f_1$). 이러한 예는 디지털 오디오 시스템에서 흔히 볼 수 있는데 20[kHz] 대역까지 재생할 수 있는 경우 최소한의 표본화 주파수는 40[kHz] 이상이 되어야 하며 실제로 오디오 시스템에서 사용하는 표본화 주파수는 44.1[kHz]이다.

1-2-2 양자화(Quantization)

연속 시간 신호를 이산 시간 신호로 변환시키는 방법을 표본화라 한다면 연속 진폭 신호를 이산 진폭 신호로 변환하는 방법을 양자화라 한다. 그림 1-7에 양자화의 예를 나타내었다.

Digital Logic Circuits

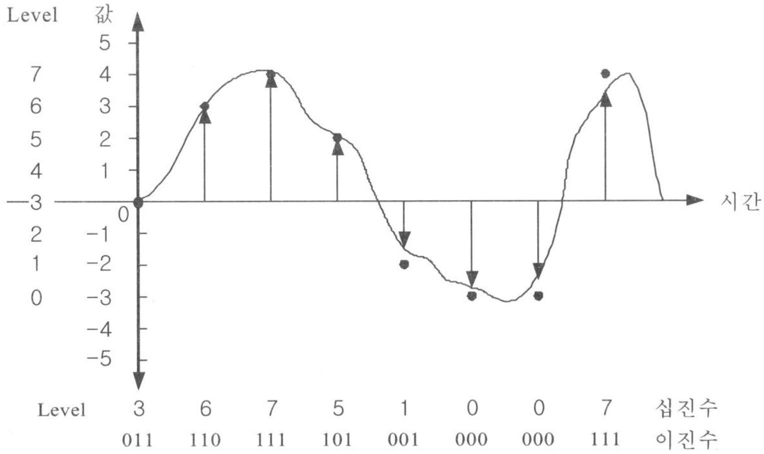

그림 1-7 3비트로 양자화 한 예

그림 1-7과 같이 일정한 시간 간격으로 표본화된 데이터를 디지털 신호로 처리하기 위해서는 [0]과 [1]로 이루어진 2진수로 표현해야 하는데 이를 위해 표본화된 신호의 진폭을 디지털 신호로 표현해 주기 위한 양자화 과정을 거쳐야 한다. 그림 1-7은 신호 진폭의 크기를 3비트로 양자화 한 경우이다. 3비트로 양자화 할 경우 $2^3=8$ 즉, 0에서 7까지의 8단계로 진폭을 표현할 수 있다. 일반적으로 n비트로 양자화 할 경우에는 2^n개의 단계로 진폭의 크기를 나타낼 수 있다. 디지털 오디오인 CD, DAT 등이 16비트 또는 24비트 등의 높은 단계로 양자화 하는 이유는 양질의 디지털 음성 신호를 얻어내기 위한 것이다.

1-3 디지털의 응용

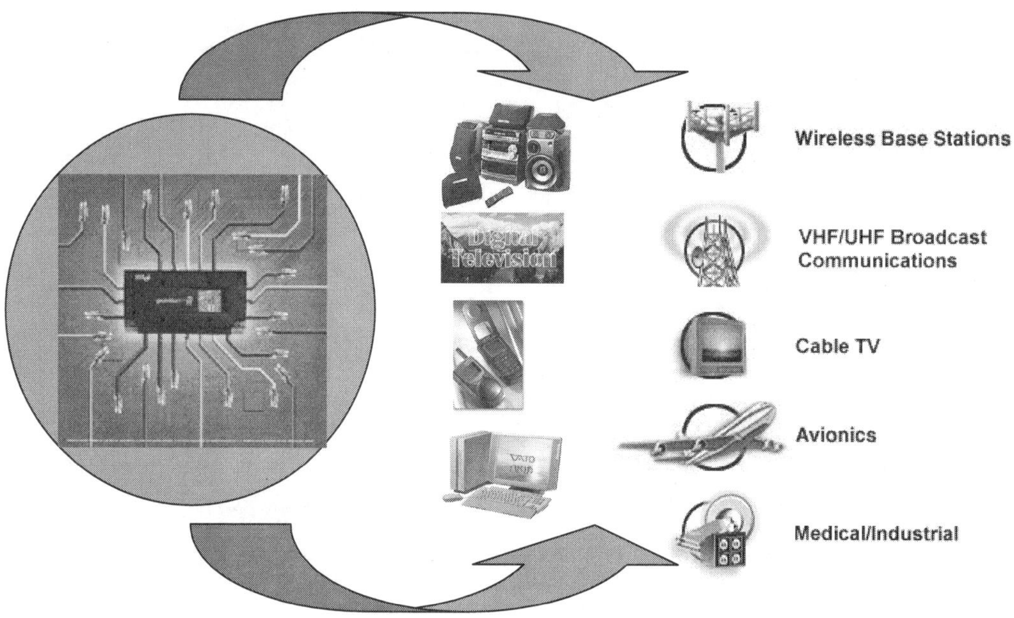

그림 1-8 디지털 논리 회로의 응용

1-3-1 논리회로(Logic Circuit)

각종 게이트, 플립플롭, RAM, ROM, Counter 등을 이용하여 불특정한 어떤 값의 입력에 대해 원하는 값을 출력시키는 회로를 논리회로라 부른다. 이러한 회로의 구현은 디지털 개념이 도입되어야 가능하다. 예를 들면 도심의 길거리에서 자주 접하는 광고판의 점멸이 연속적으로 바뀌는 것이나 클럭 신호를 계수하여 LED(Light Emitting Diode)를 점등시키는 것 등이 이에 해당한다.

최근에는 PAL(Programmable Array Logic), GAL(Generic Array Logic), CPLD(Complexed Programmable Logic Device), FPGA(Field Programmable Gate Array) 등을 이용하여 여러 개의 디지털 디바이스를 하나의 디바이스로 대체하여 시스템의 크기를 아주 작게 구현 할 수 있으며 소프트웨어를 이용하여 제어하는 것도 가능해졌다. 그 외에 그림 1-8과 같이 다양한 기능을 가진 디지털 디바이스를 이용하여 디지털 논리회로를 구현하고 이를 시스템화하는 것이 가능해졌다.

1-3-2 마이크로프로세서(Microprocessor) 및 마이크로 컴퓨터(Micro-Computer)

그림 1-9 마이크로프로세서 제조기

그림 1-10 인텔 마이크로프로세서

마이크로프로세서는 소프트웨어 프로그램을 이용하여 원하는 동작을 얻어내기 위한 디바이스이며 일반적으로 ROM(Read Only Memory)에 사용자가 원하는 프로그램을 입력하여 동작을 실행시킨다. 기본적인 디지털 논리회로에 비해 연산기능, 판단기능, 데이터 입·출력 기능 등 다양한 장점을 가지고 있다. 일반적으로 마이크로프로세서에는 ROM이 내장되어 있지 않으므로 외부에 ROM을 연결하여 동작시킨다. 마이크로프로세서를 이용한 대표적인 시스템인 마이크로컴퓨터에는 ROM이 내장되어 있어 최소한의 사용자 프로그램을 저장할 수 있다. 물론 마이크로컴퓨터 역시 외부에 ROM을 추가하여 사용할 수 있다. 최근에는 ROM이외에 RAM(Random Access Memory), I/O Controller, ADC등을 내장한 마이크로컴퓨터가 다양하게 출하되고 있다. 그림 1-9는 마이크로프로세서 제조기를 표현한 것이며 그림 1-10은 인텔사의 마이크로프로세서 Core 2 Duo의 칩 모습을 표현한 것이다. 그림 1-11과 1-12는 마이크로프로세서의 응용 예를 간단히 나타낸 것이다.

그림 1-11 마이크로프로세서와 비행기

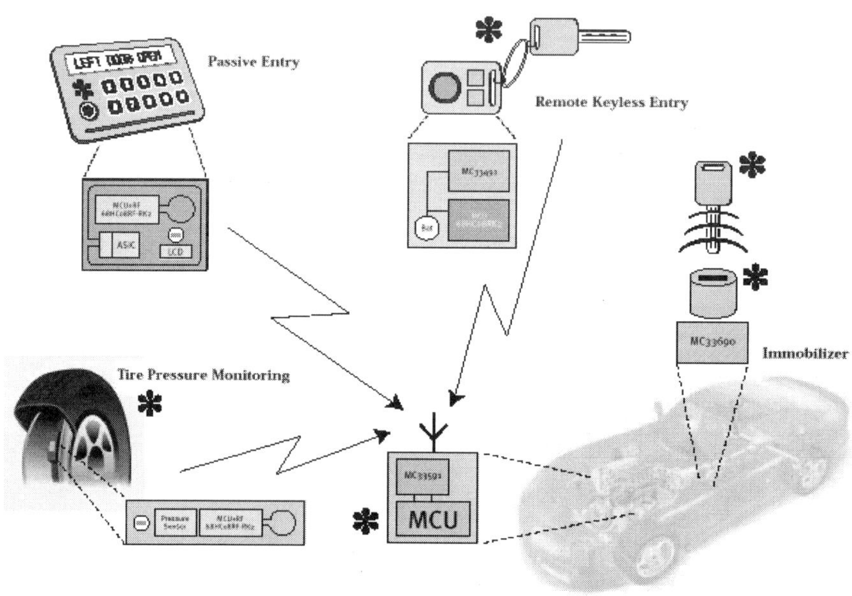

그림 1-12 마이크로컴퓨터를 이용한 제어 시스템

1-3-3 DSP(Digital Signal Processing)

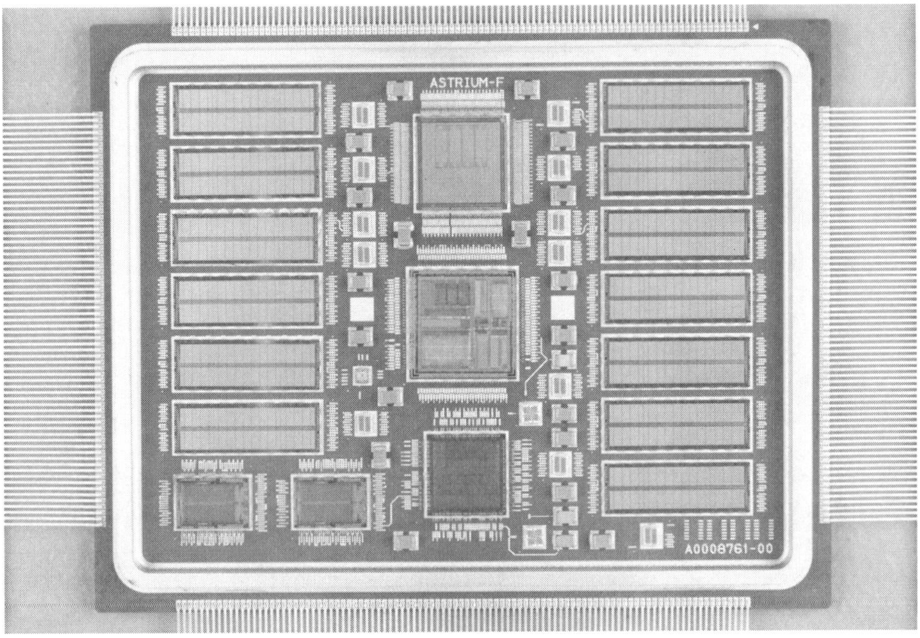

그림 1-13 DSP 내부구조 예

마이크로프로세서가 연산처리를 주로 소프트웨어에 의존하여 처리하는 반면 DSP는 연산기능을 하드웨어가 대신 처리하도록 만들어 연산 처리속도를 훨씬 빠르게 한 것이 주요 특징이다. DSP는 빠른 연산속도를 필요로 하는 실시간 처리 분야, 디지털 필터, 음성 신호 처리, 영상 신호 등 다양한 분야에 응용되고 있다.

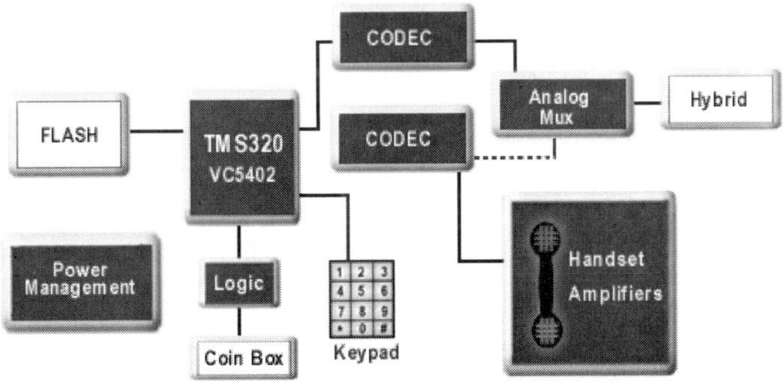

그림 1-14 DSP를 이용한 전화 제어 시스템

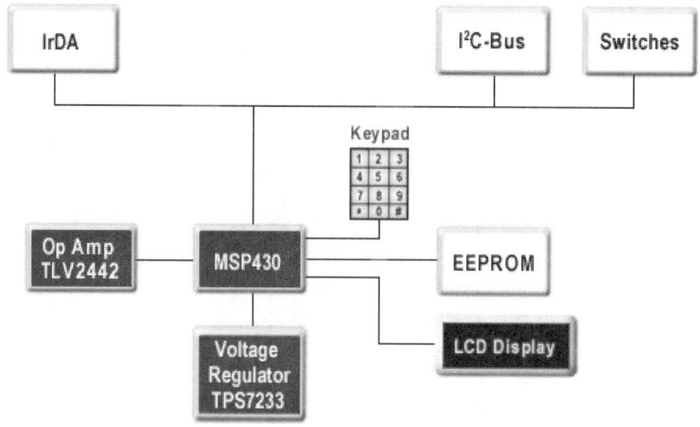

그림 1-15 DSP를 이용한 의료기기 제어 시스템

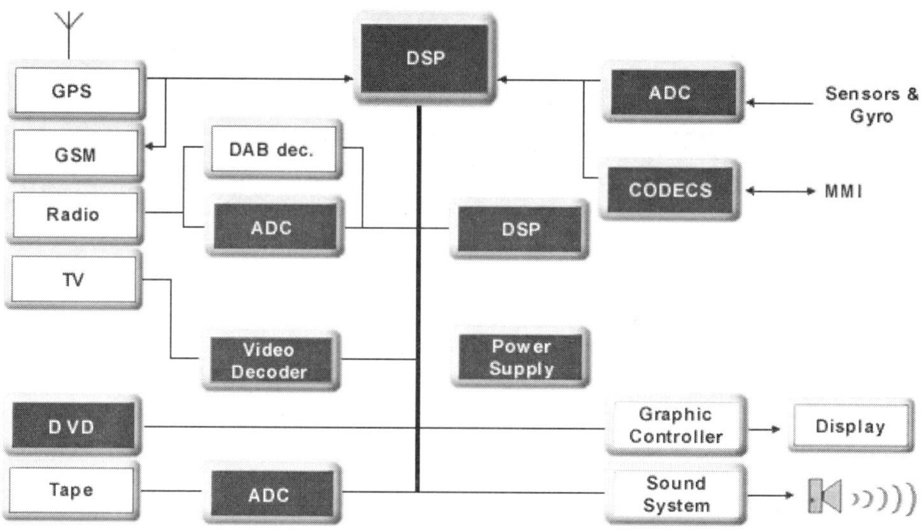

그림 1-16 DSP를 이용한 자동차 제어 시스템

그림 1-14는 DSP를 이용한 전화 제어 시스템의 블록도이고 그림 1-15는 DSP를 이용한 의료기기 제어 시스템의 블록도이다. 그림 1-16, 1-17, 1-18, 1-19에 DSP를 이용한 여러 가지 제어 시스템의 블록도를 나나내었다.

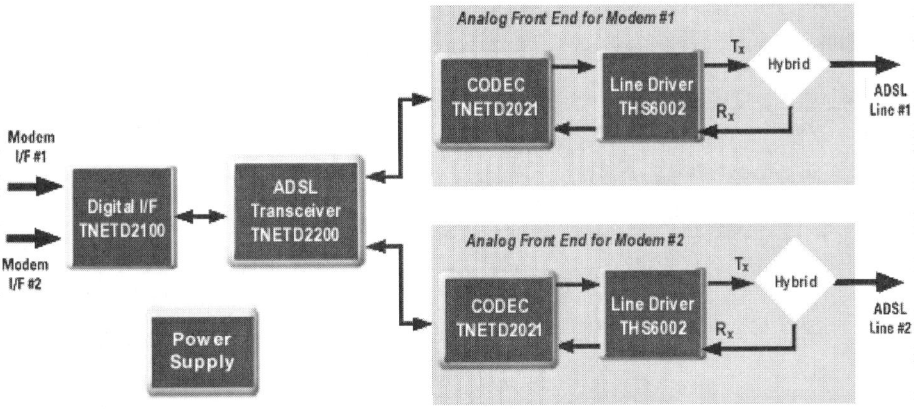

그림 1-17 DSP를 이용한 ADSL제어 시스템

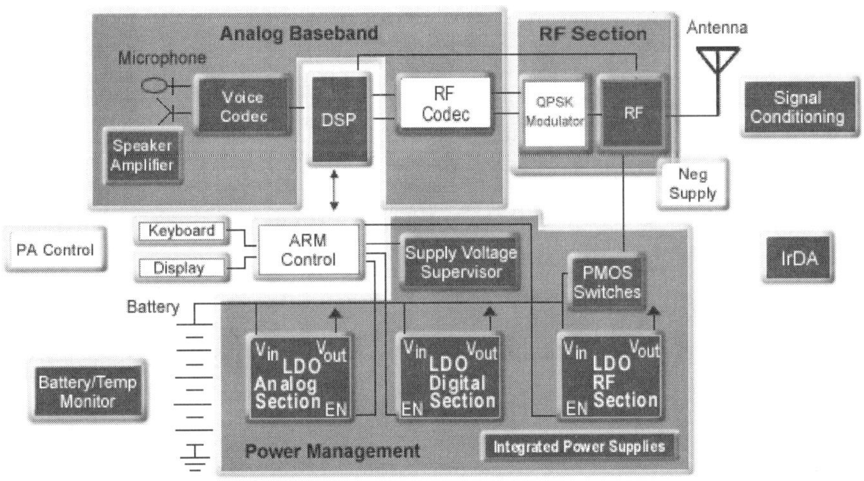

그림 1-18 DSP를 이용한 Digital Cellphone 제어 시스템

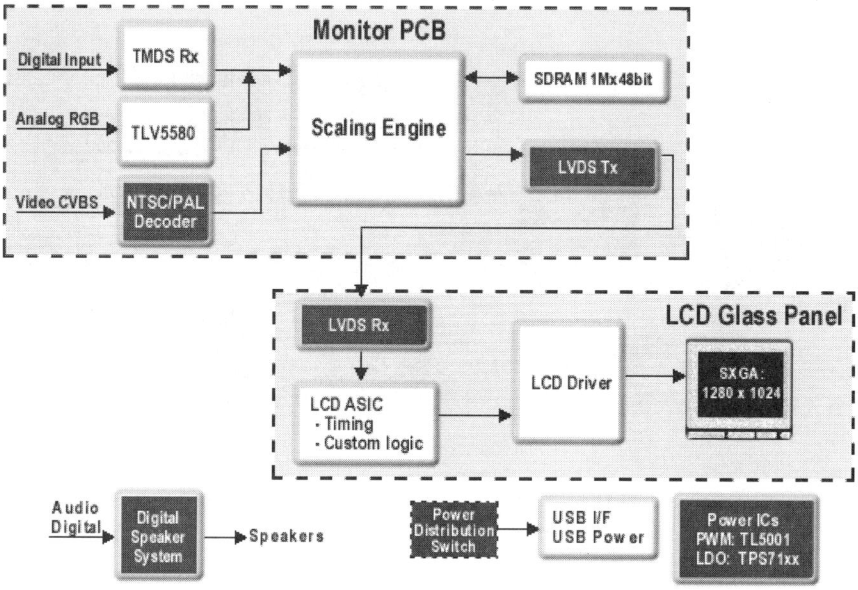

그림 1-19 DSP를 이용한 LCD 제어 시스템

1-3-4 디지털 통신

디지털 통신 기술은 디지털 신호 처리 기술과 반도체 집적 회로 기술의 발전으로 급격한 신장을 하고 있으며 발전 속도 역시 그 유래를 찾아보기 어려울 정도로 빠르게 진행되고 있다. 21세기 고도화된 정보화 사회를 주도하기 위해 전 세계 적으로 국제 통신 시장의 주요 관심 분야는 해저 광케이블의 도입과 이동 통신, 위성 통신의 발달에 따른 디지털화 추세 그리고 기존의 아날로그 통신 시대를 대신하여 통신과 컴퓨터 기술이 총 망라된 B-ISDN(Broadband Integrated Services Digital Network) 등으로 이동하고 있다. 특히 인터넷을 통한 국제 사회의 글로벌화, CDMA(Code Division Multiple Access)를 통한 이동 통신 시스템, 영상 전화, 우리별 1, 2, 3호 등의 위성 통신, 광케이블에 따른 고속 정보 통신망 등 헤아릴 수 없이 많은 분야에서 디지털 통신이 이루어지고 있다. 최근에는 무선 네트워크 기술이 빠른 속도로 발전하고 있으며 이러한 다양한 기술들이 종합된 유비쿼터스(Ubiquitous) 세계가 우리 일상생활에 근접해 있고 우리의 삶의 수준을 향상시키고 있다. 이들에 대한 간단한 설명을 그림과 함께 살펴보자.

(1) ISDN(Integrated Services Digital Network)

ISDN이란 전화, 팩시밀리, 데이터, 텔렉스, 원격검침, 화상전화, 방범방재 등의 협대역 서비스를 통합하여 제공하는 디지털 통신망이며 가입자망이 디지털화됨으로써 음성 또는 비음성의 여러 가지 서비스를 통합하여 처리하는 것이다. 즉, 종합정보통신망은 별도의 망(Network)으로 운영되었던 회선교환망, 전용회선망, 패킷교환망 등을 하나의 망으로 통합시키며 모든 신호는 공통신호망에서 처리하므로 여러 가지 다양한 서비스를 동시에 이용할 수 있는 종합 통신 서비스이다. 그림 1-20에 ISDN의 예를 나타내었다.

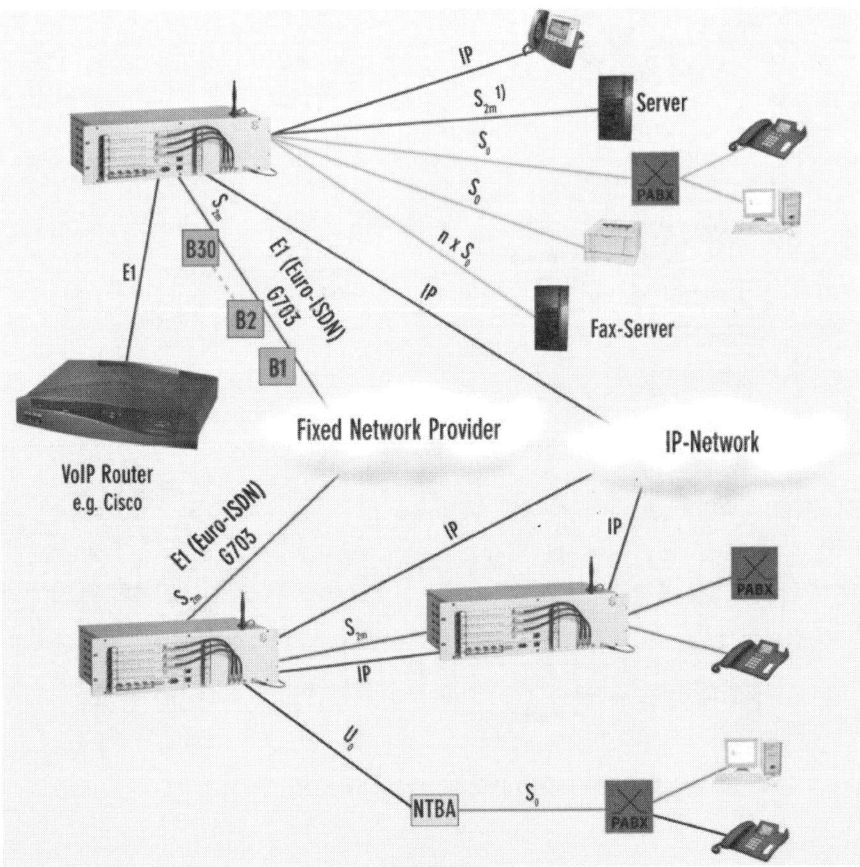

그림 1-20 ISDN의 예

(2) B-ISDN(Broadband Integrated Services Digital Network)

다양한 정보통신을 단일 통신망으로 통합시킨 ISDN은 64[Kbps]를 중심으로 협대역 통신 서비스에 국한되었다. 그래서 HDTV(High Definition TV), 화상정보, 대량의 파일정보,

LAN(Local Area Network)간의 통신 등에는 고속 통신이 요구되며 특히 넓은 대역폭이 필요한 화상에 관한 서비스가 요구되었다. 따라서 다양한 서비스의 대역폭을 수용할 수 있는 광섬유 통신이 포함된 B-ISDN이 개발되었다. B-ISDN의 목적은 협대역과 광대역 서비스에 이르기까지 넓은 대역분포를 갖는 연속성의 실시간 신호들과 군집성의 데이터 신호들을 모두 통합하는 데 있다. 또한, 다양한 서비스들을 함께 취급할 수 있는 효과적인 처리방식이 필요하게 되었는데, 그 해결책으로 제안한 것이 다음절에 소개되는 ATM통신 방식이다. 그림 1-21에 B-ISDN의 예를 나타내었다.

① 협대역 서비스 : 원격검침, 데이터 단말, 전화, 팩시밀리, 인터넷 서비스
② 광대역 서비스 : 영화전화, 영상 회의, 정밀화면 전송, 고속 데이터의 전송, 영상 신호의 전송

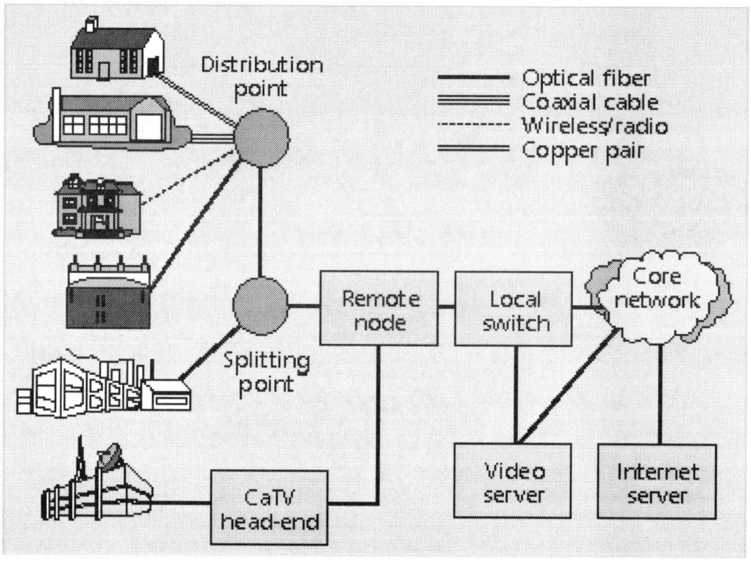

그림 1-21 B-ISDN의 예

(3) ATM(Asynchronous Transfer Mode) 통신

고품질 동영상 및 대용량 데이터 서비스 제공과 B-ISDN 초고속 정보통신시스템과의 연동으로 가입자에게 고속의 멀티미디어 서비스를 제공하기 위한 통신시스템이다.

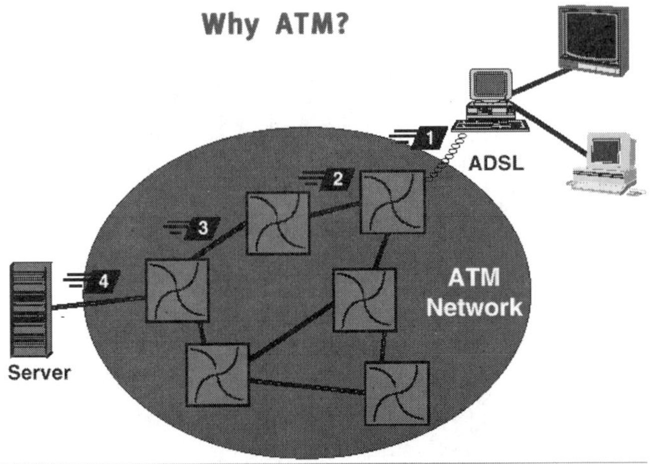

그림 1-22 ATM 1

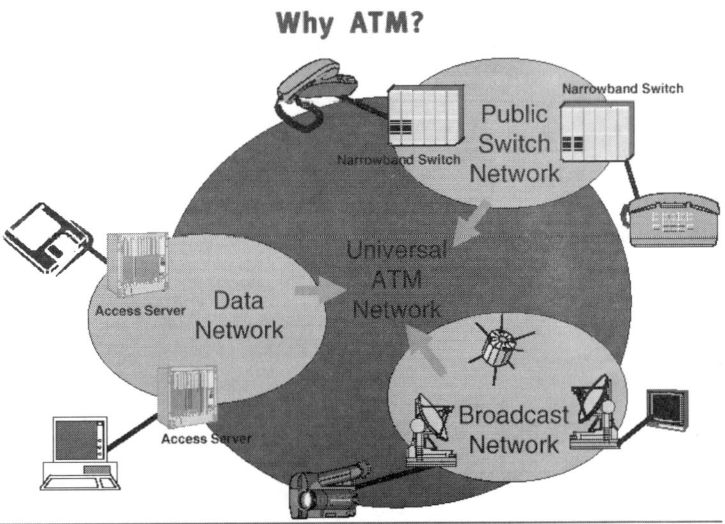

그림 1-23 ATM 2

(4) 홈 네트워크(Home Network)

홈 네트워크는 집안 내 모든 정보 가전기기들을 네트워크로 연결하여 정보 교환을 가능케 하고, 공간이나 인터페이스 방법에 관계없이 집안의 각종 정보 및 전자기기들을 편리하게 제어하고, 다양한 정보와 서비스를 제공받아 삶의 질을 향상시켜주는 첨단 기술을 의미한다. 그림 1-24는 홈 네트워크 구성 도를 나타낸 것이며 그림 1-25는 네트워크를 통해 전달되는 멀티미디어 정보들을 나타낸 것이다.

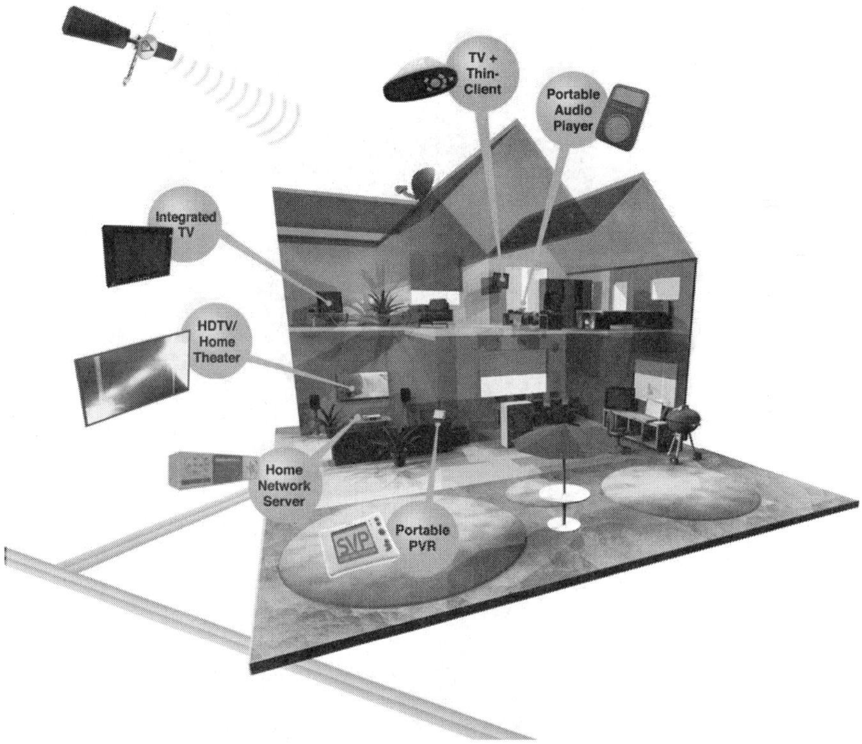

그림 1-24 홈 네트워크 개념도

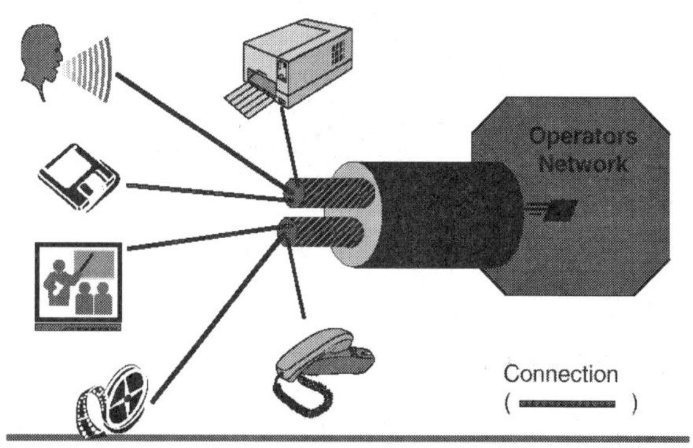

그림 1-25 네트워크를 통해 전달되는 멀티미디어 정보

(5) 위성 통신 시스템

위성통신이란 인공위성을 지구 상공의 일정한 고도에 발사시켜 통신이나 방송업무를 수행하는 것을 말한다. 세계 최초의 민간 통신위성은 미국의 AT&T사에 의해 1962년 발사된 텔스타(TELSTAR) 1호로서 저 고도의 지구궤도에 발사되어 운용되었다. 1960년대에 시작된 위성통신은 약 45년의 짧은 역사에도 불구하고 오늘날 국제통신, 국내통신 및 방송용으로 그 이용추세가 급속히 확산되고 있으며 눈부신 발전을 거듭하고 있다. 위성통신은 도서, 벽지, 이동체간의 통신에 매우 유리하고 위성방송의 경우 산간벽지나 도심 빌딩 지역의 TV 난시청을 해소할 수 있으며 고품질의 다양한 서비스를 제공할 수 있다. 최근에 많이 사용되고 있는 인터넷 사이트 구글 어스(Google Earth)의 지구지도 정보, 자동차 운전자를 위한 내비게이터(Navigator)도 인공위성을 이용하여 정보를 제공하는 것이다. 그 외에도 기상정보, 군사정보, 방송 서비스, 우주 관측, 우주여행, 원격 탐사, 과학 실험 등을 포함하여 우리 일상생활에 도움을 주는 수많은 정보가 인공위성을 통해 전달되고 있다. 우리나라에서는 1992년 우리별 1호를 처음으로 쏘아 올렸으며 한국통신(주)이 1995년 8월 5일 미국 케이프 타운 공군기지에서 무궁화 위성 1호를 발사한 이래 2006년 8월 22일 무궁화 5호까지 발사하여 위성으로부터 제공되는 정보를 이용하고 있다.

그림 1-26 위성 발사 모습

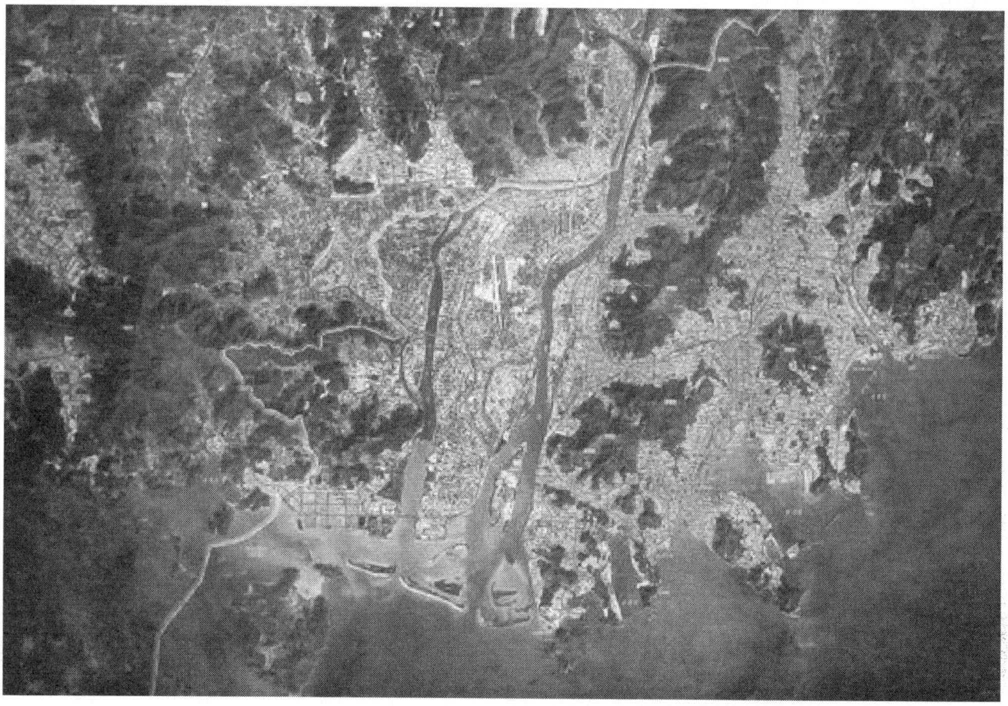

그림 1-27 위성이 보내온 사진

(6) ADSL(Asymmetric Digital Subscriber Line)

ADSL이란 비대칭 디지털 가입자 선로로서 기존 전화선을 통해 일반 POTS(Plane Old Telephone Service)는 물론 데이터 통신 및 VOD(Video On Demand) 서비스를 고속으로 이용할 수 있는 기술이다. 기존의 가입자 전화선(1개의 Twisted Pair)을 사용하므로 추가로 케이블을 시공하거나 새롭게 시설을 구축할 필요가 없어 저렴한 가격으로 서비스를 이용할 수 있다. 전송 속도는 수신의 경우 최고 8Mbps, 송신은 최고 1Mbps에 달한다. 수신 속도(전화국에서 가입자까지)가 8Mbps급으로 인터넷이나 PC통신, VOD 서비스에 적합하다. 일반적으로 전화국에서 가입자까지의 거리는 18,000ft(약 5.4km)이다.

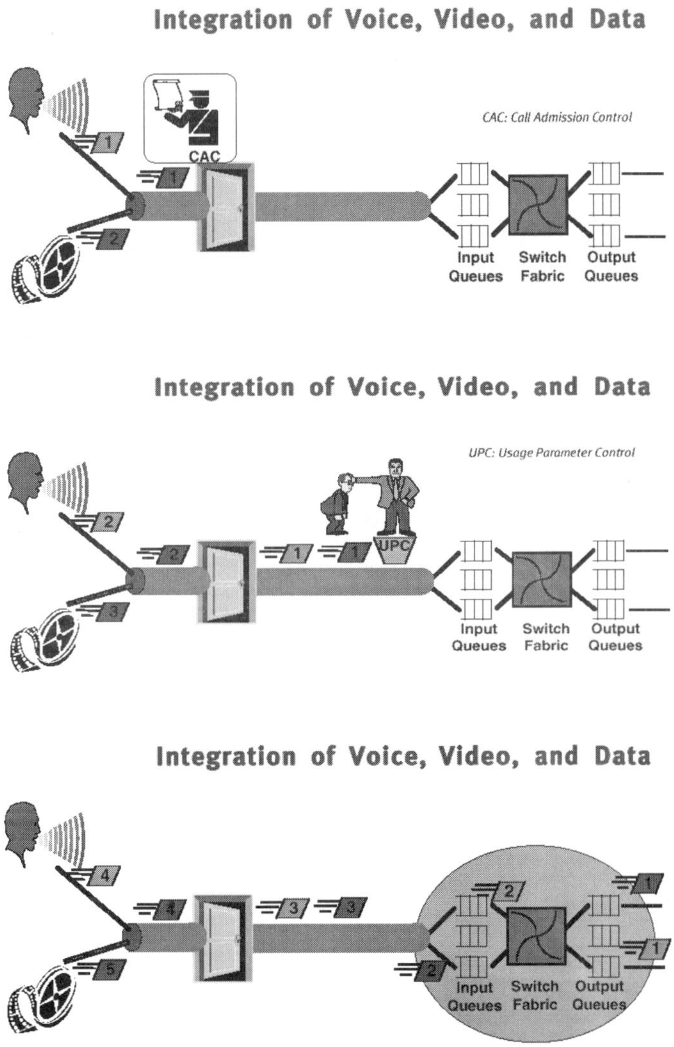

그림 1-28 ADSL 개념도

(7) 유비쿼터스(Ubiquitous)

"모든 곳에 널려 있다." "언제 어디서나 동시에 존재한다." 라는 라틴어에서 유래한 개념이며 언제, 어디서나, 누구라도 컴퓨터와 네트워크를 통해 쉽고, 편리하고, 안전하게 정보와 서비스를 이용할 수 있는 환경을 의미한다. 유비쿼터스의 창시자 Mark Weiser가 주창하는 미래사회는 수많은 컴퓨터들이 모든 현실 공간에 배치되고 이들 컴퓨터 사이는 유선 및 무선망으로 연결 되므로서 사용자가 필요로 하는 정보나 서비스를 빠른 시간에 제공하는 환경이 될 것이다. 또한, 유비쿼터스 컴퓨팅과 유비쿼터스 네트워크의 결합 그리고 NT(Nano Technology), BT(Bio Technology)와의 융합은 차세대 IT 혁명이며 문화, 사회, 경제 전반에 총체적인 변혁을 가져다 줄 것이다. 그림 1-29는 유비쿼터스 개념도를 나타낸 것이다.

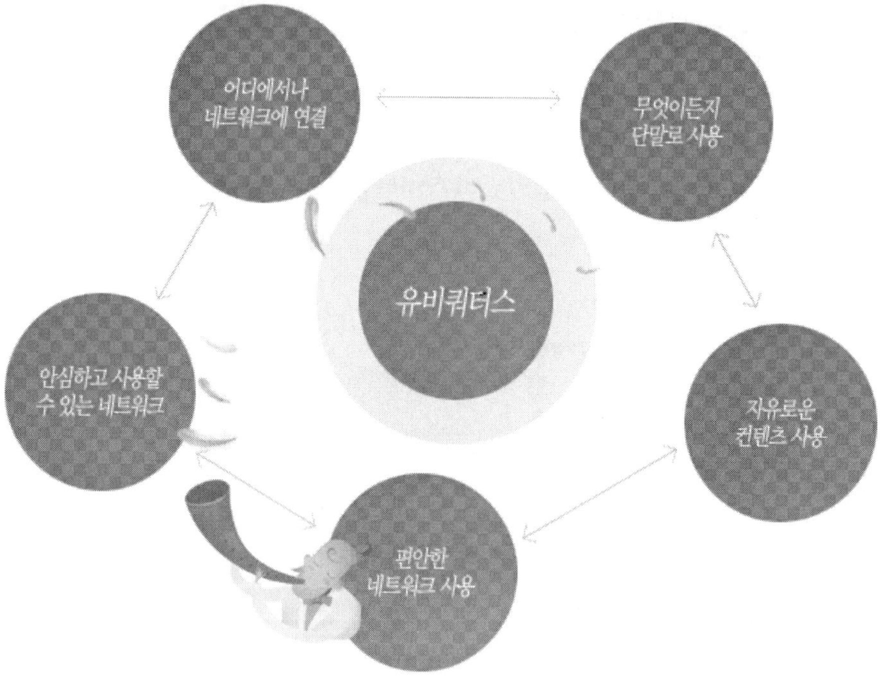

그림 1-29 유비쿼터스 개념도

1-3-5 Audio/Video/가전/컴퓨터 기기

마이크로프로세서와 메모리를 내장하여 다양한 기능을 제공하면서 대량의 정보를 고속으로 처리할 수 있는 기기들이 만들어지고 있다. 다음 그림은 대표적인 오디오, 비디오, HDTV 그리고 컴퓨터를 나타낸 것이다.

그림 1-30 캠코더

그림 1-31 오디오 시스템

그림 1-32 DVD

그림 1-33 HDTV

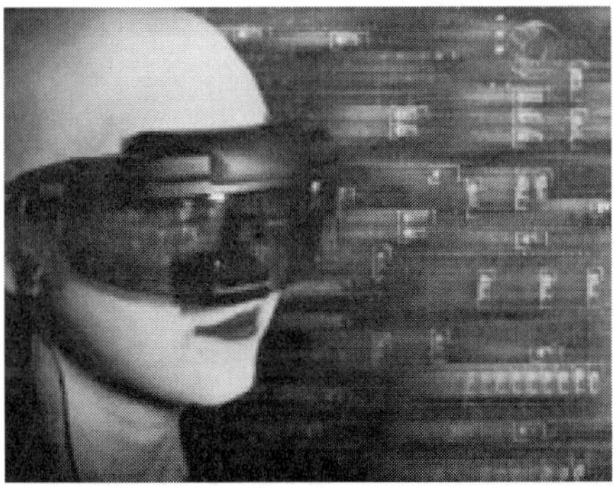

그림 1-34 입는 컴퓨터

CHAPTER 2

수의 세계와 각종 부호

사람이 일상생활에서 사용하는 수의 체계는 0에서 9까지의 숫자로 모든 수를 표현하는 10진수이지만 디지털 시스템에서는 수를 표현할 때 10진수를 사용하지 않는다. 디지털 시스템에서는 2진수, 8진수 그리고 16진수 등을 사용한다. 또한, 그레이(Gray) 코드, 3초과 코드 그리고 ASCII 코드등이 사용된다. 이 장에서는 디지털 시스템에서 쓰이는 숫자 시스템의 표현 방법을 배우고, 이들 숫자간의 상호관계를 설명하면서 연산방법을 소개한다.

① 2진수 : 0과 1로 어떤 수의 크기를 표현한다.
② 8진수 : 3자리의 2진수를 이용하여 어떤 수의 크기를 표현한다.
③ 16진수 : 4자리의 2진수를 이용하여 어떤 수의 크기를 표현한다.

2-1 기수법

우리가 사용하는 10진수는 0에서 9까지의 수를 이용하여 표현한다. 예를 들어 4587이라는 10진수는 4000+500+80+7과 같다. 이 수를 다시 표현하면 $4\times10^3+5\times10^2+8\times10^1+7\times10^0$과 같다. 여기서 10진수를 표현할 때 10진수 각 자릿수(n)에 10^{n-1}을 곱하여 전체를 더하면 원래의 10진수를 얻을 수 있음을 알 수 있다. 이때 10을 기수라 하고 10^{n-1}을 가중치(Weight)라 부르며 이것이 기수법의 정의가 된다.

2-1-1 10진수(Decimal Number : DEC)의 표현

□ 10진수의 계수(Counting)

10진수의 계수 방법은 0에서 9까지 증가시킨 다음 계속 계수할 대상이 있으면 왼쪽으로 자릿수를 올려 10에서 99까지 계수한다. 0에서 9까지는 한 자리의 수, 10에서 99까지는 두 자리의 수, 100에서 999까지는 세 자리의 수가 필요하다.

□ 10진수의 가중치 표현

10진수 6523을 가중치 표현 방식으로 나타내 보자. 아래의 표현에서 10은 기수라 부르고, 10^{n-1} 및 10^{-n}은 각 자릿수에 곱한 수이며 가중치라 부른다.

$$\begin{aligned}6523 &= 6000+500+20+3\\ &= 6\times10^3+5\times10^2+2\times10^1+3\times10^0\end{aligned}$$

❑ 10진수에 소수점이 있을 경우의 가중치 표현

소수점이 있는 302.53을 가중치 표현 방식으로 나타내 보자.

$$302.53 = 300 + 2 + 0.5 + 0.03$$
$$= 3\times10^2 + 0\times10^1 + 2\times10^1 + 5\times10^{-1} + 3\times10^{-2}$$

소수점 이상의 수에 대해서는 각 자릿수에 10^{n-1}을 곱하고 소수점 이하의 수에 대해서는 10^{-n}을 곱하여 더하면 원래의 수를 구할 수 있다. 소수점 이상의 수에 대한 가중치의 지수 는 소수점을 중심으로 0, 1, ... , 5 등으로 증가하고 소수점 이하의 수에 대한 가중치의 지수 는 -1, -2, ... , -5 등으로 감소한다.

예제 2-1 10진수 247을 각 숫자가 갖는 가중치의 합으로 표현하라.

[풀이] 2의 가중치는 10^2, 4의 가중치는 10^1, 7의 가중치는 10^0이므로

$$247 = 200 + 40 + 7$$
$$= 2\times10^2 + 4\times10^1 + 7\times10^0$$

■

[기초 다지기] 10진수 1057을 각 숫자가 갖는 가중치의 합으로 표현하라.

예제 2-2 10진수 326.57을 각 숫자가 갖는 가중치의 합으로 표현하라.

[풀이] 먼저 정수부 326에 대해서 3의 가중치는 10^2, 2의 가중치는 10^1, 6의 가중치는 10^0 이고 소수부 0.57에 대하여 5의 가중치는 10^{-1}, 7의 가중치는 10^{-2}이므로

$$326.57 = 300 + 20 + 6 + 0.5 + 0.07$$
$$= 3\times10^2 + 2\times10^1 + 6\times10^0 + 5\times10^{-1} + 7\times10^{-2}$$

■

[기초 다지기] 다음의 10진수를 각 숫자가 갖는 가중치의 합으로 표현하라.

(a) 2879.432

(b) 3671.9002

(c) 70001.0025

2-1-2 2진수(Binary Number : BIN)의 표현

디지털 시스템에서 사용하는 가장 기본적인 수를 2진수라 하며 0과 1의 두 숫자로 어떤 수의 크기를 표현할 수 있다. 10진수에서 기수는 10, 가중치는 10^{n-1} 또는 10^{-n}이었듯이 2진수에서 기수는 2, 가중치는 2^{n-1} 또는 2^{-n}이 된다.

□ 2진수의 계수(Counting)

10진수 계수 방법과 유사하지만 0에서 1까지 계수한 다음 계수할 대상이 더 있을 경우 왼쪽으로 자리를 올려 10_2에서 11_2까지 계수한다. 0에서 1까지는 한 자릿수, 10_2에서 11_2까지는 두 자릿수, 100_2에서 111_2까지는 세 자릿수가 필요하며 계수할 대상이 더 있으면 자릿수는 계속 증가한다.

10진수	0	1	2	3	4	5	6	7
2진수	0	1	10	11	100	101	110	111

□ 2진수의 가중치 표현

2진수 11010을 가중치 표현 방식으로 나타내 보자. 2진수 각 자릿수(n)에 있는 1과 0에 2^{n-1}을 곱한 다음 각각의 값을 더하면 2진수의 크기를 알 수 있다. 2진수의 가중치 표현에서 2는 기수라 부르고, 2^{n-1}은 각 자릿수에 곱한 수이며 가중치라 부른다.

$$\begin{aligned}11010_2 &= 1\times2^4+1\times2^3+0\times2^2+1\times2^1+0\times2^0\\&=16+8+0+2+0\\&=26_{10}\end{aligned}$$

□ 2진수에 소수점이 있을 경우

소수점 이상의 수에 대한 가중치의 지수는 소수점을 중심으로 0, 1, …, 5로 증가하고 소수점 이하의 수에 대한 가중치의 지수는 소수점을 중심으로 −1, −2, …, −5로 감소한다.

$$\begin{aligned}1101.101_2 &= 1\times2^3+1\times2^2+0\times2^1+1\times2^0+1\times2^{-1}+0\times2^{-2}+1\times2^{-3}\\&=8+4+0+1+0.5+0+0.125\\&=13.625_{10}\end{aligned}$$

예제 2-3 2진수 100101을 각 숫자가 갖는 가중치의 합으로 표현하라.

[풀이]

$$100101_2 = 1\times2^5 + 0\times2^4 + 0\times2^3 + 1\times2^2 + 0\times2^1 + 1\times2^0$$
$$= 32 + 0 + 0 + 4 + 0 + 1$$
$$= 37_{10}$$

■

[기초 다지기] 다음 2진수를 각 숫자가 갖는 가중치의 합으로 표현하라

(a) 11011100

(b) 10010110.011

2-1-3 16진수(Hexadecimal Number : Hex)의 표현

2진수와 함께 디지털 시스템에서 사용하는 수이며 0, 1, 2, 3, 4, 5, 6, 7, 8, 9와 같은 10개의 10진수와 A, B, C, D, E, F 등 6개의 문자 등 총 16개의 숫자와 문자로 어떤 수의 크기를 표현할 수 있다.

10진수	0	1	2	3	4	5	6	7	8	9	10	11	12	13	14	15
2진수	0000	0001	0010	0011	0100	0101	0110	0111	1000	1001	1010	1011	1100	1101	1110	1111
16진수	0	1	2	3	4	5	6	7	8	9	A	B	C	D	E	F

16진수에서는 16이 기수이고 16^{n-1}이 가중치가 된다.

16진수는 2진수와의 상호변환이 용이하기 때문에 2진수를 짧게 표현하는데 많이 사용되며 컴퓨터 관련 프로그래밍에서는 주로 16진수를 사용한다. 상세한 변환 값은 표 2-1을 참조하도록 한다.

□ 16진수의 계수(Counting)

16진수의 계수 방법은 0에서 F까지 증가시킨 다음 계속 계수할 대상이 있으면 왼쪽으로 자릿수를 올려 10에서 FF까지 계수한다. 0에서 F까지는 한 자리의 수, 10에서 FF까지는 두 자리의 수, 100에서 FFF까지는 세 자리의 수가 필요하다. 16진수에서 각 자릿수가 F일 경우 그 다음의 계수는 어떻게 될까? 아래의 표를 통해 알아보자.

현재	다음	현재	다음
$1F_{16}$	20_{16}	$1CF_{16}$	$1D0_{16}$
BFF_{16}	$C00_{16}$	$60F_{16}$	610_{16}
$DFFF_{16}$	$E000_{16}$	$FFFF_{16}$	10000_{16}
$EFFFF_{16}$	$F0000_{16}$	$1799F_{16}$	$179A0_{16}$

❑ 16진수의 가중치 표현

16진수 $63C_{16}$를 가중치 표현 방식으로 나타내 보자. 16진수 각 자릿수(n)에 있는 0에서 15까지의 수에 16^{n-1}을 곱한 다음 각각의 값을 더하면 16진수의 크기를 알 수 있다. 16진수의 가중치 표현에서 16은 기수라 부르고, 16^{n-1}은 각 자릿수에 곱한 수이며 가중치라 부른다.

$$\begin{aligned}64C_{16} &= 6\times16^2+4\times16^1+C\times16^0\\ &= 6\times16^2+4\times16^1+12\times16^0\\ &= 6\times256+4\times16+12\times1\\ &= 1536+64+12\\ &= 1612_{10}\end{aligned}$$

예제 2-4 16진수 $A3F_{16}$를 10진수로 변환하라.

[풀이]

$$\begin{aligned}A3F_{16} &= A\times16^2+3\times16^1+F\times16^0\\ &= 10\times16^2+3\times16^1+15\times16^0\\ &= 10\times256+3\times16+15\times1\\ &= 2560+48+15\\ &= 2623_{10}\end{aligned}$$

■

[기초 다지기] 16진수 $2EB_{16}$를 각 자릿수가 갖는 가중치의 합으로 표현하라

❑ 16진수에 소수점이 있을 경우

소수점 이상의 수에 대한 가중치의 지수는 소수점을 중심으로 0, 1, ⋯, 5로 증가하고 소수점 이하의 수에 대한 가중치의 지수는 소수점을 중심으로 −1, −2, ⋯, −5로 감소한다.

$$
\begin{aligned}
90B.8_{16} &= 9\times16^2+0\times16^1+B\times16^0+8\times16^{-1} \\
&= 9\times16^2+0\times16^1+11\times16^0+8\times16^{-1} \\
&= 9\times256+0\times16+11\times1+8\times\frac{1}{16} \\
&= 2304+0+11+0.5 \\
&= 2315.5_{10}
\end{aligned}
$$

2-1-4 2진수를 16진수로 변환하기

다음에 주어진 2진수를 16진수로 변환하는 과정을 살펴보자.

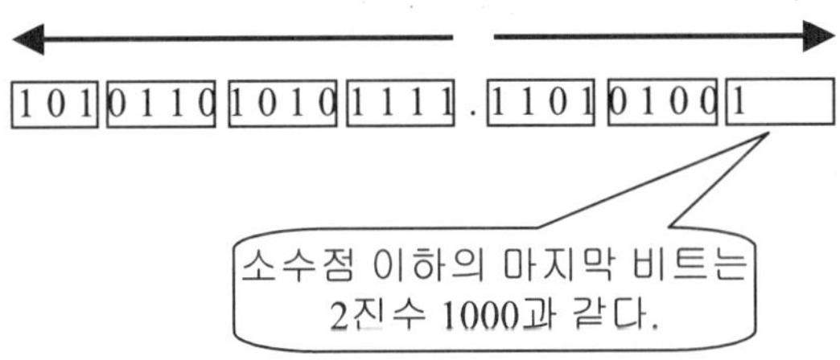

[변환 과정]

①소수점을 중심으로 소수점 이하의 2진수와 소수점 이상의 2진수를 4비트씩 묶는다.

②각 블록의 2진수를 16진수로 변환한다.

③소수점 이하의 수에서 4비트씩 묶었을 경우 위의 그림처럼 '1'만 남으면 '1000'으로 대치한다.

④그러므로 위에 주어진 2진수의 16진수 변환 결과는 다음과 같다.

즉, ▣ 101=5

▣ 0110=6

▣ 1010=A

▣ 1111=F

▣ 1101=D

▣ 0100=4

▣ 1000=8

로 표현할 수 있으므로 최종 결과는 다음과 같다.

$5\ 6\ A\ F\ .\ D\ 4\ 8_{16}$

예제 2-5 다음 2진수를 16진수로 변환하라.

100101100010111010 . 01101

[풀이] 아래와 같이 소숫점을 중심으로 4비트씩 나눈다.

10 0101 1000 1011 1010 . 0110 1000

해당 자릿수의 비트들을 16진수로 변환하여 얻어진 결과는 다음과 같다.

$258BA.68_{16}$ ■

[기초 다지기] 다음 2진수를 16진수로 변환하라

(a) 11001010111110.100101

(b) 1111110101101011111010.0010101

2-2 10진수를 2진수 또는 16진수로 변환하기

컴퓨터를 비롯한 대부분의 디지털 시스템이 2진수 또는 16진수를 사용하기 때문에 10진수는 2진수 또는 16진수로 바꾸어 주어야 한다. 13이라는 10진수를 2의 몇 제곱의 합 즉, 가중치의 합으로 표시하여 2진수로 변환하면 다음과 같다.

$$
\begin{aligned}
13_{10} &= 8+4+0+1 \\
&= 1\times2^3+1\times2^2+0\times2^1+1\times2^0 \\
&= 1101_2
\end{aligned}
$$

또한, 소수점이 있는 10진수 28.375를 2의 몇 제곱의 합으로 표시하면 다음과 같다.

$$
\begin{aligned}
28.375_{10} &= 28+0.375 \\
&= 16+8+4+0+0+0.0+0.25+0.125 \\
&= 1\times2^4+1\times2^3+1\times2^2+0\times2^1+0\times2^0+0\times2^{-1}+1\times2^{-2}+1\times2^{-3} \\
&= 11100.011_2
\end{aligned}
$$

위의 예를 통하여 10진수를 2진수로 변환하는 과정을 규칙으로 만들면 다음과 같다.

① 10진수의 정수부를 2로 계속 나눈다.
② 이때 생기는 나머지를 역순으로 나열하면 정수부의 2진수가 얻어진다.
③ 다음에는 10진수의 소수부에 2를 계속 곱한다.
④ 이때 생기는 정수를 순서대로 나열하면 소수부에 대한 2진수가 얻어진다.
⑤ 마지막으로 소숫점을 중심으로 정수부와 소수부를 나열한다.

예제 2-6을 통하여 10진수를 2진수로 변환하는 과정을 상세히 살펴보자.

예제 2-6　10진수 34.875를 2진수로 변환하라.

[풀이1] 우선 정수부의 변환을 시작한다.
정수부를 2로 나누면서 몫은 아래쪽에 나머지는 몫의 오른쪽에 적는다. 어떤 수를 2로 나누면 나머지는 '0'과 '1'만 발생하므로 아래와 같은 변환 결과를 얻을 수 있다.

		나머지	
2	34		
2	17	 0	LSB(Least Significant Bit)
2	8	 1	▲
2	4	 0	
2	2	 0	∴ 정수부 : 100010_2
2	1	 0	
	0	 1	MSB(Most Significant Bit)

이와 같은 과정을 통하여 얻어진 나머지를 화살표 방향으로 나열하면 정수부의 변환이 완료된다. 즉, 정수부의 2진수 변환 결과는 100010_2이 된다.

[풀이2] 다음으로 소수부의 변환을 시작한다.

$0.875 \times 2 = 1.75$　　1　　MSB

$0.75 \times 2 = 1.5$　　1　　↓　　∴ 소수부 : 0.111_2

$0.5 \times 2 = 1$　　1　　LSB

풀이 2에 나타낸 것처럼 소수부에 2를 곱하여 얻어진 수에서 소수점 이하의 수를 제외한 정수부의 수를 얻어낸다. 어떤 소수점 이하의 수에 2를 곱해서 얻을 수 있는 정수부의 수는 '0'과 '1' 이외에는 없다. 이 과정을 소수점 이하의 수가 없어질 때까지 계속한 다음 얻어진 정수부를 화살표 방향으로 나열하면 소수부의 변환이 완료된다.
풀이 1과 2를 통하여 아래와 같이 10진수를 2진수로 변환한 결과를 얻을 수 있다.

$$34.875_{10} = 100010.111_2$$ ■

[기초 다지기] 10진수 39를 2진수로 변환하라

▣ 소수점 이하의 수에 2를 계속 곱하여도 나머지가 남는 경우가 생긴다. 이때는 적당한 비트에서 변환과정을 중단한다.

예제 2-7 10진수 2385를 16진수로 변환하라.

[풀이] 10진수를 2진수로 변환할 때 2로 나누었음을 상기하라. 그러므로 16진수 변환에서는 아래와 같이 10진수를 16으로 나누면서 나머지를 나열한다.

		나머지	
16	2385		
16	149	 1	▲ LSB(Least Significant Bit)
16	9	 5	│
	0	 9	MSB(Most Significant Bit)

연산 결과의 나머지를 화살표 방향의 순서대로 나열하면 16진수 변환 결과를 얻을 수 있다.

$$2385_{10} = 951H$$ ■

[기초 다지기] 10진수 4326을 16진수로 변환하라

중요사항 : 2진수의 표현에서 LSB와 MSB의 의미를 알아보자.

어떤 2진수 1011_2이 있다. 이와 같은 2진수에서 가장 왼쪽에 있는 비트를 MSB(Most Significant Bit)라 부르고 가장 오른쪽의 비트를 LSB(Least Significant Bit)라 부른다. MSB는 해당 비트 중에서 "가장 중요한 비트"를 의미하고 LSB는 "가장 덜 중요한 비트"를 의미한다.

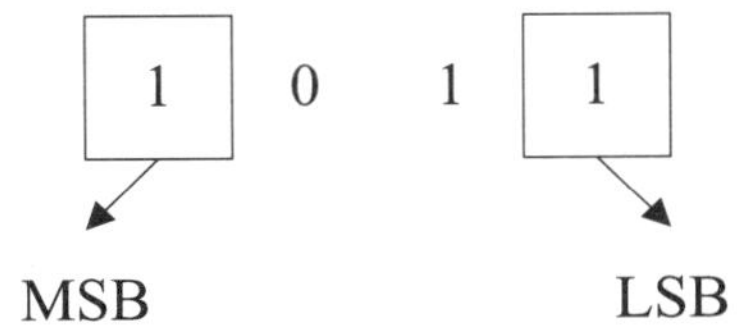

만약 MSB에 오류가 발생하여 [1]이 [0]으로 된다면 주어진 2진수는 0011_2이 되며 크기는 3_{10}이 된다. LSB에 오류가 생기면 주어진 2진수는 1010_2이 되며 크기는 10_{10}이 된다. 결과적으로 MSB에 오류가 있으면 오차가 8_{10}이 되고 LSB에 오류가 발생하면 오차는 1_{10}이 된다. 그렇기 때문에 2진수의 가장 왼쪽에 있는 비트를 MSB, 가장 오른쪽에 있는 비트를 LSB라 부르는 것이다.

☞ 10진수를 2진수로 변환하는 다른 방법

39를 2진수로 변환해 보자

39는	32	+ 0	+ 0	+ 4	+ 2	+ 1	이므로 ·
	1×2^5	0×2^4	0×2^3	1×2^2	1×2^1	1×2^0	가 된다.
그러므로	1	0	0	1	1	1	

결과적으로 10진수 39는 2진수 100111_2이 된다. 그러므로 10진수를 2진수의 기본 단위 숫자로 분할한 다음 [0]이 아닌 숫자가 있는 위치에 비트를 할당하면 된다. **2로 계속 나누어 변환하는 것을 선택할 지 아니면 위에 소개한 방법을 선택하여 활용할지는 선택에 달려 있다.** 하나만 더 살펴보도록 하자.

190을 2진수로 변환해 보자

190은	128	+ 0	+ 32	+ 16	+ 8	+ 4	+ 2	+ 0	이므로
	1×2^7	0×2^6	1×2^5	1×2^4	1×2^3	1×2^2	1×2^1	0×2^0	
	1	0	1	1	1	1	1	0	

▣ 표 2-1은 10진수와 2진수 그리고 16진수에 대한 변환표를 나타낸 것이다. 이 표를 잘 기억하면 디지털 시스템에서 수의 변환 과정을 이해하는데 도움이 될 것이다.

표 2-1 수의 변환표

10진수	2진수	16진수
0	0000	0
1	0001	1
2	0010	2
3	0011	3
4	0100	4
5	0101	5
6	0110	6
7	0111	7
8	1000	8
9	1001	9
10	1010	A
11	1011	B
12	1100	C
13	1101	D
14	1110	E
15	1111	F
16	1 0000	10
17	1 0001	11
31	1 1111	1F
32	10 0000	20
255	1111 1111	FF
256	1 0000 0000	100
1023	11 1111 1111	3FF
1024	100 0000 0000	400
4096	1 0000 0000 0000	1000
16384	100 0000 0000 0000	4000
65536	1 0000 0000 0000 0000	10000

2-3 2진수의 연산

2진수의 연산에는 덧셈, 뺄셈, 곱셈 그리고 나눗셈이 있다.

2-3-1 2진수의 덧셈

두 2진수의 자리를 맞추어 LSB부터 차례대로 더하되 아랫자리에서 발생하는 캐리(Carry : 자리 올림수)와 함께 더한다. 다음에 주어진 한 비트끼리의 덧셈과정을 살펴보자. [0]과 [0]을 더하면 [0], [0]과 [1]을 더하면 [1], [1]과 [0]을 더하면 역시 [1]이 되고 [1]과 [1]을 더할 경우 해당 비트의 자리는 [0]이 되고 캐리가 발생하는 것을 알 수 있다.

$$\begin{array}{r}0\\+0\\\hline 0\end{array}\qquad\begin{array}{r}0\\+1\\\hline 1\end{array}\qquad\begin{array}{r}1\\+0\\\hline 1\end{array}\qquad\begin{array}{r}1\\+1\\\hline 10\end{array}$$

3비트끼리의 덧셈과 4비트끼리의 덧셈 과정을 살펴보자.

$$\begin{array}{r}011\\+\ 100\\\hline 111\end{array}\qquad\begin{array}{r}101\\+\ 110\\\hline 1011\end{array}\qquad\begin{array}{r}1010\\+\ 1010\\\hline 10100\end{array}$$

첫 번째는 3과 4를 더하는 3비트 연산이며 연산 과정 중 캐리가 발생하지 않아 결과는 3비트, 10진수로는 7이 되었다. 두 번째는 5와 6을 더하는 3비트 연산이며 오른쪽으로부터 3번째 비트에서 캐리가 발생하여 결과는 4비트, 10진수로는 11이라는 결과가 나왔다. 세 번째는 10과 10을 더하는 4비트 연산이며 오른쪽으로부터 2번째와 4번째 비트에서 캐리가 발생하였으며 결과는 5비트, 10진수로는 20이 되었다.

참고

> 캐리(Carry)란 어떤 수의 연산 시 자신의 수로 표현할 수 있는 수의 범위를 넘을 때 발생되는 것을 의미하며 아랫자리에서 캐리가 발생하면 윗자리로 넘겨주어야 한다.

예제 2-8 다음 10진수의 덧셈을 2진수로 변환하여 연산하라

$$\begin{array}{r}14\\+11\\\hline 25\end{array}\mapsto\begin{array}{r}1110\\+1011\\\hline 11001\end{array}\qquad\begin{array}{r}9\\+10\\\hline 19\end{array}\mapsto\begin{array}{r}1001\\+1010\\\hline 10011\end{array}\qquad\begin{array}{r}13\\+12\\\hline 25\end{array}\mapsto\begin{array}{r}1101\\+1100\\\hline 11001\end{array}$$

$$\begin{array}{r}114\\+\ 98\\\hline 212\end{array}\mapsto\begin{array}{r}1110010\\+1100011\\\hline 11010101\end{array}\qquad\begin{array}{r}127\\+\ 63\\\hline 190\end{array}\mapsto\begin{array}{r}1111111\\+\ 111111\\\hline 10111110\end{array}$$

■

[기초 다지기] 다음 2진수의 덧셈 결과를 구하라

(a) 11 + 11　　(b) 100 + 11　　(c) 1101 + 1011

2-3-2 2진수의 뺄셈

두 수의 자리를 맞추어 LSB부터 차례대로 빼면서 부족할 경우 윗자리에서 1을 빌려온다. 이때 빌려오는 수를 보로우(Borrow)라 부른다. 다음은 한 비트끼리의 뺄셈을 나타낸 것이며 네 번째 뺄셈 과정이 약간 복잡하다. 즉, [0]에서 [1]을 뺄 수 없기 때문에 윗자리에서 한 비트를 빌려와야 된다. 이때 윗자리에서 빌려오는 2진수는 아랫자리수의 2배 즉, [1]이 두개 있는 것이므로 하나를 빼더라도 [1]이 남게 된다.

$$\begin{array}{r}0\\-\ 0\\\hline 0\end{array}\qquad\begin{array}{r}1\\-\ 0\\\hline 1\end{array}\qquad\begin{array}{r}1\\-\ 1\\\hline 0\end{array}\qquad\begin{array}{r}\boxed{1}\ 0\\-\ 1\\\hline 1\end{array}\ \text{(Borrow)}$$

예제 2-9 다음 10진수의 뺄셈을 2진수로 변환하여 연산하라.

$$\begin{array}{r}12\\-\ 7\\\hline 5\end{array}\mapsto\begin{array}{r}1100\\-\ 0111\\\hline 0101\end{array}\qquad\begin{array}{r}14\\-10\\\hline 4\end{array}\mapsto\begin{array}{r}1110\\-1010\\\hline 0100\end{array}\qquad\begin{array}{r}10\\-14\\\hline -4\end{array}\mapsto\begin{array}{r}1010\\-1110\\\hline -0100\end{array}$$

■

위의 예제 중에서 작은 수에서 큰 수를 뺄 경우 큰 수에서 작은 수를 뺀 다음 그 결과에 음의 부호를 붙이는 방법을 사용하는 것이 편리하다.

[기초 다지기] 다음 2진수의 뺄셈 결과를 구하라

(a) 1110 − 101　　(b) 1001 − 1000　　(c) 110010 − 11011

2-3-3 2진수의 곱셈

2진수의 곱셈은 10진수의 곱셈과정과 유사하며 곱하는 과정에서는 덧셈이나 뺄셈에서 발생하는 캐리와 보로우가 발생하지 않는다. 물론 곱셈과정이 끝난 후 각 항을 더할 때는 캐리가 발생할 수 있다.

$$0\times0=0,\quad 0\times1=0,\quad 1\times0=0,\quad 1\times1=1$$

2비트 이상의 곱셈에서는 자릿수를 왼쪽으로 이동하면서 곱셈을 하고 각행의 값을 더하여 최종 결과를 얻는다.

$$\begin{array}{r} 1\,1 \\ \times\ 1\,0 \\ \hline 0\,0 \\ 1\,1 \\ \hline 1\,1\,0 \end{array}$$

예제 2-9 다음 2진수의 곱셈 결과를 구하라.

$$\begin{array}{r} 1011.1 \\ \times\ \ 1.01 \\ \hline 10111 \\ 00000 \\ +10111 \\ \hline 1110.011_2 \end{array} \quad \longleftrightarrow \quad \begin{array}{r} 11.5 \\ \times\ \ 1.25 \\ \hline 575 \\ 230 \\ +\ 115 \\ \hline 14.375_{10} \end{array}$$

■

위의 결과로부터 10진수의 곱셈 결과인 14.375는 2진수의 곱셈 결과인 1110.011과 같은 값이라는 것을 알 수 있다.

[기초 다지기] 다음 2진수의 곱셈 결과를 구하라

(a) 1110 × 101　　　(b) 1011.101 × 101.11　　　(c) 11101 × 1001

2-3-4 2진수의 나눗셈

2진수의 나눗셈에서 소수점이 있을 경우 소수점을 없애고 계산하는 것이 편리하다. 1110.01을 1.1로 나누는 예제 2-10의 과정에서 알 수 있듯이 2진수의 나눗셈은 10진수의 나눗셈처럼 동일한 연산 과정을 적용하여 결과를 얻을 수 있다.

예제 2-10 다음 2진수의 나눗셈 결과를 구하라.

```
      9              1001            17              10001
 3 | 27          11 | 11011      4 | 68         100 | 1000100
   - 27             - 11           - 68             - 100
      0    <-->        0011           0     <-->        00100
                     -   11                           -   100
                          00                                0

                  9.5                                     1001.1
1.5 | 14.25 -> 150 | 1425          1.1 | 1110.01 |-> 110 | 111001
                     1350                                - 110
                      750   <-->                           1001
                      750                                -  110
                        0                                   110
                                                          - 110
                                                              0
```

■

[기초 다지기] 다음 2진수의 나눗셈 결과를 구하라

(a) 1110 × 10　　　(b) 10111110 × 1010

2-4 2진수의 2의 보수와 연산

앞 절에서 다룬 덧셈, 뺄셈, 곱셈 및 나눗셈은 부호에 관계없이 연산 결과를 구했다. 어떤 수의 연산을 실행할 때 대부분의 컴퓨터 및 디지털 시스템은 2의 보수(2's Complement)에 의한 연산을 한다. 이는 디지털 시스템의 하드웨어가 복잡해지는 것을 방지하기 위한 것이다. 이 절에서는 모든 연산을 2의 보수에 의해 처리하는 과정을 소개한다. 먼저 보수에 대한 정의를 살펴보고 음수인 경우 어떻게 보수로 바뀌는지 알아보자.

2-4-1 1의 보수(1's Complement)

2진수 각 비트의 값에서 0은 1로 1은 0으로 변환된 수를 1의 보수라 한다. 어떤 2진수 1010에 대한 1의 보수는 다음과 같다.

$$1010 \overset{\text{1의 보수}}{\longmapsto} 0101$$

참고

원래의 2진수와 그 수의 1의 보수와의 합은 "1111"이 된다. 1010+0101 = 1111

2-4-2 2의 보수(2's Complement)

2의 보수는 어떤 2진수의 1의 보수에 1을 더한 것이다.

2의 보수 = 어떤 2진수의 1의 보수 + 1

다음 과정은 어떤 2진수 1100에 대한 2의 보수 표시 과정이다.

$$\begin{array}{rcr} & \text{1의 보수} & \\ 1100 & \longmapsto & 0011 \\ & & +\quad 1 \\ \hline & & 0100 \end{array} \leftarrow \text{2의 보수}$$

즉, 1100의 2의 보수는 0100이다.

예제 2-11 2진수 1011011과 11101110의 2의 보수를 구하라.

```
   1011011                    11101110
   0100100 : 1의 보수         00010001 : 1의 보수
+        1 : 1을 더한다    +         1 : 1을 더한다
-----------               ------------
   0100101 : 2의 보수         00010010 : 2의 보수
```

■

[기초 다지기] 1100001의 2의 보수를 구하라

참고 : 2진수의 2의 보수 구하는 다른 방법

(1) 2진수의 맨 우측에서 시작하여 첫 번째 1이 나올 때까지 나타난 비트들은 그대로 둔다.
(2) 나머지 비트들은 모두 1의 보수로 바꾼다.

예제 2-12 2진수 10110110의 2의 보수를 구하라.

```
                                  101101 10
                                    ↓    10  : 첫 번째 1까지를 그대로 내린다.
나머지 비트들을 1의 보수로 바꾼다.↦ 010010  ↓
                                  ---------
                                  010010 10  : 2의 보수
```

■

[기초 다지기] 2진수 11100000의 2의 보수를 예제 2-12의 방법으로 구하라

참고

어떤 2진수와 그 수의 2의 보수를 합하면 모든 비트가 0이 되고 캐리가 발생한다. 아래의 과정을 살펴보자.

```
     0010 ↦ 2진수
 +   1110 ↦ 2진수의 2의 보수
 ---------
  1  0000 ↦ 덧셈 결과
  ↓
 캐리
```

2-4-3 2의 보수 표시(2's Complement Representation)

2진수의 연산 결과에는 반드시 부호가 필요하다. 즉, 양의 정수 및 음의 정수를 구분할 수 있는 부호가 있어야 한다. 그래서 디지털 시스템에서는 연산 결과에서 나타난 2진수의 MSB를 이용하여 양의 정수 및 음의 정수를 표시하는 방법을 사용한다. 부호 표시방법은 다음과 같다.

① 양의 정수 : MSB가 0일 경우 그대로 표시한다.

② 음의 정수 : MSB가 1일 경우이며 이 수의 실제 크기를 구하려면 2의 보수를 취한 후 구한 수에 음의 부호를 붙이면 된다.

표 2-2 수의 표시 범위

2진수	2의 보수	10진수	비트수와 표시범위
1000	1000	−8	4비트(−8∼+7)
0111		7	
10000000	10000000	−128	8비트(−128∼+127)
01111111		127	
1000000000000000	1000000000000000	−32768	16비트(−32768∼+32767)
0111111111111111		32767	

표 2-2로부터 4비트로 표현할 수 있는 수의 범위는 −8에서 +7까지이고 8비트는 −128에서 +127 그리고 16비트는 −32768에서 +32767까지임을 반드시 기억하기 바란다.

참고

2의 보수로 표현된 부호화된 수에서 n비트로 표현할 수 있는 값의 범위는 다음과 같다.

$$-2^{n-1} \sim +(2^{n-1}-1)$$

2-4-4 2의 보수 표시에 의한 연산

■ 덧셈과 뺄셈

덧셈에 사용되는 두 수를 피가수(Augend)와 가수(Addend)라 부르며 결과는 합(Sum)이라 부른다. 뺄셈에 사용되는 두 수를 피감수(Minuend)와 감수(Subtrahend)라 부르고 뺄셈의 결과를 차(Difference)라 부른다.

2진수의 덧셈에는 다음과 같은 4가지 경우의 수가 있다.

(a) 두 수가 모두 양수일 경우
(b) 두 수가 양수와 음수일 경우(크기는 양수가 큰 경우)
(c) 두 수가 음수와 양수일 경우(크기는 음수가 큰 경우)
(d) 두 수가 모두 음수일 경우

2진수의 뺄셈은 덧셈의 특별한 경우이므로 덧셈과 유사한 방법으로 처리하면 된다. 이 절에서 사용하는 모든 수는 8비트 2진수로 표현할 것이다. 먼저 덧셈을 알아보자.

예제 2-13 다음 예제들의 연산과정을 통하여 2의 보수 덧셈 기본 원칙을 살펴보자.

☞ 두 수가 모두 양수일 경우

9 ↦ 00001001
+ 5 ↦ + 00000101
14 00001110

13 ↦ 00001101
+ 17 ↦ + 00010001
30 00011110

[해설] 두 수의 합은 언제나 양수이고 오버플로우(Overflow)가 발생할 수 있다.

☞ 두 수가 양수와 음수일 경우(크기는 양수가 큰 경우)

19 00010011
+ (-)5 ↦ −00000101 ↦ 2의 보수 ↦ + 11111011
14 1 00001110

캐리는 버림

[해설] 두 수의 합은 언제나 양수이고 캐리가 발생하며 이 캐리는 버린다.

☞ 두 수가 양수와 음수일 경우(크기는 음수가 큰 경우)

```
      19                                      00010011
  + (-)24  ↦  −00011000  ↦ 2의 보수 ↦  +  11101000
  ───────                                ──────────
     −5                                      11111011 ↦  −00000101
```

[해설] 두 수의 합은 언제나 음수이고 2의 보수 형태를 갖는다.

☞ 두 수가 모두 음수일 경우

```
   (-)19  ↦  − 00010011  ↦ 2의보수 ↦       11101101
 + (-)24  ↦  − 00011000  ↦ 2의보수 ↦  +   11101000
 ───────                              ─────────────
    −43                                1   11010101 ↦  −00101011
                                       ↧
                                  캐리는 버림
```

[해설] 두수의 합은 언제나 음수이고 캐리가 발생하면 이 캐리는 버린다. 덧셈 결과는 2의 보수 형태이고 오버플로우(Overflow)가 발생할 수 있다.

이번에는 뺄셈을 알아보자.

예제 2-14 다음 예제들의 연산과정을 통하여 2의 보수 뺄셈 기본 원칙을 살펴보자

☞ 양수에서 양수를 뺄 경우 : 감수를 음수로 바꾸어 2의 보수로 바꾸고 덧셈을 한다.

```
A :     15          15                          00001111
      −  5  ↦  + (-)5  ↦ 2의 보수 ↦  +   11111011
      ────     ───────               ────────────
        10          10                  1   00001010
                                        ↧
                                   캐리는 버림

B :      5           5                          00000101
      − 15  ↦ + (-)15  ↦ 2의 보수 ↦  +   11110001
      ────     ───────               ────────────
       −10         −10                      11110110
                                                ↧
                                        −   00001010
```

[해설] A와 같이 큰 양수에서 작은 양수를 뺄 경우 언제나 양의 정수 결과를 얻게 되고 이때 발생하는 캐리는 버린다. B와 같이 작은 양수에서 큰 양수를 뺄 경우 언제나 음수이고 발생하는 캐리는 버린다.

☞ 양수에서 음수를 뺄 경우 : 덧셈과 동일하다.

$$\begin{array}{r} 27 \\ -(-)5 \\ \hline 32 \end{array} \mapsto \begin{array}{r} 27 \\ +\ 5 \\ \hline 32 \end{array} \mapsto \begin{array}{rr} & 00011011 \\ + & 00000101 \\ \hline & 00011100 \end{array} \qquad \begin{array}{r} 5 \\ -(-)15 \\ \hline 20 \end{array} \mapsto \begin{array}{r} 5 \\ +\ 15 \\ \hline 20 \end{array} \mapsto \begin{array}{rr} & 00000101 \\ + & 00001111 \\ \hline & 00010100 \end{array}$$

[해설] 두 수의 차는 언제나 양수이고 오버플로우가 발생할 수 있다.

☞ 음수에서 양수를 뺄 경우 : 두 수가 모두 음수인 덧셈과 동일하다.

$$\begin{array}{r} (-)25 \\ -\ \ 24 \\ \hline -\ 49 \end{array} \mapsto \begin{array}{r} (-)25 \\ +\ (-)24 \\ \hline -\ 49 \end{array} \begin{array}{l} \mapsto -00011001 \mapsto 2\text{의보수} \mapsto \\ \mapsto -00011000 \mapsto 2\text{의보수} \mapsto \\ \ \end{array} \begin{array}{rr} & 11100111 \\ + & 11101000 \\ \hline 1 & 11001111 \mapsto -00110001 \end{array}$$

(1 ↓ 캐리는 버림)

[해설] 두수의 차는 언제나 음수이며 캐리가 발생하면 버린다.

☞ 음수에서 음수를 뺄 경우

$$\begin{array}{r} (-)19 \\ -\ (-)24 \\ \hline 5 \end{array} \mapsto \begin{array}{r} (-)19 \\ +\ \ 24 \\ \hline 5 \end{array} \begin{array}{l} \mapsto -00010011 \mapsto 2\text{의보수} \mapsto \\ \ \\ \ \end{array} \begin{array}{rr} & 11101101 \\ + & 00011000 \\ \hline 1 & 00000101 \end{array}$$

(1 ↓ 캐리는 버림)

[해설] 두 수의 차는 감수가 클 경우 양수, 피감수가 클 경우 음수가 된다. 캐리가 발생할 경우 버린다. ■

■ 곱셈

곱셈에 사용하는 두 수를 피승수(Multiplicand), 승수(Multiplier)라 부르고 곱셈의 결과를 곱(Product)이라 부른다. 10진수의 곱셈과 마찬가지로 2진수의 곱셈 역시 연속적인 덧셈과 같다. 예를 들어

5 × 3	=	5 + 5 + 5

이므로 곱셈은 덧셈의 형식과 같다는 것을 알 수 있다. 그렇지만 다음과 같은 곱셈을 위와 같은 덧셈 형식으로 표현할 수 있겠는가? 425×380의 경우 425를 380번 더하는 과정을 진행해야 한다. 이 경우 연산이 매우 길어지는 단점이 있다. 그래서 다음과 같은 10진수의 곱셈 방법을 상기해 보자.

```
      4 3 5   ↦ 피승수
    × 2 3 1   ↦ 승수
    -------
      4 3 5   ↦ 1의 자리 곱
  + 1 3 0 5   ↦ 10의 자리 곱
  + 8 7 0     ↦ 100의 자리 곱
  -----------
  1 0 0 4 8 5 ↦ 최종 곱
```

위와 같은 방법을 이용하면 2진수의 곱을 손쉽게 구할 수 있다.

곱셈규칙 :

(a) 두 수의 부호가 같을 경우 : 결과는 언제나 양수

(b) 두 수의 부호가 다를 경우 : 결과는 언제나 음수

예제 2-15 다음 예제들의 연산과정을 통하여 2의 보수 곱셈 기본 원칙을 살펴보자.

```
   4 ↦              0 0 0 0 0 1 0 0
 × 9 ↦            × 0 0 0 0 1 0 0 1
                  -----------------
                    0 0 0 0 0 1 0 0
           +      0 0 0 0 0 0 0 0
           +    0 0 0 0 0 0 0 0
           +  0 0 0 0 0 1 0 0
           ------------------------
  36 ↦        0 0 0 0 0 1 0 0 1 0 0
              ↓
            부호비트
```

[해설] 두 수의 부호가 서로 같으므로 결과는 언제나 양수다.

```
    0100                                    0 1 0 0
  × 1001 ↦ 2의 보수 ↦ 0111 ↦               × 0 1 1 1
                                           ─────────
                                            0 1 0 0
                                     +    0 1 0 0
                                     +  0 1 0 0
                                     + 0 0 0 0
                                   ─ 0 0 0 1 1 1 0 0
                                          ↧
    −28                              1 1 1 0 0 1 0 0 ↤ 2의 보수
```

[해설] 두 수의 부호가 다르므로 언제나 음수의 결과를 갖는다. 부호가 다른 경우의 곱셈은 다음과 같은 절차를 이용한다.

참고 : 부호가 다른 곱셈

1) 승수나 피승수 중에 음수가 있으면 2의 보수로 바꾼다.
2) LSB부터 순서대로 곱한다.
3) 곱의 결과는 자릿수를 하나씩 왼쪽으로 이동하면서 기록한다.
4) 각각의 합을 구한다.
5) 곱셈의 결과가 양수이므로 2의 보수를 구해 음수로 바꾼다.

[기초 다지기] 다음 2진수의 곱셈 결과를 구하라

(a) 0010 × 0101 (b) 1011 × 0111 (c) 1001 × 1100 (d) 0110 × 1011

■ 나눗셈

나눗셈에 사용하는 두 수를 피제수(Dividend), 제수(Divisor)라 부르고 나눗셈의 결과를 몫(Quotient)이라 부른다. 앞에서도 이미 살펴보았지만 나눗셈은 연속된 뺄셈과 같다. 예를 들어 36÷9의 경우를 살펴보자.

36 ↦	36 피제수	
÷ 9	− 9 첫 번째 뺄셈	
4	27	
↓	− 9 두 번째 뺄셈	
몫	18	
	− 9 세 번째 뺄셈	
	9	
	− 9 네 번째 뺄셈	↦ 몫 = 4
	0	

결과적으로 36을 9로 나눈다는 것은 36에 9가 몇 개 들어있느냐를 판단하는 것이다.

나눗셈규칙 :

(a) 두수의 부호가 같을 경우 : 결과는 언제나 양수

(b) 두수의 부호가 다를 경우 : 결과는 언제나 음수

예제 2-16 다음 예제들의 연산과정을 통하여 2의 보수 나눗셈 기본 원칙을 살펴 보자.

72 ↦ 01001000

÷ (-)9 ↦ 11110111 ↦ 2의 보수 ↦ 00001001) 01001000

−8

몫/나눗셈 과정	
1000	↦ 2의 보수 ↦ 11111000 (↑ 나눗셈 결과)
00001001 | 01001000	
01001	
00	
00	
00	
00	
00	
00	
0	

[해설] 제수가 음수이므로 2의 보수로 바꾼 다음 나눗셈을 진행하고 나눗셈의 결과를 다시 2의 보수로 바꾸어 결과를 얻는다. ■

[기초 다지기] 다음 2진수의 나눗셈 결과를 구하라

(a) 01101100 ÷ 00001001　　　(b) 01001000 ÷ 11111101

2-4-4 오버플로우(Overflow)

4비트로 표현할 수 있는 수의 범위는 -8에서 +7까지라는 것을 표 2-2(페이지 번호 51)에서 확인할 수 있다. 예를 들어, 7과 4를 더하면 11이 된다. 덧셈에 사용된 2개의 수를 4비트로 표현하면 0111_2(=7), 0100_2(=4)이고 연산결과를 4비트로 표현하면 1011_2(=11)이 된다. 연산결과의 MSB는 부호비트이므로 1011_2은 음수라는 것을 알 수 있다. 연산결과의 실제 크기는 10진수로 11_{10}이어야 하는데 $(-)5_{10}$라는 결과를 갖게 된다. 즉, 연산의 결과가 연산에 사용된 비트로 표현할 수 있는 범위를 넘을 경우 연산 결과의 부호가 바뀌는 상태가 발생되는데 이를 오버플로우라 부른다. 예제 2-17의 연산 결과로부터 오버플로우 발생의 예를 살펴보고 이를 해결할 수 있는 방법을 생각해보자.

예제 2-17 아래의 예제는 4+5를 4비트 2진수 덧셈으로 처리한 경우이다.

```
   4          0 1 0 0
 + 5  ↦   +  0 1 0 1
 ----     ----------
   9          1 0 0 1  ↦ 2의 보수 ↦   −0111
              ↧                         ↧
           부호비트                     − 7
```

■

예제 2-17에서 알 수 있듯이 연산 결과가 1001이 나왔지만 이 결과는 MSB가 1이므로 10진수로 환산하면 +9가 아닌 −7이 나온다. 이와 같은 연산결과를 오버플로우라 부르며 표 2-2에 나타낸 것처럼 4비트로 표현할 수 있는 수의 범위는 −8에서 +7이기 때문에 발생하는 현상이다. 하나의 예를 더 들어보자. 다음 예는 −7과 −6을 더하는 과정을 4비트 2진수 덧셈으로 처리한 과정이다.

```
    (-)7  ↦  − 0111  ↦  2의보수 ↦       1001
 + (-)6  ↦  − 0110  ↦  2의보수 ↦  +    1010
 -------                           -----------
   −13                               1   0011  ↦  3
                                     ↧
                                  캐리는 버림
```

위에 나타낸 결과처럼 10진수의 연산결과는 −13이 나왔지만 2진수의 연산 결과는 +3이 나왔다.

위의 예제들에서 발생한 오버플로우 문제를 해결하려면 연산에 소요되는 비트수를 확장해야 한다. 대부분의 디지털 시스템에서는 4비트(Nibble), 8비트(Byte), 16비트(Word) 단위로 수를 처리하기 때문에 4비트에서 오버플로우가 발생하면 8비트로 확장하는 것이 일반적인 방법이다. 예제 2-18은 연산에 사용할 비트를 8비트로 확장하여 오버플로우를 해결하는 방법을 나타낸 것이다.

예제 2-18 25+(−3)의 연산에서 25는 4비트로 표현할 수 없다. 또한 연산 결과가 22이기 때문에 4비트로 표현할 수 없는 수가 된다. 그러므로 연산에 사용될 비트를 8비트로 확장해야 된다.

```
     25       00011001                       00010011
 + (-)3  ↦  −00000011  ↦ 2의 보수 ↦  +    11111101
 ------                              ----------------
     22                                 1  00010110  ↦  22
                                        ↓
                                   캐리는 버림
```

■

예제 2-18에서는 오버플로우가 발생하지 않았음을 알 수 있다.

[기초 다지기] 다음 2진수의 연산 결과가 오버플로우가 발생하지 않도록 연산하라.

(a) 15 + 7　　　　(b) 48 + (-)12

참고

어떤 2진수에 2의 보수를 취하면 부호가 바뀐다. 1100의 2의 보수는 0100이므로 MSB가 바뀐 것을 확인할 수 있다.

2-5 여러 가지 코드

사람과 컴퓨터가 정보를 주고받기 위해서 사람이 인식할 수 있는 코드와 컴퓨터가 인식할 수 있는 코드간의 변환이 필요하다.

예를 들어 음성인식 시스템의 경우 사람은 소리라는 음성정보를 이용하지만 컴퓨터는 음성신호를 전기신호로 바꾼 다음 2진 정보를 받아들여 활용하게 된다. 반대로, 컴퓨터에서 처리된 정보를 사람이 인식하기 위해서는 사람이 인식할 수 있는 정보가 입력되어야 한다. 즉, 키보드로 숫자를 입력하면 모니터에 사람이 인식할 수 있는 숫자가 나타나는 것을 예로 들 수 있다. 여기서 키보드를 치는 것은 물리적인 행동이기 때문에 키를 누른 행동을 전기적인 신호로 바꾸어 주는 장치가 필요하다. 그리고 전기적인 신호가 2진 데이터로 컴퓨터에 입력되면 컴퓨터는 사람이 알아볼 수 있는 정보로 바꾸어 모니터에 출력하는 것이다. 일반적으로 수를 표현할 때 사람이 사용하는 코드는 10진수이다. 반면 컴퓨터가 인식할 수 있는 코드는 BCD, Gray 그리고 ASCII 코드 등이 있다. 이절에서는 BCD 코드, Gray 코드 그리고 ASCII 코드를 소개한다.

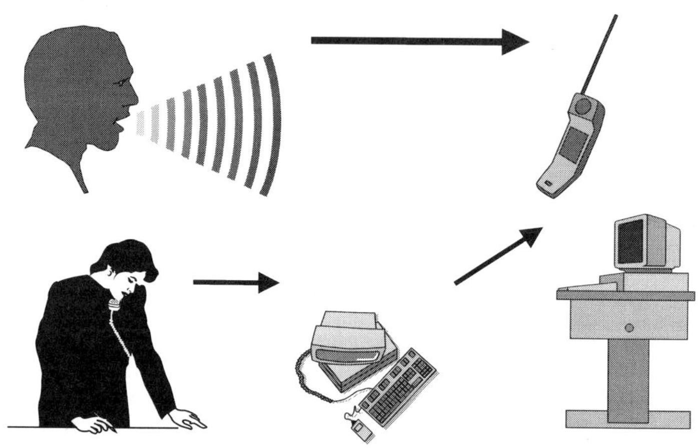

그림 2-1 여러 가지 코드와 디지털 시스템

2-5-1 BCD(Binary Coded Decimal)

BCD코드는 10진수를 4비트의 2진수로 표현한 것이며 가중치를 고려하여 8421코드로 불리기도 한다. BCD코드는 디지털 시스템에서 다양하게 사용되기 때문에 정확한 개념을 갖는 것이 중요하다. BCD 코드의 이해를 높이기 위해 그림 2-2를 살펴보자. 사람이 키패

Digital Logic Circuits

드 4를 누르면 전기 신호가 발생하고 이 전기신호는 BCD 코드 0100_2을 발생시키는 인코더(Encoder)에 입력되고 인코더의 출력은 7-세그먼트(Segment)에 사람이 인식할 수 있는 숫자 4를 표시할 디코더(Decoder)의 입력이 된다. 그리고 디코더는 7-세그먼트에 숫자 4를 표시한다.

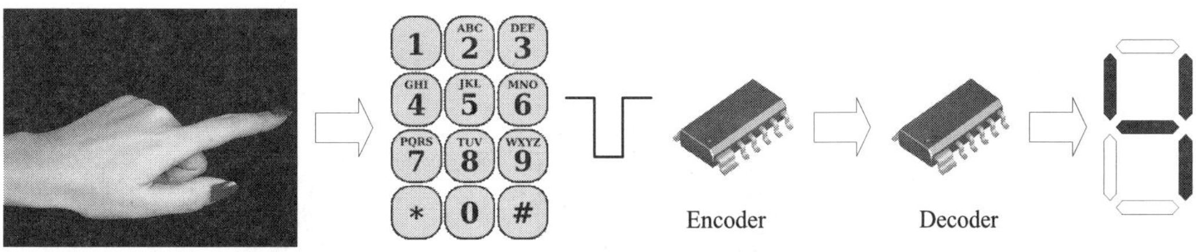

그림 2-2 키패드와 7-세그먼트 표시기에 사용되는 BCD 코드

❑ 사용 분야

- ▣ 전자 계산기의 표시기
- ▣ 전화기의 표시기
- ▣ 전자수첩의 표시기
- ▣ 7-Segment 숫자표시기
- ▣ 광고판

표 2-3은 10진수와 BCD 코드의 관계를 표시한 것이다.

표 2-3 10진수와 BCD 코드

10진수	0	1	2	3	4	5	6	7	8	9
BCD	0000	0001	0010	0011	0100	0101	0110	0111	1000	1001

BCD는 4비트인데 4비트로 표현할 수 있는 16개의 코드 중 10개의 코드만을 사용하고 있음을 표 2-3을 통하여 알 수 있다. 이것은 나머지 6개의 코드가 사용되지 않음을 의미하는 것이다.

예제 2-19 표 2-3을 이용하여 10진수 258을 BCD 코드로 표시해보자.

258 = 0010 0101 1000 ■

[기초 다지기] 그림 2-2에서 사람이 키패드 5와 9를 눌렀을 때 예상할 수 있는 인코더와 디코더의 출력을 조사해 보자.

2-5-2 그레이 코드(Gray Code)

그림 2-3 그레이 코드와 축 위치 인코더(Shaft Position Encoder)

현재의 코드에서 다음 코드로 바뀔 때 오직 1비트의 변화만 발생하는 2진 코드를 그레이 코드라 부른다. 그림 2-3과 같이 기계적 위치를 제어할 때 그레이 코드를 사용하면 위치변화가 생길 때 비트의 변화가 적기 때문에 오류를 최소한으로 줄일 수 있는 장점이 있다. 그래서 플로피 디스크나 하드 디스크, 축 위치 인코더 등에 많이 사용한다.

표 2-4 3비트 2진수와 그레이 코드 변환표

10진수	2진수	그레이 코드
0	000	000
1	001	001
2	010	011
3	011	010
4	100	110
5	101	111
6	110	101
7	111	100

(1) 2진수를 그레이 코드로 변환하기

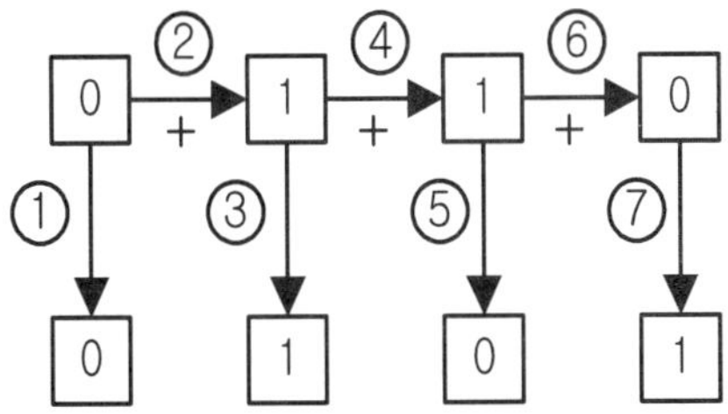

1. 2진수의 MSB를 그대로 옮겨 놓는다.
2. 2진수 MSB와 2진수 다음 비트의 합을 구한다.
3. 캐리는 버리고 결과를 옮겨 적는다.
4. 최종결과가 나올 때까지 2와 3의 과정을 반복한다.

(2) 그레이 코드를 2진수로 변환하기

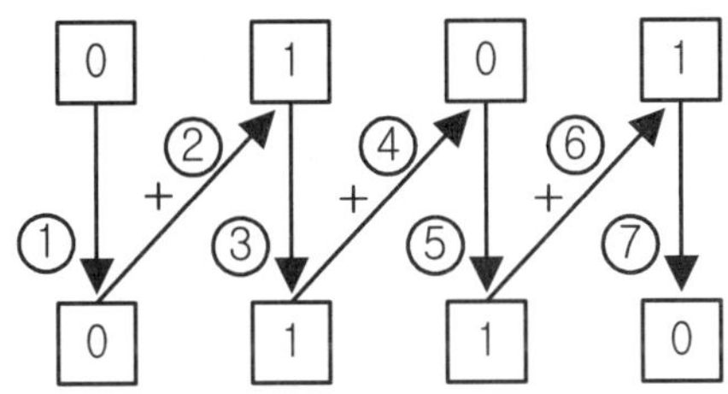

1. 그레이 코드의 MSB를 그대로 옮겨 놓는다.
2. 옮겨 놓은 비트와 그레이 코드 다음 비트와의 합을 구한다.
3. 캐리는 버리고 결과를 옮겨 적는다.
4. 최종결과가 나올 때까지 2와 3의 과정을 반복한다.

예제 2-20 다음 2진수를 그레이 코드로 변환해 보자

1		1		0		0		1	↦ 2진수 코드
1	+	1	+	0	+	0	+	1	
↧		↧		↧		↧		↧	
1		0		1		0		1	↦ 그레이 코드

■

[기초 다지기] 2진수 11011110_2을 그레이 코드로 변환하라

예제 2-21 다음 그레이 코드를 2진수로 변환해 보자

1		0		1		0		1	↦ 그레이 코드
1		0		1		0		1	
↧	⁄+	↧	⁄+	↧	⁄+	↧	⁄+	↧	
1		1		0		0		1	↦ 2진수 코드

■

[기초 다지기] 그레이 코드 11011110_G을 2진수 코드로 변환하라

2-5-3 ASCII 코드 (American Standard Code for Information Interchange)

사람이 컴퓨터에 정보를 전달하기 위해서 숫자와 문자 또는 제어문자를 키보드를 이용하여 입력한다.

(1) IBM PC와 확장 ASCII

대부분의 컴퓨터 키보드는 ASCII로 표준화되어 있으며 7비트 2진 코드로 표현되는 128개의 문자와 기호로 구성되어 있다(00h~7Fh). 처음 32개는 제어문자이고 나머지는 화면에 표시되는 문자이다. 그 외에 확장 ASCII코드가 있는데 이것은 8비트로 표현한다(80h~FFh). 표 2-5는 IBM PC의 DOS를 위한 8비트 ASCII 코드와 확장 ASCII 코드표이고 표 2-6은 MS-Window를 위한 ASCII 코드표이다.

예제 2-22 ASCII 코드가 다음과 같은 값을 가질 때 표 2-5를 참조하여 해당하는 문자를 구하라.

1) 33H = 3　　2) 37H = 7　　3) 7BH = {　　4) E4H = Σ

■

표 2-5 IBM PC와 ASC II 코드

	0	1	2	3	4	5	6	7	8	9	A	B	C	D	E	F
0		☺	☻	♥	♦	♣	♠					♂	♀		♫	☼
1	►	◄	↕	‼	¶	§	▬	↨	↑	↓		←	∟	↔	▲	▼
2		!	"	#	$	%	&	'	(	)	*	+	,	-	.	/
3	0	1	2	3	4	5	6	7	8	9	:	;	<	=	>	?
4	@	A	B	C	D	E	F	G	H	I	J	K	L	M	N	O
5	P	Q	R	S	T	U	V	W	X	Y	Z	[	\	]	^	_
6	`	a	b	c	d	e	f	g	h	i	j	k	l	m	n	o
7	p	q	r	s	t	u	v	w	x	y	z	{	¦	}	~	⌂
8	Ç	ü	é	â	ä	à	å	ç	ê	ë	è	ï	î	ì	Ä	Å
9	É	æ	Æ	ô	ö	ò	û	ù	ÿ	Ö	Ü	¢	£	¥	₧	ƒ
A	á	í	ó	ú	ñ	Ñ	ª	º	¿	⌐	¬	½	¼	¡	«	»
B	░	▒	▓	│	┤	╡	╢	╖	╕	╣	║	╗	╝	╜	╛	┐
C	└	┴	┬	├	─	┼	╞	╟	╚	╔	╩	╦	╠	═	╬	╧
D	╨	╤	╥	╙	╘	╒	╓	╫	╪	┘	┌	█	▄	▌	▐	▀
E	α	β	Γ	π	Σ	σ	µ	τ	Φ	Θ	Ω	δ	∞	φ	ε	∩
F	≡	±	≥	≤	⌠	⌡	÷	≈	°	∙	·	√	ⁿ	²	■	

(2) MS-Window와 ASCII

표 2-6 MS-Window와 ASC II 코드

	0	1	2	3	4	5	6	7	8	9	A	B	C	D	E	F
0	■	■	■	■	■	■	■					■	■		■	■
1	■	■	■	■	■	■	■	■	■	■		■	■	■	■	■
2		!	"	#	$	%	&	'	(	)	*	+	,	-	.	/
3	0	1	2	3	4	5	6	7	8	9	:	;	<	=	>	?
4	@	A	B	C	D	E	F	G	H	I	J	K	L	M	N	O
5	P	Q	R	S	T	U	V	W	X	Y	Z	[	\	]	^	_
6	`	a	b	c	d	e	f	g	h	i	j	k	l	m	n	o
7	p	q	r	s	t	u	v	w	x	y	z	{	|	}	~	■
8	■	■	■	■	■	■	■	■	■	■	■	■	■	■	■	■
9	■	‘	’	■	■	■	■	■	■	■	■	■	■	■	■	■
A		¡	¢	£	¤	¥	¦	§	¨	©	ª	«	¬	-	®	¯
B	°	±	²	³	´	µ	¶	·	¸	¹	º	»	¼	½	¾	¿
C	À	Á	Â	Ã	Ä	Å	Æ	Ç	È	É	Ê	Ë	Ì	Í	Î	Ï
D	Ð	Ñ	Ò	Ó	Ô	Õ	Ö	×	Ø	Ù	Ú	Û	Ü	Ý	Þ	ß
E	à	á	â	ã	ä	å	æ	ç	è	é	ê	ë	ì	í	î	ï
F	ð	ñ	ò	ó	ô	õ	ö	÷	ø	ù	ú	û	ü	ý	þ	

예제 2-23 ASCII 코드가 다음과 같은 값을 가질 때 표 2-6을 참조하여 해당하는 문자를 구하라.

1) 43h = C 2) 66h = f 3) 28h = (4) 3Eh = >

■

연습문제

1. 다음 2진수를 10진수로 변환하라.

1) 101011　　2) 0110　　3) 0111　　4) 1101.001

5) 10110101　　6) 10100111　　7) 11101.111　　8) 10010.1

2. 다음 16진수를 10진수로 변환하라.

1) C5H　　2) FAH　　3) D6H　　4) A94H

5) F5DH　　6) 1001H　　7) ABCH　　8) 35BH

3. 다음 2진수를 16진수로 변환하라.

1) 1011 1001　　2) 1101 1100　　3) 1111 1011　　4) 10101111010

5) 1010001111.01011　　6) 11110000

4. 다음 16진수를 2진수로 변환하라.

1) A6FH　　2) CDF1H　　3) 3CABH

5. 다음 10진수를 16진수로 변환하라.

1) 42　　2) 136　　3) 49.5

6. 다음 2진수간의 연산 결과를 구하라(부호 비트는 고려하지 않는다).

1) 10011+011　　2) 10110.11+1.101

3) 11010−110　　4) 101.1101−11101.11

5) 111×101　　6) 101.11×111.011

7) 1001001÷110　　8) 1110111.101÷100.1

7. 다음 2진수의 2의 보수를 구하라.

1) 10010110　　2) 01111001　　3) 11101011　　4) 00010111

8. 다음 연산 결과를 2의 보수를 이용하여 구하라.

1) 31−24	2) 43+28
3) 18−45	4) −57−24

9. 4비트 2진수를 그레이 코드로 변환하라.

10. 다음 BCD 코드를 10진수로 변환하라.

1) 10011000	2) 01101001	3) 01110100
4) 00110110	5) 00110110	6) 10000001

11. 다음 10진수를 BCD 코드로 변환하라.

1) 87	2) 143	3) 97	4) 61
5) 44	6) 794	7) 1583	8) 6254

12. 표 2-5를 이용하여 다음의 문자, 부호 그리고 숫자를 ASCII 코드로 변환하라.

1) %	2) $24	3) N-7	4) CPU
5) Pg	6) {345}	7) abcd	8) 654

13. 표 2-6을 이용하여 다음의 문자, 부호 그리고 숫자를 ASCII 코드로 변환하라.

1) !	2) $24	3) N-7	4) CPU
5) Pg	6) {345}	7) abcd	8) 654

CHAPTER 3

디지털 신호, TTL 게이트 그리고 부울대수 및 카노프 맵

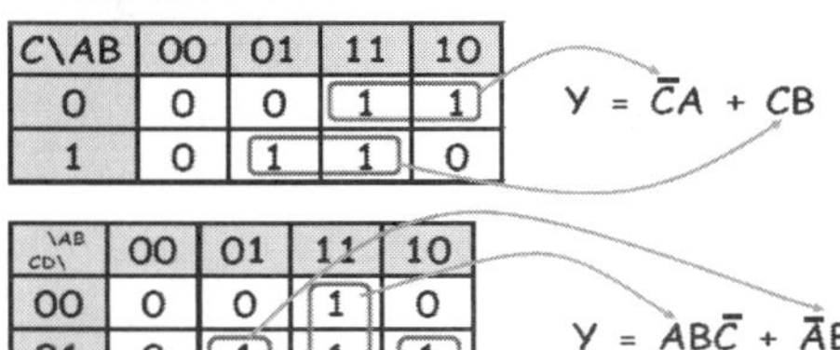

3-1 디지털 신호
3-2 AND, OR, NOT 게이트(Gate)
3-3 NAND 게이트와 NOR 게이트
3-4 XOR 게이트와 XNOR 게이트
3-5 부울대수(Boolean Algebra)
3-6 드모르강(De-Morgan)의 정리와 게이트의 변환
3-7 표준형을 이용한 논리회로 구성
3-8 카노프 맵(Karnaugh Map)을 이용한 논리회로의 간소화

디지털 신호는 그림 3-2 처럼 [0]과 [1] 또는 [Low]와 [High]의 연속된 변화를 갖는 신호를 말하며 TTL (Transistor-Transistor Logic) 등의 IC로 구성된 디지털 시스템의 입력 신호로 사용하거나 출력 신호로 나타난다. TTL 게이트란 트랜지스터-트랜지스터 로직을 의미하며 디지털 신호를 발생시키거나 전달 또는 구동시키는 데 사용된다. 디지털 시스템은 수많은 TTL 논리소자로 구성되며 논리소자가 적게 소요될수록 시스템의 가격이 경쟁력을 갖게 되고 소형화할 수 있으며 안정성을 높일 수 있다. 그렇다면 디지털 시스템을 구성하는 TTL 논리소자를 어떻게 줄일 수 있는가? 이에 대한 해답이 부울대수와 카노프 맵이다. 부울대수와 카노프 맵을 이용하면 많은 수의 디지털 논리소자를 줄일 수 있다. 본 장에서는 이들에 대한 기본적인 개념을 알아보고 적용 예를 살펴보기로 한다.

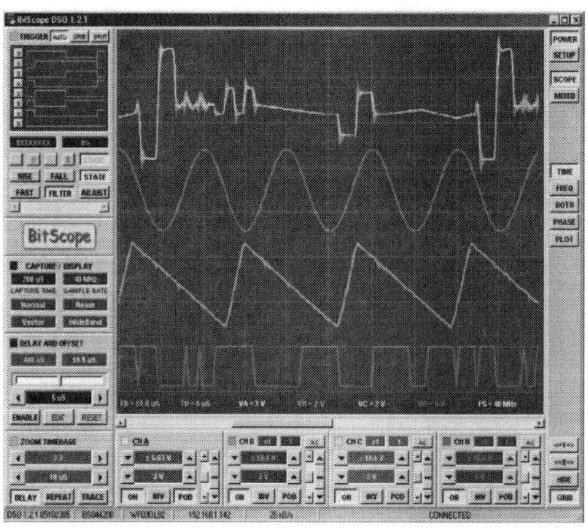

그림 3-1 신호의 유형

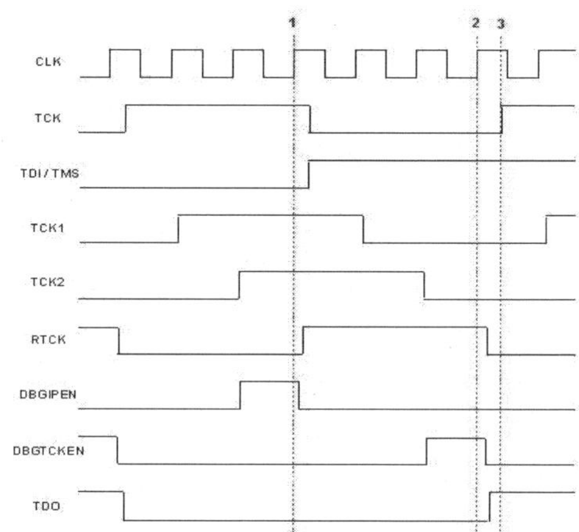

그림 3-2 디지털 신호의 예

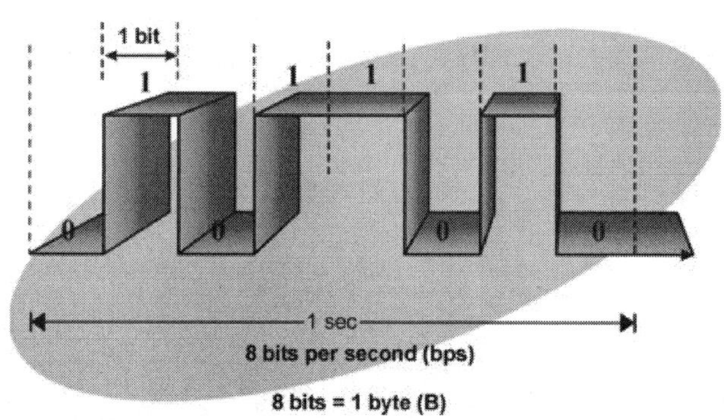

그림 3-3 연속적인 디지털 신호

3-1 디지털 신호

3-1-1 논리 상태

디지털 신호는 [0]과 [1] 상태로 나타나며 표 3-1은 디지털에서 사용하는 신호들의 상태를 나타낸 것이다.

표 3-1 디지털 신호의 표현

Number	논리상태	논리레벨
0	Low(L)	0[V]
1	High(H)	+5[V]

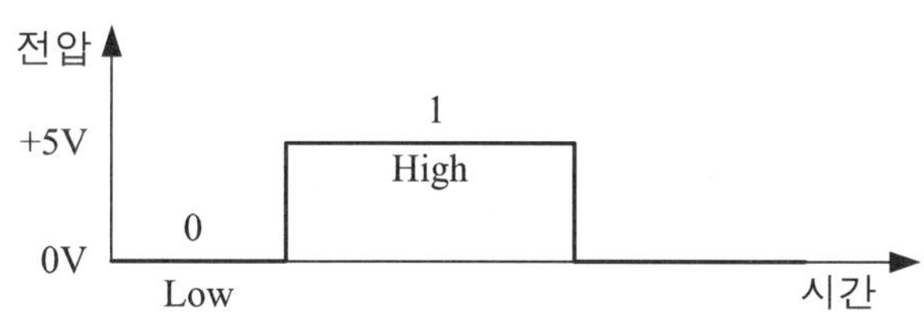

그림 3-4 디지털 신호 표현

그림 3-4는 일반적인 디지털 신호를 X축인 시간 축과 Y축인 전압 축에 나타낸 것이다. 그림 3-4에 표시한 것과 같이 Y축을 기준으로 신호의 전압 레벨이 낮은 것(0[Volt])을 [0] 또는 [Low]라 부르고 신호의 전압 레벨이 높은 것(5[Volt])을 [1] 또는 [High]라 부른다. 실제의 IC(Integrated Circuit)에서는 정확하게 0[Volt]와 5[Volt]로 나타나지 않고 0~0.4[Volt], 2.7~4.5[Volt]의 값을 갖는 것이 일반적이다.

3-1-2 디지털 신호 타이밍

대부분의 디지털 신호는 정밀한 타이밍이 요구된다. 디지털 신호를 만들기 위해 특수한 디바이스나 회로가 사용되며 이와 같은 디바이스나 회로는 4장에서 다루기로 한다. 그림 3-5(a)는 주기적(Periodic)인 디지털 신호의 파형(Waveform)을 나타낸 것이며 신호의 [High] 구간과 [Low] 구간이 일정한 상태를 나타내고 있다.

그림 3-5(b)는 비주기적(Non-Periodic)인 디지털 신호 파형을 나타낸 것이며 신호의 [High] 구간과 [Low] 구간이 서로 다르고 주기 또한 서로 다르다.

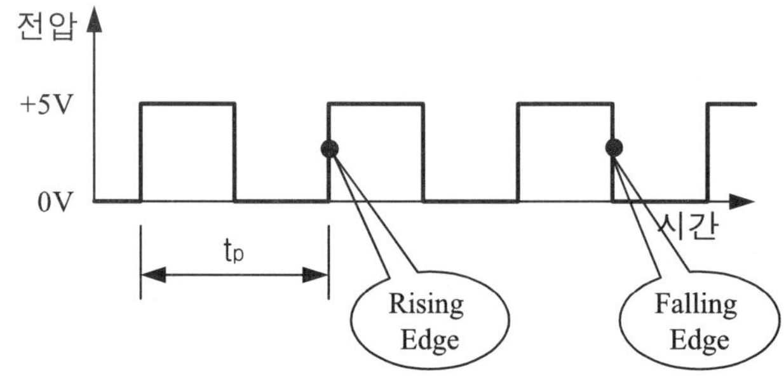

(a) 주기적인 디지털 신호 파형

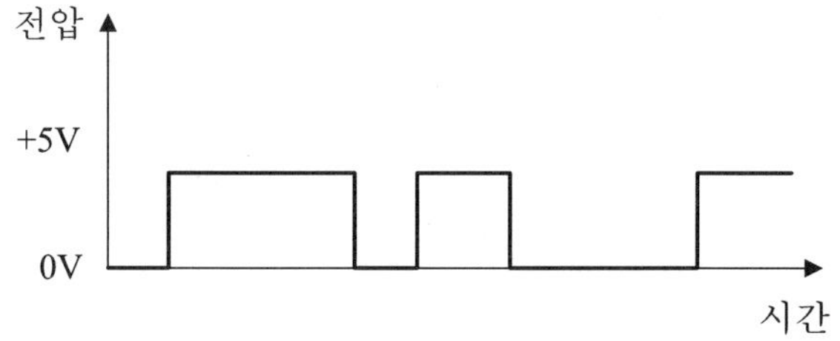

(b) 비주기적인 디지털 신호 파형

그림 3-5

그림 3-5(a)에서 t_p는 디지털 신호의 주기(Period : T)라 부르며 신호의 상승 에지(Rising Edge)에서 다음 상승에지까지의 구간을 나타낸다. 또는 신호의 하강에지(Falling Edge)에서 다음 하강에지까지의 구간을 의미한다. 그림 3-5(a)와 같이 모든 구간에 걸쳐 디지털 신호의 상승에지에서 다음 상승에지까지의 시간이 일정할 경우 이러한 신호를 주기적인 신호라 부른다. 어떤 디지털 신호의 주기를 알면 그 신호의 주파수(frequency)를 구할 수 있다. 주파수란 그림 3-6과 같이 1초 동안 동일한 파형(wave)이 반복되는 수를 말한다. 그림 3-6에 있는 디지털 신호의 주파수는 5[Hz]가 된다.

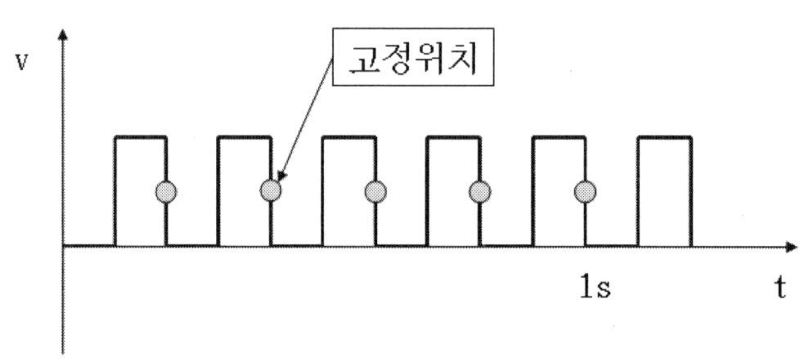

그림 3-6 주파수의 정의

주기(T)와 주파수(f)에는 다음과 같은 관계가 성립한다.

$$f = \frac{1}{T}[Hz], \quad T = \frac{1}{f}[s]$$

예제 3-1 주기 T가 2[μs]인 디지털 신호의 주파수를 구하라.

[풀이] $f = \frac{1}{T}[Hz] = \frac{1}{2[\mu s]}[Hz] = 0.5[MHz]$

μs 는 10^{-6}[sec], MHz는 10^{6}[Hz]를 의미한다. ■

[기초 다지기] 주기 T가 0.1[ms]인 디지털 신호의 주파수를 구하라.

예제 3-2 주파수 f가 2.5[MHz]인 디지털 신호의 주기를 구하라.

[풀이] $T = \frac{1}{f}[s] = \frac{1}{2.5[MHz]}[s] = 0.4[\mu s]$ ■

[기초 다지기] 주파수가 5[kHz]인 디지털 신호의 주기를 구하라.

예제 3-3 주파수가 10[kHz]인 디지털 신호의 파형을 그려라.

[풀이] $T = \frac{1}{10[kHz]} = 0.1[ms]$

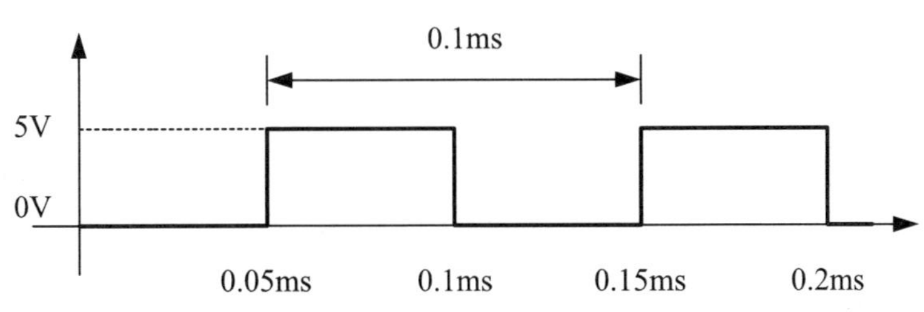

■

[기초 다지기] 주파수가 2[MHz]인 디지털 신호의 파형을 그려라.

3-2 AND, OR, NOT 게이트(Gate)

AND, OR, NOT게이트는 디지털 논리회로를 설계하고 그리기 위한 기본 게이트이며 모든 게이트는 입력신호에 대응하는 디지털 신호를 출력한다.

3-2-1 AND 게이트

AND 게이트는 모든 입력이 논리 [1]일 경우에만 출력이 논리 [1]이 된다. AND 게이트는 두개 이상의 입력단과 하나의 출력 단으로 구성되어 있으며 그림 3-7은 2입력 AND 게이트의 논리기호와 논리식을 표현한 것이다.

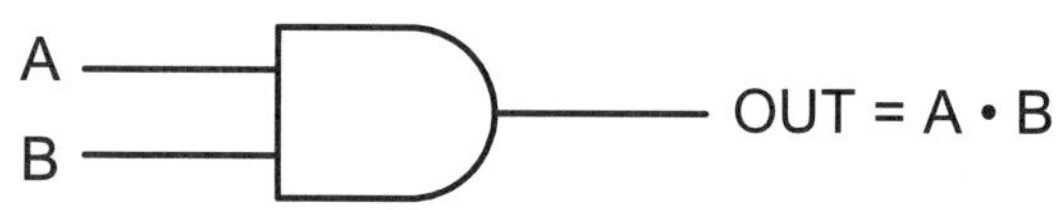

그림 3-7 AND 게이트 논리기호와 논리식

표 3-2는 AND 게이트의 입•출력상태를 표현한 진리표이다.

표 3-2 AND 게이트 입•출력 논리상태

입력신호		출력신호
A	B	OUT
0	0	0
0	1	0
1	0	0
1	1	1

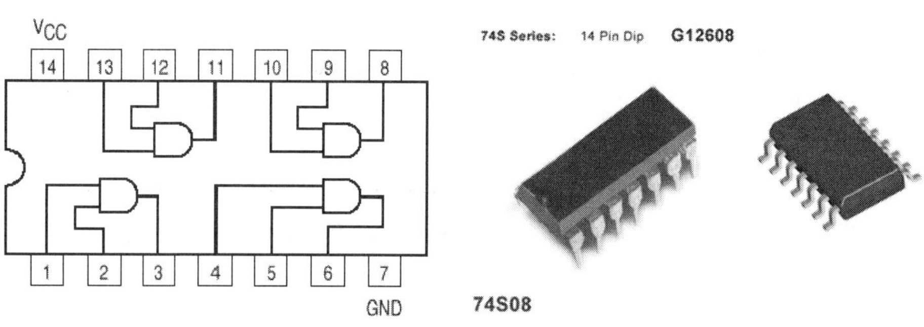

그림 3-8 74LSO8 핀 구성도와 실제의 IC (DIP, SMD)

그림 3-8은 AND 게이트 74LS08의 핀 구성도와 실제의 IC 모양을 표현한 것이며 DIP (Dual In-line Package)과 SMD(Surface Mount Device)가 있다. 그림 3-9는 AND 게이트의 입·출력 파형을 나타낸 것이다. 그림 3-9에서 점선으로 표시된 부분을 살펴보자. 게이트의 입력신호인 A, B가 동시에 논리 [1]일 경우에만 출력이 논리 [1]로 나타나고 그 외의 경우는 모두 논리 [0]으로 출력되는 것을 알 수 있다.

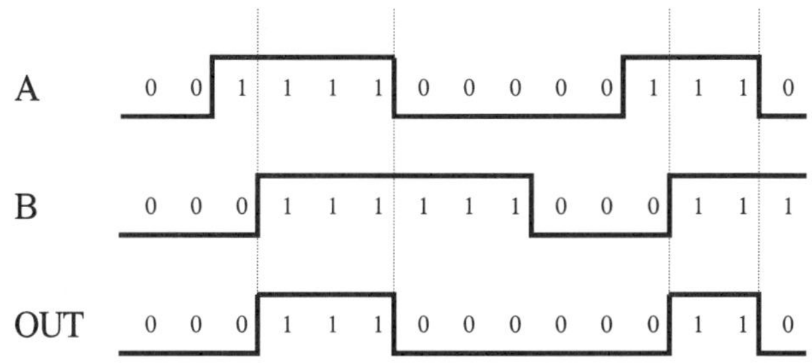

그림 3-9 AND 게이트의 입출력 파형

AND 게이트에서 입력 핀이 여러 개 있을 경우 논리식은 다음과 같다.

OUT = A · B · C · D · ……

예제 3-4 입력이 두 개인 AND 게이트에 다음과 같은 A, B 파형이 입력될 경우 표 3-2를 참조하여 출력 파형 OUT을 그려라.

[풀이] AND 게이트는 모든 입력신호가 [1] 또는 [High]일 경우만 출력이 [1]이 되므로 두 신호가 동시에 [1]인 경우에만 점선으로 표시하여 출력 파형을 그리면 결과를 쉽게 얻을 수 있다.

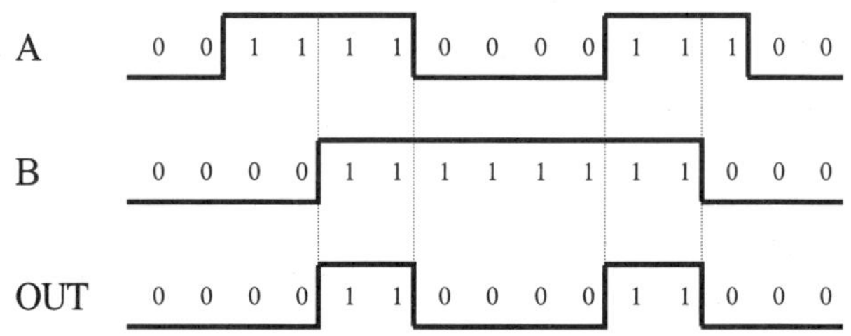

■

[기초 다지기] 입력이 세 개인 AND 게이트에 다음과 같은 A, B, C 파형이 입력될 경우 표 3-2를 참조하여 출력 파형 OUT을 그려라.

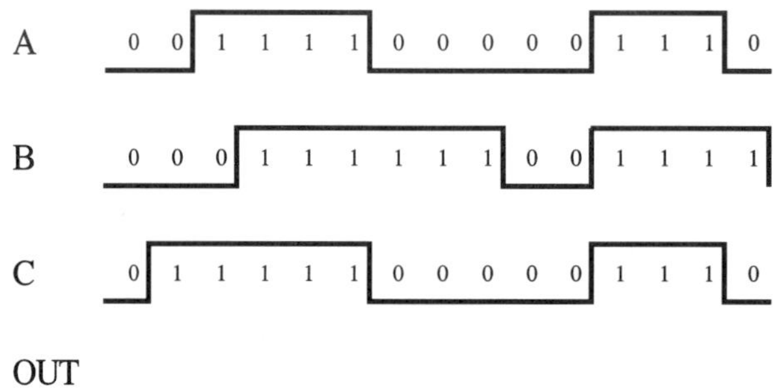

[응용 문제] 강의실에 앞 · 뒤 두 개의 출입문이 있다. 각각의 문에는 접점 스위치 S1과 S2가 붙어있고 문이 닫히면 발광 다이오드가 점등되게 설계하려 한다. AND 게이트와 스위치 그리고 발광 다이오드를 이용하여 설계하라.

[풀이]

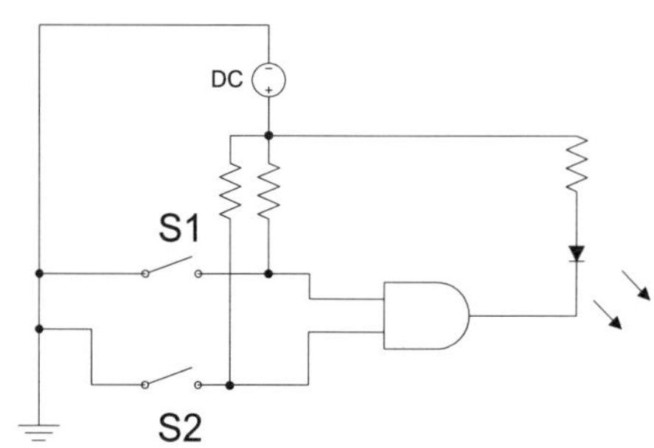

3-2-2 OR 게이트

OR 게이트는 입력 중 1개 이상이 논리 [1]이면 출력이 논리 [1]이 되는 게이트이다. OR 게이트는 두 개 이상의 입력 단과 하나의 출력 단으로 구성되어 있으며 그림 3-10은 2입력 OR 게이트의 논리기호와 논리식을 표현한 것이다.

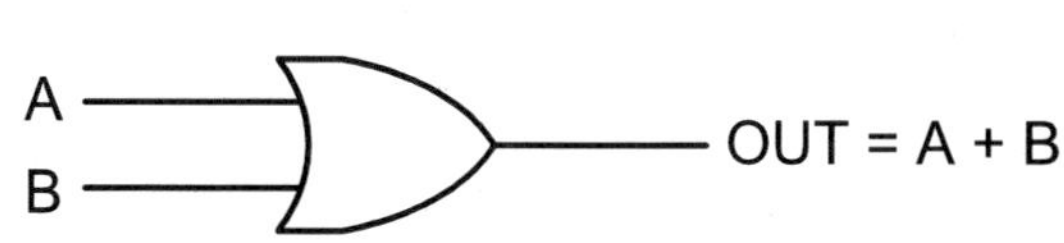

그림 3-10 OR 게이트 논리기호와 논리식

표 3-3은 OR 게이트의 입•출력상태를 표현한 진리표이다.

표 3-3 OR 게이트 입•출력 논리상태

입력신호		출력신호
A	B	OUT
0	0	0
0	1	1
1	0	1
1	1	1

그림 3-11은 OR 게이트 74LS32의 핀 구성도와 실제의 IC 모양을 표현한 것이며 DIP (Dual In-line Package)과 SMD(Surface Mount Device)가 있다.

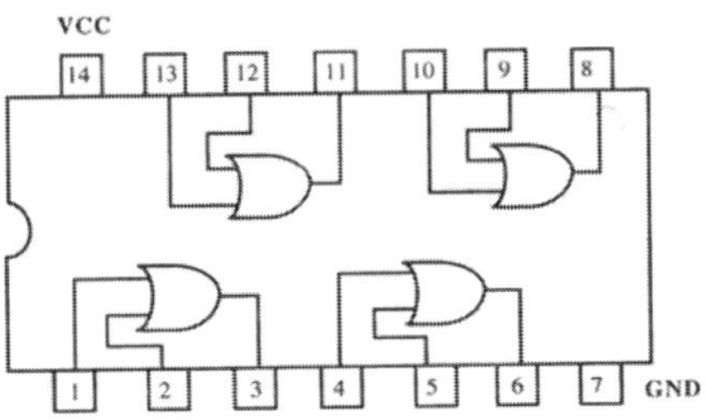

그림 3-11 74LS32 핀 구성도와 실제의 IC (DIP, SMD)

그림 3-12는 OR 게이트의 입·출력 파형을 나타낸 것이다. 그림 3-12에서 점선으로 표시된 부분을 살펴보자. 게이트의 입력신호 A, B 중에 하나만이라도 논리 [1]일 경우 출력이 논리 [1]이 되고 입력이 모두 논리 [0]일 경우에만 출력이 논리 [0]이 되는 것을 알 수 있다.

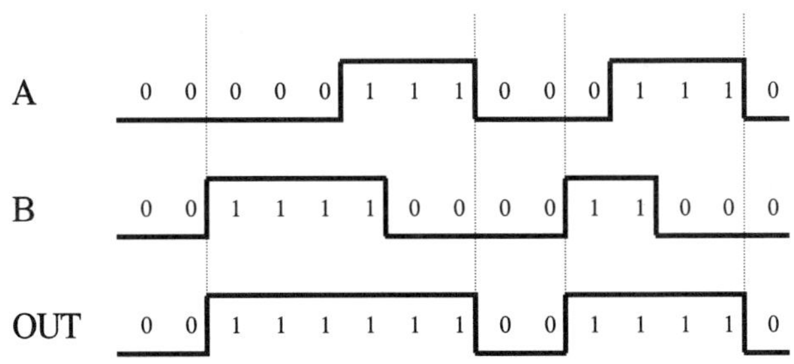

그림 3-12 OR 게이트의 입출력 파형

OR 게이트에서 입력 핀이 여러 개 있을 경우 논리식은 다음과 같다.

$$OUT = A + B + C + D + \cdots\cdots$$

예제 3-5 입력이 두 개인 OR 게이트에 다음과 같은 A, B 파형이 입력될 경우 표 3-3을 참조하여 출력 파형 OUT을 그려라.

[풀이] OR 게이트는 모든 입력신호가 [0] 또는 [Low]일 경우만 출력이 [0]이 되므로 두 신호가 동시에 [0]인 경우에만 점선으로 표시하여 출력 파형을 그리면 결과를 쉽게 얻을 수 있다.

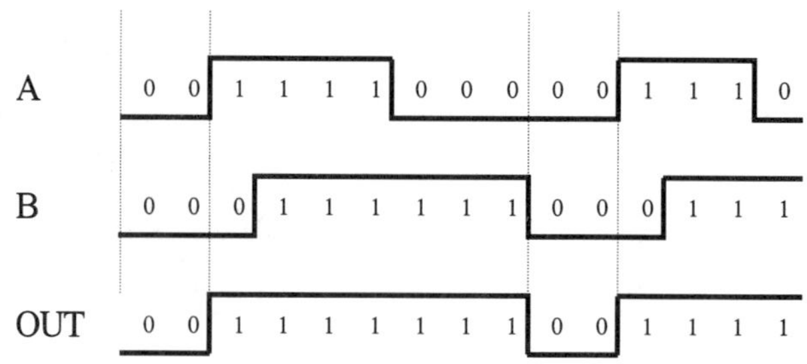

■

[기초 다지기] 입력이 세 개인 OR 게이트에 다음과 같은 A, B, C 파형이 입력될 경우 표 3-3을 참조하여 출력 파형 OUT을 그려라.

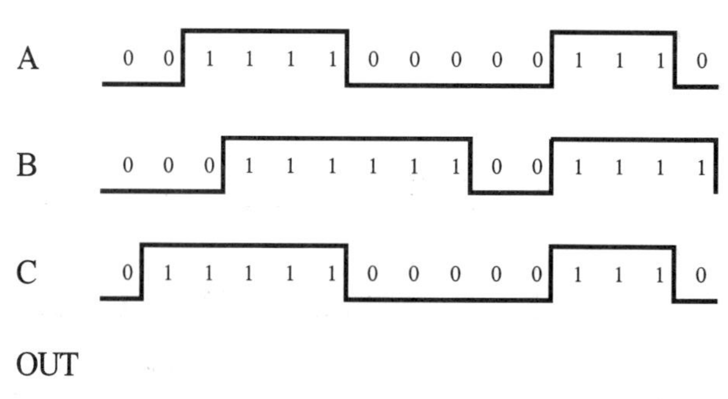

[응용 문제] 자동화 공장에 3개의 컨베어 벨트가 있다. 조립 라인의 각 위치에는 센서가 달려 있으며 컨베어 벨트가 일정 시간 이상 멈추면 센서는 [1] 또는 [High]신호를 출력한다. 컨베어 벨트가 멈추었음을 알리는 알람을 구동시키기 위한 회로를 설계하라.

[풀이]

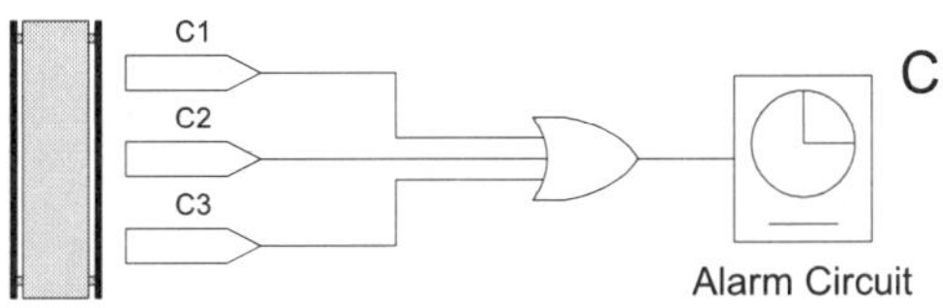

3-2-3 NOT 게이트(INVERTER)

NOT 게이트는 입력이 논리 [1]이면 출력은 [0]으로, 입력이 [0]이면 출력은 [1]로 신호를 반전시킨다. NOT 게이트는 하나의 입력과 하나의 출력 단으로 구성되어 있으며 그림 3-13은 NOT 게이트의 논리기호와 논리식을 표현한 것이다. 일반적으로 어떤 신호의 이름에 [¯] 또는 [/]를 붙이면 NOT, 반전 또는 부정을 의미한다. 예를 들어 A의 부정은 $\overline{A}$ 또는 /A로 표현한다.

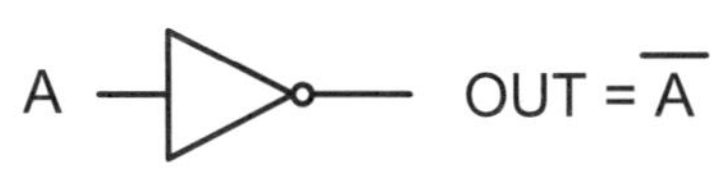

그림 3-13 NOT 게이트의 논리기호와 논리식

표 3-4는 NOT 게이트의 입·출력 논리 상태를 표현한 진리표이다.

표 3-4 NOT 게이트 입·출력 논리상태

입력신호	출력신호
A	OUT
0	1
1	0

그림 3-14는 NOT 게이트 74LS04의 핀 구성도와 실제의 IC 모양을 표현한 것이며 DIP (Dual In-line Package)과 SMD(Surface Mount Device)가 있다. NOT 게이트 기호는 출력 단에 작은 버블(Bubble)을 갖고 있다. 디지털 시스템에서 이 버블을 갖고 있는 디바이스는 NOT(반전)을 의미하거나 액티브 [Low]를 의미한다.

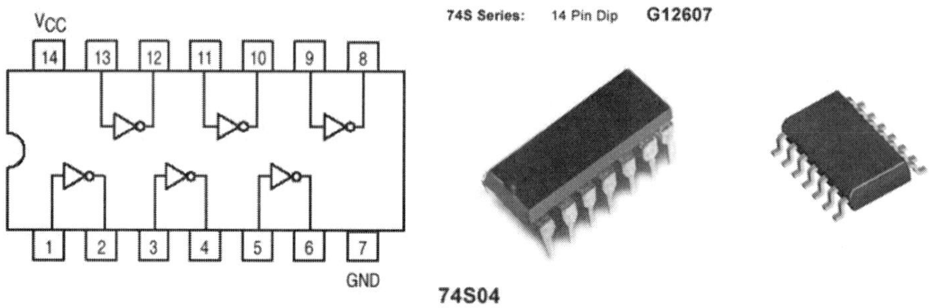

그림 3-14 74LSO4 핀 구성도와 실제의 IC (DIP, SMD)

그림 3-15는 NOT 게이트의 입·출력 파형을 나타낸 것이다. 그림 3-15에서 점선으로 표시된 부분을 살펴보자. 게이트의 입력신호 A가 논리 [0]일 경우 출력은 논리 [1]이 되고 입력신호 A가 논리 [1]일 경우 출력은 논리 [0]이 되는 것을 알 수 있다. 즉, 출력은 언제나 입력의 반대 상태가 된다는 것을 알 수 있다.

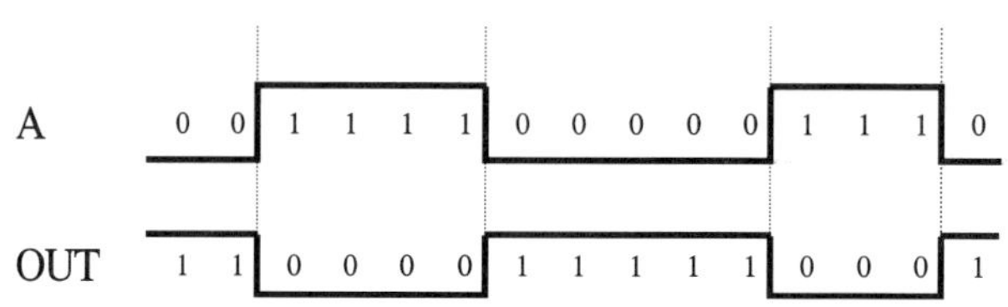

그림 3-15 NOT 게이트의 입출력 파형

예제 3-6 다음과 같은 파형이 NOT 게이트에 입력될 경우 표 3-4를 참조하여 출력 파형 OUT을 그려라.

[풀이] NOT 게이트는 입력신호가 [0] 또는 [Low]일 경우 출력이 [1]이 되고 입력신호가 [1] 또는 [High]일 경우 출력이 [0]이 되므로 변화가 있는 부분을 점선으로 표시하여 출력 파형을 그리면 결과를 쉽게 얻을 수 있다.

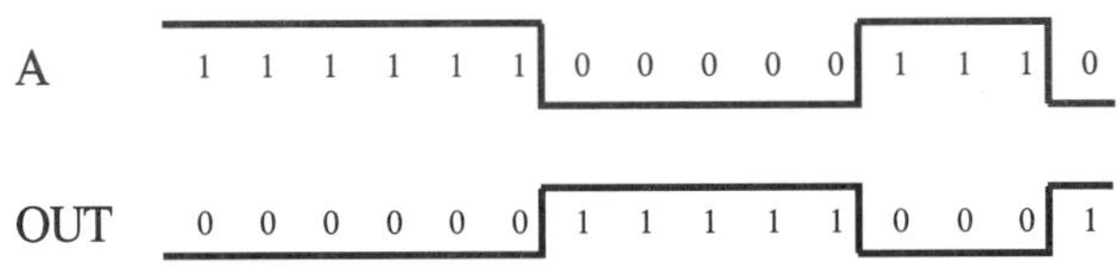

[기초 다지기] 그림 3-13의 NOT 게이트 직렬회로에 다음과 같은 파형이 입력되었을 때 출력 파형 OUT을 그려라.

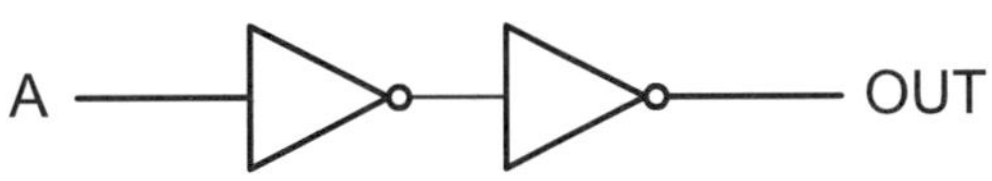

그림 3-16 NOT 게이트 직렬연결

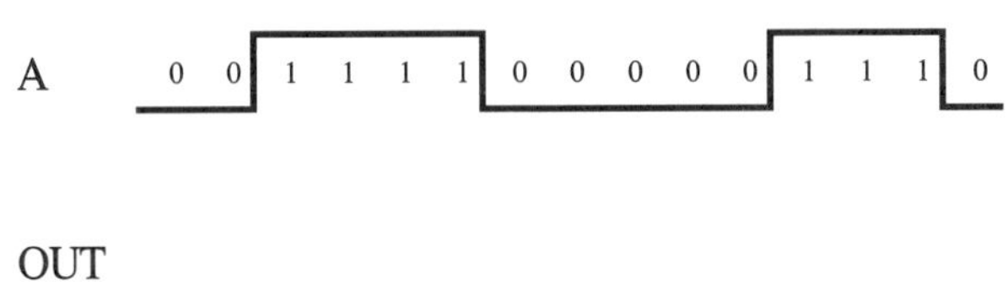

3-3 NAND 게이트와 NOR 게이트

3-3-1 NAND 게이트

NAND 게이트는 입력이 모두 [1]일 때만 출력이 [0]이 되는 게이트이다. NAND 게이트는 출력이 반전되는 것을 제외하면 AND 게이트와 동일한 동작을 한다. 즉, AND 게이트의 출력에 NOT 게이트를 연결한 것과 같다. 이 게이트는 자체의 조합만으로 AND, OR, NOT등의 게이트 기능을 만들 수 있는 매우 유용한 게이트다. 그림 3-17에 2입력 NAND 게이트의 논리기호와 논리식을 표현하였다.

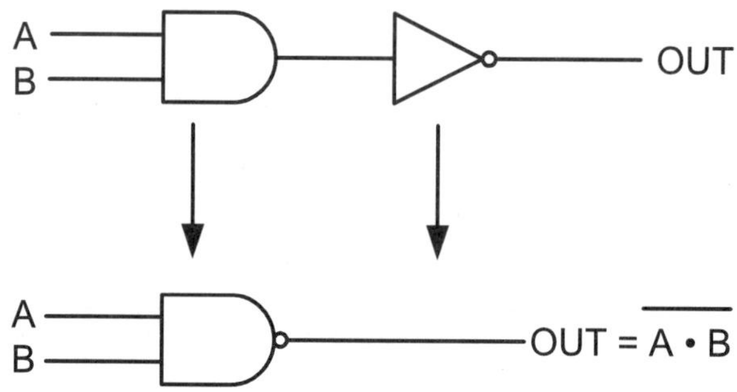

그림 3-17 NAND 게이트 논리기호와 논리식

표 3-5는 NAND 게이트의 입·출력 논리 상태를 표현한 진리표이다.

표 3-5 NAND 게이트 입·출력 논리상태

입력		출력
A	B	OUT
0	0	1
0	1	1
1	0	1
1	1	0

그림 3-18은 NAND 게이트 74LS00의 핀 구성도와 실제의 IC 모양을 표현한 것이며 DIP(Dual In-line Package)과 SMD(Surface Mount Device)가 있다.

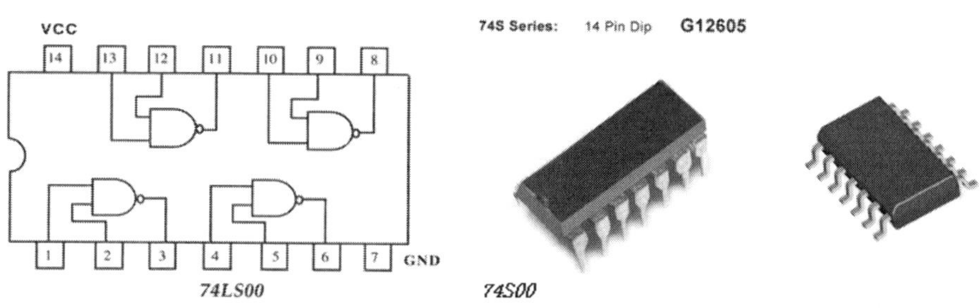

그림 3-18 74LSOO 핀 구성도와 실제의 IC(DIP, SMD)

그림 3-19는 NAND 게이트의 입·출력 파형을 나타낸 것이다.

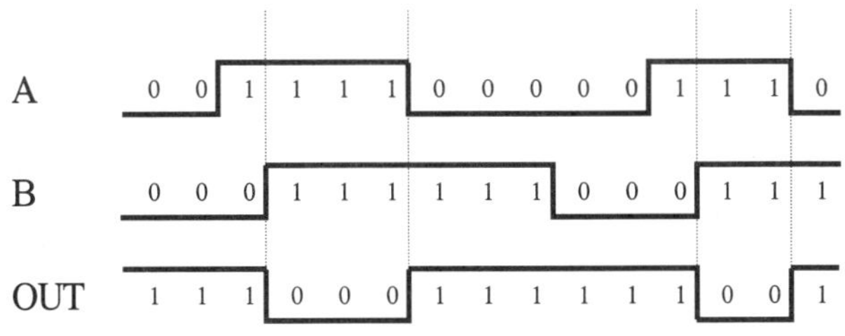

그림 3-19 NAND 게이트의 입출력 파형

NAND 게이트에서 입력 핀이 여러 개 있을 경우 논리식은 다음과 같다.

$$OUT = \overline{A \cdot B \cdot C \cdot D \cdot \ldots\ldots}$$

예제 3-7 입력이 두 개인 NAND 게이트에 다음과 같은 A, B 파형이 입력될 경우 표 3-5를 참조하여 출력 파형 OUT을 그려라.

[풀이] NAND 게이트는 모든 입력신호가 [1] 또는 [High]일 경우만 출력이 [0]이 되므로 두 신호가 동시에 [1]인 경우에만 점선으로 표시하여 출력 파형을 그리면 결과를 쉽게 얻을 수 있다.

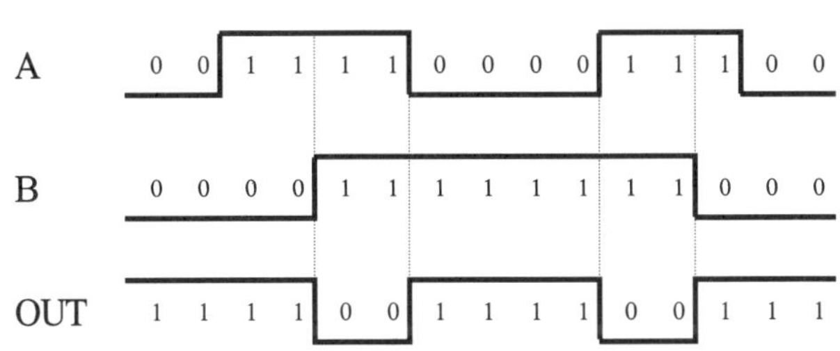

[기초 다지기] 입력이 세 개인 NAND 게이트에 다음과 같은 A, B, C 파형이 입력될 경우 표 3-5를 참조하여 출력 파형 OUT을 그려라.

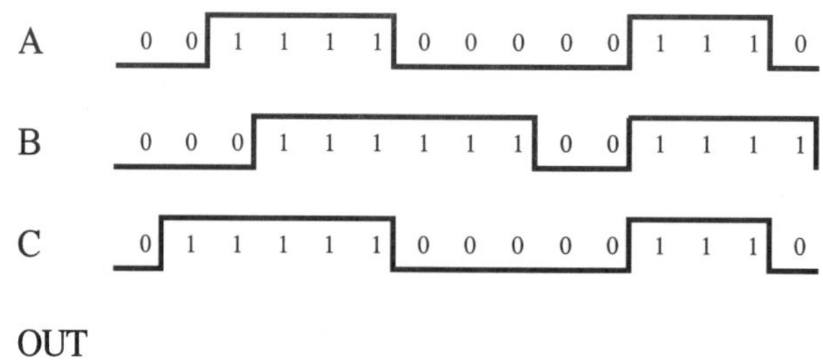

[응용 문제] 승용차 좌석에는 사람이 앉아 있음을 인식하는 센서가 부착되어 있다. 안전벨트를 매지 않을 경우 발광 다이오드가 켜지고 안전벨트를 맬 경우 센서로부터 [1] 또는 [High]신호가 발생하여 발광 다이오드가 꺼지게 설계하라. 승용차에는 4개의 좌석이 있다.

[풀이]

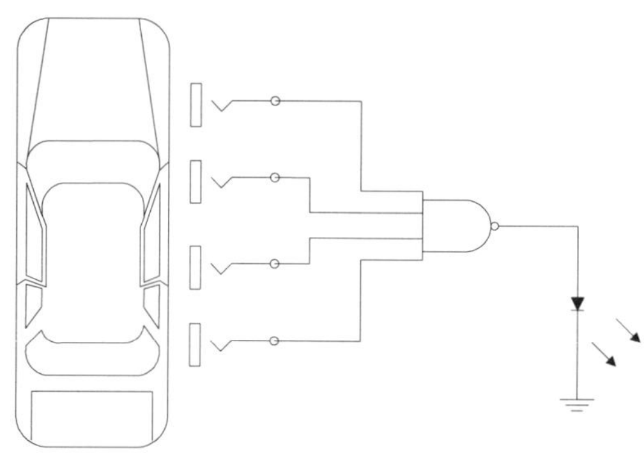

3-3-2 NOR 게이트

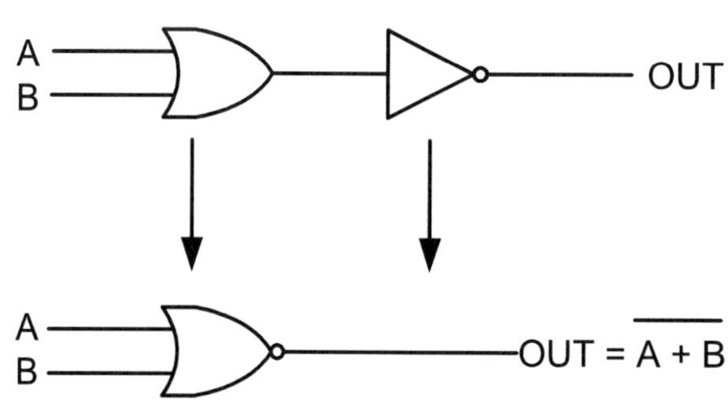

그림 3-20 NOR 게이트 논리기호와 논리식

NOR 게이트는 입력 중 1개 이상이 논리 [1]이면 출력이 논리 [0]이 되는 TTL 게이트이다. NOR 게이트는 두개 이상의 입력단과 하나의 출력 단으로 구성되어 있으며 그림 3-20은 NOR 게이트의 논리기호와 논리식을 표현한 것이다. 표 3-6은 2입력 NOR 게이트의 입•출력상태를 표현한 진리표이다.

표 3-6 NOR 게이트 입•출력 논리상태

입력신호		출력신호
A	B	OUT
0	0	1
0	1	0
1	0	0
1	1	0

그림 3-21은 NOR 게이트 74LS02의 핀 구성도와 실제의 IC 모양을 표현한 것이며 DIP (Dual In-line Package)과 SMD(Surface Mount Device)가 있다.

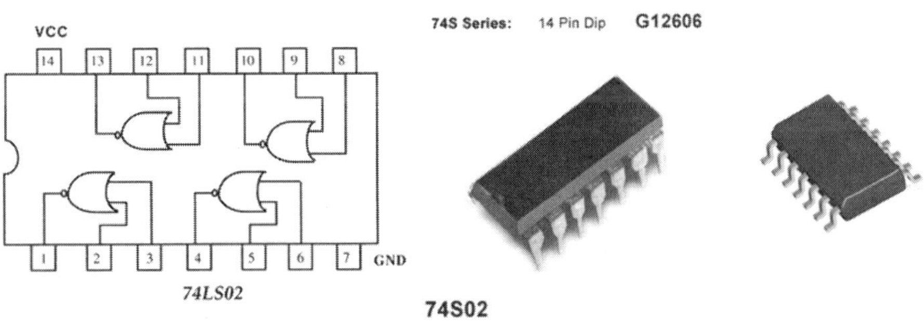

그림 3-21 74LSO2 핀 구성도와 실제의 IC (DIP, SMD)

그림 3-22는 NOR 게이트의 입·출력 파형을 나타낸 것이다. 그림 3-22에서 점선으로 표시된 부분을 살펴보자. 게이트의 입력신호 A, B 중에 하나만이라도 논리 [1]일 경우 출력이 논리 [0]이 되고 입력이 모두 논리 [0]일 경우에만 출력이 논리 [1]이 되는 것을 알 수 있다.

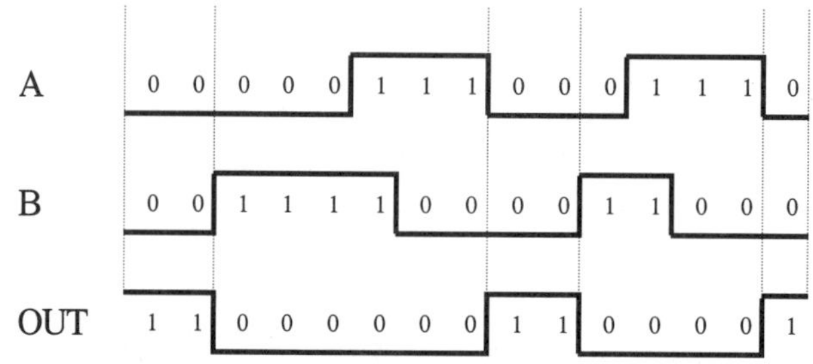

그림 3-22 NOR 게이트의 입출력 파형

NOR 게이트에서 입력 핀이 여러 개 있을 경우 논리식은 다음과 같다.

$$OUT = \overline{A + B + C + D + \ldots\ldots}$$

예제 3-8 입력이 두 개인 NOR 게이트에 다음과 같은 A, B 파형이 입력될 경우 표 3-6을 참조하여 출력 파형 OUT을 그려라.

[풀이] NOR 게이트는 모든 입력신호가 [0] 또는 [Low]일 경우만 출력이 [1]이 되므로 두 신호가 동시에 [0]인 경우에만 점선으로 표시하여 출력 파형을 그리면 결과를 쉽게 얻을 수 있다.

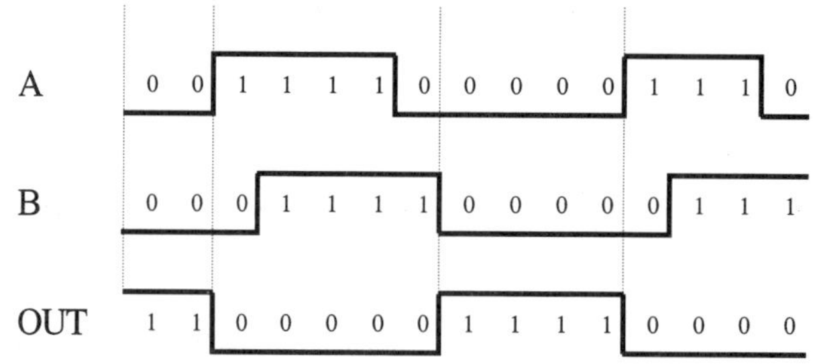

[기초 다지기] 입력이 세 개인 NOR 게이트에 다음과 같은 A, B, C 파형이 입력될 경우 표 3-6을 참조하여 출력 파형 OUT을 그려라.

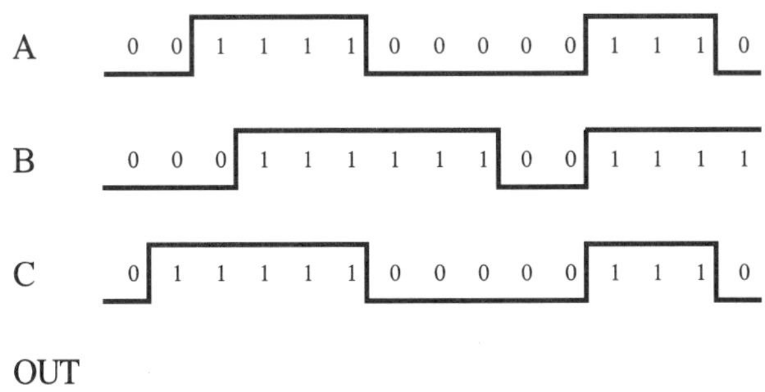

[응용 문제] 노트북 커버에 4개의 센서가 있다. 커버를 닫을 때 정확히 닫히면 각 센서로부터 [0] 또는 [Low]신호가 출력된다. 커버가 정확히 닫히지 않으면 센서 중 하나 이상이 [1] 또는 [High]신호를 출력한다. 정확히 닫히면 녹색의 LED에 불이 들어오고 제대로 닫히지 않으면 빨간색 LED에 불이 들어오게 설계하라.

[풀이]

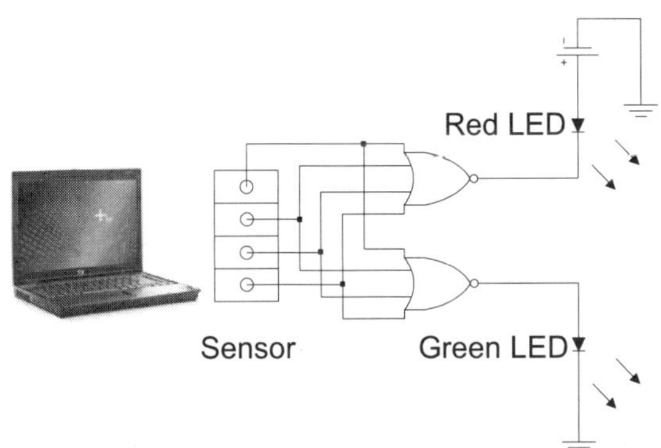

3-4 XOR 게이트와 XNOR 게이트

Exclusive-OR(XOR) 및 Exclusive-NOR(XNOR) 게이트는 74LS86 및 74LS266 등의 게이트로 표현되는 IC가 있지만 지금까지 설명한 기본 게이트로도 구성할 수 있는 논리 회로이다. 이 게이트들은 디지털 시스템 설계 시 많은 분야에서 중요한 역할을 하며 이 게이트의 응용분야에 대해서는 이 교재의 제5장 조합논리회로의 기본개념과 설계 방법에서 상세히 다루고 있다.

3-4-1 XOR 게이트

XOR 게이트는 다른 기본 논리소자와는 다르게 두 입력 신호가 서로 같으면 출력이 [Low], 서로 다르면 [High]로 출력되는 디바이스다. 그림 3-23에 2입력 XOR 게이트의 논리기호와 논리식을 표현하였다. 표 3-7에 XOR 게이트의 입·출력 진리표를 나타내었다.

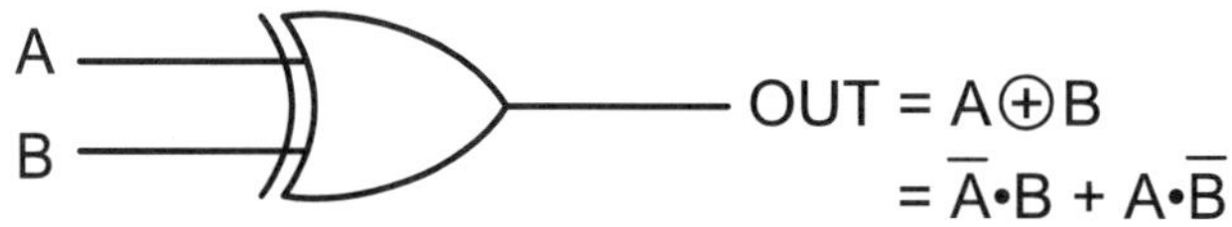

그림 3-23 XOR 게이트의 논리기호와 논리식

표 3-7 XOR 게이트의 진리표

입 력		출 력
A	B	OUT
0	0	0
0	1	1
1	0	1
1	1	0

그림 3-24는 XOR 게이트 74LS86의 핀 구성도와 실제의 IC 모양을 표현한 것이며 DIP (Dual In-line Package)과 SMD(Surface Mount Device)가 있다.

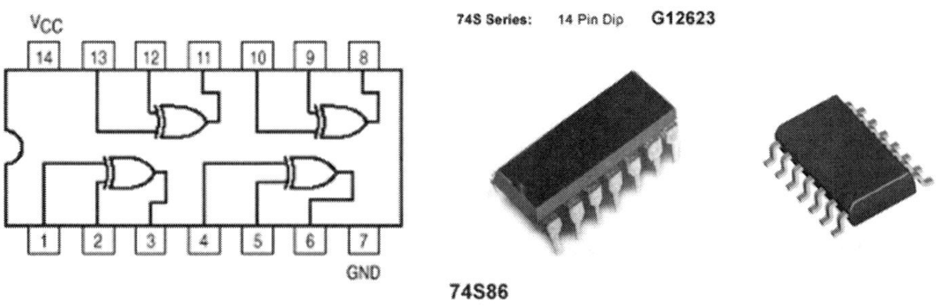

그림 3-24 74LS86 핀 구성도와 실제의 IC(DIP, SMD)

그림 3-25는 XOR 게이트의 입·출력 파형을 나타낸 것이다. 그림 3-25에서 점선으로 표시한 부분을 살펴보자. 게이트의 입력 신호 A, B 중 두 개의 입력이 모두 같을 때 출력은 논리 [Low]로 나타나고 서로 다르면 출력이 논리 [High]로 나타나는 것을 알 수 있다.

그러므로 게이트의 입력 신호가 동시에 [High]이거나 [Low]인 경우만 출력은 [Low]가 되고 그 외에는 출력이 무조건 [High]가 된다.

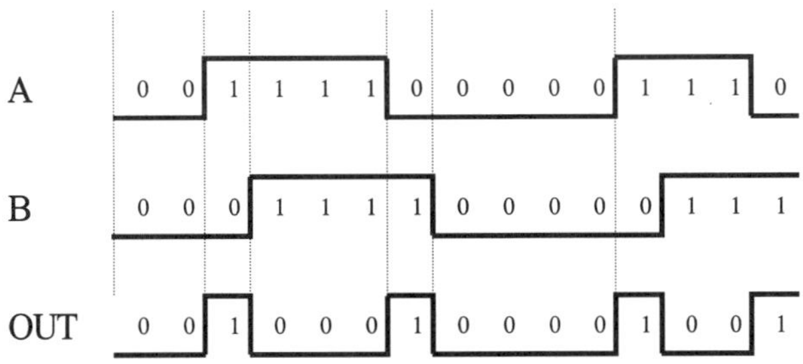

그림 3-25 XOR 게이트의 입·출력 파형

그림 3-26은 XOR 게이트 논리식을 기본 논리 게이트인 AND, OR 그리고 NOT으로 표현한 것이며 XOR 게이트는 기본 논리게이트들의 조합으로 설계할 수 있음을 알 수 있다.

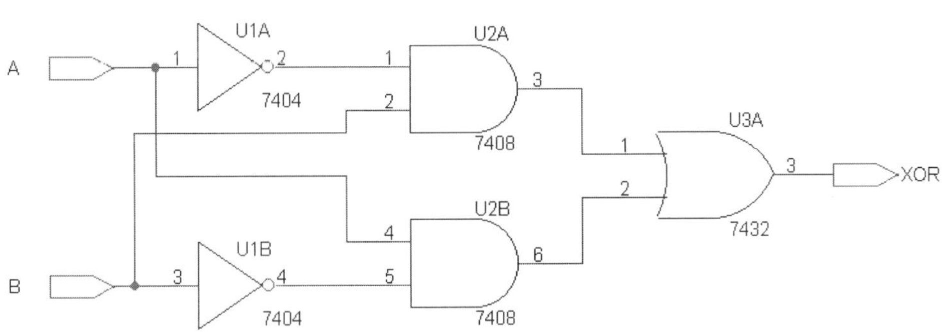

그림 3-26 기본 논리게이트로 구성한 XOR 게이트

예제 3-9 입력이 두 개인 XOR 게이트에 다음과 같은 A, B 파형이 입력될 경우 표 3-7을 참조하여 출력 파형 OUT을 그려라.

[풀이] XOR 게이트는 모든 입력신호가 [0] 이거나 [1]일 경우만 출력이 [0]이 되므로 두 신호가 동시에 [0]이거나 [1]인 경우에만 점선으로 표시하여 출력 파형을 그리면 결과를 쉽게 얻을 수 있다.

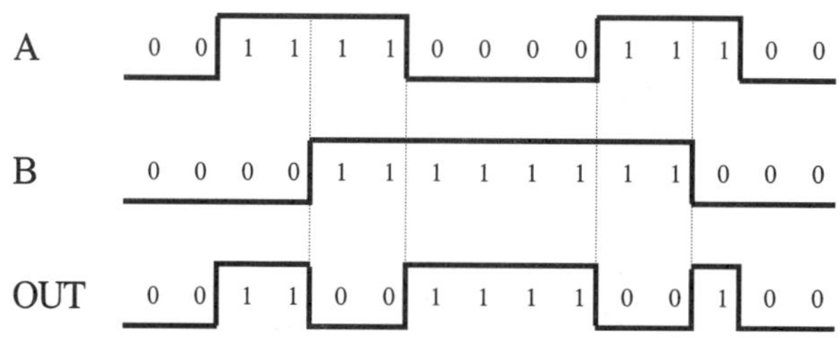

[기초 다지기] 입력이 세 개인 XOR 게이트에 다음과 같은 A, B, C 파형이 입력될 경우 출력 파형 OUT을 그려라.(XOR 게이트의 입력이 3개 이상일 때 입력 중 [1]의 개수가 짝수이면 [0]을, 입력 중 [1]의 개수가 홀수이면 [1]을 출력한다.)

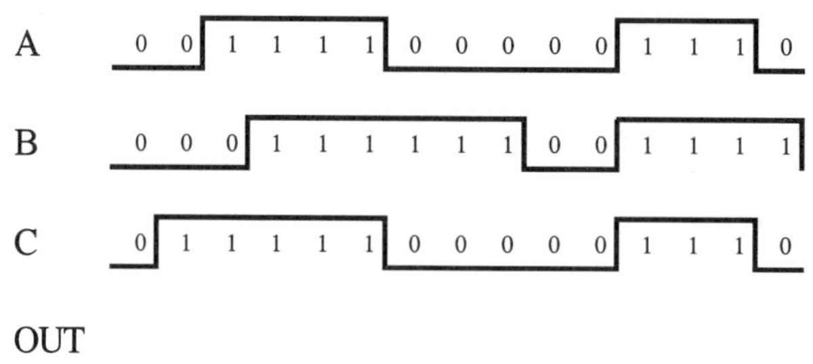

3-4-2 XNOR 게이트

XNOR 게이트는 출력이 반전되는 것을 제외하면 XOR 게이트와 동일한 동작을 한다. 즉, XOR 게이트의 출력에 NOT 게이트를 연결한 것과 같다. 그림 3-27에 2입력 XNOR 게이트의 논리기호와 논리식을 표현하였다.

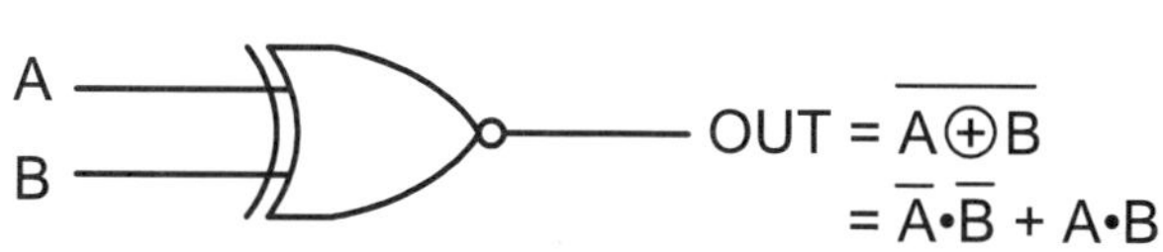

그림 3-27 XNOR 게이트 논리기호와 논리식

XNOR 게이트의 입·출력 진리표를 표 3-8에 나타내었다.

표 3-8 XNOR 게이트의 진리표

입 력		출 력
A	B	OUT
0	0	1
0	1	0
1	0	0
1	1	1

그림 3-24는 XNOR 게이트의 입·출력 파형을 나타낸 것이다. 그림 3-24에서 점선으로 표시한 부분을 살펴보자. 게이트의 입력 신호 A, B 중 두 개의 입력이 모두 같을 때 출력은 논리 [High]로 나타나고 서로 다르면 출력이 논리 [Low]로 나타나는 것을 알 수 있다. 그러므로 게이트의 입력 신호가 동시에 [High]이거나 [Low]인 경우만 출력은 [High]가 되고 그 외에는 출력이 무조건 [Low]가 된다.

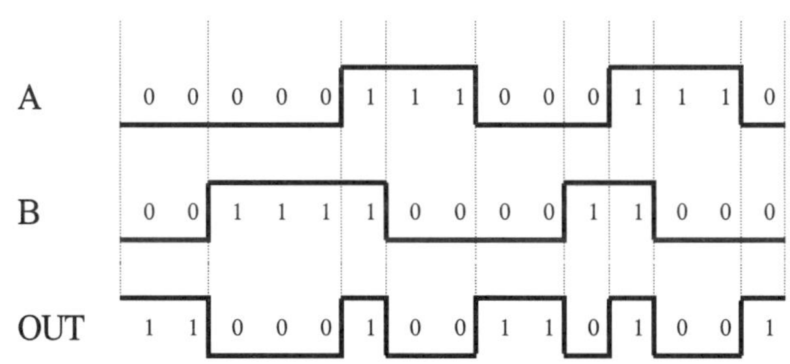

그림 3-28 XNOR 게이트의 입·출력 파형

그림 3-29는 XNOR 게이트 논리식을 기본 논리 게이트로 표현한 것이며 XNOR 게이트 역시 기본 논리게이트인 AND, OR 그리고 NOT 게이트로 설계할 수 있음을 알 수 있다.

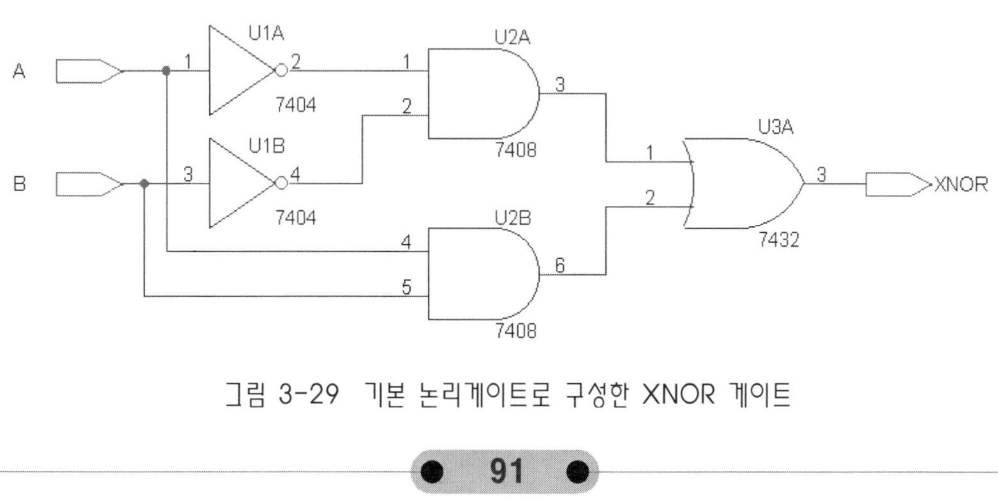

그림 3-29 기본 논리게이트로 구성한 XNOR 게이트

예제 3-10 입력이 두 개인 XNOR 게이트에 다음과 같은 A, B 파형이 입력될 경우 표 3-8을 참조하여 출력 파형 OUT을 그려라.

[풀이] XNOR 게이트는 모든 입력신호가 [0]이거나 [1]일 경우만 출력이 [1]이 되므로 두 신호가 동시에 [0]이거나 [1]인 경우에만 점선으로 표시하여 출력 파형을 그리면 결과를 쉽게 얻을 수 있다.

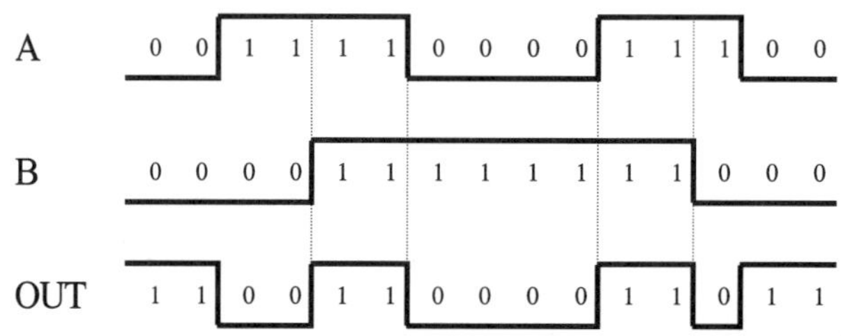

■

[기초 다지기] 입력이 세 개인 XNOR 게이트에 다음과 같은 A, B, C 파형이 입력될 경우 출력 파형 OUT을 그려라.(XNOR 게이트의 입력이 3개 이상일 경우 입력 중 [1]의 개수가 짝수이면 [1]을, 입력 중 [1]의 개수가 홀수이면 [0]을 출력한다.)

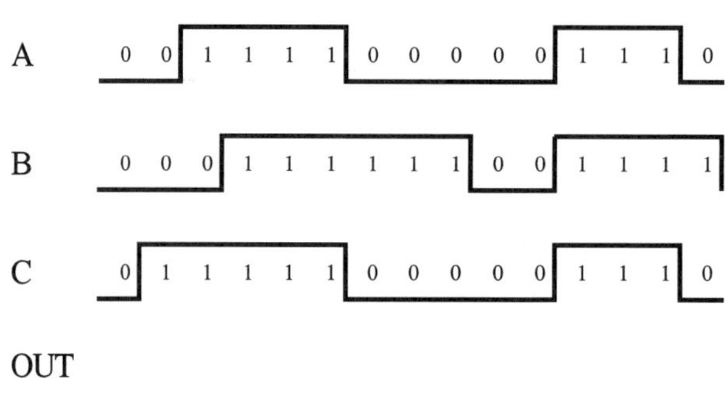

3-5 부울대수(Boolean Algebra)

- 1854년 George Boole이 제시한 2치적 대수체계
- 디지털 회로 해석의 수학적 수단을 제공
- 공리를 전제로 하여
- 정리를 유도한 다음
- 2치적 논리방정식의 참과 거짓을 판단한다.
- 부울대수는 논리함수를 간소화하는데 유용하게 적용할 수 있다.

3-5-1 부울대수의 공리 12가지

1) $A \neq 1$ 이면 $A = 0$
2) $A \neq 0$ 이면 $A = 1$
3) $0 \cdot 0 = 0$
4) $1 + 1 = 1$
5) $0 \cdot 1 = 0$
6) $1 + 0 = 1$
7) $1 \cdot 0 = 0$
8) $0 + 1 = 1$
9) $1 \cdot 1 = 1$
10) $0 + 0 = 0$
11) $\overline{1} = 0$
12) $\overline{0} = 1$

위의 공리에서 · 는 AND 연산(논리적=Logical Product)을 의미하고
+ 는 OR 연산(논리합=Logical Sum)을 의미하며
¯ 는 NOT 연산(부정 또는 반전=Negation)을 의미한다.

위의 공리 좌우 쌍에서 논리 [0]과 [1]을 서로 바꾸고 이와 동시에 '·'과 '+'를 서로 바꾸면 다른 쪽의 성질을 얻을 수 있다. 이러한 성질을 "쌍대성(Duality)"이라 부른다.

3-5-2 부울대수의 정리

위의 12가지 부울대수의 공리로부터 다음 9가지의 정리를 얻을 수 있다.

1) $A \cdot 0 = 0$
2) $A + 1 = 1$
3) $A \cdot 1 = A$
4) $A + 0 = A$
5) $A \cdot A = A$
6) $A + A = A$

7) $A \cdot \overline{A} = 0$　　　　8) $A + \overline{A} = 1$

9) $\overline{\overline{A}} = A$(이중 부정)

위의 정리에서 1), 3), 5), 7)항은 앞 절에서 배운 AND 게이트의 연산 특성과 동일하고 2), 4), 6), 8)항은 OR 게이트의 연산 특성과 동일하다. 9)항은 2중 부정이며 두 개의 NOT 게이트를 직렬로 연결한 것과 같다.

(1) 교환법칙

두 개의 입력신호에 대한 덧셈과 곱셈의 교환 법칙은 다음과 같다. 이 법칙에서 두 개의 입력신호를 OR 또는 AND할 때 순서에 관계없음을 의미한다.

10) $A + B = B + A$　　　　11) $A \cdot B = B \cdot A$

(2) 결합법칙

세 개의 입력신호에 대한 덧셈 및 곱셈의 결합법칙은 다음과 같다. 교환법칙과 마찬가지로 세 개의 입력신호를 OR 또는 AND할 때 순서와 관계없음을 의미한다.

12) $(A + B) + C = A + (B + C)$

13) $(A \cdot B) \cdot C = A \cdot (B \cdot C)$

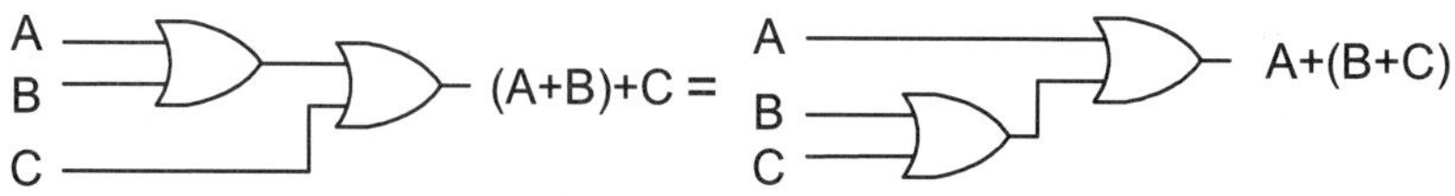

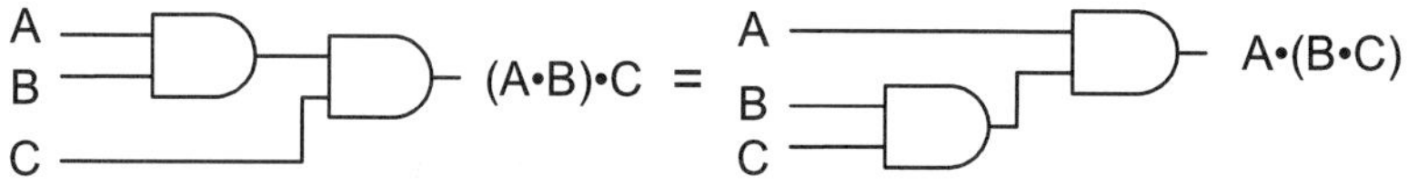

(3) 분배법칙

2개 이상의 입력신호를 OR한 다음 이 신호를 하나의 입력신호와 AND한 것은 하나의 입력신호를 다른 두개의 입력신호와 AND한 다음 OR한 것과 동일하다.

14) $A \cdot (B+C) = (A \cdot B) + (A \cdot C)$

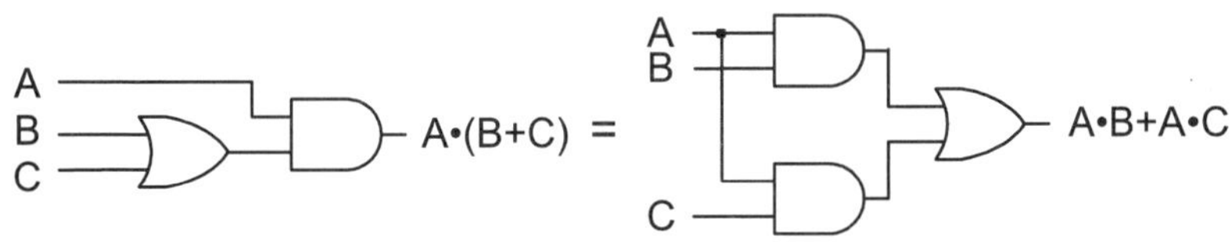

$A + B \cdot C = (A+B) \cdot (A+C)$

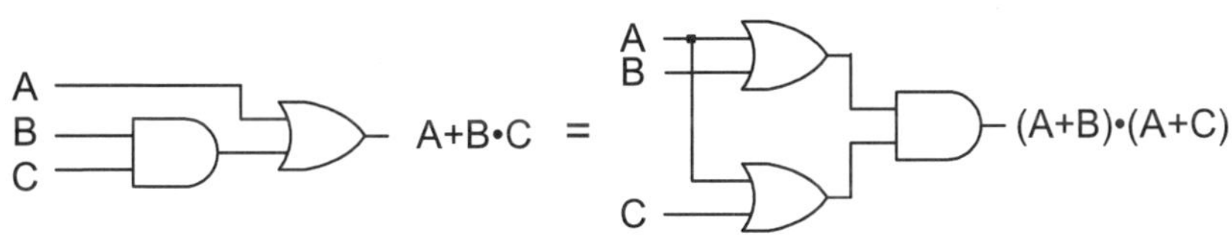

(4) 드-모르강의 법칙(다음 절을 참조한다.)

15) $\overline{A+B} = \overline{A} \cdot \overline{B}$

16) $\overline{A \cdot B} = \overline{A} + \overline{B}$

(5) 기타 법칙

17) $A + A \cdot B = A(1+B)$
$= A$

18) $A \cdot (A+B) = A \cdot A + A \cdot B$
$= A + A \cdot B$
$= A(1+B)$
$= A$

19) $A \cdot B + A \cdot \overline{B} = A \cdot (B + \overline{B})$
$= A$

20) $(A+B) \cdot (A+C) = A \cdot A + A \cdot C + A \cdot B + B \cdot C$
$= A + A \cdot C + A \cdot B + B \cdot C$
$= A \cdot (1+C) + A \cdot B + B \cdot C$
$= A \cdot 1 + A \cdot B + B \cdot C$
$= A + A \cdot B + B \cdot C$
$= A \cdot (1+B) + B \cdot C$
$= A \cdot 1 + B \cdot C$
$= A + B \cdot C$

21) $(A+B)\cdot(A+\overline{B}) = A\cdot A + A\cdot\overline{B} + A\cdot B + B\cdot\overline{B}$
$= A\cdot A + A\cdot(\overline{B}+B)$
$= A\cdot A + A$
$= A$

22) $A+\overline{A}\cdot B = A\cdot(B+1)+\overline{A}\cdot B$
$= A\cdot B + A + \overline{A}\cdot B$
$= A + B\cdot(A+\overline{A})$
$= A+B$

23) $A\cdot(\overline{A}+B) = A\cdot\overline{A} + A\cdot B$
$= A\cdot B$

(6) Consensus항

24) $A\cdot B+\overline{A}\cdot C+B\cdot C = A\cdot B+\overline{A}\cdot C+B\cdot C\cdot(A+\overline{A})$
$= A\cdot B+\overline{A}\cdot C+A\cdot B\cdot C+\overline{A}\cdot B\cdot C$
$= A\cdot B\cdot(1+C)+\overline{A}\cdot C\cdot(1+B)$
$= A\cdot B+\overline{A}\cdot C$

25) $(A+B)\cdot(\overline{A}+C)\cdot(B+C)$
$= (A\cdot\overline{A}+A\cdot C+\overline{A}\cdot B+B\cdot C)(B+C)$
$= (A\cdot C+\overline{A}\cdot B+B\cdot C)(B+C)$
$= (A\cdot B\cdot C+\overline{A}\cdot B\cdot B+B\cdot B\cdot C+A\cdot C\cdot C+\overline{A}\cdot B\cdot C+B\cdot C\cdot C)$
$= (A\cdot B\cdot C+\overline{A}\cdot B+B\cdot C+A\cdot C+\overline{A}\cdot B\cdot C+B\cdot C)$
$= (\overline{A}\cdot B+B\cdot C(A+\overline{A}+1)+A\cdot C)$
$= \overline{A}\cdot B+B\cdot C+A\cdot C$
$= \overline{A}\cdot B+B\cdot C+A\cdot C+A\cdot\overline{A}$
$= \overline{A}\cdot(A+B)+C\cdot(A+B)$
$= (A+B)\cdot(\overline{A}+C)$

❑ Consensus 이론이란?

부울 대수를 간단히 하는데 유용하게 사용되는 이론이며 정리 24)와 같이 세 번째 항 BC에서 B와 C가 앞의 각 항에 나누어 포함되어 있고 각 항의 나머지 변수가 서로 보수 관계에 있을 때 BC를 콘센서스 항이라 부르며 이 항을 생략할 수 있다. 또한 정리 25)에서도 정리 24)와 유사한 규칙이 존재하며 $(B+C)$항을 생략할 수 있다.

(7) 치환을 이용하여 논리식 간소화하기

$A+B \cdot C+1$을 간소화 해보자. 정리2를 이용하기 위해 $A+B \cdot C$를 X로 치환하여 정리하면 논리 [1]이 된다.

$$
\begin{aligned}
\text{26)}\quad A+B \cdot C+1 &= (A+B \cdot C)+1 \\
&= X+1\{(A+B \cdot C) \rightarrow X\text{로치환}\} \\
&= 1
\end{aligned}
$$

즉, 모든 논리합 식에 [1]이 있으면 결과는 [1]이 된다. 이것은 앞 절에서 살펴본 OR 게이트의 특성을 통해 알 수 있다. 다음 논리식의 간소화 과정을 살펴보자.

정리 15에서 $(A+B) \cdot (A+C) = A+(B \cdot C)$이므로 아래의 논리식에서 $C \cdot D$를 X로 치환하면 다음과 같이 된다.

$$
\begin{aligned}
\text{27)}\quad (A+B) \cdot (A+C \cdot D) &= (A+B) \cdot (A+X)\{C \cdot D \rightarrow X\text{로치환}\} \\
&= A+B \cdot X \\
&= A+B \cdot C \cdot D
\end{aligned}
$$

> **참고** : 일반적인 10신수의 연산 순서는 곱하기를 한 다음 더하기를 하는 것과 마찬가지로 논리식의 연산순서는 다음과 같다.
>
> 1) 첫 번째, 어떤 변수의 부정을 처리한 다음
> 2) 두 번째, 논리곱을 수행하고
> 3) 세 번째, 논리합을 수행한다.

예제 3-11 $OUT = \overline{\overline{A}+B}+\overline{AB}$ 를 간단히 하라.

[풀이]

$$
\begin{aligned}
OUT &= \overline{\overline{A}+B}+\overline{AB} \\
&= \overline{\overline{A}}\,\overline{B}+\overline{A}+\overline{B} &&: \text{드모르강법칙} \\
&= A\overline{B}+\overline{A}+\overline{B} &&: \text{2중부정} \\
&= \overline{B}(A+1)+\overline{A} &&: \text{분배법칙} \\
&= \overline{A}+\overline{B} &&: \text{공리2} \\
&= \overline{AB} &&: \text{드모르강법칙}
\end{aligned}
$$

■

[기초 다지기] 다음 논리식을 간소화 하라.

1) $A \cdot (A+B)$ 2) $A \cdot (\overline{A}+A \cdot B)$

3) $BC+\overline{B}C$ 4) $A \cdot \overline{B} \cdot C+\overline{A} \cdot B \cdot C+\overline{A} \cdot \overline{B} \cdot C$

예제 3-12 다음 논리식의 회로를 그려라. 그리고 논리식을 간소화한 다음 회로를 그려라. 마지막으로 두 개의 회로를 비교하라.

$$OUT = \overline{A} \cdot B \cdot C+\overline{A} \cdot B \cdot \overline{C}+A \cdot C$$

[풀이] 위의 논리식대로 회로를 그려보자. 그려진 회로는 매우 복잡하고 많은 게이트가 사용되고 있음을 알 수 있다.

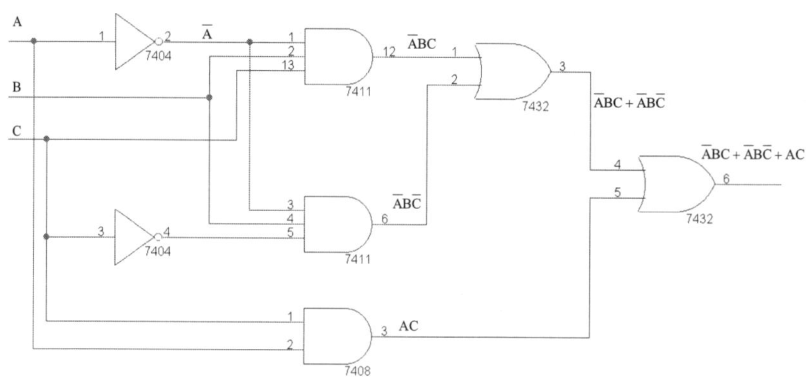

위의 논리식을 아래와 같이 간소화할 수 있다.

$$\begin{aligned} OUT &= \overline{A} \cdot B \cdot C+\overline{A} \cdot B \cdot \overline{C}+A \cdot C \\ &= \overline{A} \cdot B \cdot (C+\overline{C})+A \cdot C \\ &= \overline{A} \cdot B+A \cdot C \end{aligned}$$

간소화된 논리식을 이용하여 회로를 그리면 아래 그림과 같이 게이트 수가 훨씬 감소된 회로를 그릴 수 있다.

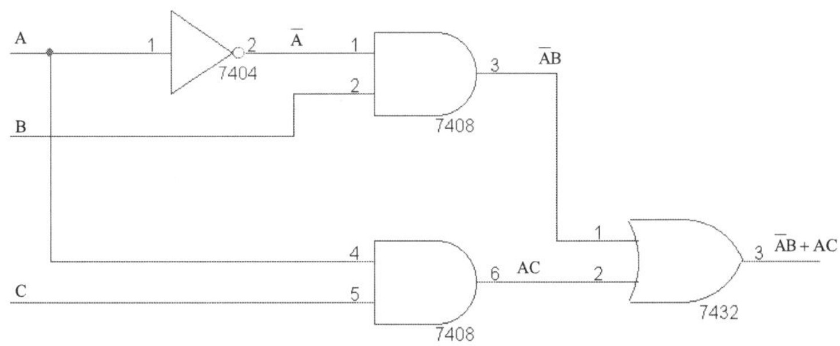

예제 3-13 다음 논리식을 간단히 한 후 회로를 작성하라

$$OUT = A + \overline{A} \cdot B \cdot \overline{C} + \overline{B + C}$$

【원래의 회로도】

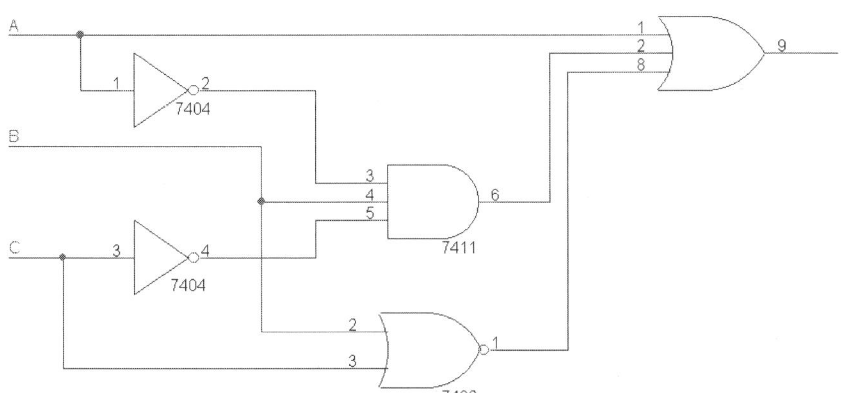

[풀이] 주어진 논리식에서 정리 22를 이용하기 위해 $B \cdot \overline{C}$를 Y로 치환한다.

$$\begin{aligned} OUT &= A + \overline{A} \cdot B \cdot \overline{C} + \overline{B + C} \\ &= A + \overline{A} \cdot Y + \overline{B} \cdot \overline{C} && : \text{치환}(B \cdot \overline{C} \rightarrow Y\text{로치환}) \\ &= A + Y + \overline{B} \cdot \overline{C} && : \text{정리}22(A + \overline{A} \cdot B = A + B) \\ &= A + B \cdot \overline{C} + \overline{B} \cdot \overline{C} \\ &= A + \overline{C} \cdot (B + \overline{B}) \\ &= A + \overline{C} \end{aligned}$$

간소화된 논리식에 따라 회로를 그리면 아래 그림과 같은 결과를 얻을 수 있다.

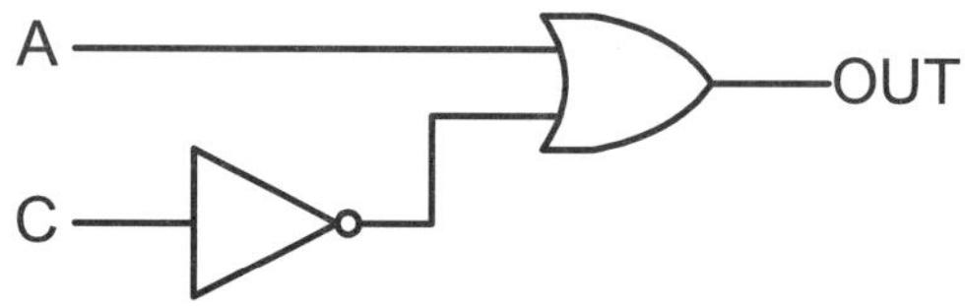

■

3-6 드모르강(De-Morgan)의 정리와 게이트의 변환

드모르강은 3-5절에서 잠시 살펴본 정리 15)와 16)을 제안한 학자이다. 이 두 가지 정리는 조합논리회로의 해석에 유용하게 쓰이며 디바이스의 변환이나 논리식의 간소화에도 자주 사용된다. 다음 항등식을 잘 살펴보자.

$$\overline{A \cdot B} = \overline{A} + \overline{B} \qquad \cdots\cdots ①$$

$$\overline{A + B} = \overline{A} \cdot \overline{B} \qquad \cdots\cdots ②$$

첫 번째 항등식 ①로부터 "두 신호를 AND한 다음 부정한 것은 두 신호의 각각을 부정한 다음 OR한 것과 같다"는 것을 알 수 있고, 두 번째 항등식 ②로부터 "두 신호를 OR한 다음 부정한 것은 두 신호를 각각 부정한 다음 AND한 것과 같다"는 것을 알 수 있다. 위의 항등식을 다음 진리표를 이용하여 증명해 보자

표 3-9 진리표에 의한 항등식 ①의 증명

A	B	$\overline{A \cdot B}$	$\overline{A}$	$\overline{B}$	$\overline{A} + \overline{B}$
0	0	1	1	1	1
0	1	1	1	0	1
1	0	1	0	1	1
1	1	0	0	0	0
$\overline{A \cdot B} = \overline{A} + \overline{B}$의 증명					

표 3-10 진리표에 의한 항등식 ②의 증명

A	B	$\overline{A+B}$	$\overline{A}$	$\overline{B}$	$\overline{A}\cdot\overline{B}$
0	0	1	1	1	1
0	1	0	1	0	0
1	0	0	0	1	0
1	1	0	0	0	0
$\overline{A+B}=\overline{A}\cdot\overline{B}$의 증명					

표 3-9와 3-10으로부터 다음과 같은 관계를 정리할 수 있다.

(1) NAND 게이트 변환($\overline{A\cdot B}=\overline{A}+\overline{B}$)

1) NAND 게이트의 출력 쪽 버블(NOT 게이트를 의미함)을 제거하여
2) NAND 게이트의 모든 입력 단에 갖다 붙인 다음
3) AND 게이트는 OR 게이트로 변환한다.

(2) NOR 게이트의 변환($\overline{A+B}=\overline{A}\cdot\overline{B}$)

1) NOR 게이트의 출력 쪽 버블(NOT 게이트를 의미함)을 제거하여
2) NOR 게이트의 모든 입력 단에 갖다 붙인 다음
3) OR 게이트는 AND 게이트로 변환한다.

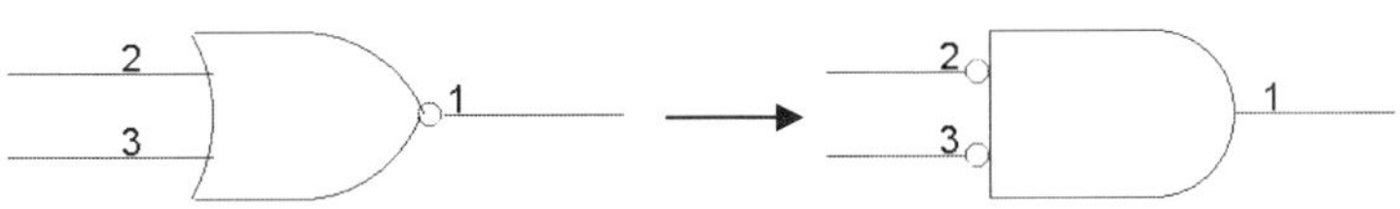

드모르강의 정리로부터 다음과 같은 정의를 얻을 수 있다.

[임의의 논리함수에 대한 부정을 구하려면 모든 변수를 부정한 다음 "OR" 는 "AND" 로 "AND" 는 "OR" 로 바꾸면 된다.]

3-6-1 기본 게이트 변환

게이트의 변환은 디지털 시스템을 설계할 때 매우 중요한 과정중의 하나이다. 예를 들어 NAND 게이트 IC(74LS00)에는 4개의 NAND 게이트가 있는데 이 중에서 2개는 사용하고 나머지 2개가 남아 있다고 가정하자. 이때 설계자가 NOT 게이트 한 개를 사용해야 한다면 74LS04 IC를 구입해야 한다. 이 경우 NAND 게이트의 나머지 2개중 1개를 NOT 게이트로 사용할 수 있다면 IC를 절약할 수 있다. 또한 반도체 IC를 설계할 경우 NAND 게이트가 기본이므로 게이트들을 NAND 게이트로 변환할 수 있다면 설계된 디지털 시스템을 ASIC (Application Specific Integrated Circuit)화 하는데 효율을 높일 수 있다. 그 외에도 여러 분야에서 게이트의 변환이 유용하게 적용된다.

(1) NAND 게이트 변환의 응용

1) NAND게이트의 입력을 서로 연결하여 하나의 입력 신호로 만들면 NOT 게이트를 구성할 수 있다.

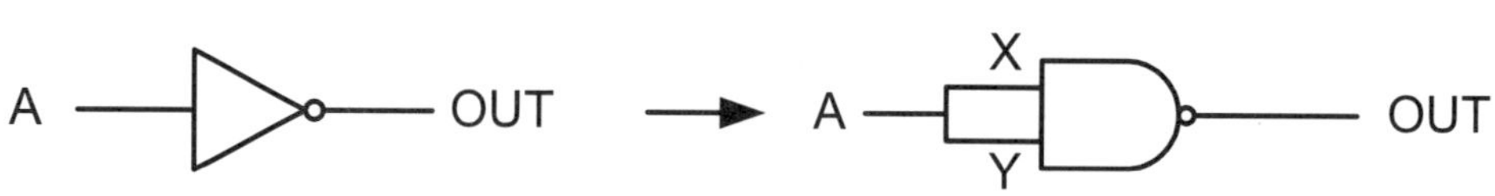

A	OUT
0	1
1	0

A		OUT
X	Y	
0	0	1
1	1	0

2) NAND 게이트의 출력에 또 다른 NAND 게이트를 연결하면 AND 게이트를 구성할 수 있다. 이것은 어떤 신호의 부정을 다시 부정하면 원래의 상태를 얻을 수 있다는 논리 때문이다.

A	B	OUT
0	0	0
0	1	0
1	0	0
1	1	1

A	B	OUT1	OUT
0	0	1	0
0	1	1	0
1	0	1	0
1	1	0	1

3) NAND 게이트 3개를 이용하면 OR 게이트를 구성할 수 있다. OR 게이트에 드모르강의 정리를 적용하면 두 번째 게이트로 전환이 가능하며 이 게이트의 버블은 NOT 게이트와 같으므로 NAND 게이트로 NOT 게이트를 만들어 연결하면 된다. 이 과정을 드모르강 정리를 이용하여 살펴보자.

$$\mathrm{OUT} = A + B = \overline{\overline{A + B}} = \overline{\overline{A} \cdot \overline{B}}$$

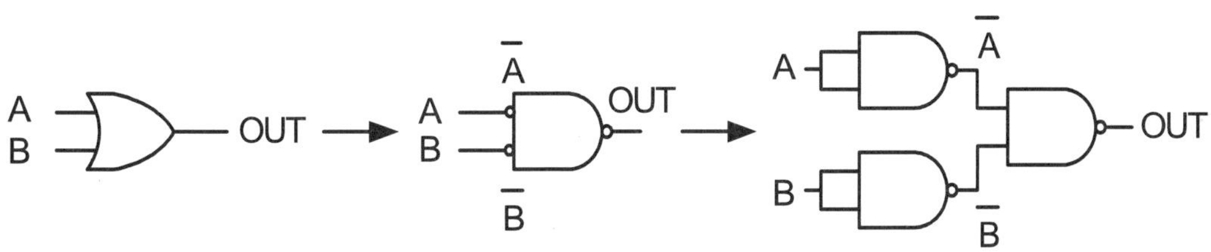

A	B	A+B	$\overline{\overline{A + B}}$	$\overline{\overline{A} \cdot \overline{B}}$	OUT
0	0	0	0	0	0
0	1	1	1	1	1
1	0	1	1	1	1
1	1	1	1	1	1

4) NAND 게이트 4개를 이용하여 NOR 게이트를 구성할 수 있다. NOR 게이트에 드모르강의 정리를 적용하면 두 번째 게이트로 전환이 가능하며 3)과 같은 방법을 적용하면 된다.

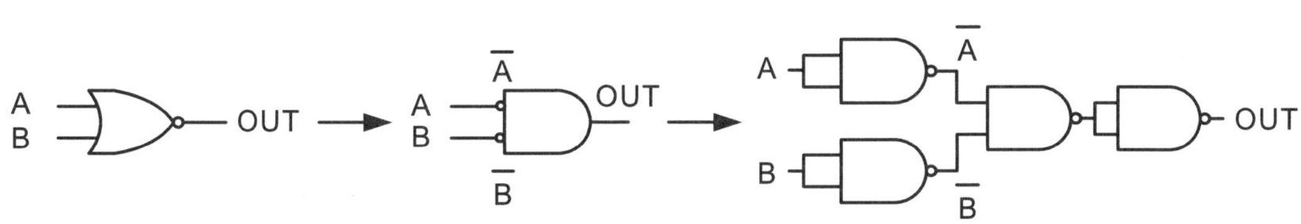

이 과정을 드모르강 정리를 이용하여 살펴보자.

$$\mathrm{OUT} = \overline{A + B} = \overline{A} \cdot \overline{B} = \overline{\overline{\overline{A} \cdot \overline{B}}}$$

A	B	$\overline{A + B}$	$\overline{A} \cdot \overline{B}$	$\overline{\overline{\overline{A} \cdot \overline{B}}}$	OUT
0	0	1	1	1	1
0	1	0	0	0	0
1	0	0	0	0	0
1	1	0	0	0	0

(2) NOR 게이트 변환의 응용

1) NOR 게이트의 입력을 서로 연결하여 하나의 입력 신호로 만들면 NOT 게이트를 구성할 수 있다.

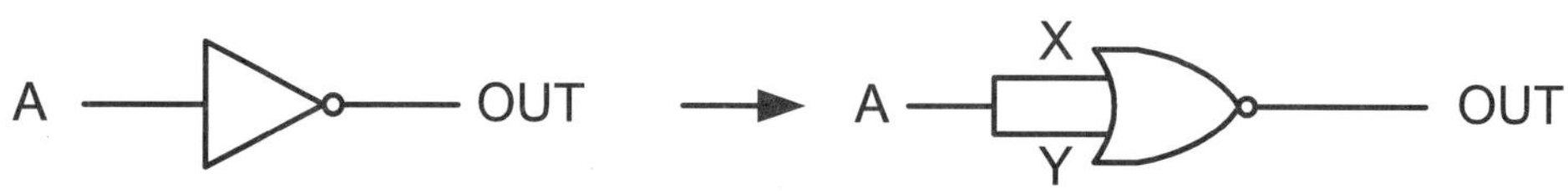

A	OUT
0	1
1	0

A		OUT
X	Y	
0	0	1
1	1	0

2) NOR 게이트의 출력에 또 다른 NOR 게이트를 연결하면 OR 게이트를 구성할 수 있다. 이것은 어떤 신호의 부정을 다시 부정하면 원래의 상태를 얻을 수 있다는 논리 때문이다.

A	B	OUT
0	0	0
0	1	1
1	0	1
1	1	1

A	B	OUT1	OUT
0	0	1	0
0	1	0	1
1	0	0	1
1	1	0	1

3) NOR 게이트 3개를 이용하면 AND 게이트를 구성할 수 있다. AND 게이트에 드모르강의 정리를 적용하면 두 번째 게이트로 전환이 가능하며 이 게이트의 버블은 NOT 게이트와 같으므로 NOR 게이트로 NOT 게이트를 만들어 연결하면 된다. 이 과정을 드모르강 정리를 이용하여 살펴보자.

$$OUT = A \cdot B = \overline{\overline{A \cdot B}} = \overline{\overline{A}+\overline{B}}$$

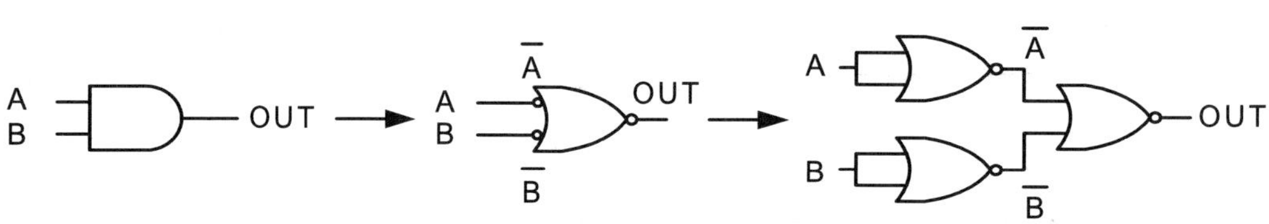

A	B	$A \cdot B$	$\overline{\overline{A \cdot B}}$	$\overline{\overline{A}+\overline{B}}$	OUT
0	0	0	0	0	0
0	1	0	0	0	0
1	0	0	0	0	0
1	1	1	1	1	1

4) NOR 게이트 4개를 이용하여 NAND 게이트를 구성할 수 있다. NAND 게이트에 드모르강의 정리를 적용하면 두 번째 게이트로 전환이 가능하며 3)과 같은 방법을 적용하면 된다.

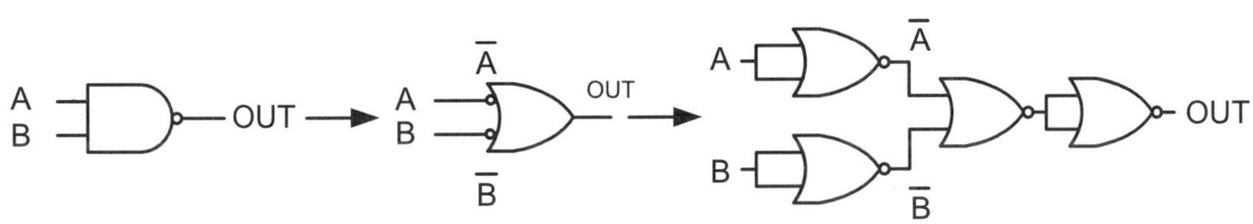

이 과정을 드모르강 정리를 이용하여 살펴보자.

$$OUT = \overline{A \cdot B} = \overline{A} + \overline{B} = \overline{\overline{\overline{A}+\overline{B}}}$$

A	B	$\overline{A \cdot B}$	$\overline{A}+\overline{B}$	$\overline{\overline{\overline{A}+\overline{B}}}$	OUT
0	0	1	1	1	1
0	1	1	1	1	1
1	0	1	1	1	1
1	1	0	0	0	0

예제 3-14 다음 회로를 NAND 게이트만의 회로로 변환하라.

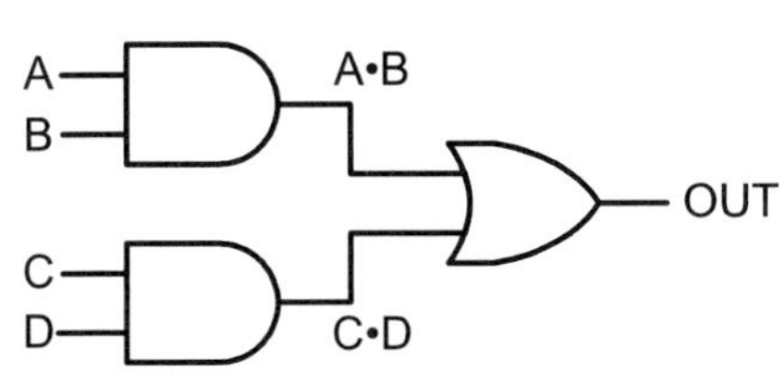

[풀이] 위 회로의 논리식은 다음과 같이 쓸 수 있다.

$$\text{OUT} = \text{AB} + \text{CD}$$

이 논리식에 2중 부정을 취한 다음 드모르강의 법칙을 적용하면 다음 식과 같이 표현할 수 있다.

$$\text{OUT} = \overline{\overline{\text{AB} + \text{CD}}} = \overline{\overline{\text{AB}} \cdot \overline{\text{CD}}}$$

위의 논리식에는 3개의 NAND 게이트 논리식이 포함되어 있다. 이 논리식을 따라 회로를 그리면 다음과 같이 NAND게이트만으로 회로를 구성할 수 있다.

【결과】

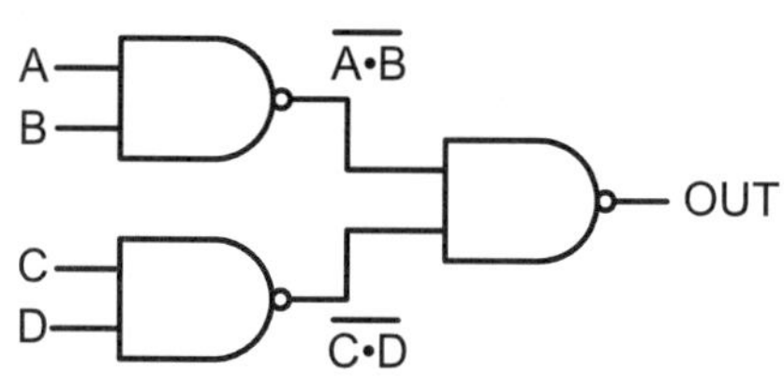

■

예제 3-15 다음 회로를 NAND 게이트만의 회로로 변환하라.

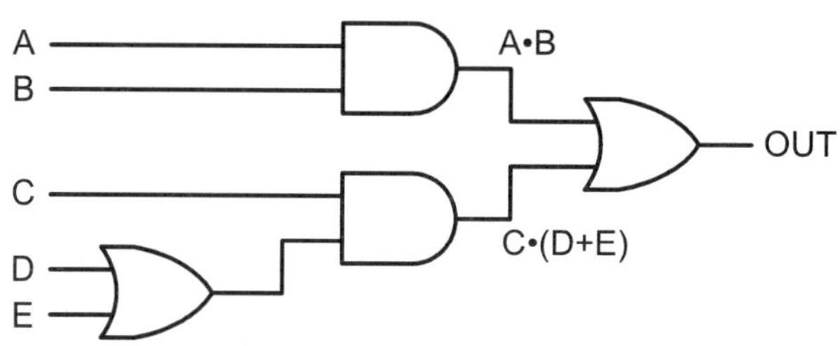

[풀이] 위 회로의 논리식은 다음과 같이 쓸 수 있다.

$$\text{OUT} = \text{A} \cdot \text{B} + \text{C} \cdot (\text{D} + \text{E})$$

이 논리식에 2중 부정을 취한 다음 드모르강의 법칙을 적용하면 다음과 같이 표현할 수 있다.

$$OUT = \overline{\overline{A \cdot B + C \cdot (D+E)}}$$

$$= \overline{\overline{AB} \cdot \overline{C \cdot (D+E)}}$$

$$= \overline{\overline{AB} \cdot \overline{CD + CE}}$$

$$= \overline{\overline{AB} \cdot \overline{CD} \cdot \overline{CE}}$$

위의 논리식에는 입력이 2개인 NAND 게이트 3개와 입력이 3개인 NAND 게이트 1개가 포함되어 있다. 이 논리식에 따라 회로를 그리면 다음과 같이 NAND 게이트만으로 회로를 구성할 수 있다.

【결과】

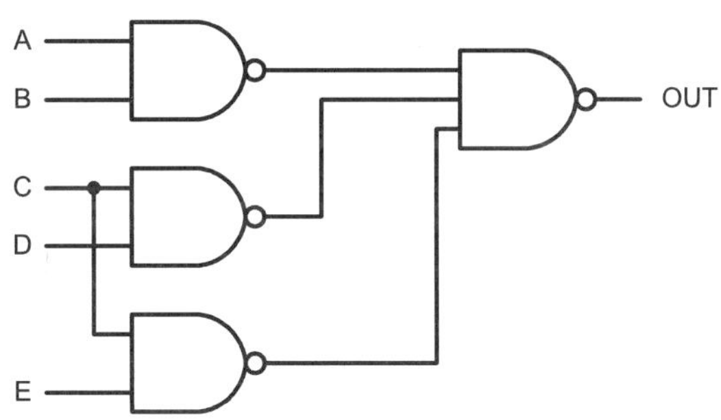

■

예제 3-16 다음 회로를 NOR 게이트만의 회로로 변환하라. 예제 3-14 및 3-15의 과정을 이용하여 주어진 예제를 해결하라.

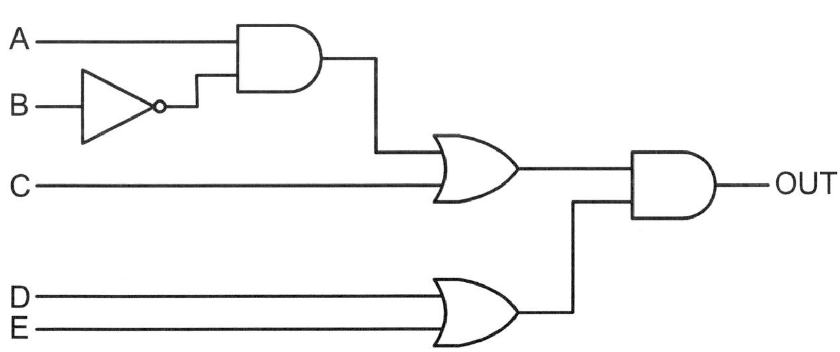

[풀이] 위 회로의 논리식은 다음과 같다.

$$OUT = (A \cdot \overline{B} + C) \cdot (D + E)$$

이 논리식에 2중 부정을 취한 다음 드모르강의 법칙을 적용하면 다음과 같이 표현할 수 있다.

$$
\begin{aligned}
\text{OUT} &= (A\overline{B}+C)\cdot(D+E)\\
&= \overline{\overline{(A\overline{B}+C)\cdot(D+E)}}\\
&= \overline{\overline{A\overline{B}+C}+\overline{(D+E)}} \quad \text{(각각의 소항목에 2중 부정을 취하면)}\\
&= \overline{\overline{\overline{\overline{A\overline{B}}+C}}+\overline{D+E}}\\
&= \overline{\overline{\overline{\overline{A\overline{B}}}\cdot\overline{C}}+\overline{D+E}}\\
&= \overline{\overline{\overline{(\overline{A}+\overline{\overline{B}})\cdot\overline{C}}}+\overline{D+E}}\\
&= \overline{\overline{\overline{\overline{\overline{A}}+B}+C}+\overline{D+E}}
\end{aligned}
$$

위의 논리식에서 $\overline{A}$는 NOR 게이트의 입력단자를 공통으로 묶어서 처리할 수 있으므로 최종회로는 다음과 같다.

【결과】

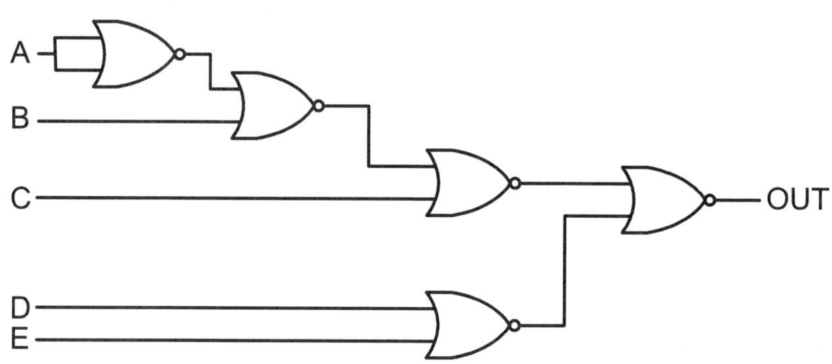

■

[기초 다지기] 다음 논리식에 드모르강 정리를 적용하라

1) $\overline{(A\cdot B\cdot C)}$ 2) $\overline{(A+B+C)}$

3-7 표준형을 이용한 논리회로 구성

여러 개의 변수로 구성된 함수관계는 진리표로 정의할 수 있지만 이를 표현하는 논리 방정식은 여러 가지가 있다. 그 중에서 “곱의 합(SOP : Sum of Product)” 형식과 “합의 곱(POS : Product of Sum)” 형식은 표준형의 기본이다.

(1) 곱의 합(SOP)

곱의 합 형식은 진리표에 나타난 출력 중 논리 [1]인 항들의 입력을 곱(AND)한 다음 각각의 곱을 합(OR)한 것이다. 아래의 표는 SOP 논리식 표현과 회로의 예를 보이고 있다.

논리식
$A\cdot B+A\cdot C$
$A\cdot\overline{B}\cdot C+B\cdot A\cdot\overline{D}+\overline{A}\cdot\overline{C}$
$\overline{A}\cdot\overline{B}+A\cdot B\cdot\overline{C}+\overline{D}\cdot\overline{E}$

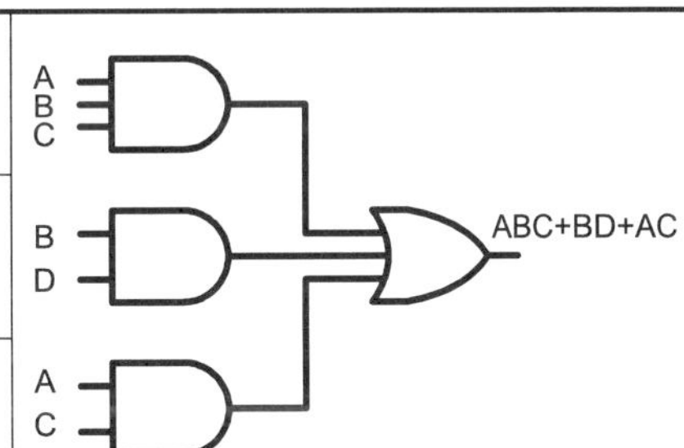

SOP 항에는 여러 개의 변수가 공통의 ¯를 갖는 $\overline{A\cdot B\cdot C}$ 의 형태는 사용되지 않는다.

(2) 합의 곱(POS)

합의 곱 형식은 진리표에 나타난 출력 중 논리 [0]인 항들의 입력을 합(OR)한 다음 각각의 합을 곱(AND)한 것이다. 아래의 표는 POS 논리식 표현과 회로의 예를 보이고 있다.

논리식
$(A+\overline{B})\cdot(\overline{A}+B+C)$
$(\overline{A}+\overline{B}+C)\cdot(\overline{B}+\overline{C}+D)\cdot(D+E)$
$(\overline{A}+B)\cdot(\overline{A}+\overline{B}+\overline{C})\cdot(\overline{A}+\overline{D})$

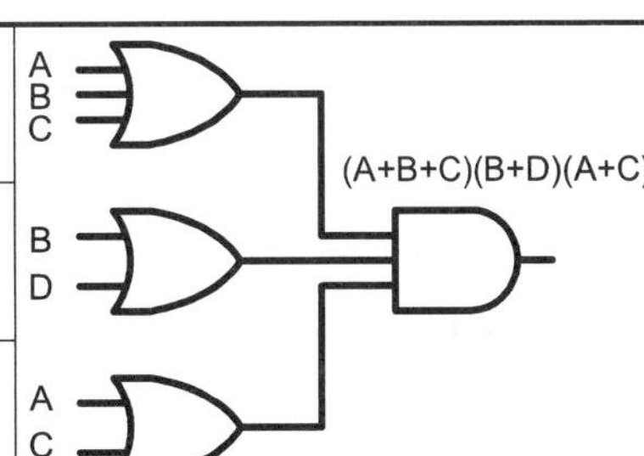

단, POS항에도 $\overline{A+B+C}$ 형태는 사용되지 않는다.

표 3-11을 살펴보자. 표 3-11은 십진수 0에서 7까지의 8개 수 중에서 2의 배수를 찾는 회로를 구성하기 위해 작성한 진리표다. 출력은 10진수가 2의 배수일 경우 논리 [1], 그 외는 논리 [0]이 되도록 하였다.

표 3-11 10진수 0에서 7까지의 수에서 2의 배수 찾기

10진수	2진수 입력 변수(A,B,C)			출력(OUT)	SOP	POS
	A	B	C			
0	0	0	0	1	$\overline{A}\,\overline{B}\,\overline{C}$	
1	0	0	1	0		$A+B+\overline{C}$
2	0	1	0	1	$\overline{A}B\overline{C}$	
3	0	1	1	0		$A+\overline{B}+\overline{C}$
4	1	0	0	1	$A\overline{B}\,\overline{C}$	
5	1	0	1	0		$\overline{A}+B+\overline{C}$
6	1	1	0	1	$AB\overline{C}$	
7	1	1	1	0		$\overline{A}+\overline{B}+\overline{C}$

(3) 곱의 합에(SOP) 의한 논리식의 표현

표 3-11에서 출력이 논리 [1]로 나오는 항들의 입력 변수를 모두 논리곱으로 표현한 다음 각 항들을 더하면 된다. 논리식을 표현할 때 출력 [1]을 기준으로 하였기 때문에 입력 변수가 [1]이면 해당 입력 변수를 긍정으로, [0]이면 해당 입력 변수를 부정으로 표시한다. 그러므로 표 3-11의 SOP는 다음과 같다.

$$
\begin{aligned}
OUT &= \overline{A}\,\overline{B}\,\overline{C} + \overline{A}B\overline{C} + A\overline{B}\,\overline{C} + AB\overline{C} \\
&= \overline{A}\,\overline{C}(\overline{B} + B) + A\overline{C}(\overline{B} + B) \\
&= \overline{A}\,\overline{C} + A\overline{C} \\
&= \overline{C}(\overline{A} + A) \\
&= \overline{C}
\end{aligned}
$$

(4) 합의 곱(POS)에 의한 논리식의 표현

표 3-11에서 출력이 논리 [0]으로 나오는 항들의 입력변수를 모두 논리합으로 표현한 다음 각 항들을 곱하면 된다. 논리식을 표현할 때 출력 [0]을 기준으로 하였기 때문에 입력변수가 [0]이면 해당 입력 변수를 긍정으로, [1]이면 해당 입력 변수를 부정으로 표시한다. 그러므로 표 3-11의 POS는 다음과 같다.

$$
\begin{aligned}
OUT &= (A + B + \overline{C})(A + \overline{B} + \overline{C})(\overline{A} + B + \overline{C})(\overline{A} + \overline{B} + \overline{C}) \\
&= (A + X)(A + Y)(\overline{A} + X)(\overline{A} + Y) \quad \{X = B + \overline{C},\ Y = \overline{B} + \overline{C}\} \\
&= (AA + XA + AY + XY)(\overline{A}\overline{A} + X\overline{A} + \overline{A}Y + XY) \\
&= (A + XY)(\overline{A} + XY) \\
&= XY \\
&= (\overline{B} + \overline{C})(B + \overline{C}) \\
&= \overline{C}
\end{aligned}
$$

위에 나열한 논리식의 표현에서 “곱의 합” 형식과 “합의 곱” 형식의 결과가 같게 나타났다. 그렇지만 곱의 합에서는 출력이 논리 [1]인 항들로 구성한 반면 합의 곱에서는 출력이 논리 [0]인 항들로 구성하였음을 기억하라. 이와 같은 관계로부터 곱의 합 형식과 합의 곱 형식은 서로 쌍대적임을 알 수 있다.

3-8 카노프 맵(Karnaugh Map)을 이용한 논리회로의 간소화

카노프 맵은 부울 대수식을 간소화하기 위한 체계적인 방법으로 논리회로의 진리표를 그래픽으로 처리하는 방법이라고 말할 수 있으며 디지털 논리회로를 간소화하는 방법 중의 하나이다. 부울 대수를 통해서 디지털 논리회로를 간소화할 수 있다는 것과 논리식이 간소화되면 설계에 소요될 부품의 수를 줄일 수 있다는 사실을 앞 절에서 살펴보았다. 카노프 맵은 논리회로 간소화의 구체적인 방법을 제시한다. 카노프 맵의 셀의 수는 진리표의 행수와 마찬가지로 입력변수의 가능한 모든 조합의 수와 같다. 카노프 맵은 2변수, 3변수, 4변수 및 5변수로 이루어진 모든 논리식에 적용할 수 있다. 그리고 카노프 맵 역시 SOP와 POS가 있지만 이 책에서는 SOP만을 다룬다. 디지털 논리 회로를 간소화하기 위한 목적을 다시 한 번 살펴보자.

- ■ 첫 번째, 함수의 최적화
- ■ 두 번째, 경제적인 설계
- ■ 세 번째, 동작속도를 빠르게
- ■ 네 번째, 설계시간의 단축

(1) 진리표를 이용하여 카노프 맵을 작성하는 법과 일반적인 규칙

1) 입력변수 중 MSB를 그림 3-30, 3-31, 3-32와 같이 카노프 맵의 세로 변에 기입한다.
2) 나머지 비트를 그림 3-30, 3-31, 3-32 같이 카노프 맵의 가로변에 기입한다.
3) 세로 변과 가로변에 논리 [0]과 [1]을 기입한다.
4) 세로 또는 가로변에 있는 변수가 2개일 경우 (00, 01, 11, 10) 순서로 기입한다.
5) 진리표의 입력에 따라 출력이 [0]이면 [0], 출력이 [1]이면 [1]을 각 칸에 기입한다.

A \ B	0	1
0	$\bar{A}\bar{B}$	$\bar{A}B$
1	$A\bar{B}$	AB

그림 3-30 2변수

A \ BC	00	01	11	10
0	$\bar{A}\bar{B}\bar{C}$	$\bar{A}\bar{B}C$	$\bar{A}BC$	$\bar{A}B\bar{C}$
1	$A\bar{B}\bar{C}$	$A\bar{B}C$	ABC	$AB\bar{C}$

그림 3-31 3변수

AB \ CD	00	01	11	10
00	$\bar{A}\bar{B}\bar{C}\bar{D}$	$\bar{A}\bar{B}\bar{C}D$	$\bar{A}\bar{B}CD$	$\bar{A}\bar{B}C\bar{D}$
01	$\bar{A}B\bar{C}\bar{D}$	$\bar{A}B\bar{C}D$	$\bar{A}BCD$	$\bar{A}BC\bar{D}$
11	$AB\bar{C}\bar{D}$	$AB\bar{C}D$	$ABCD$	$ABC\bar{D}$
10	$A\bar{B}\bar{C}\bar{D}$	$A\bar{B}\bar{C}D$	$A\bar{B}CD$	$A\bar{B}C\bar{D}$

그림 3-32 4변수

카노프 맵을 작성하는 방법을 아래의 3종류 진리표를 통해 살펴보자.

입력 변수		출력
A	B	OUT
0	0	1
0	1	1
1	0	0
1	1	0

카노프 맵

A \ B	0	1
0	(1	1)
1	0	0

간소화된 논리식

$$OUT = \overline{A}$$

그림 3-33 2변수 진리표, 카노프 맵 그리고 논리식

입력 변수			출력
A	B	C	OUT
0	0	0	1
0	0	1	0
0	1	0	1
0	1	1	1
1	0	0	0
1	0	1	0
1	1	0	1
1	1	1	1

카노프 맵

A \ BC	00	01	11	10
0	1	0	1	1
1	0	0	1	1

간소화된 논리식

$OUT = \overline{A}\,\overline{C} + B$

그림 3-34 3변수 진리표, 카노프 맵 그리고 논리식

입력 변수				출력
A	B	C	D	OUT
0	0	0	0	1
0	0	0	1	0
0	0	1	0	1
0	0	1	1	0
0	1	0	0	0
0	1	0	1	0
0	1	1	0	1
0	1	1	1	0
1	0	0	0	1
1	0	0	1	0
1	0	1	0	1
1	0	1	1	0
1	1	0	0	0
1	1	0	1	1
1	1	1	0	1
1	1	1	1	0

카노프 맵

AB \ CD	00	01	11	10
00	1	0	0	1
01	0	0	0	1
11	0	1	0	1
10	1	0	0	1

간소화된 논리식

$$OUT = \overline{B}\,\overline{D} + C\overline{D} + AB\overline{C}D$$

그림 3-35 4변수 진리표, 카노프 맵 그리고 논리식

(2) 작성된 카노프맵으로부터 논리식 유도하기

1) 논리 [1]들이 인접한 셀끼리 그림 3-33, 3-34, 3-35와 같이 1, 2, 4, 8, 16개의 단위로 묶는다. 이 때 논리 [1]의 셀이 중복되어도 관계없다.
2) 논리 [1]의 인접한 셀이 없어서 1개만 묶였을 경우 변수의 간략화는 없다.
3) 논리 [1]의 인접한 셀이 2개 묶이면 1개의 변수가 생략된다.
4) 논리 [1]의 인접한 셀이 4개 묶이면 2개의 변수가 생략된다.
5) 논리 [1]의 인접한 셀이 8개 묶이면 3개의 변수가 생략된다.

6) 2변수(그림 3-33) 결과 : OUT=$\overline{A}$
(A가 [0]이면 B에 관계없이 출력이 [1]이므로)
7) 3변수(그림 3-34) 결과 : OUT=$\overline{A}\,\overline{C}$+B
(실선묶음 : B가 [1]이면 C와 A에 관계없이 출력이 [1]이므로
점선묶음 : A가 [0]이고 C가 [0]이면 B에 관계없이 출력이 [1]이므로)
8) 4변수(그림 3-35) 결과 : OUT=$\overline{B}\,\overline{D}$+C$\overline{D}$+AB$\overline{C}$D
(점선묶음 : B가 [0]이고 D가 0이면 A, C에 관계없이 출력이 [1]이므로
실선묶음 : C가 [1]이고 D가 0이면 AB에 관계없이 출력이 [1]이므로
원 묶음 : 인접한 셀이 없으므로 간소화되는 변수가 없다.)

(3) 논리식을 이용하여 카노프 맵을 작성하기

1) 진리표와 동일한 맵을 작성한다.
2) 해당 논리식과 일치하는 칸에 논리 [1]을 기입한다.
3) 나머지 과정은 진리표를 이용한 카노프 맵 작성과정과 동일하다.

예제 3-17 다음 SOP 논리식에 대한 카노프 맵을 작성하라.

$$OUT = \overline{A}\,\overline{B}\,\overline{C} + \overline{A}\,\overline{B}C + \overline{A}BC + A\overline{B}C$$

[풀이]

A \ BC	00 ($\overline{B}\,\overline{C}$)	01 ($\overline{B}C$)	11 (BC)	10 ($B\overline{C}$)
0 ($\overline{A}$)	$\overline{A}\,\overline{B}\,\overline{C}$ (000)	$\overline{A}\,\overline{B}C$ (001)	$\overline{A}BC$ (011)	
1 (A)		$A\overline{B}C$ (101)		

(4) 카노프 맵 적용하여 간소화하기

1) 입력변수가 2개일 경우

예제 3-18을 통하여 입력변수가 2개일 경우 카노프 맵의 적용방법을 알아보자

예제 3-18 스위치 A가 [OFF] 되고, 스위치 B가 [ON] 되면 램프가 [OFF] 되는 회로를 구성하라.

[풀이] 입력변수는 2개, 출력변수는 1개이므로 표 3-7과 같은 진리표를 작성할 수 있다. 문제의 조건에 따라 진리표를 작성한 후 카노프 맵을 작성하거나 논리식을 작성한다. 카노프 맵이나 표준형을 이용하여 논리식을 간소화한 다음 최적의 회로를 설계한다.

표 3-12 예제 3-18의 진리표

입력변수		출력
A	B	OUT
0	0	1
0	1	0
1	0	1
1	1	1

■ 표 3-12의 진리표를 이용하여 카노프 맵을 적용하여 보자.

A \ B	0	1
0	1	0
1	1	1

⇄

A \ B	$\overline{B}$	B
$\overline{A}$	$\overline{A}\,\overline{B}$	
A	$A\overline{B}$	AB

그림 3-36 예제 3-18의 카노프 맵

그림 3-36의 카노프 맵으로부터 다음과 같은 결과를 얻을 수 있다.

$$OUT = \overline{B} + A$$

표 3-12의 진리표에 표준형을 적용한 다음 부울대수를 이용하여 간소화하면 역시 동일한 결과를 얻을 수 있다.

$$\begin{aligned} OUT &= \overline{A}\,\overline{B} + A\overline{B} + AB \\ &= \overline{B}(\overline{A} + A) + AB \\ &= \overline{B} + AB \\ &= \overline{B} + A \end{aligned}$$

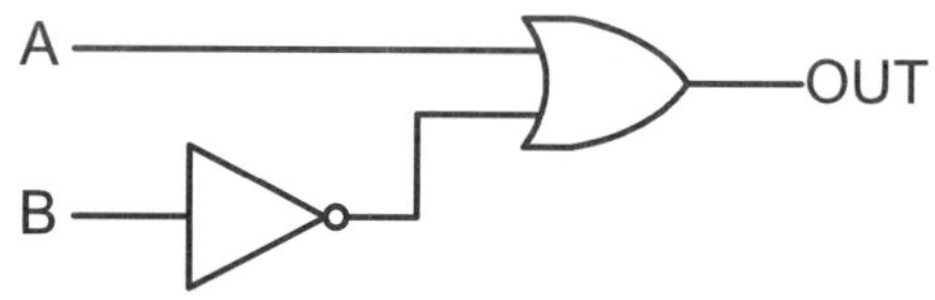

■

[기초 다지기] 두 개의 스위치가 동시에 꺼지거나 켜질 때 문이 열리는 회로를 설계하라.

2) 입력변수가 3개일 경우

예제 3-19를 통하여 입력변수가 3개인 논리회로의 간소화 과정을 살펴보자.

예제 3-19 10진수 0에서 7까지 입력되는 디지털 회로가 있다. 입력되는 수의 크기가 3 이하인 경우 LED가 [ON] 되어 불이 켜지고 그렇지 않은 경우 LED는 [OFF] 되는 회로를 설계하라.

[풀이] 10진수 0에서 7까지를 입력하려면 2진수 3비트가 필요하므로 입력변수는 3개가 된다. 출력은 [ON]과 [OFF]의 두 가지이므로 1비트로 해결할 수 있다. 문제의 조건에 맞도록 표 3-13과 같은 진리표를 작성해 보자.

[결과]

▣ 예제 3-19의 진리표

표 3-13 예제 3-19의 진리표

입력 변수(A,B,C)			출력(OUT)
A	B	C	
0	0	0	1
0	0	1	1
0	1	0	1
0	1	1	1
1	0	0	0
1	0	1	0
1	1	0	0
1	1	1	0

▣ 표준형의 곱의 합 형식을 이용한 논리식의 표현

$$\begin{aligned} OUT &= \overline{A}\,\overline{B}\,\overline{C} + \overline{A}\,\overline{B}C + \overline{A}B\overline{C} + \overline{A}BC \\ &= \overline{A}\,\overline{B}(\overline{C} + C) + \overline{A}B(\overline{C} + C) \\ &= \overline{A}\,\overline{B} + \overline{A}B \\ &= \overline{A}(\overline{B} + B) \\ &= \overline{A} \end{aligned}$$

▣ 카노프 맵을 이용한 논리식의 표현

그림 3-37에서 인접한 [1]의 셀이 4개이므로 B와 C변수는 생략되고 A가 [0]인 경우만 남는다.

A \ BC	00	01	11	10
0	1	1	1	1
1	0	0	0	0

(0행의 1 네 개를 묶은 그룹 → $\overline{A}$)

그림 3-37 예제 3-19의 카노프 맵

그러므로,

$$OUT = \overline{A}$$

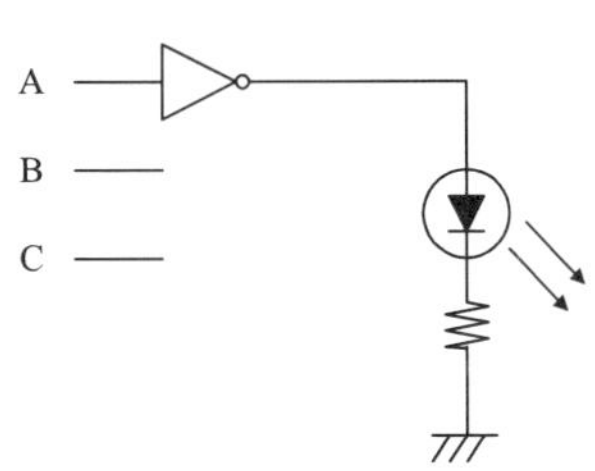

위 논리식에서 입력 신호 B와 C는 생략되었으므로 회로의 동작에 영향을 주지 않는다는 것을 알 수 있다. ■

[기초 다지기] 3개의 스위치 중 2개 이상이 ON이면 시스템이 동작하는 회로를 설계하라.

3) 입력변수가 4개일 경우

예제 3-20을 이용하여 입력변수가 4개인 논리회로의 간소화 과정을 살려보자.

예제 3-20 10진수 중 2의 배수가 입력되면 LED가 켜지고 그 외의 숫자가 입력되면 LED가 꺼지는 논리회로를 작성하라.

[풀이] 10진수는 0에서 9까지 있으므로 2진수 4비트가 필요하다. 출력은 [ON]과 [OFF]만 있으면 되므로 1비트만 필요하다. 문제의 조건에 맞도록 표 3-14와 같은 진리표를 작성하자.

[결과]

▣ 예제 3-20의 진리표

표 3-14 예제 3-20의 진리표

입력 변수(A, B, C, D)				출력(OUT)
A	B	C	D	
0	0	0	0	1
0	0	0	1	0
0	0	1	0	1
0	0	1	1	0
0	1	0	0	1
0	1	0	1	0
0	1	1	0	1
0	1	1	1	0
1	0	0	0	1
1	0	0	1	0

▣ 곱의 합 형식을 이용한 논리식의 표현

$$\begin{aligned}
\mathrm{OUT} &= \overline{A}\,\overline{B}\,\overline{C}\,\overline{D} + \overline{A}\,\overline{B}C\overline{D} + \overline{A}B\overline{C}\,\overline{D} + \overline{A}BC\overline{D} + A\overline{B}\,\overline{C}\,\overline{D} \\
&= \overline{A}\,\overline{B}\,\overline{D}(\overline{C}+C) + \overline{A}\,\overline{D}(B\overline{C}+BC) + A\overline{B}\,\overline{C}\,\overline{D} \\
&= \overline{A}\,\overline{B}\,\overline{D} + \overline{A}\,\overline{D}B + A\overline{B}\,\overline{C}\,\overline{D} \\
&= \overline{A}\,\overline{D}(\overline{B}+B) + A\overline{B}\,\overline{C}\,\overline{D} \\
&= \overline{D}(\overline{A} + A\overline{B}\,\overline{C}) \\
&= \overline{D}(\overline{A} + \overline{B}\,\overline{C}) \\
&= \overline{A}\,\overline{D} + \overline{B}\,\overline{C}\,\overline{D}
\end{aligned}$$

▣ 카노프 맵을 이용한 논리식의 표

AB \ CD	00	01	11	10
00	1	0	0	1
01	1	0	0	1
11	0	0	0	0
10	1	0	0	0

$\overline{A}\overline{D}$, $\overline{B}\overline{C}\overline{D}$

그림 3-38 카노프 맵

그림 3-38의 카노프 맵으로부터 다음과 같은 논리식을 구할 수 있다.

$$OUT = \overline{A}\,\overline{D} + \overline{B}\,\overline{C}\,\overline{D}$$

이 논리식을 회로로 표현하면 아래와 같다.

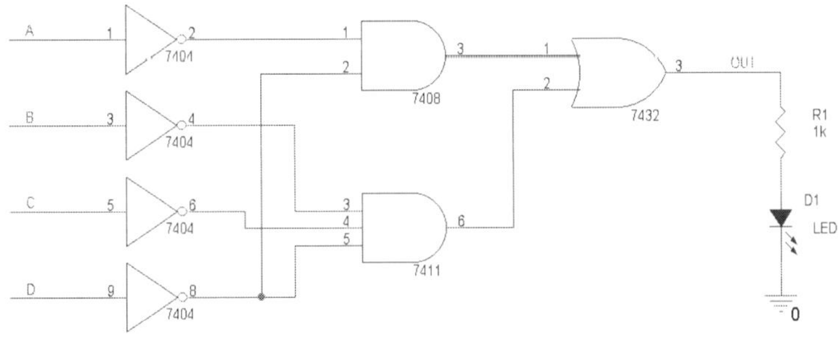

▣ 예제 3-20에서 조건이 만족되면 LED가 켜지도록 요구하였으므로 TTL게이트 회로의 출력에 다이오드의 애노드를 연결하고 다이오드의 캐소드를 접지에 연결하면 TTL 게이트의 출력이 논리 [1]일 때 다이오드의 애노드에서 캐소드로 전류가 흘러 LED가 켜진다. ■

예제 3-21 다음 논리식을 카노프 맵에 의해 간단히 하라

$$OUT = \overline{AB}(\overline{C+D}) + \overline{A}C\overline{D} + AB\overline{C}\,\overline{D} + A\,\overline{B}\,\overline{C}D + A\overline{B}C\overline{D}$$

[풀이] 주어진 논리식에는 4개의 입력변수가 있고 각각의 항에는 생략된 변수가 있으므로 드-모르강의 정리를 적용하여 다음과 같이 전개한다.

$$\begin{aligned}OUT &= \overline{AB}(\overline{C+D}) + \overline{A}C\overline{D} + AB\overline{C}\,\overline{D} + A\overline{B}\,\overline{C}D + A\overline{B}C\overline{D} \\ &= (\overline{A}+\overline{B})\,\overline{C}\,\overline{D} + \overline{A}(B+\overline{B})C\overline{D} + AB\overline{C}\,\overline{D} + A\overline{B}\,\overline{C}D + A\overline{B}C\overline{D} \\ &= \overline{A}(B+\overline{B})\overline{C}\,\overline{D} + (A+\overline{A})\overline{B}\,\overline{C}\,\overline{D} + \overline{A}(B+\overline{B})C\overline{D} + AB\overline{C}\,\overline{D} + A\overline{B}\,\overline{C}D + A\overline{B}C\overline{D}\end{aligned}$$

위에 주어진 논리식의 각 항과 일치하는 논리 [1]을 아래의 카노프 맵 각 칸에 기입한다.

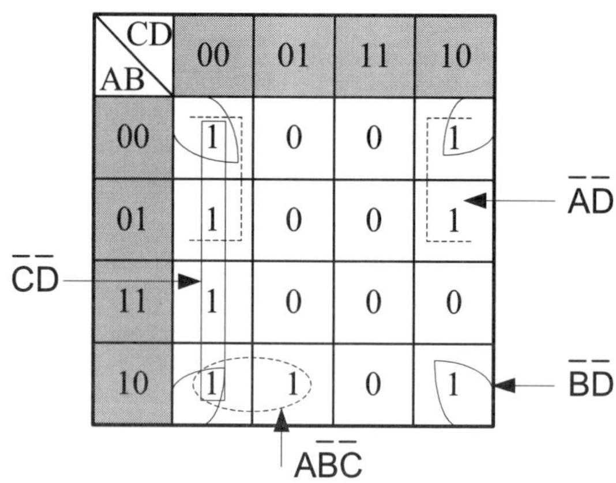

AB \ CD	00	01	11	10
00	1	0	0	1
01	1	0	0	1
11	1	0	0	0
10	1	1	0	1

위의 카노프 맵을 이용하여 논리식을 작성하면 다음과 같다.

[결과 식] $OUT = \overline{C}\,\overline{D} + \overline{A}\,\overline{D} + A\overline{B}\,\overline{C} + \overline{B}\,\overline{D}$ ■

4) 출력에 영향을 주지 않는 입력 항 즉, Don't Care 항이 있을 경우

입력변수가 4개일 경우 입력변수의 변화는 2^4개 만큼 발생하므로 최대 16개의 항이 발생한다. 그렇지만 예제 3-20에서는 실제 발생할 수 있는 10개항 즉, 10진수 0에서 9까지만의 항들을 이용하여 문제를 해결하였다. 그렇다면 16개의 항 중 사용되지 않는 나머지 6개항은 어떻게 처리해야 하나? 이와 같은 항을 Don't Care항이라 부르는데 Don't Care항은 문자 그대로 디지털 회로의 동작에 영향을 주지 않는다는 뜻이다. 먼저 예제 3-20의 진리표를 다시 작성해 보자. 표 3-15에서 알 수 있듯이 예제 3-20은 16개의 항이 발생한다. 표 3-15에서 'X'로 표시된 항들은 16개의 항 중 실제로 발생하지 않는 조합이므로 진

리표를 작성할 경우 'X' 또는 'd'로 표시한다. 표 3-15에 있는 Don't Care항 'X'를 그림 3-39의 카노프 맵에 입력하여 논리식을 작성하면 더욱 간소화시킬 수 있다. 단, Don't Care항은 논리 [1]과 함께 묶어야 하며 Don't Care항끼리는 묶지 않는다.

▣ 예제 3-20에 Don't Care항 X를 입력하여 작성한 진리표

표 3-15 예제 3-20에 X항을 추가한 진리표

입력 변수(A, B, C, D)				출력(OUT)
A	B	C	D	
0	0	0	0	1
0	0	0	1	0
0	0	1	0	1
0	0	1	1	0
0	1	0	0	1
0	1	0	1	0
0	1	1	0	1
0	1	1	1	0
1	0	0	0	1
1	0	0	1	0
1	0	1	0	X
1	0	1	1	X
1	1	0	0	X
1	1	0	1	X
1	1	1	0	X
1	1	1	1	X

▣ 카노프 맵을 이용한 논리식의 표

AB \ CD	00	01	11	10
00	1	0	0	1
01	1	0	0	1
11	X	X	X	X
10	1	0	X	X

$\overline{D}$

그림 3-39 예제 3-20에 'X'항을 입력한 카노프 맵

【결과 식】 $OUT = \overline{D}$

이 결과로부터 Don't Care항 'X'를 이용하면 논리식을 더욱 더 간소화할 수 있음을 알 수 있다.

예제 3-22 다음 논리식을 간소화하라.

1) $OUT = A\overline{B} + AB\overline{D} + AB\overline{C}D$

2) $OUT = A\overline{B}\,\overline{C}D + A\overline{B}CD + AB\overline{C}D + \overline{A}BCD + ABC\overline{D} + ABCD$

[풀이] 1)식에서

$$\begin{aligned} OUT &= A\overline{B} + AB\overline{D} + AB\overline{C}D \\ &= A\overline{B}(\overline{C}\,\overline{D} + \overline{C}D + C\overline{D} + CD) + AB(C + \overline{C})\overline{D} + AB\overline{C}D \end{aligned}$$

이므로 이를 카노프 맵에 적용하면 다음과 같다.

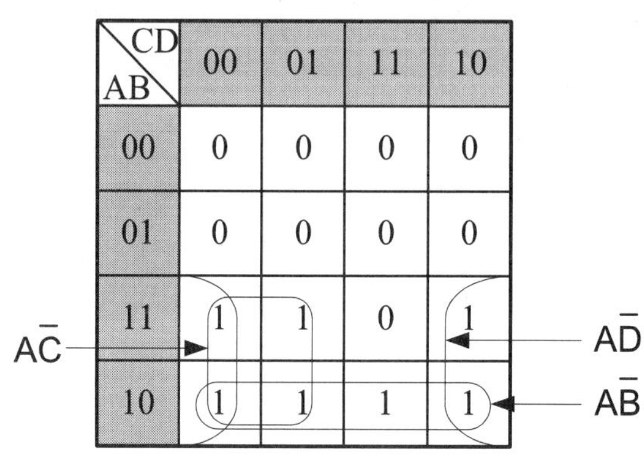

[결과 식] $OUT = A\overline{B} + A\overline{D} + A\overline{C}$

2)식을 카노프 맵에 적용하면 다음과 같다.

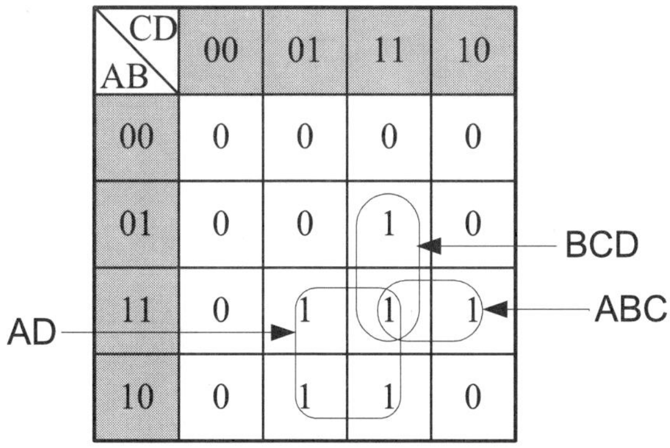

[결과 식] $OUT = AD + BCD + ABC$ ■

5) 입력변수와 출력변수가 여러 개 있을 경우의 처리 방법

앞 장에서 2진수를 그레이 코드로 변환하는 방법을 배웠다. 이와 같은 코드 변환 회로를 설계해 보자.

표 3-16 2진수를 그레이코드로 변환하는 진리표

10진수	2진수			그레이 코드		
	A	B	C	G1	G2	G3
0	0	0	0	0	0	0
1	0	0	1	0	0	1
2	0	1	0	0	1	1
3	0	1	1	0	1	0
4	1	0	0	1	1	0
5	1	0	1	1	1	1
6	1	1	0	1	0	1
7	1	1	1	1	0	0

표 3-16은 2진수를 그레이코드로 변환하는 진리표이다.

표 3-16에 의하면 입력변수는 3개, 출력변수 역시 3개이므로 각각의 출력 G1, G2 그리고 G3에 대하여 카노프 맵이나 표준형을 적용한 다음 논리식을 구하면 원하는 회로를 설계할 수 있다. 그림 3-40, 3-41, 3-42는 그레이 코드 출력 G1, G2, G3 출력에 대한 카노프 맵이다.

A \ BC	00	01	11	10
0	0	0	0	0
1	1	1	1	1

A

그림 3-40 그레이코드 G1의 카노프 맵

A \ BC	00	01	11	10
0	0	0	1	1
1	1	1	0	0

$\overline{A}B$, $A\overline{B}$

그림 3-41 그레이 코드 G2의 카노프 맵

A \ BC	00	01	11	10
0	0	1	0	1
1	0	1	0	1

$B\overline{C}$, $\overline{B}C$

그림 3-42 그레이 코드 G3의 카노프 맵

그림 3-40, 3-41, 3-42의 카노프 맵으로부터 간소화된 논리식을 구하면 다음과 같다.

▣ $G1 = A$

▣ $G2 = A\overline{B} + \overline{A}B = A \oplus B$

▣ $G3 = \overline{B}C + B\overline{C} = B \oplus C$

카노프 맵에 의해 간소화된 논리식을 회로로 그리면 그림 3-43과 같다. 그림 3-43은 기본 논리소자로 설계한 것이며 그림 3-44는 XOR 게이트를 이용하여 설계한 것이다.

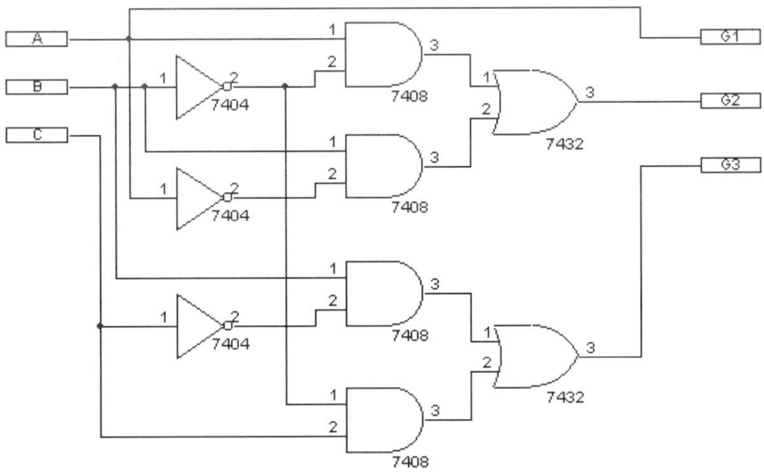

그림 3-43 기본 논리소자로 설계한 코드변환 회로

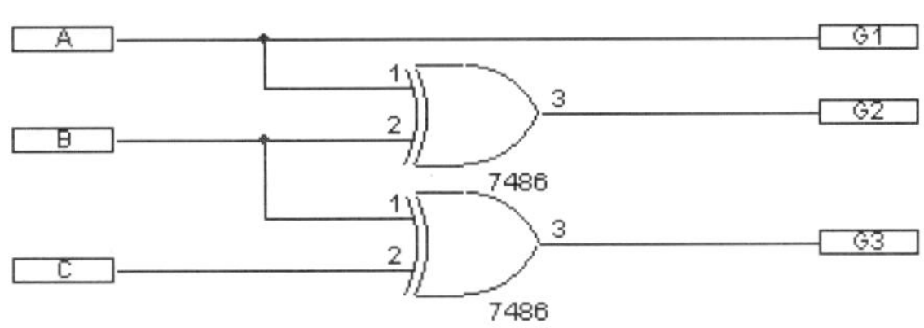

그림 3-44 XOR 게이트로 설계한 코드변환 회로

6) 입력변수가 5개 이상인 논리식의 간소화는 어떻게 할까?

논리회로 간소화에 적용할 수 있는 카노프 맵은 입력변수가 4개 이하일 때 적합한 방법이다. 입력변수가 많아지면 카노프 맵을 이용하여 간소화하기가 매우 어렵다. 특히 변수가 6개 이상이 되면 간소화가 더욱 어려워진다.

퀸 맥크러스키 법(Quine-McClusky Method)은 6변수 이상의 논리식을 간소화하는데 유용하게 쓰인다. 이 책에서는 이 방법의 소개를 생략한다. 이제부터 입력변수가 5개인 논리식을 간소화 시켜보자.

다음과 같은 논리식이 주어졌다.

$$OUT = \overline{A}\,\overline{B}\,\overline{D}\,\overline{E} + \overline{A}\,B\,\overline{D}\,E + \overline{A}\,\overline{B}\,D\,\overline{E} + AC\overline{D}\,E + AB\overline{D}\,E + ACDE$$

위의 논리식에는 생략된 변수가 있으므로 이 논리식을 다시 쓰면 다음과 같다.

$$OUT=\overline{A}\,\overline{B}(C+\overline{C})\overline{D}\,\overline{E}+\overline{A}B(C+\overline{C})\overline{D}E$$

$$+\overline{A}\,\overline{B}(C+\overline{C})D\overline{E}+A(B+\overline{B})C\overline{D}E$$

$$+AB(C+\overline{C})\overline{D}E+A(B+\overline{B})CDE$$

이를 간소화하는 과정을 살펴보자. 주어진 논리식에서 알 수 있듯이 변수의 수가 A, B, C, D, E 등 5개가 있으므로 이 논리식을 간소화하기 위해서는

- ▣ 첫 번째, 논리식에서 특정한 변수를 하나 지정한다. 여기서는 A변수를 지정해보자.
- ▣ 두 번째, A=[0]일 경우와 A=[1]일 경우로 분리하여 논리식을 재작성한다.
- ▣ 세 번째, 각각의 경우에 카노프 맵을 적용하여 논리식을 간소화한다.
- ▣ 네 번째, A는 [0]일 경우의 논리식에 A를 AND하고
  A가 [1]일 경우의 논리식에 $\overline{A}$를 AND한다.
- ▣ 다섯 번째, 각 경우에 의해 작성된 논리식을 OR하여 최종 논리식을 구한다.

☞ A=[0]일 경우

A가 [0]이면 $\overline{A}$는 [1]이 되므로 A가 들어있는 항은 제거되고 $\overline{A}$가 있는 항은 $\overline{A}$ 대신 [1]을 적용한다. 이와 같은 방법을 적용하여 구한 논리식이 OUT1이다.

$$OUT1=\overline{B}(C+\overline{C})\overline{D}\,\overline{E}+B(C+\overline{C})\overline{D}E+\overline{B}(C+\overline{C})D\overline{E}$$

OUT1 논리식을 그림 3-45와 같이 카노프 맵에 적용하여 간소화하면 다음과 같은 논리식을 구할 수 있다.

BC \ DE	00	01	11	10
00	1	0	0	1
01	1	0	0	1
11	0	1	0	0
10	0	1	0	0

$\overline{B}\,\overline{E}$

$B\overline{D}E$

그림 3-45 A가 [0]일 경우의 카노프 맵

A가 [0]일 경우의 논리식 $= \overline{B}\,\overline{E} + B\overline{D}E$

A가 [0]일 경우의 논리식에 $\overline{A}$를 각 항과 AND하여 다음과 같은 결과를 얻을 수 있다.

$$OUT1 = \overline{A}\,\overline{B}\,\overline{E} + \overline{A}B\overline{D}E$$

☞ A=[1]일 경우

A가 [1]이면 $\overline{A}$는 [0]이 되므로 $\overline{A}$가 들어있는 항은 제거되고 A가 있는 항은 A대신 [1]을 적용한다. 이와 같은 방법을 적용하여 구한 논리식이 OUT2이다.

$$OUT2 = (B + \overline{B})C\overline{D}E + B(C + \overline{C})\overline{D}E + (B + \overline{B})CDE$$

OUT2 논리식을 그림 3-46과 같이 카노프 맵에 적용하여 간소화하면 다음과 같은 논리식을 구할 수 있다.

BC \ DE	00	01	11	10
00	0	0	0	0
01	0	1	1	0
11	0	1	1	0
10	0	1	0	0

CE

$B\overline{D}E$

그림 3-46 A가 [1]일 경우의 카노프 맵

A가 [1]일 경우의 논리식 $= CE + B\overline{D}E$

A가 [1]일 경우의 논리식에 A를 각 항과 AND하여 다음과 같은 결과를 얻을 수 있다.

$$OUT2 = ACE + AB\overline{D}E$$

각각의 논리식 OUT1과 OUT2를 합하면(OR) 최종적으로 간소화된 논리식을 얻을 수 있다. 단, $B\overline{D}E$항은 OUT1과 OUT2에서 서로 중복되므로 최종적인 논리식은 다음과 같이 표현할 수 있다.

$$
\begin{aligned}
OUT &= OUT1 + OUT2 \\
&= \overline{A}\,\overline{B}\,\overline{E} + \overline{A}\,B\,\overline{D}\,E + ACE + AB\overline{D}\,E \\
&= \overline{A}\,\overline{B}\,\overline{E} + ACE + (A + \overline{A})B\overline{D}\,E \\
&= \overline{A}\,\overline{B}\,\overline{E} + ACE + B\overline{D}\,E
\end{aligned}
$$

연습문제

1. 어떤 신호의 주파수가 1MHz일 때 이 신호의 주기를 계산하라.

2. 어떤 신호의 주기가 0.5μs이다. 이 신호의 주파수를 구하라.

3. 다음 신호의 주파수 및 주기를 구하라.

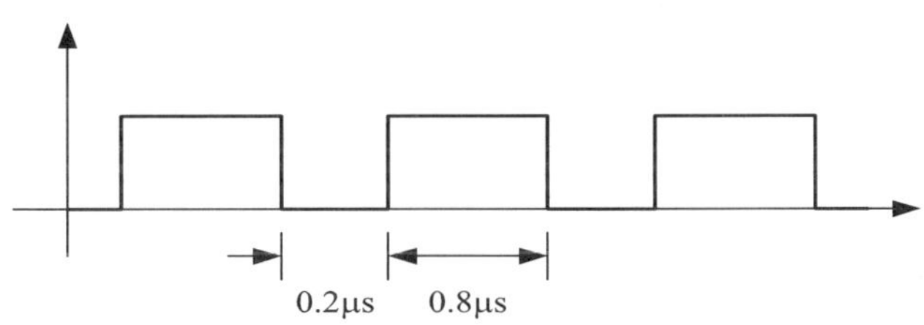

4. 다음 식과 일치하는 논리 회로를 그려라.

1) $OUT = (AB) + (C + D)$

2) $OUT = (A + B + C)D$

3) $OUT = (AC + BC)(A + C)$

4) $OUT = BC + D + AD$

5. 다음에 주어진 논리식을 간단히 한 다음 회로를 그려라. 단, 아래에 주어진 AND 게이트와 OR 게이트를 이용하라.

$$OUT = (A + B)(D + C) + ABD$$

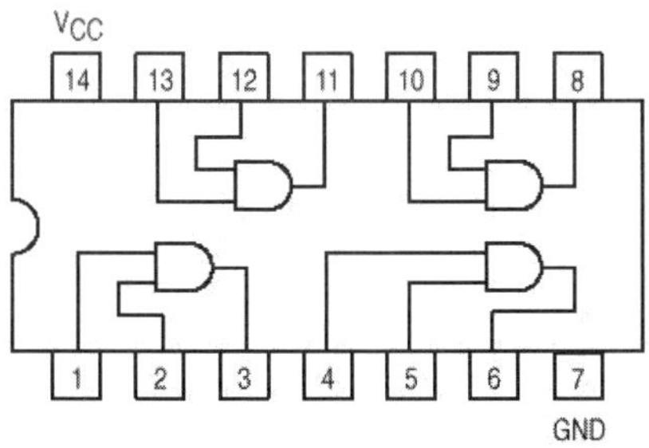

AND 게이트 74LSO8

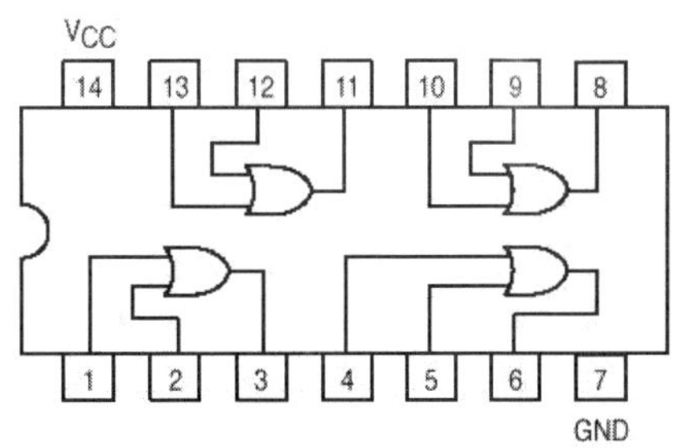

OR 게이트 74LS32

6. 다음에 주어진 식을 드모르강과 부울대수를 이용하여 간단히 하라.

1) $OUT1 = \overline{AB} + \overline{A + C}$

2) $OUT2 = A\overline{B + C} + \overline{BC}$

3) $OUT3 = \overline{(AB) + C} + B\overline{C}$

4) $OUT4 = \overline{AB + (\overline{A} + C)}$

5) $OUT5 = \overline{\overline{AB} + CD} + \overline{AC\overline{D}}$

6) $OUT6 = \overline{\overline{\overline{A} + B} \cdot BC} + \overline{B}C$

7) $OUT7 = \overline{AB\overline{C} + D} + \overline{A\overline{B} + B\overline{C}}$

7. 카노프 맵을 이용하여 다음 논리식을 간단히 한 후 회로를 그려라.

1) $F = A\overline{B} + \overline{A}\,\overline{B}C + \overline{A}\,\overline{B}C$

2) $F = AB + A\overline{B} + \overline{A}B$

3) $F = A + \overline{A}Y$

4) $F = \overline{A}BC + A\overline{B}\,\overline{C} + ABC + AB\overline{C}$

5) $F = \overline{A}\,\overline{B}\,\overline{C} + \overline{B}C\overline{D} + \overline{A}BC\overline{D} + A\overline{B}\,\overline{C}$

6) $F = XY + \overline{X}Y\overline{Z} + YZ$

7) $F = \overline{A}(C + D) + A\overline{B}C + A\overline{B}\,\overline{C}\,\overline{D}$

8. 두 개의 입력 신호 A와 B가 있다. A 또는 B가 논리 [0]일 경우 출력이 [0]이 되는 회로를 설계하라.

9. 4개의 입력 신호 A, B, C, D가 있다. C 또는 D가 논리 [0]인 동안 A 또는 B가 [1]이면 출력이 [0]이 되는 회로를 설계하라.

10. 다음 그림과 같이 3개의 디지털 신호가 AND, OR, NAND 그리고 NOR 게이트에 입력될 때 각각의 출력을 그려라.

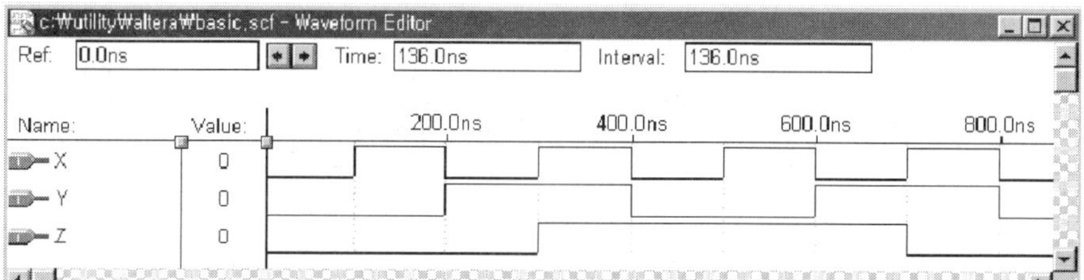

11. 다음 회로의 논리식을 작성한 후 간단히 하라. 그리고 간단히 한 결과를 회로로 나타내라.

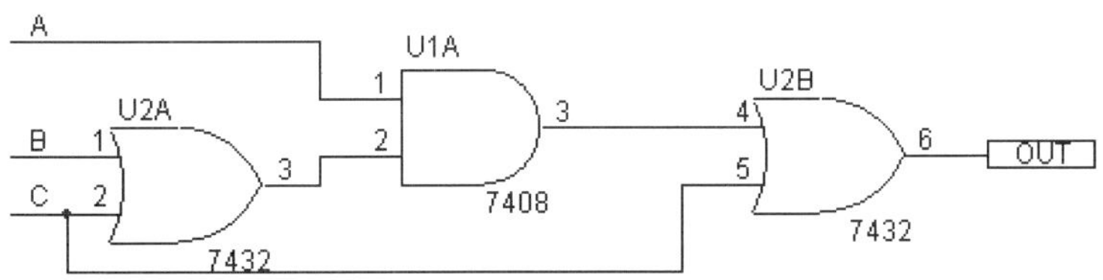

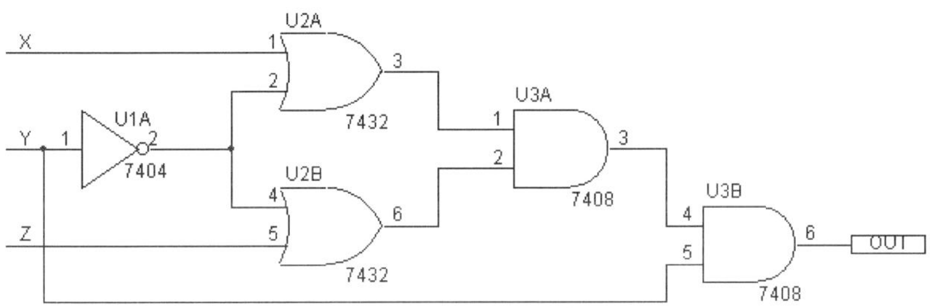

12. 다음 회로에는 사용하지 않는 입력 핀이 몇 가지 있다. 이 핀들의 처리방안을 검토하라.

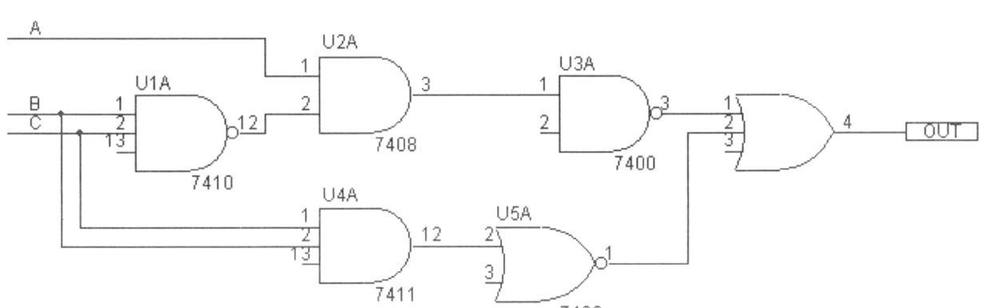

13. 3비트 그레이 코드를 2진수로 변환하는 회로를 설계하라.

CHAPTER 4

실제적인 디지털 IC의 해석

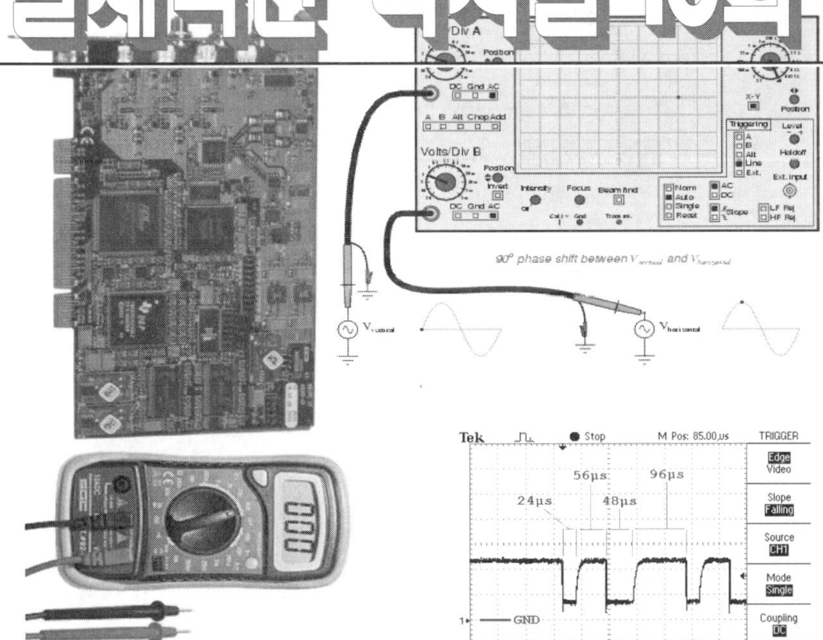

4-1 IC 용어 및 IC 형식

4-2 TTL의 특성

4-3 TTL의 특수동작

4-4 CMOS(Complementary Metal Oxide Semiconductor)

4-5 IC의 입·출력 핀 표기법

이 장에서는 TTL, CMOS의 특성과 동작에 대해 살펴보기로 한다. 특히 실제적인 IC (Integrated Circuit)의 동작원리에 따른 설계 시 유의할 점을 집중적으로 다루었으며 IC의 전기적 특성을 고려하고 IC의 데이터 시트(Data Sheet)를 보면서 회로를 설계하고 분석할 수 있는 능력을 향상시키는데 주안점을 두었다. 그리고 시스템에 문제가 발생할 경우 응급조치할 수 있는 문제 해결능력을 향상시키는데 주력하였다.

4-1 IC 용어 및 IC 형식

- TTL : Transistor Transistor Logic
- ECL : Emitter Coupled Logic
- I^2L : Integrated Injection Logic
- nMOS : n-channel Metal Oxide Semiconductor
- CMOS : Complementary Metal Oxide Semiconductor

다음은 IC Package형식에 대해 기술한 것이다. 꼭 기억해두기 바란다.

그림 4-1 DIP Type과 SMD

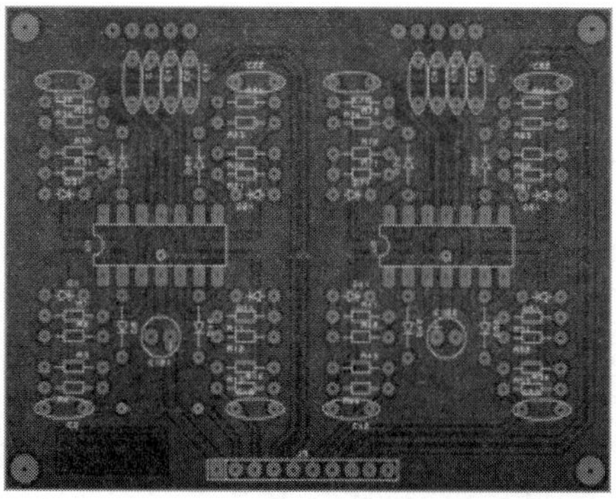

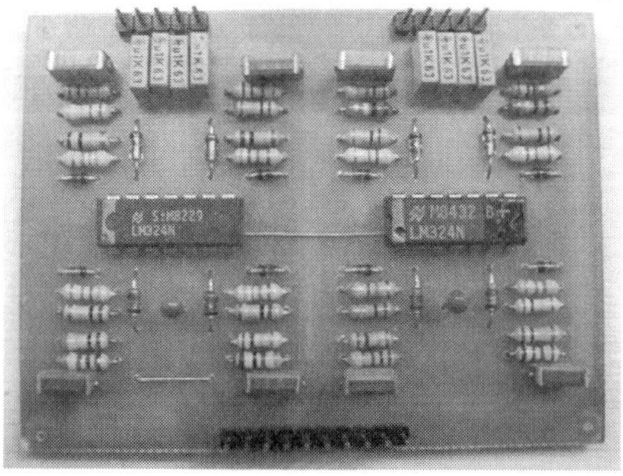

그림 4-2 DIP Type IC용 PCB

그림 4-1은 실제적인 IC의 외형이며 DIP(Dual In-Line Package) 형식과 PLCC(Plastic Leaded Chip Carrier) 형식을 표시하였다. 그림 4-1의 왼쪽의 디바이스는 DIP 형식이며 DIP이란 IC의 핀이 두 줄로 구성되어 있다는 것을 의미하며 대부분의 TTL 디바이스는 DIP 형식을 사용하고 있다. 이 디바이스는 PCB(Printed Circuit Board)의 밑면에서 납땜을 할 수 있으며 그림 4-2와 같이 PCB에 홀(Hole)을 만들어 장착하는 디바이스다. 오늘날에는 제품의 크기를 고려하여 대부분의 TTL 디바이스를 SMD(Surface Mount Device) 형식으로 생산하고 있다. 그림 4-1의 오른쪽 디바이스는 PLCC이며 그림 4-3과 같이 PCB의 윗면에서 납땜을 하거나 소켓을 이용하여 PCB에 장착하기도 한다.

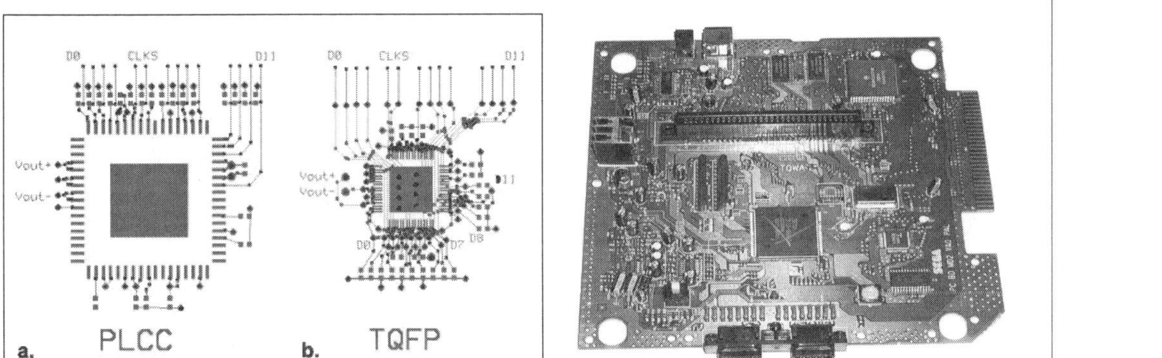

그림 4-3 PLCC Type IC용 PCB

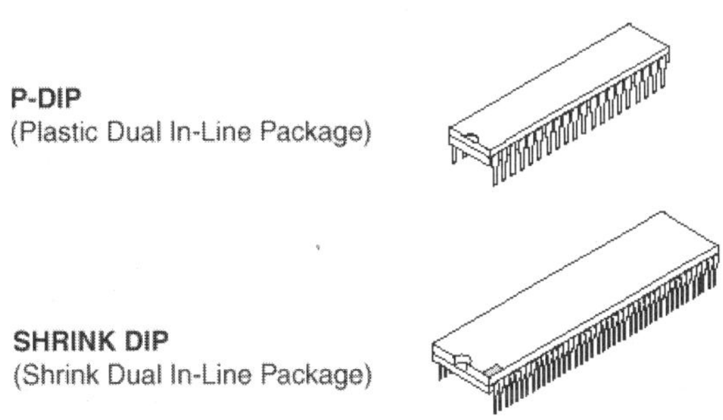

그림 4-4 P-DIP Type과 SHRINK DIP Type

그림 4-4의 첫 번째 P-DIP은 핀 간격이 0.1인치이고 IC의 폭이 좁은 것이 특징이다. 두 번째 SHRINK DIP은 핀 간격이 P-DIP의 1/2이며 IC의 폭이 넓은 것이 특징이다. 이들 IC는 PCB에 홀(Hole)을 만들어 IC를 장착한 다음 PCB 밑면에서 납땜을 할 수 있는 디바이스들의 일반적인 형식이고 그림 4-1의 DIP과 외형상 특징이 같다.

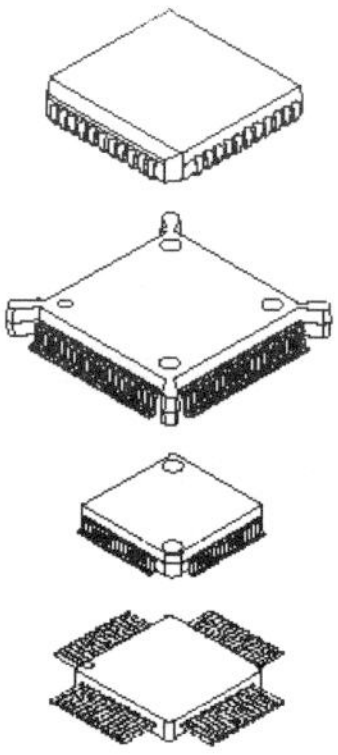

그림 4-5 QFP Type

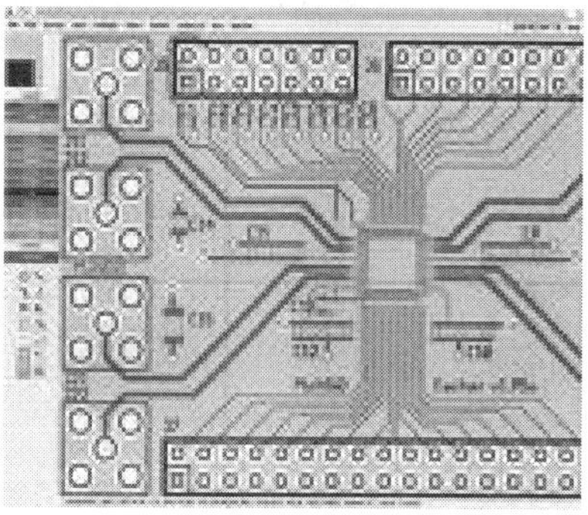

그림 4-6 QFP Type IC용 PCB

그림 4-5의 IC들은 4방향 모두에 핀이 있으며 그림 4-6과 같이 PCB 윗면에 직접 납땜할 수 있도록 설계된 디바이스 형식이다. PCB 윗면에 직접 납땜할 수 있는 디바이스들을 총괄하여 SMD(Surface Mount Device)라 부르며 이 중에서 첫 번째 IC는 소켓(Socket)을 사용하기도 하는데 소켓을 사용할 경우 소켓을 PCB에 미리 장착한 다음 필요할 때 IC를 삽입하여 사용할 수 있다. 즉, IC를 손쉽게 바꾸어 삽입할 수 있는 장점을 갖고 있다. PLCC의 핀 간격은 0.05인치, PQFP와 QFP 또는 FLATPACK들의 핀 간격은 0.01인치이며 매우 섬세한 관리가 요구되는 디바이스이다.

그림 4-7은 PPGA(Plastic Pin Grid Arry)이며 PCB에 홀을 만들어 PCB의 밑면에서 납땜할 수 있도록 설계된 디바이스이다. 이들 디바이스는 IC의 기능이 복잡해지고 다양해지면서 핀 수가 많아지기 때문에 기존의 DIP이나 QFP 형식으로 처리하기 어려운 디바이스에 사용되는 형식이다. 이 디바이스는 소켓을 사용할 수 있다.

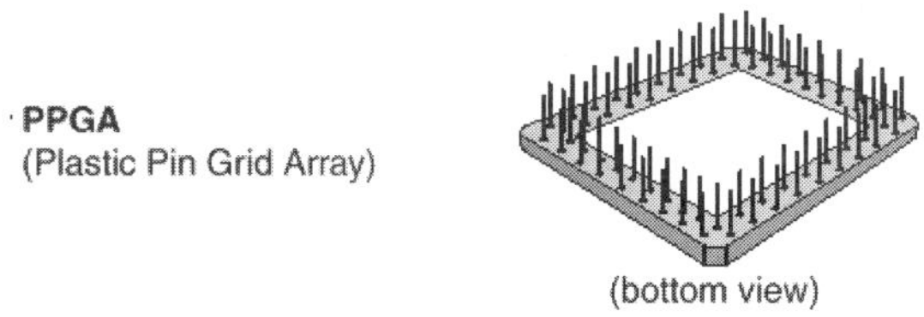

그림 4-7 PPGA Type

그림 4-8 BGA 소켓

그림 4-9 BGA 제거용 소켓

그림 4-10 BAG Type IC용 PCB

그림 4-8과 4-9는 BGA(Ball Grid Array)형식의 IC 소켓이며 PGA와 유사한 특성을 갖는다. 다만 BGA형식은 PCB 윗면에서 납땜을 할 수 있으며 특수한 납땜 장비가 있어야 장착할 수 있다. BGA 형식의 IC도 소켓을 사용할 수 있다. 오늘날 컴퓨터의 CPU(Central Processing Unit)는 대부분이 BGA 형식을 사용한다.

4-2 TTL의 특성

디지털 시스템에 사용되는 TTL 디바이스의 특성을 소개하고 설계 적용을 중심으로 TTL의 일반적인 특성을 알아보자.

4-2-1 TTL 패밀리의 종류

그림 4-11은 TTL의 표현방법이며 전 세계 모든 회사가 동일한 기준을 따른다.

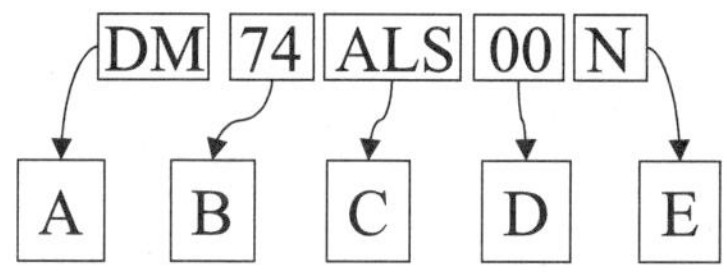

그림 4-11 TTL IC와 형식

1) A는 DM이고 제조 회사를 의미한다. DM은 National Semiconductor의 상품명이다.
2) B는 74를 의미하고 상업용(commercial) TTL임을 나타낸다. 54는 군수용(military)이다.
3) C는 ALS(Advanced Low Power Schottky)이며 디바이스의 전기적인 특성을 나타낸다.
4) D는 00이며 NAND 게이트를 의미한다. 일반적으로 IC의 규모가 커지고 복잡할 수록 숫자가 커지며 보통 3자리까지 사용한다.
5) E의 N은 Plastic DIP이라는 부품의 Package 형식을 나타낸다.

TTL의 일반적인 특성을 표 4-1에 표시하였다.

표 4-1 TTL Family의 특성

A	제조업체명		
B	용도	74	Commercial
		54	Military
C	전기적인 특성 (NAND 기준)	H	High Speed TTL
		LP	Low Power TTL
		S	Schottky TTL
		LS	Low Power Schotttky TTL (15ns)
		AS	Advanced Schottky TTL (11ns)
		F	Fast TTL (6ns)
		ALS	Advanced Low Power Schottky TTL (11ns)
		AC	High Speed CMOS (8ns)
		ACT/HCT	High Speed CMOS with TTL to CMOS(9ns)
D	부품명		
E	부품형식		

4-2-2 전파지연시간과 소모전력

전파지연시간(Propagation Delay Time)이란 디지털 신호가 디바이스에 공급되어 출력으로 나오는데 걸리는 시간을 의미하며 이와 같은 지연시간은 그림 4-12와 같이 디바이스의 출력 측에 놓여있다고 가정할 수 있는 부유용량(Stray Capacitance)과 기타 용량성 커패시턴스 때문에 발생한다. 이 전파지연시간은 디바이스의 동작 속도를 결정한다. 또한 디바이스의 동작속도는 디바이스의 소모 전력과 관계가 있다. 디바이스의 동작속도와 소모전력 간의 관계를 표 4-2에 나타내었다.

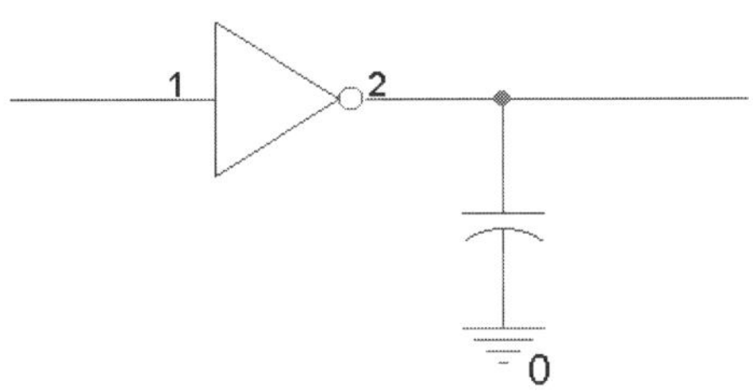

그림 4-12 디바이스 출력과 부유용량

표 4-2 디바이스 동작속도와 소모전력

Speed		Power Consumption	
Fastest	AS/F	Low	L
	S		ALS
	ALS		LS
↓	LS	↓	F
	TTL		AS
Slowest	L	High	TTL
			S

표 4-2에 의하면 AS 및 F 형식의 디바이스 동작속도가 가장 빠르며 소모 전력은 S 형식이 가장 크다.

■ TTL IC의 소모전력 구하기

TTL IC의 게이트는 공급전압(V_{CC})과 공급전류(I_{CC})가 있기 때문에 소모 전력이 발생한다. 공급전류 I_{CC}는 출력레벨이 논리 [0]일 때는 I_{CCL}, 논리 [1]일 때는 I_{CCH}로 데이터 시트에 표기되어 있다. 일반적으로 I_{CCL}이 I_{CCH}보다 크며 아래의 표와 같이 공급전압이 5[V]이고,

I_{CCL}이 4.4[mA]라면 이 게이트의 소모전력 P_D는 다음과 같이 구할 수 있다.

I_{CC}	Power Supply Current Total, Output HIGH Total, Output LOW			1.6 4.4	mA	V_{CC} = MAX

$$P_D = V_{CC} \cdot I_{CCL} = 5[V] \cdot 4.4[mA] = 22[mW]$$

만약에 출력신호의 듀티싸이클이 50%라면 신호의 논리 [0]과 논리 [1] 상태가 주기적으로 변하기 때문에 이때는 게이트의 평균 소모전력을 다음 식을 이용하여 구하면 된다.

$$P_D = V_{CC} \cdot \frac{I_{CCH} + I_{CCL}}{2}$$

예를 들어 $I_{CCH} = 1.6[mA]$, $I_{CCL} = 4.4[mA]$이고 이 게이트의 듀티 싸이클이 50%라면 평균 소모전력

$$P_D = 5[V] \cdot \frac{1.6[mA] + 4.4[mA]}{2} = 15[mW]$$

가 된다.

▣ 전파지연시간(Propagation Delay Time)

1) 그림 4-13은 TTL IC의 전파지연시간을 나타낸 것이며 입력 신호가 디바이스에 공급되었을 때 출력 신호로 나오기까지의 지연 시간을 전파지연시간이라 부른다.
2) t_{PHL} : 입력신호의 상승에지 논리 1.3[V] 레벨(HC 형식은 50% 레벨)에서 출력 신호의 하강에지 논리 1.3[V] 레벨까지의 신호지연시간
3) t_{PLH} : 입력신호의 하강에지(Falling Edge) 논리 레벨 1.3[V](HC 형식은 50% 레벨)에서 출력 신호의 상승에지(Rising Edge) 논리 레벨 1.3[V](50%)까지의 신호지연시간

☞ 기준전압레벨

LS 및 HCT형식 : 1.3[V]

FAST형식 : 1.5[V]

HC형식 : 논리레벨의 50%

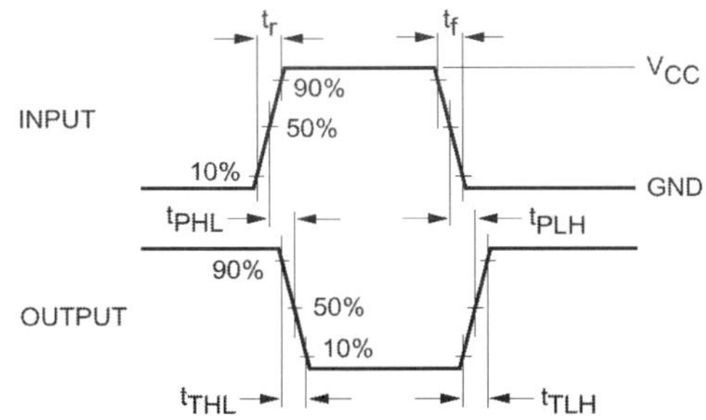

그림 4-13 디바이스 전파 지연시간

t_{PHL} Propagation delay; the time between the specified reference points, normally the 50% points for 74HC and 74HCU devices on the input and output waveforms and the 1.3 V points for the 74HCT devices, with the output changing from the defined HIGH level to the defined LOW level.

t_{PLH} Propagation delay; the time between the specified reference points, normally the 50% points for 74HC and 74HCU devices on the input and output waveforms and the 1.3 V point for the 74HCT devices, with the output changing from the defined LOW level to the defined HIGH level.

Symbol	Parameter	Limits			Unit	Test Conditions
		Min	Typ	Max		
t_{PLH}	Turn–Off Delay, Input to Output		9.0	15	ns	V_{CC} = 5.0 V C_L = 15 pF
t_{PHL}	Turn–On Delay, Input to Output		10	15	ns	

4-2-3 상승시간과 하강시간

디지털 신호가 논리 레벨 [0]에서 논리 레벨 [1]로 변하는 것을 신호의 상승이라 부르고 논리 레벨 [1]에서 논리 레벨 [0]으로 변하는 것을 하강이라 부른다. 그림 4-14는 디지털 신호의 상승 시간(t_r)과 하강 시간(t_f)을 표시한 것이다.

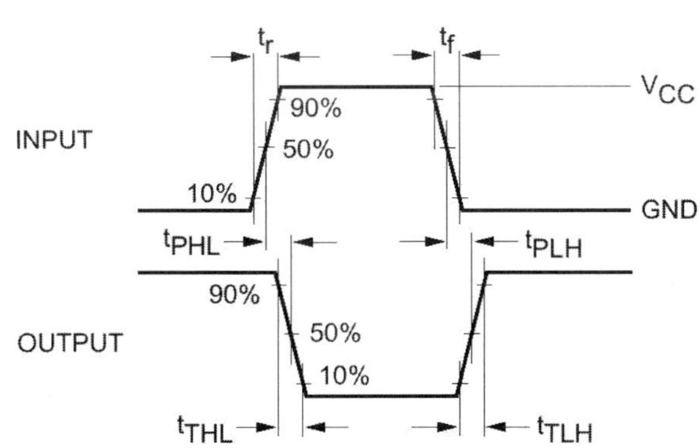

그림 4-14 디지털 신호의 상승시간과 하강시간

1) 상승시간(t_r) : 디지털 신호가 전체 신호크기의 10% 레벨에서 90% 레벨까지 변하는 데 걸리는 시간을 의미한다.
2) 하강시간(t_f) : 디지털 신호가 전체 신호크기의 90% 레벨에서 10% 레벨까지 변하는 데 걸리는 시간을 의미한다.
3) 상승시간과 하강시간은 디바이스 내부의 커패시턴스 성분에 의해 결정되며 모든 디바이스는 데이터 시트에 해당 시간을 명시하고 있다. 그러나 회로 설계 시 부품의 배치 및 기타 주변 상황에 의해 또 다른 용량성 성분이 발생하기 때문에 실제의 상승 및 하강 시간이 변화될 수 있다. 예제 4-1을 풀면서 신호의 상승시간과 하강시간에 대하여 알아보자.

예제 4-1 아래와 같은 오실로스코프 화면에 다음과 같은 디지털 신호가 나타났다. 이 신호의 상승시간을 구하라.

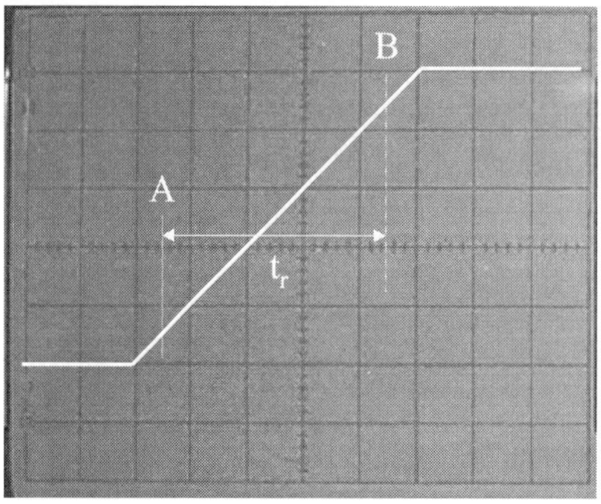

Volts/Div = 1V, Time/Div = 0.1ms

[풀이] 화면의 [Volts/Div]가 1Volt이고 측정된 신호의 크기가 수직으로 5칸이므로 신호의 전체 크기는 5Volts가 된다.

A점 : Low 레벨을 기준으로 신호가 전체 크기의 10%되는 점(0.5[V])
B점 : Low 레벨을 기준으로 신호가 전체 크기의 90%되는 점(4.5[V])

Time/Div가 0.1[ms]이고 A점에서 B점까지의 수평축 칸수는 4칸이므로 상승시간은 0.4[ms]가 된다. ■

4-2-4 셋업시간(setup time)및 홀드시간(hold time)

디지털 디바이스의 셋업 및 홀드시간은 디지털 시스템을 설계하는 데 중요한 영향을 미친다. 디지털 디바이스에 공급되는 신호가 디바이스의 셋업 및 홀드시간에 만족하지 않으면 정상적인 동작을 수행할 수 없다.

1) 셋업시간(t_{su})

그림 4-15와 같이 클럭(Clock Input)의 상승에지나 하강에지 때 입력되는 신호(Data Input)의 논리 상태를 출력으로 내보내는 디바이스의 경우 입력되는 신호의 논리상태가 Clock Input 신호가 액티브 상태를 갖기 이전에 미리 정해져 있어야 하는데 이 때 필요한 최소시간을 셋업시간이라 부른다. 즉, 클럭 입력 신호의 상승에지에서 Data Input 신호의 논리 [1]을 검출하여 출력으로 내보내는데 이 때 Data Input 신호가 논리 [1]로 미리 정해져 있어야 한다.

2) 홀드시간(t_h)

클럭의 상승에지나 하강에지에 의해 출력이 결정되는 디바이스는 에지가 입력된 후 입력신호 Data Input 신호의 논리상태가 에지에 의해 출력으로 나온 후에도 일정시간 동안 동일한 논리상태를 유지해야 되는데 이때 필요한 최소시간을 홀드시간이라 부른다.

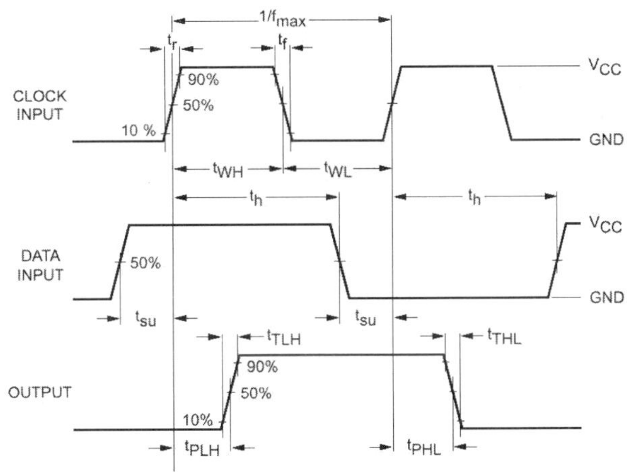

그림 4-15 셋업 및 홀드 시간

t_{su} Set-up time; the interval immediately preceding the active transition of the timing pulse (usually the clock pulse) or preceding the transition of the control input to its latching level, during which interval the data to be recognized must be maintained at the input to ensure their recognition. A negative set-up time indicates that the correct logic level may be initiated sometime after the active transition of the timing pulse and still be recognized.

t_h Hold time; the interval immediately following the active transition of the timing pulse (usually the clock pulse) or following the transition of the control input to its latching level, during which interval the data to be recognized must be maintained at the input to ensure their continued recognition. A negative hold time indicates that the correct logic level may be released prior to the timing pulse and still be recognized.

t_{THL} Output transition time; the time between two specified reference points on a waveform, normally 90% and 10% points, that is changing from HIGH-to-LOW.

t_{THL} Output transition time; the time between two specified reference points on a waveform, normally 10% and 90% points, that is changing from LOW-to-HIGH.

t_{THL} Output transition time; the time between two specified reference points on a waveform, normally 90% and 10% points, that is changing from HIGH-to-LOW.

t_{THL} Output transition time; the time between two specified reference points on a waveform, normally 10% and 90% points, that is changing from LOW-to-HIGH.

t_s	Data Setup Time	20			ns
t_h	Data Hold Time	5.0			ns
t_{rec}	Recovery Time	25			ns

4-2-5 펄스 폭(Pulse Width)

디지털 신호는 펄스 폭이 매우 중요한 의미를 갖는다. 펄스 폭은 디지털 신호의 주기나 주파수를 결정하는 기준이 되기도 한다. 그림 4-16에 두 종류의 펄스 폭을 나타내었다.

1) 논리 [1] 또는 [High] 펄스 폭(t_{WH})

신호의 논리 [High] 레벨 시간 폭이며 상승에지의 논리 1.3[V] 레벨부터 하강에지의 논리 1.3[V] 레벨까지의 시간을 의미한다.

2) 논리 [0] 또는 [Low] 펄스 폭(t_{WL})

신호의 논리 [Low] 레벨 시간 폭이며 하강에지의 논리 1.3[V] 레벨부터 상승에지의 논리 1.3[V] 레벨까지의 시간을 의미한다.

3) 신호의 주기(Period)

신호의 논리 [High] 펄스폭과 논리 [Low] 펄스폭을 합하여 나타낸다.

$$t_W = t_{WH} + t_{WL}$$

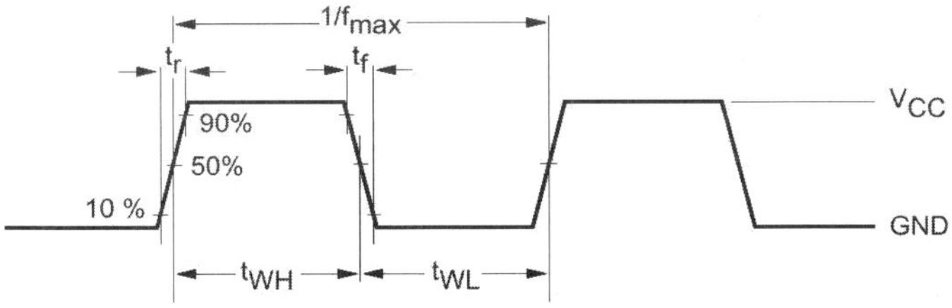

그림 4-16 디지털 신호의 펄스 폭

4-2-6 입·출력전압 레벨과 잡음여유

디지털 논리회로는 정해진 전압레벨의 입력신호가 공급될 때 정상적인 신호를 출력한다. 예를 들어 NOT 게이트의 경우 입력 신호의 레벨이 2.0[V](V_{IH}) 이상이 되어야 이 전압을 [High]로 인식하여 출력을 [Low]로 내보낸다. 이때 출력전압은 0.5[V](V_{OL}) 이하로 나타나며 대부분의 IC는 0[V]에 가까운 값을 출력한다. 또한 입력이 0.8[V](V_{IL}) 이하가 되어야 출력을 [High]로 내보내는데 출력전압은 2.7[V](V_{OH}) 이상으로 나타나며 대부분의 TTL IC는 4.5[V] 이상의 값을 내보낸다. 이와 같은 논리 레벨을 입출력 전압레벨이라 하고 각 레벨에서의 전압차를 잡음여유(Noise Margin)라 부른다. 그림 4-17에 TTL의 입력전압과 출력 전압의 논리레벨 상관관계를 나타내었다.

$$V_{IL} \leq 0.8[V], \qquad V_{OL} \leq 0.5[V]$$
$$V_{IH} \geq 2.0[V], \qquad V_{OH} \geq 2.7[V]$$

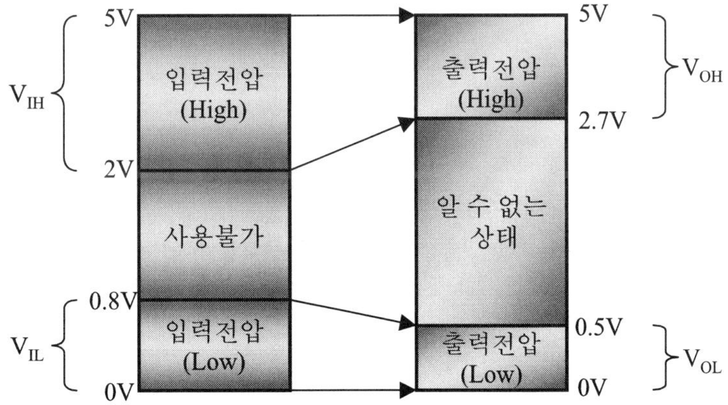

그림 4-17 TTL 디바이스의 입력과 출력의 논리레벨

1) 논리 [High] 레벨에서의 잡음 여유 : $V_{OH} - V_{IH} = 0.7[V]$

2) 논리 [Low] 레벨에서의 잡음 여유 : $V_{IL} - V_{OL} = 0.3[V]$

V_{IH}	Input HIGH Voltage	2.0			V
V_{IL}	Input LOW Voltage			0.8	V
V_{IK}	Input Clamp Diode Voltage		−0.65	−1.5	V
V_{OH}	Output HIGH Voltage	2.7	3.5		V
V_{OL}	Output LOW Voltage		0.25	0.4	V
			0.35	0.5	V

그림 4-18의 회로를 살펴보자. 이 회로에서 IN_1에는 0[V]의 논리 [0] 신호와 5[V]의 논리 [1] 신호를 공급하였고 IN_2에는 0[V]의 논리 [0] 신호와 1.6[V]의 논리 [1]신호를 공급하였다. 그림 4-19는 그림 4-18 회로의 결과 파형이며 OUT_1은 정상적인 출력을 내고 있으나 OUT_2는 비정상적인 출력을 내고 있음을 알 수 있다. OUT_2 출력신호를 얻기 위한 IN_2의 공급전압이 V_{IH}의 최소 전압인 2.0[V]보다 작기 때문에 발생한 현상이다.

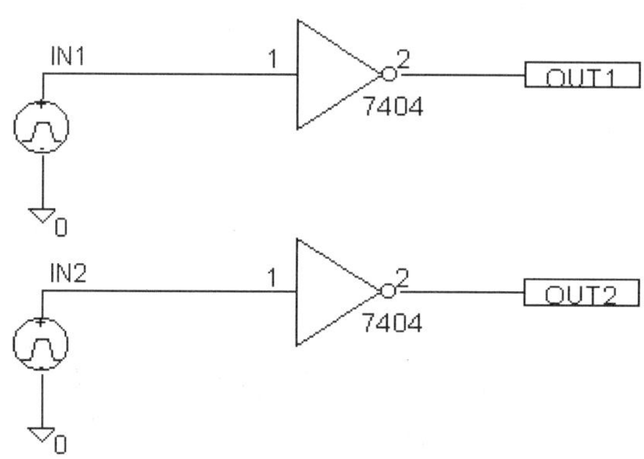

그림 4-18 입·출력 레벨과 잡음여유를 위한 시험 회로

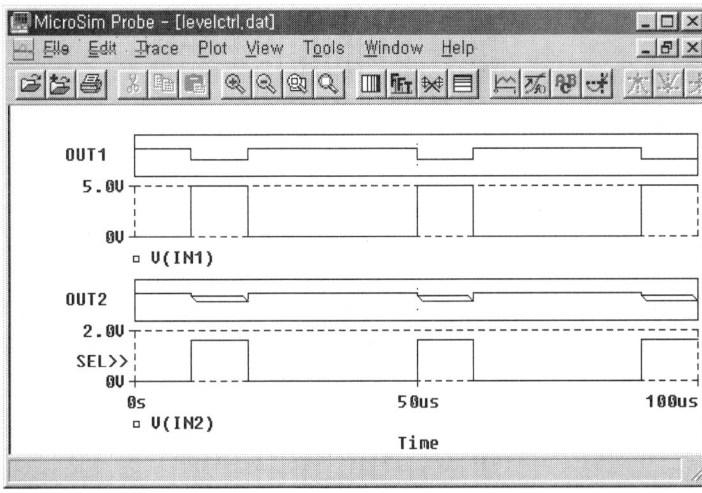

그림 4-19 입•출력 레벨과 결과 파형

4-2-7 팬 아웃(Fan Out)

모든 디지털 디바이스는 제조할 때 결정된 전류를 출력한다. 이 출력전류는 출력 단에 연결된 다른 디바이스를 구동하는 데 사용된다. 출력 단에 연결된 디바이스는 일종의 부하역할을 하므로 이 부하가 정상적인 동작을 하려면 부하가 필요로 하는 충분한 전류를 공급해 주어야 한다. 하나의 디바이스 출력에 여러 개의 디바이스를 연결하여 사용하는 경우 공급되는 전류가 충분치 않다면 디바이스들은 정상적인 동작을 할 수 없다. 그러므로 어떤 디바이스의 출력에 정상적인 동작을 유지하는 범위에서 최대로 연결할 수 있는 부하의 수를 팬 아웃이라 부른다. 다음 예제를 통하여 팬 아웃의 개념을 익혀보자.

예제 4-2 다음 회로의 팬 아웃을 계산하라.

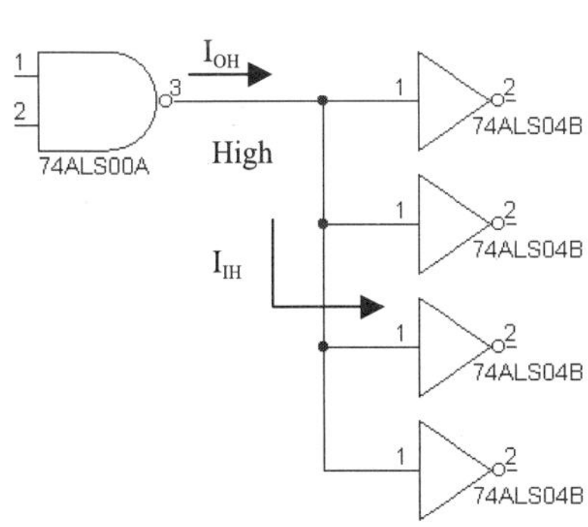

그림 4-20 논리레벨 "High"의 팬 아웃

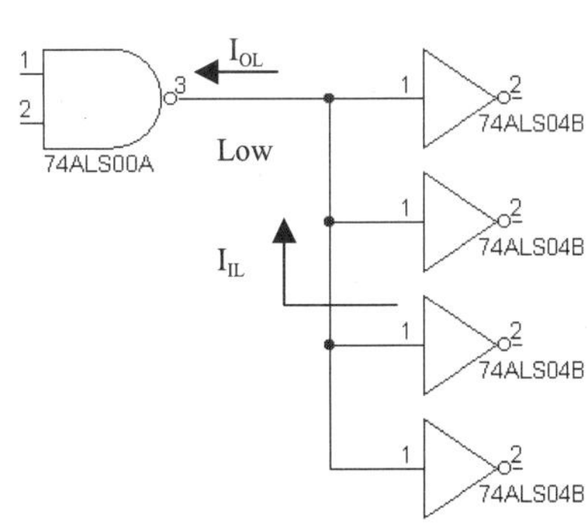

그림 4-21 논리레벨 "Low"의 팬 아웃

[풀이] 아래의 표를 이용하여 예제 4-2를 해결할 수 있다.

Device	I_{OH}	I_{OL}	I_{IH}	I_{IL}
74ALS00	−0.4mA	8mA	20μA	−0.1mA
74ALS04	−0.4mA	8mA	20μA	−0.1mA

1) 그림 4-20에서 NAND 게이트 74ALS00의 출력이 [High]일 경우, NAND 게이트의 출력 전류가 NOT 게이트의 입력 단에 공급되므로 그림 4-20 회로의 팬 아웃은 다음과 같다.

$$\frac{|I_{OH}|}{I_{IH}} = \frac{0.4[mA]}{20[\mu A]} = 20$$

2) 그림 4-21에서 NAND 게이트 74ALS00의 출력이 [Low]일 경우 NAND 게이트의 출력전류원은 싱크(Sink)가 되어 NOT 게이트의 입력단자 전류가 NAND 게이트로 유입된다. 그러므로 그림 4-21 회로의 팬 아웃은 다음과 같다.

$$\frac{I_{OL}}{|I_{IL}|} = \frac{8[mA]}{0.1[mA]} = 80$$

3) 위의 결과로부터 그림 4-20과 4-21 회로의 팬 아웃은 2개 중 작은 값인 20이 되며 최대 20개까지의 NOT 게이트를 NAND 게이트의 출력에 연결할 수 있다는 것을 의미한다. ■

☀ 그렇다면 디지털 시스템의 설계과정에서 팬 아웃이 부족할 경우 어떻게 대처할까?

그림 4-22의 (a)와 같이 NOT 게이트 하나를 가지고 8개의 NAND게이트를 구동하려고 설계하였는데 설계 검토 결과 팬 아웃이 부족하다는 결론이 나왔다면 어떤 방법을 적용할 수 있을까?

방법은 의외로 간단하다. 그림 4-22의 (b)와 같이 NOT 게이트의 출력 단에 연결된 8개의 NAND 게이트를 4개씩 분류한 다음 동일한 특성을 갖는 NOT 게이트를 추가하여 구동하는 방법을 쓴다.

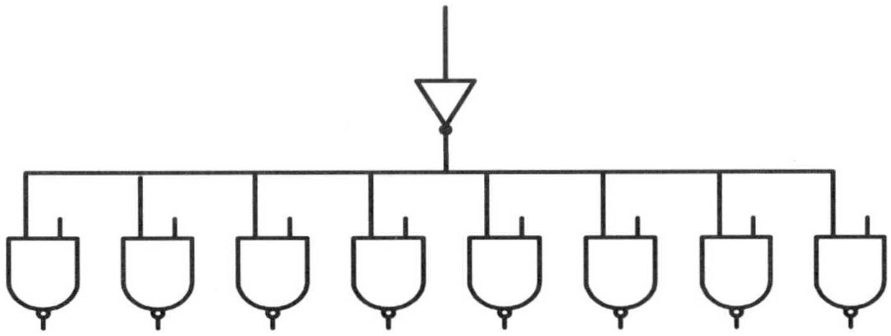

(a)

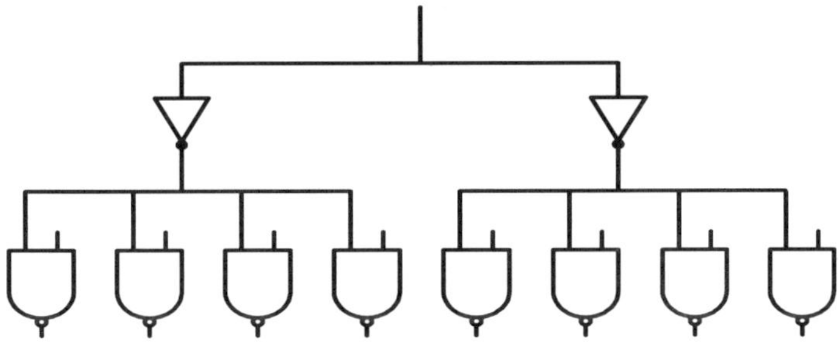

(b)

그림 4-22 팬 아웃 문제의 해결방안

▣ 전류공급원(Sourcing)과 싱킹(Sinking)의 개념

예제 4-2에서 I_{OH}, I_{IL}은 음의 값, I_{OL}, I_{IH}는 양의 값을 갖는 것으로 표현하였다. 전류 값이 음의 값 또는 양의 값을 갖는 의미는 다음과 같다.

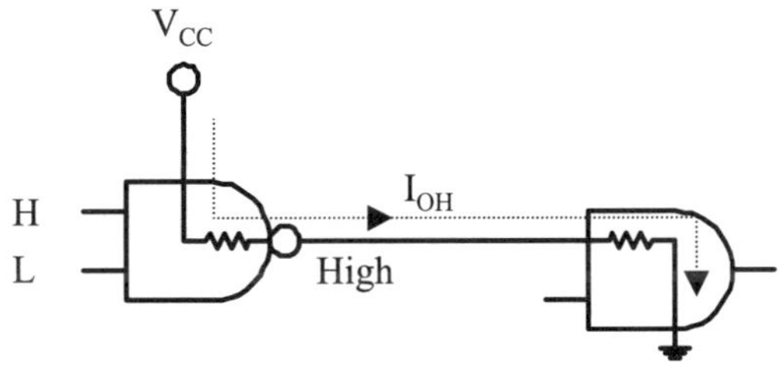

그림 4-23 전류 공급원(Current Sourcing)

그림 4-23에서 NAND 게이트의 출력이 [High]이므로 NAND 게이트는 전류 공급원이 된다. 이 때 전류 I_{OH}는 양의 값, I_{IH}는 음의 값을 갖는 것으로 표현한다.

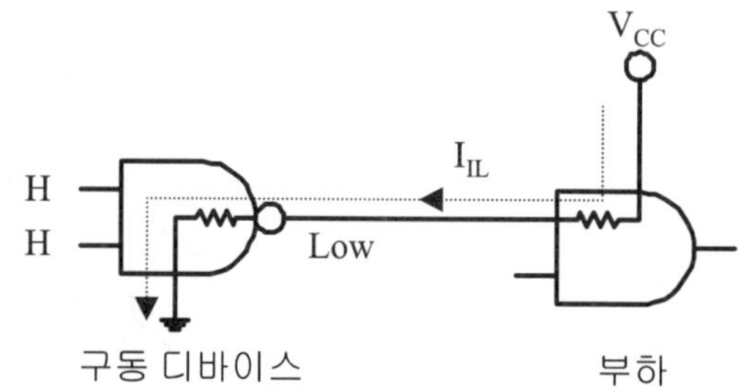

그림 4-24 전류 싱킹(Current Sinking)

그림 4-24에서 NAND 게이트의 출력이 [Low]이므로 NAND 게이트는 전류 싱킹원이 되고 AND 게이트의 I_{IL} 전류가 NAND 게이트로 흘러들어간다. 이때 전류 I_{IL}은 음의 값, I_{OL}은 양의 값을 갖는 것으로 표현한다.

예제 4-3 그림 4-25, 그림 4-26, 그림 4-27에 대해 다음 질문에 답하라. 모든 TTL은 표준 TTL로 구성하였다($I_{IL} = -1.6[mA]$, $I_{IH} = 40[\mu A]$, $I_{OH} = -800[\mu A]$, $V_{OL} = 0.2[V]$, $V_{OH} = 3.4[V]$).

1) 그림 4-25에서 V_a와 I_a를 구하라.
2) 그림 4-26에서 V_a와 V_b 그리고 I_b를 구하라.
3) 그림 4-27에서 V_a와 V_b 그리고 I_b를 구하라.

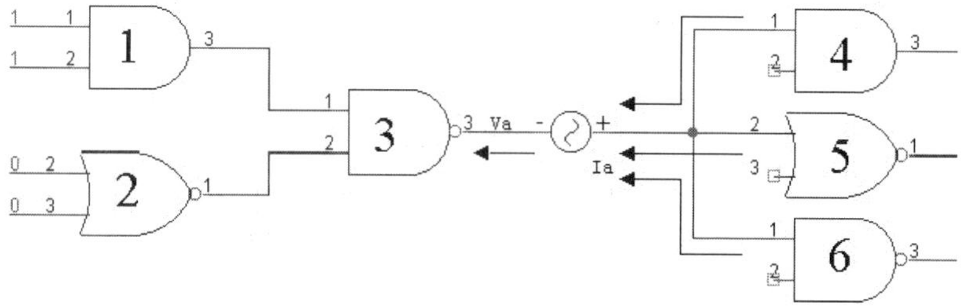

그림 4-25

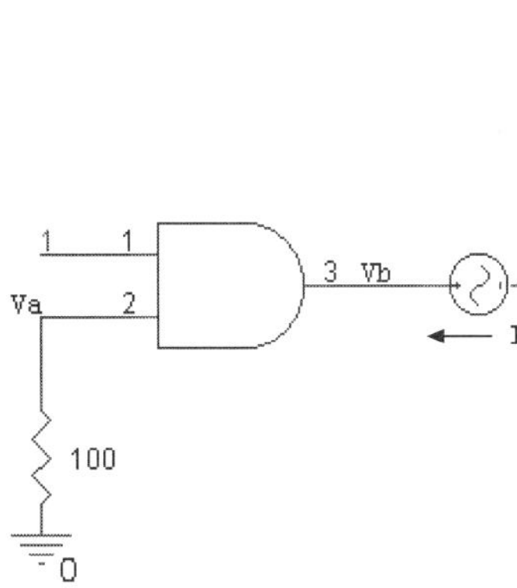

그림 4-26

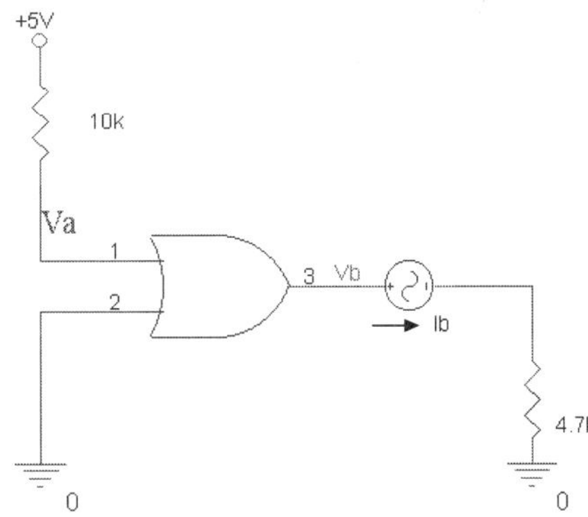

그림 4-27

[풀이] 1) 그림 4-25의 해석

1번 게이트의 입력이 모두 [1]이고 2번 게이트의 입력이 모두 [0]이므로 3번 게이트의 출력은 논리레벨 [Low]가 된다. 그러므로 표준 TTL의 논리레벨 [Low](V_{OL})의 전압은 0.2[V]가 된다. 그러므로,

$$V_a = 0.2[V]$$

다음으로 게이트 4, 5, 6의 I_{IL}은 −1.6[mA]이므로

$$I_a = -1.6[mA] \times 3 = -4.8[mA] \text{ 가 된다.}$$

2) 그림 4-26의 해석

100[Ω]의 저항이 접지에 연결되어 있으므로 AND 게이트의 출력은 논리레벨 [Low]가 된다. I_{IL}이 −1.6[mA]이므로 저항 100[Ω]을 통하여 흐르는 전류는 −1.6[mA]가 된다. 따라서

$$V_a = 1.6[mA] \times 100[\Omega] = 0.16[V]$$

가 된다. AND게이트의 입력전압이 0.16[V]이므로 이 전압은 논리레벨 [Low]에 해당된다. 따라서 AND게이트의 출력은 논리레벨 [0]이 되고 표준 TTL의 논리레벨 [0] 전압을 적용하면

$$V_B = 0.2[V] \text{ 가 된다.}$$

V_B를 알면 저항 1[kΩ]에 흐르는 전류를 구할 수 있다.

$$I_b = (5 - V_b)/1[k\Omega] = (5 - 0.2)/1[k\Omega] = 4.8[mA] \text{가 된다.}$$

결과적으로 4.8[mA]의 전류가 AND 게이트로 유입되지만 AND 게이트의 I_{OL}이 16[mA]이므로 디바이스에 영향을 주지 않는다.

3) 그림 4-27의 해석

OR 게이트의 I_{IH}는 40[μA]이므로

$$V_a = 5 - (10[k\Omega] \times 40[\mu A]) = 4.6[V]$$

V_a가 4.6[V]이므로 OR 게이트의 입력에 논리 [1]이 공급된다. 그러므로 OR 게이트의 출력은 논리레벨 [High]가 되며 표준 TTL의 논리레벨 전압에 따라

$$V_b = 3.4[V]$$

$$I_b = 3.4[V]/4.7[k\Omega] = 723[\mu A]$$ 가 된다. ■

4-2-8 사용하지 않는 입력단자의 처리

대부분의 디지털 시스템은 여러 종류의 TTL 디바이스를 사용한다. 그렇기 때문에 디지털 시스템의 설계과정에서 TTL 디바이스의 입력 핀 중 사용하지 않는 핀들이 발생하는 경우가 많다. 이 핀을 공 핀 즉, 연결하지 않은 상태로 놔두면 잡음에 의해서 논리상태가 변하거나 또는 시스템 내의 부유용량 때문에 스위칭시간에 나쁜 영향을 주게 된다. 그러므로 그림 4-28에 나타낸 것처럼 AND 게이트와 NAND 게이트는 풀업저항을 이용하여 전원에 연결하거나 다른 입력신호와 함께 묶는 방법을 취하고 OR 게이트와 NOR 게이트는 접지에 연결하거나 다른 입력신호와 함께 묶는 방법을 취한다.

즉, 게이트의 동작에 영향을 주지 않는 상태로 사용하지 않는 핀들을 처리하면 된다.

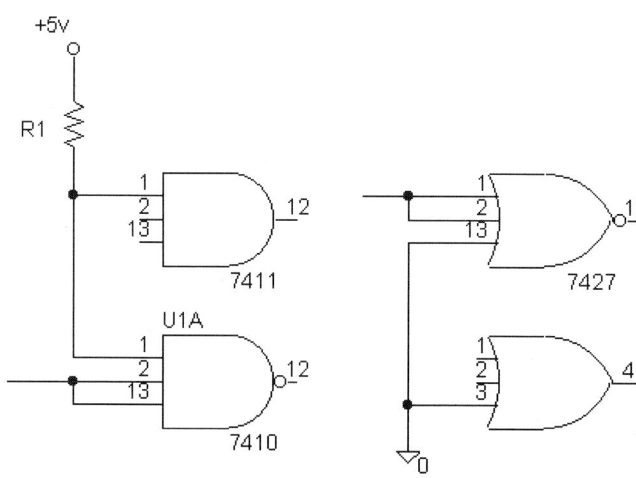

그림 4-28 사용하지 않는 핀의 처리방법

4-3 TTL의 특수동작

디지털 논리 게이트의 기본 소자인 AND, OR, NOT 게이트는 입력되는 신호의 논리레벨 [0]과 [1]에 의해 출력이 결정되는 디바이스이다. 이들 디바이스 외에 TTL 디바이스에는 다음과 같은 특수 동작을 하는 디바이스가 있다.

4-3-1 오픈 컬렉터(Open Collector, OC)

일반적인 TTL IC는 IC 자체의 특성에 의해 디지털 논리 [0]과 [1]을 표현할 수 있으나 "OC"라 불리는 오픈 컬렉터 디바이스는 출력 단에 저항을 연결하여 전원을 공급해야만 정상적인 디지털 논리 기능을 한다. 이 저항을 풀업(Pull-Up) 저항이라 부른다. 그리고 풀업저항의 크기에 따라 출력 단에 흐르는 전류의 양을 조절할 수 있는 특징을 갖고 있다.

그림 4-29(a)는 "Hex Inverter"라 부르는 74LS05의 핀 구성도이며 그림 4-29(b)는 74LS05의 내부 회로도이다. 이 회로를 살펴보면 내부에 2개의 트랜지스터 Q_1과 Q_2를 갖고 있다. Q_1 트랜지스터의 컬렉터(3번 핀)에는 저항을 통하여 전원이 공급되어 있지만 Q_2의 컬렉터는 전원 공급 없이 출력 핀으로 사용되고 있다. 이 때 Q_2의 베이스인 1번 핀에 높은 전압이 공급되더라도 컬렉터에 전원이 연결되어 있지 않기 때문에 Q_2의 3번 핀에서 2번 핀으로 전류가 흐르지 않는다. 그러므로 오픈 콜렉터 디바이스를 사용할 경우 그림 4-29(c)의 원으로 표시한 부분과 같이 풀업저항을 연결하여 트랜지스터 Q_2의 컬렉터에 전원을 공급해 주어야 한다.

그림 4-29(a)의 출력 핀 2, 4, 6, 8, 10, 12는 그림 4-29(b)의 출력 신호를 의미한다.

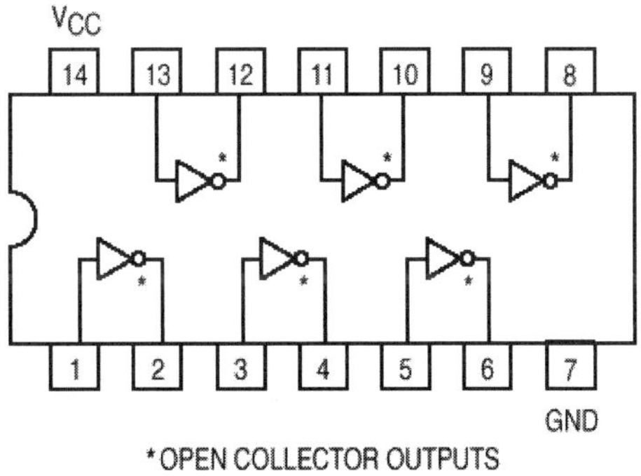

(a) 74LS05의 핀 구성도

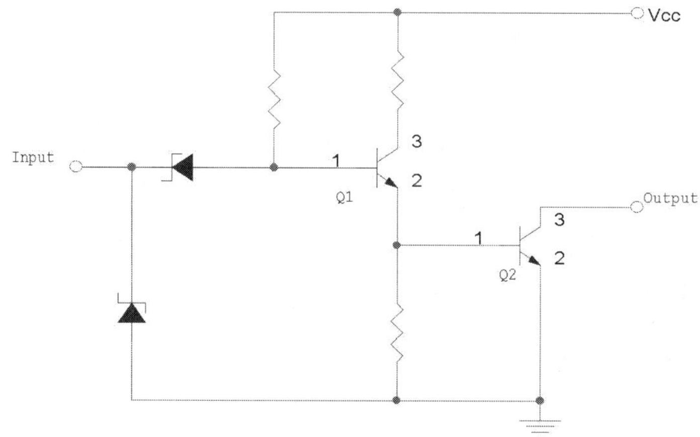

(b) 74LS05의 내부 회로도

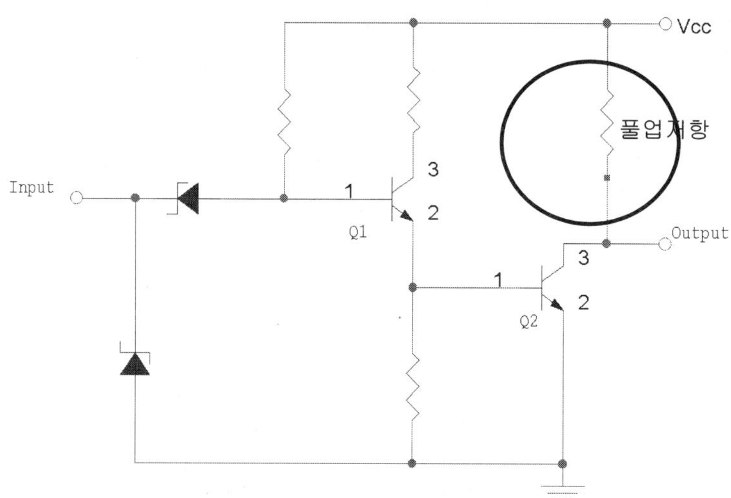

(c) 풀업저항 연결

그림 4-29 오픈 컬렉터 74LSO5의 핀 구성도 및 내부 회로도

(1) 오픈 컬렉터의 잘못된 사용방법

오픈 컬렉터형인 7405에 풀업저항을 연결하지 않고 회로를 구성한 것이 그림 4-30이다. 그림 4-30 회로에 대해 모의실험한 결과를 그림 4-31에 나타내었다.

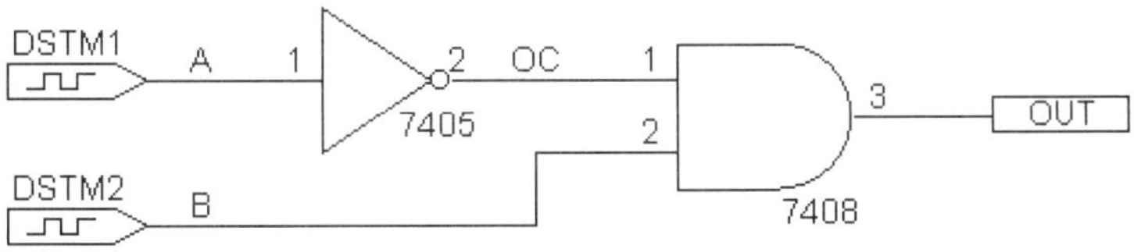

그림 4-30 오픈 컬렉터 디바이스를 잘못 사용한 예

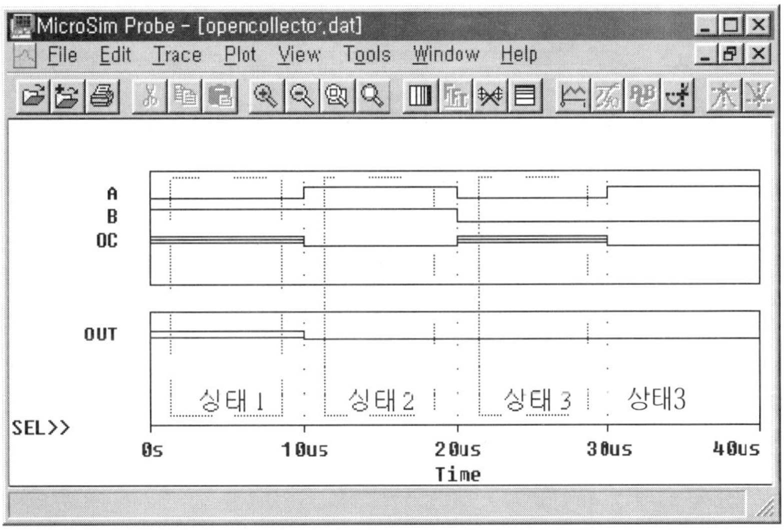

그림 4-31 오픈 컬렉터 디바이스 회로의 입·출력 파형

회로의 입력 A와 B에 그림 4-31과 같은 신호를 입력하였을 때 나타나는 현상을 표 4-3을 참조하면서 살펴보자.

표 4-3 그림 4-31회로의 입·출력 진리표

입력 신호		OUT	상태
A	B	$\overline{A} \cdot B$	
[Low]	[Low]	[Low]	3
[Low]	[High]	[High]	1
[High]	[Low]	[Low]	3
[High]	[High]	[Low]	2

1) 상태 1

A가 [Low]이고 B가 [High]일 경우 출력은 [High]가 나와야 되는데 7405의 출력이 정상상태가 되지 않아 최종출력은 논리 [Low]인지 논리 [High]인지 알수 없는 상태가 나타났다.

2) 상태 2

A가 [High]이고 B가 [High]일 경우 출력은 [Low]가 된다. 단, 7405의 출력이 [Low]이지만 전류가 충분치 않으므로 정상상태라고 정의할 수 없다.

3) 상태 3

B가 [Low]일 경우 출력은 [Low]가 나온다. 7405의 출력이 정상 상태가 되지 않았어도 B가 [Low]이므로 최종출력은 정상적인 [Low] 상태로 나타난다.

이와 같이 OC 디바이스의 출력 단에 풀업저항을 연결하지 않을 경우 입력은 정상적이지만 상태 1과 2처럼 정상적인 출력을 얻을 수 없는 경우가 발생한다.

(2) 오픈 컬렉터의 정상적인 사용방법

그림 4-32의 회로에서 1[kΩ]의 풀업(Pull-Up)저항을 7405의 출력에 연결하였다.

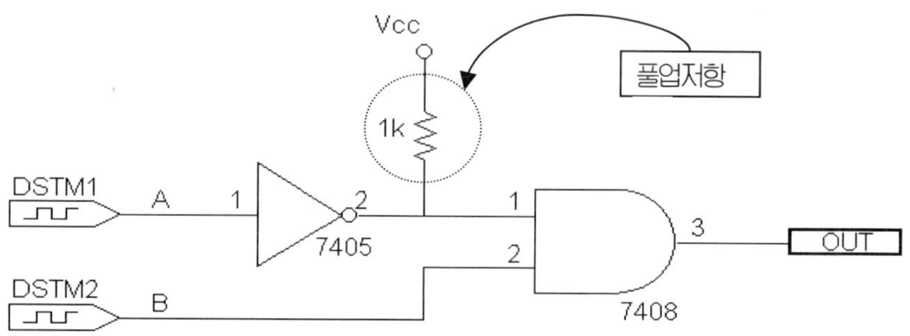

그림 4-32 정상적인 오픈 컬렉터의 사용 예

그림 4-33은 정상적인 동작을 얻어낸 모의실험 결과이다. 그림 4-31과 비교하면 그림 4-33은 출력파형이 입력의 변화에 따라 정상적으로 나타나고 있음을 알 수 있다.

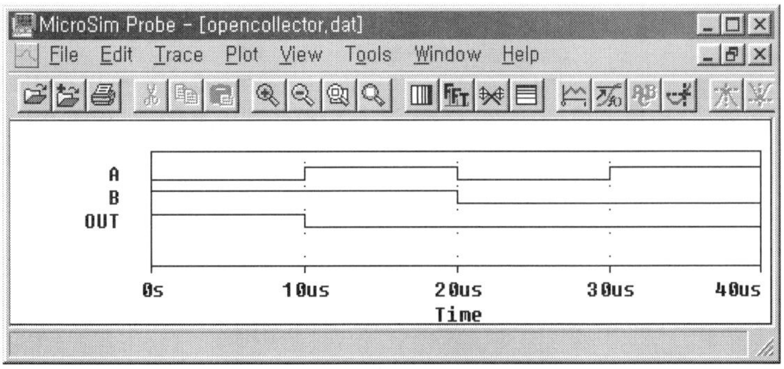

그림 4-33 정상적인 오픈 컬렉터 회로의 출력파형

(3) 오픈 컬렉터 사용 예

1) LED 구동회로

오픈 컬렉터 특성을 갖는 NAND 게이트의 입력단자 중 하나에 [High]를 공급하고 다른 단자에 디지털 펄스를 공급하여 그림 4-34와 같이 NAND 게이트의 출력 단에 연결되어 있는 LED를 구동하면 그림 4-35와 같은 결과가 나타난다.

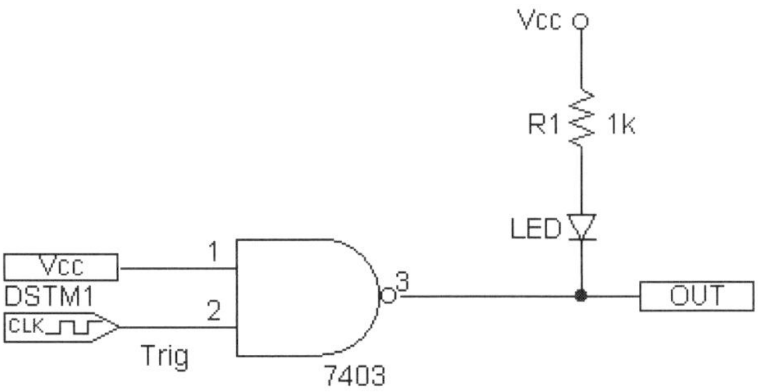

그림 4-34 LED 구동회로

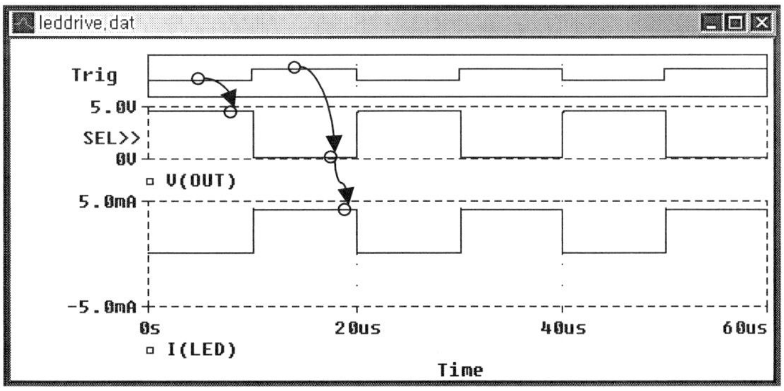

그림 4-35 LED 구동회로의 결과파형

그림 4-35에서 "Trig" 신호가 [Low]이면 NAND 게이트의 출력이 [High]가 되어 LED 양단의 전위차가 이론상 0[V]가 되므로 LED에 흐르는 전류는 0[A]가 된다. 반면, "Trig" 신호가 [High]이면 NAND 게이트의 입력이 모두 [High]이므로 출력은 [Low]가 되고 LED 양단의 전위차는 (5[V]−2.0[V]=3.0[V])가 되므로 LED에 흐르는 전류는 약 3.0[mA]가 된다. 그러므로 LED는 "ON"되고 발광하게 된다. 이 회로에 오픈 컬렉터를 쓰는 이유는 다이오드에 흐르는 전류의 양을 조절하여 LED의 밝기를 조절하기 위한 것이다. 일반적인 다이오드는 0.7[V]의 전압 강하를 발생하나 LED는 2[V]의 전압 강하를 발생시킨다.

2) 릴레이 구동회로

릴레이는 코일을 이용한 전자석의 원리를 사용하는 스위치의 일종이며 릴레이의 입력단과 출력 단이 전기적으로 완전히 차단되기 때문에 전압의 크기가 서로 다른 전원을 사용하는 디지털 시스템에 많이 사용된다. 릴레이를 구동하려면 일반적인 TTL 디바이스에서 출력되는 전류가 작기 때문에 오픈 컬렉터를 사용하여 출력전류를 높여 주어야 한다. 그림 4-36 회로는 릴레이 구동회로를 나타낸 것이다. 다이오드를 릴레이에 병렬로 연결한 것은 릴레이에 유입된 전류가 차단되었을 경우 발생하는 고전압을 방출하여 게이트를 보호하기 위한 것이다.

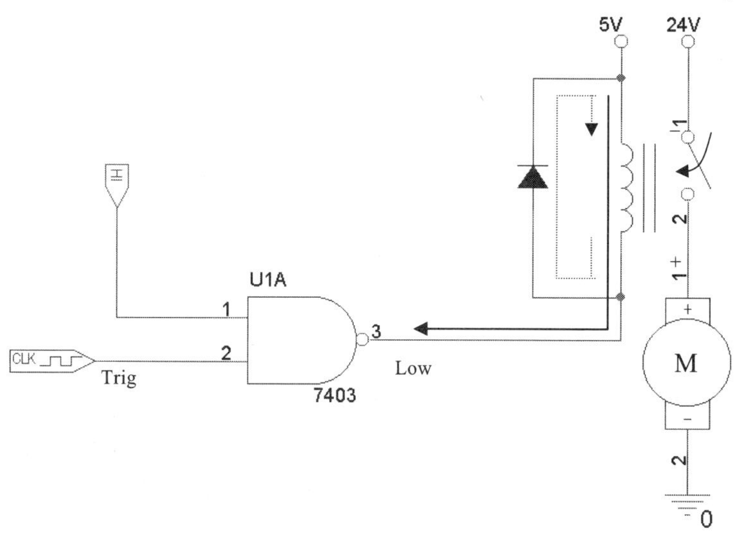

그림 4-36 릴레이 구동 회로

■ 다이오드가 없을 경우 :

그림 4-37은 오픈 컬렉터 7403의 출력파형을 나타낸 것이며 입력신호인 Trig가 [Low]일 경우 출력은 [High], Trig가 [High]일 경우 출력은 [Low]가 나와야 되지만 릴레이는 인덕턴스로 구성되어 있기 때문에 출력이 [Low]에서 [High]로 변하는 점에서 즉, 릴레이가 차단되는 시점에서

고전압이 발생되고 있음을 알 수 있다. 이 고전압은 오픈 컬렉터 7403을 파괴시키기에 충분히 큰 전압이므로 이를 차단시킬 필요가 있다.

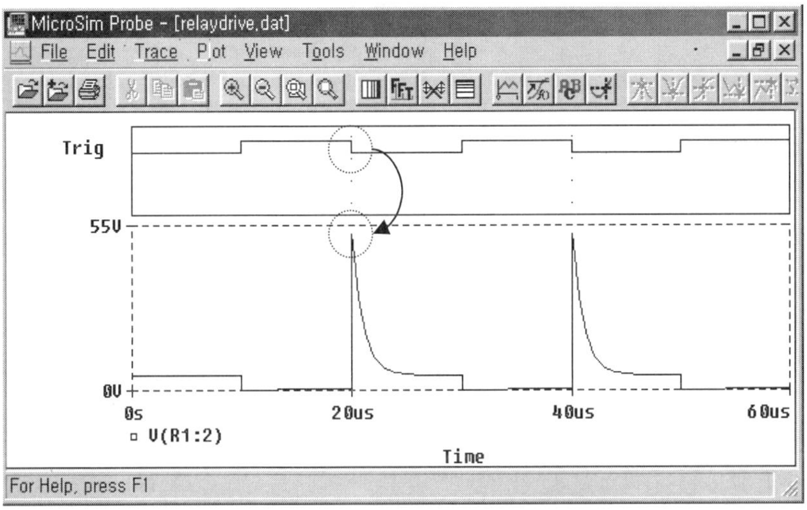

그림 4-37 릴레이 구동회로에서 다이오드가 없을 경우

▣ 다이오드가 있을 경우 :

그림 4-38은 코일에 발생된 고전압이 다이오드를 통해 방전되어 정상적인 출력파형을 얻을 수 있음을 나타낸 것이다. 그림 4-37과 같이 원으로 표시된 에지에서 발생하는 높은 고전압이 사라지고 구형파에 가까운 신호를 얻어낼 수 있다.

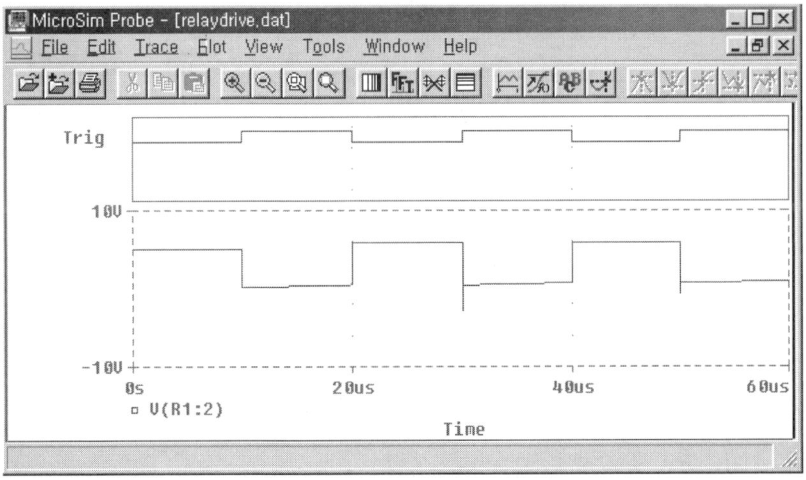

그림 4-38 릴레이 구동회로에서 다이오드가 있을 경우

3) Wired-AND와 Wired-NOR

그림 4-39와 같이 오픈 컬렉터인 7405 NOT 게이트 2개의 출력을 풀업저항으로 연결한 다음 출력파형을 관찰해 보자.

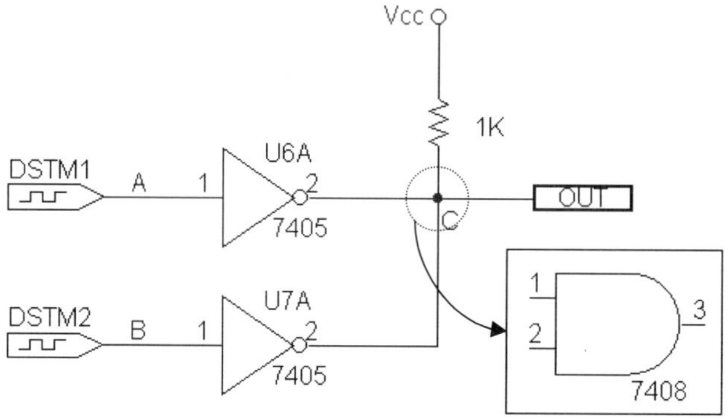

그림 4-39 Wired-AND와 Wired-Nor

그림 4-40에 나타난 결과파형을 살펴보면 오픈 컬렉터의 각 출력단이 마치 AND 게이트에 연결된 것과 같은 결과를 보이고 있다. 즉, A와 B가 모두 논리 [Low]일 경우만 출력이 [High]가 되는 결과를 보이고 있다. 그러므로 그림 4-39의 회로를 논리식으로 표현하면 다음과 같다.

$$\begin{aligned} \text{OUT} &= \overline{\text{A}} \cdot \overline{\text{B}} \quad \rightarrow \quad \text{Wired-AND} \\ &= \overline{\text{A}+\text{B}} \quad \rightarrow \quad \text{Wired-NOR} \end{aligned}$$

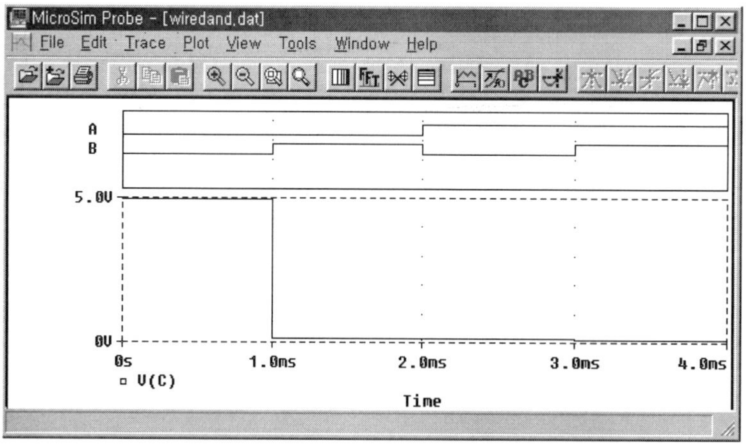

그림 4-40 Wired-AND와 Wired-NOR의 출력파형

이상과 같이 일반적으로 TTL IC에서 출력을 서로 연결하면 단락(Short)상태가 되므로 회로가 정상적으로 동작하지 않지만 오픈 컬렉터의 경우 여러 개의 입력을 하나의 출력으로 만들어내는 공통버스(Common Bus) 기능을 할 수 있다. 즉, 그림 4-41과 같이 디지털 시스템에서

여러 장치 간에 공통 버스 선을 통하여 데이터 또는 제어신호를 주고받을 때 입력은 2개 이상인데 신호를 받아 처리할 수 있는 신호는 1개뿐일 경우 오픈 컬렉터를 이용하면 문제를 해결할 수 있다. 그림 4-41은 인텔 마이크로프로세서의 가로채기 신호(Interrupt Signal)의 설계 예를 나타낸 것이다.

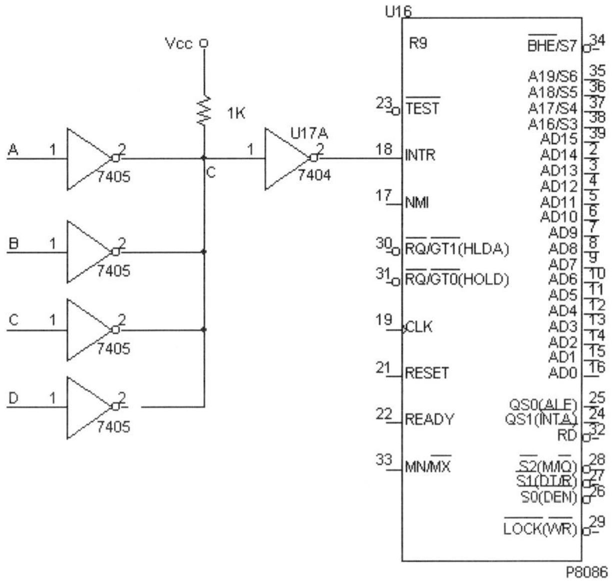

그림 4-41 Wired-AND 또는 Wired-NOR의 마이크로프로세서 응용

예제 4-4 그림 4-42(a) 회로의 논리식을 작성하고 두 회로를 비교하라.

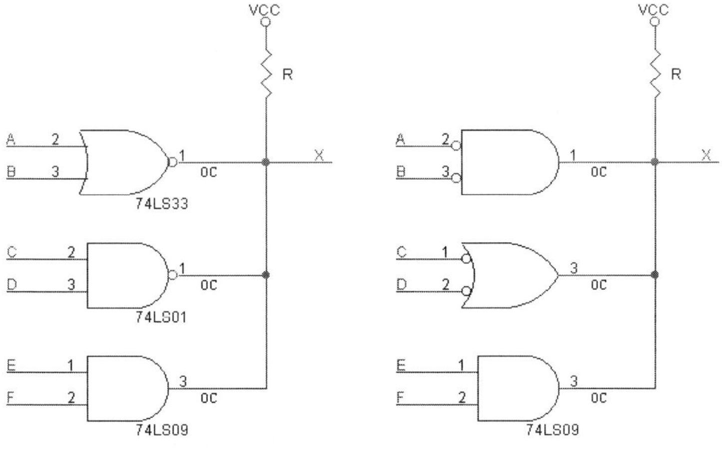

(a) (b)

그림 4-42

[풀이] 오픈 컬렉터 디바이스인 74LS33, 74LS01 그리고 74LS09의 출력이 결합된 지점의 논리상태가 Wired-AND이므로 논리식을 작성하면 다음과 같다.

$$X = (\overline{A+B}) \cdot (\overline{CD}) \cdot EF$$

또한 그림 4-42(a)에 드모르강의 정리를 적용하면 그림 4-42(b)와 같이 변환할 수 있다. 그러므로 그림 4-42(b) 회로의 출력 X에 대한 논리식은 다음과 같다.

$$X = \overline{A}\,\overline{B} \cdot (\overline{C} + \overline{D}) \cdot EF$$
$$= (\overline{A+B}) \cdot (\overline{CD}) \cdot EF$$

결과적으로 그림 4-42(a)와 그림 4-42(b)는 서로 등가임을 알 수 있다. ■

4-3-2 3상태 출력(Three State Output)

디지털 시스템에 공통 버스 선을 구성하기 위한 방법으로 오픈 컬렉터를 예로 들었으나 일반적으로 공통 버스 선을 구성할 때는 3상태 출력특성을 갖는 디바이스를 사용하는 것이 보다 더 효율적이다. 그림 4-43은 3상태 출력특성을 갖는 74125의 핀 구성도이다.

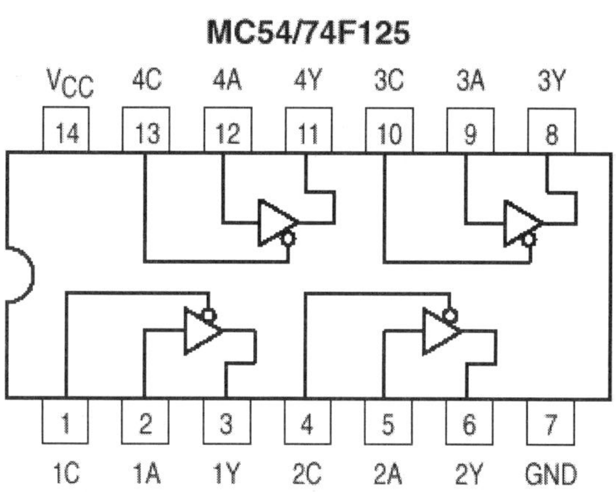

그림 4-43 3상태 IC 74125 핀 구성도

디지털 논리레벨에서 2가지 디지털 논리 [Low]와 [High] 이외에 높은 임피던스라 불리는 고 임피던스(High-Impedance, Hi-Z)상태를 출력할 수 있는 디바이스를 3상태 출력 디바이스라 부른다. 고 임피던스 상태란 출력 임피던스가 매우 높아서 전류가 거의 흐르지 않는 상태를 말하며 대표적인 디바이스로 74125가 있고 보다 더 복잡한 디바이스로는 양방향 버퍼라 부르는 74245가 있다.

74125는 그림 4-43과 같이 한 개의 IC가 4개의 게이트를 포함하고 있으며 출력신호를 제어하는 별도의 신호를 갖고 있다. 이 신호를 인에이블(Enable) 신호라 부르며 이 신호가 [Low]이면 입력되는 신호가 출력으로 전달되고 [High]이면 차단되는 기능을 한다.

74125를 이용하여 CLK라고 이름 붙여진 디지털 신호를 제어하는 간단한 회로를 구성해 보자. 그림 4-44는 CLK라는 클럭신호가 CTRL이라는 제어신호에 의해 최종 출력 OUT으로 어떻게 전달되는가를 보여주는 회로이다. 이 회로는 CTRL신호를 이용하여 CLK신호를 CLKOUT로 내보내고 이 신호가 AND 게이트의 출력으로 전달되는 기능을 한다.

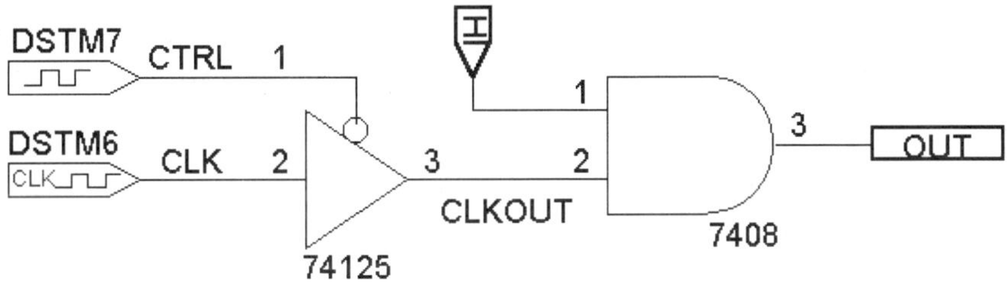

그림 4-44 74125의 응용

그림 4-45는 그림 4-44회로의 모의실험 결과이며 이 결과에서 CTRL이 [High]일 때 출력 CLKOUT은 [Hi-Z]가 되고 최종출력 OUT 역시 [Undefined]상태로 나타난다. 반면, CTRL이 [Low]일 때 CLK신호가 CLKOUT로 출력되고 이 신호는 AND 게이트의 입력이 [High]로 연결되어 있기 때문에 최종출력은 CLKOUT와 동일하게 나타난다. 즉, 74125가 디스에이블(Disable) 되어 있으면 74125 출력에는 거의 전류가 흐르지 않으므로 74125의 출력신호가 AND 게이트를 구동할 수 없다. 이와 같은 상태를 3상태 출력이라 한다.

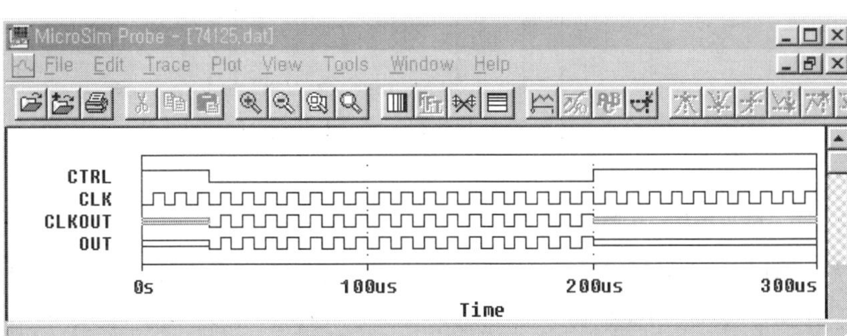

그림 4-45 74125 응용회로의 결과파형

4-3-3 슈미트 트리거(Schmitt Trigger)

TTL의 입력과 출력특성은 앞 절에서 다루었듯이 일정한 전압조건을 만족해야만 정상적인 기능을 수행한다. 반면 슈미트 트리거는 일반적인 TTL과 달리 문턱전압(Threshold Voltage)이 다르게 결정된다. 슈미트 트리거는 천천히 변화하는 파형을 일정한 레벨에서 디지털 레벨의 신호로 바꾸어 주는 역할을 하는 디바이스다. 슈미트 트리거로 많이 사용되는 7414 NOT 게이트와 일반적인 7404 NOT 게이트의 동작을 살펴보자.

■ 7404 NOT 게이트의 입·출력 파형

그림 4-46은 7404 NOT 게이트에 입력되는 신호와 출력되는 신호를 나타낸 것이다. TTL의 논리 [1]과 논리 [0]의 기준전압이 2.0[V] 이상과 0.8[V] 이하이므로 입력 신호의 전압크기에 따라 출력 파형이 결정되는 것을 알 수 있다. 즉, 입력 신호 V_{IN}이 0.8[V]이하이면 출력은 [1], 2.0[V] 이상이면 출력은 [0]이 되는 것을 확인할 수 있다.

단, 입력전압의 크기가 0.8[V]~2.0[V] 사이에 있을 경우 그림 4-46의 채색된 부분처럼 출력 신호의 논리레벨은 어떤 상태가 될 지 알 수 없게 된다.

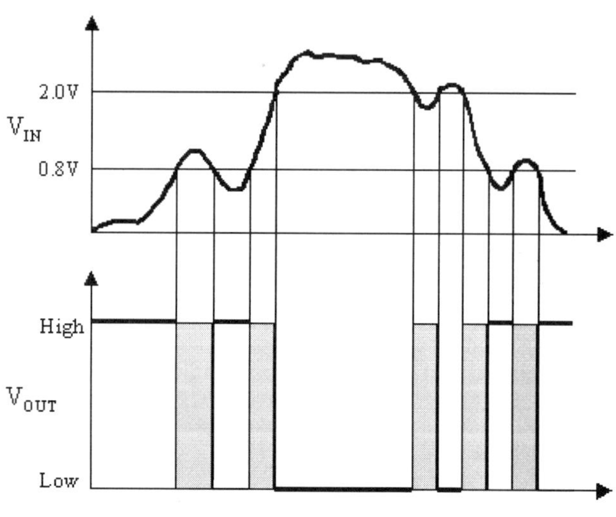

그림 4-46 일반적인 인버터(7404 : NOT 게이트)

■ 7414 슈미트 트리거의 입·출력 파형

그림 4-47은 7414 슈미트 트리거에 입력되는 신호와 출력되는 신호를 나타낸 것이다. A점에서 입력신호가 V_{T+}를 중심으로 변동되어도 출력의 상태는 바뀌지 않는다. 또한 B점에서 입력신호가 V_{T-}를 중심으로 변동되어도 출력의 상태는 변하지 않는다.

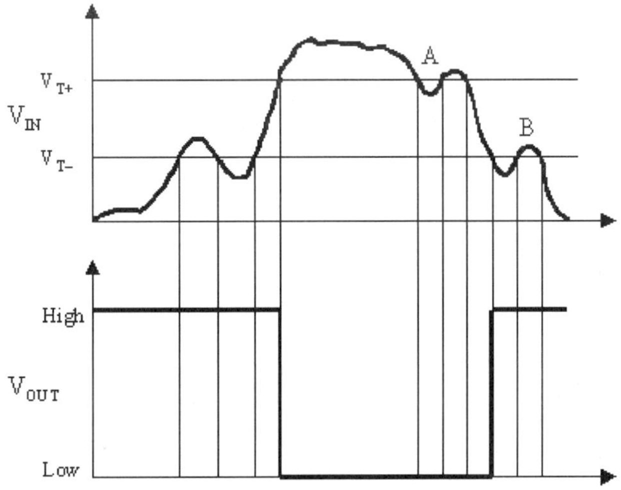

그림 4-47 슈미트 트리거(7414 : NOT 게이트)

즉, V_{T-}에서 입력 신호가 트리거 되면 그 이후 입력신호가 변동하여도 입력신호가 V_{T+}를 초과하지 않는 한 출력레벨은 논리 [1] 상태를 유지한다. 또한 V_{T+}에서 입력신호가 트리거 되면 그 이후 입력신호가 변동하여도 입력신호가 V_{T-}이하로 떨어지지 않는 한 출력레벨은 논리 [0] 상태를 유지한다. 슈미트 트리거는 히스테리시스(Hysteresis) 특성을 이용한 것이며 이 특성 때문에 슈미트 트리거는 신호의 전이(Transition)가 길게 발생하는 시스템이나 신호선이 길어서 잡음이 많이 발생하는 시스템 또는 입력신호의 변화가 많은 신호가 있는 시스템에 유용하게 사용할 수 있다.

▣ 7414를 이용하여 RC적분기의 출력을 제어하는 회로를 구성해 보자.

그림 4-48 회로에서 IN신호는 저항과 콘덴서로 구성된 적분회로를 통과하여 슈미트 트리거인 7414에서 레벨이 조정되어 출력으로 전달된다.

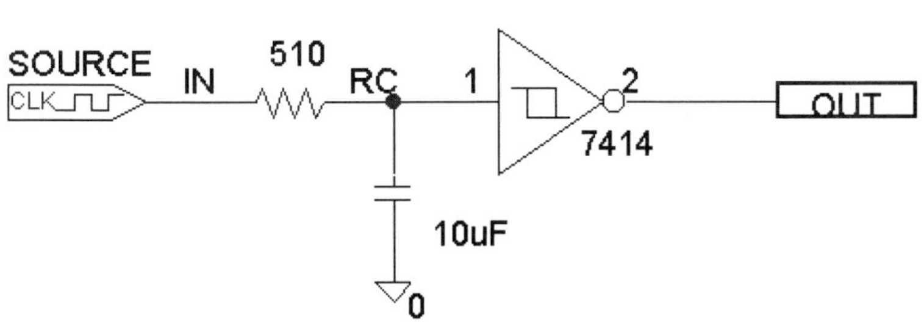

그림 4-48 RC 적분기

이 회로의 결과파형은 그림 4-49와 같다.

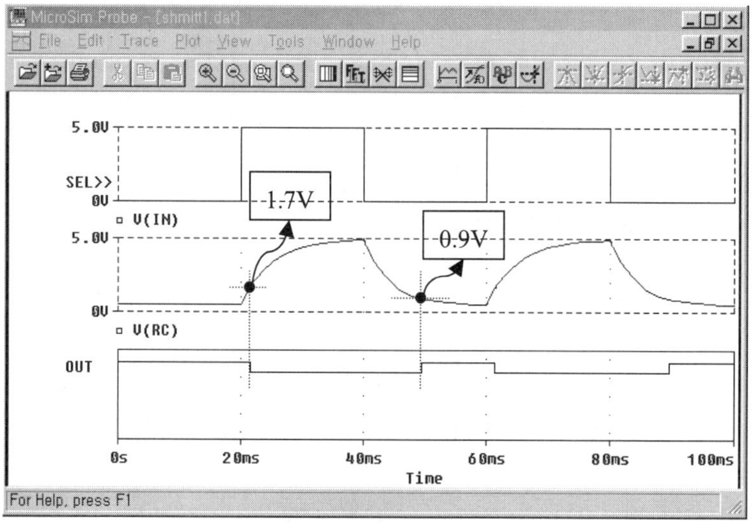

그림 4-49 RC 적분기와 슈미트 트리거의 결과파형

그림 4-49의 결과파형에서 알 수 있듯이 출력신호가 [Low]에서 [High]로 변할 때는 적분기 출력신호의 1.7[V]에서, 그리고 [High]에서 [Low]로 변할 때는 적분기 출력신호의 0.9[V]에서 스위칭이 발생한다.

4-4 CMOS(Complementary Metal Oxide Semiconductor)

TTL은 쌍극성 트랜지스터(Bipolar Junction Transistor : BJT)를 사용한 집적회로 디바이스이지만 CMOS는 MOSFET(Metal Oxide Semiconductor Field Effect Transistor)이라 부르는 디바이스를 사용한 집적회로 디바이스이다. 이 디바이스는 소비전력이 적기 때문에 VLSI (Very Large Scale Integrated Circuit)를 제조하는 데 적합하다.

☞ CMOS 취급상의 주의사항

CMOS는 정전기에 매우 민감하게 반응하기 때문에 취급상의 주의가 필요하다.

- ▣ 부품을 다룰 때는 반드시 정전기 방지용 비닐에 담아서 사용한다.
- ▣ 작업을 할 경우에는 정전기 방지용 테이블에서 작업한다.
- ▣ 시험도구나 전기인두는 반드시 접지를 시킨 상태에서 실시한다.
- ▣ 취급자의 손목에 전기선을 연결한 후 바닥에 닿도록 한다.

- ▣ 디바이스에 전원을 공급한 상태에서 디바이스의 입력에 신호를 공급한다.
- ▣ 사용하지 않는 입력단자는 모두 V_{CC} 또는 접지에 연결한다.
- ▣ 모직, 실크 등의 옷을 입고 작업하지 않는다.
- ▣ 전원이 공급된 상태에서 디바이스를 제거하지 않는다.

4-4-1 CMOS의 논리전압레벨과 잡음여유

일반적인 TTL 디바이스의 입·출력 특성에서 살펴보았듯이 CMOS 논리회로의 입력과 출력도 정해진 전압레벨을 유지할 때 정상적인 동작을 한다. CMOS 디바이스의 공급전압을 V_{CC}라 할 때 입·출력신호의 문턱전압은 다음과 같다.

$$V_{IL} \leqq 0.3 \cdot V_{CC}, \qquad V_{OL} = 0[V]$$
$$V_{IH} \geqq 0.7 \cdot V_{CC}, \qquad V_{OH} = V_{CC}[V]$$

결과적으로 CMOS의 출력은 일반 TTL과 다르게 논리 [0]은 0[V], 논리 [1]은 공급전압과 동일하게 출력된다는 것을 기억하기 바란다.

아래의 표는 74AC00의 입·출력 진입레벨을 나타낸 것이다.

Symbol	Parameter	V_{CC} (V)	74AC		74AC	Unit	Conditions
			T_A = +25°C		T_A = −40°C to +85°C		
			Typ	Guaranteed Limits			
V_{IH}	Minimum High Level Input Voltage	3.0 4.5 5.5	1.5 2.25 2.75	2.1 3.15 3.85	2.1 3.15 3.85	V	V_{OUT} = 0.1 V or V_{CC} − 0.1 V
V_{IL}	Maximum Low Level Input Voltage	3.0 4.5 5.5	1.5 2.25 2.75	0.9 1.35 1.65	0.9 1.35 1.65	V	V_{OUT} = 0.1 V or V_{CC} − 0.1 V
V_{OH}	Minimum High Level Output Voltage	3.0 4.5 5.5	2.99 4.49 5.49	2.9 4.4 5.4	2.9 4.4 5.4	V	I_{OUT} = −50 μA
		3.0 4.5 5.5		2.56 3.86 4.86	2.46 3.76 4.76	V	*V_{IN} = V_{IL} or V_{IH} −12 mA I_{OH} −24 mA −24 mA
V_{OL}	Maximum Low Level Output Voltage	3.0 4.5 5.5	0.002 0.001 0.001	0.1 0.1 0.1	0.1 0.1 0.1	V	I_{OUT} = 50 μA
		3.0 4.5 5.5		0.36 0.36 0.36	0.44 0.44 0.44	V	*V_{IN} = V_{IL} or V_{IH} 12 mA I_{OL} 24 mA 24 mA

예를 들어 공급전압 V_{CC}가 5[V]이면 V_{IL}은 1.5[V] 이하, V_{IH}는 3.5[V] 이상이 된다. 즉, CMOS는 입력 측에서의 잡음여유가 TTL에 비해서 큰 값을 갖는다. 그림 4-50에 CMOS의 입·출력 논리레벨 상관관계를 나타내었다.

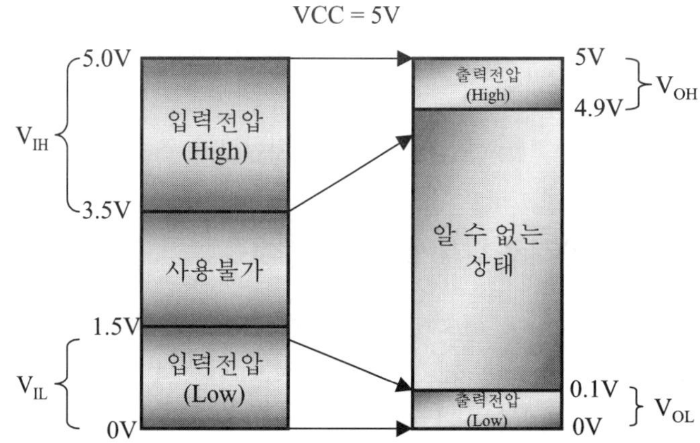

그림 4-50 CMOS 입력전압과 출력전압의 논리레벨

4-4-2 TTL과 CMOS의 인터페이스

CMOS와 TTL의 논리전압레벨이 서로 다른 값을 갖기 때문에 두 종류의 디바이스를 서로 연결해서 사용할 경우 정상적인 동작을 할 수 없는 경우가 있다. 단, CMOS의 ACT 또는 HCT 형식은 별도의 인터페이스 없이 직접연결해서 사용할 수 있다. 다음 내용을 살펴보자.

(1) TTL이 CMOS를 구동할 경우

그림 4-51은 TTL의 출력전압과 CMOS의 입력전압 레벨간의 관계를 나타낸 것이다. 여기서 CMOS의 공급전압 V_{CC}는 5[V]라고 가정한다. 그림 4-51에서 TTL의 논리 [1] 출력 전압은 2.7[V]~5.0[V]인 반면 CMOS의 논리 [1]을 위한 입력전압의 허용범위가 3.5[V]~5.0[V]이므로 포함관계가 성립하지 않는 것을 알 수 있다. 실제의 회로에서 어떤 문제가 발생하는지 알아보자.

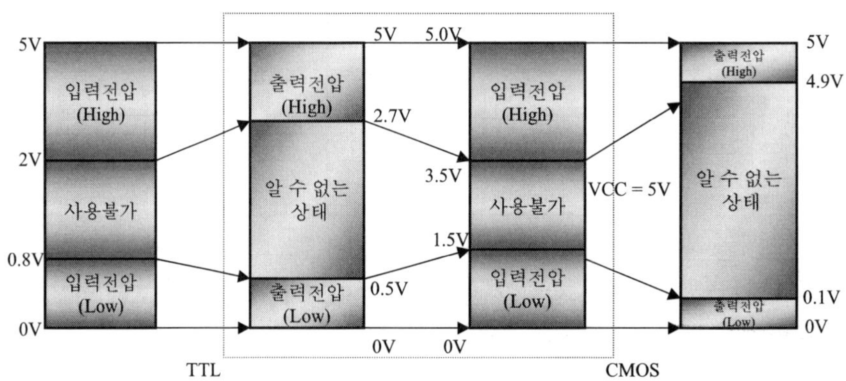

그림 4-51 TTL이 CMOS를 구동할 경우

그림 4-52 회로는 TTL 74F00의 출력이 CMOS 74AC00의 입력으로 사용되는 경우를 표현한 것이며 이 회로에서 TTL 74F00의 입·출력 전압레벨은 그림 4-53과 같다.

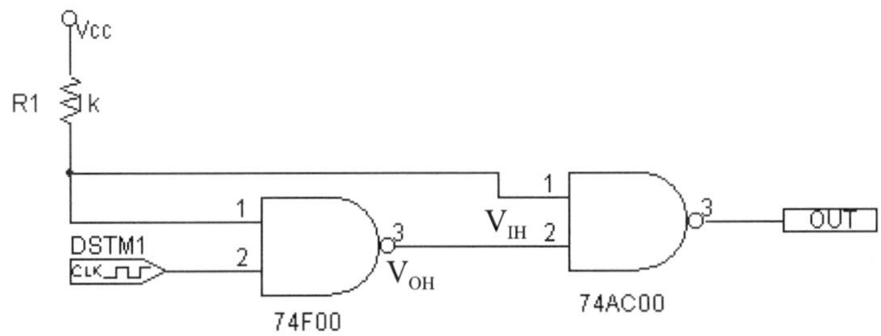

그림 4-52 TTL과 CMOS 인터페이스

MC54/74F00

DC CHARACTERISTICS OVER OPERATING TEMPERATURE RANGE (unless otherwise specified)

Symbol	Parameter		Limits Min	Typ	Max	Unit	Test Conditions	
V_{IH}	Input HIGH Voltage		2.0			V	Guaranteed Input HIGH Voltage	
V_{IL}	Input LOW Voltage				0.8	V	Guaranteed Input LOW Voltage	
V_{IK}	Input Clamp Diode Voltage				−1.2	V	V_{CC} = MIN, I_{IN} = −18 mA	
V_{OH}	Output HIGH Voltage	54, 74	2.5			V	I_{OH} = −1.0 mA	V_{CC} = 4.50 V
		74	2.7			V	I_{OH} = −1.0 mA	V_{CC} = 4.75 V
V_{OL}	Output LOW Voltage				0.5	V	I_{OL} = 20 mA	V_{CC} = MIN

⌧CMOS 의 전원전압이 5V 면 V_{IH}는 3.5V 이상이어야 하는데 TTL 의 V_{OL}이 최소 2.7V 이므로 TTL 의 출력이 CMOS 를 구동할 수 없는 경우가 발생한다.
그러므로 별도의 인터페이스가 필요하다.

☞ TTL의 V_{OL}은 0.5[V]이므로 CMOS의 V_{IL} 조건에 만족한다. 그러므로 별도의 인터페이스 없이 설계할 수 있다.

그림 4-53 74FOO의 입·출력 전압레벨

TTL의 출력전압 V_{OH}가 최소 2.7[V]이지만 CMOS V_{IH}는 3.5[V] 이상이어야 하므로 74F00의 출력 논리레벨이 [High]일 경우 CMOS 74AC00을 구동할 수 없는 경우가 발생할 수 있다. 대부분의 TTL 출력이 논리 [1]에 대해 4.0[V] 이상을 유지하지만 설계자는 최악의 경우를 고려해서 설계해야 한다. 그러므로 TTL이 CMOS를 구동해야 할 경우 다음과 같이 몇 가지 회로를 추가해야 한다.

1) 풀업저항(경제적임)

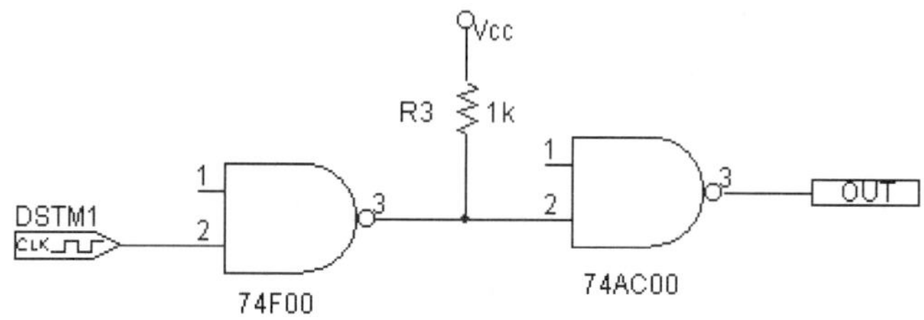

그림 4-54 풀업(Pull-Up)저항과 인터페이스

그림 4-54와 같이 풀업저항을 이용하여 TTL의 논리레벨 [1]을 CMOS의 V_{IH} 논리레벨 이상으로 높이는 방법이며 가장 경제적이다. 반면 고속의 스위칭 시간이 요구되는 시스템에서는 신호의 지연시간이 발생하기 때문에 추천할 만한 방법은 아니다.

2) 74ACT00을 사용

최근에는 TTL과 직접 연결할 수 있는 ACT형의 CMOS 디바이스를 많이 사용한다. 아래의 표는 74ACT00의 입·출력 전압레벨을 나타낸 것이다.

Symbol	Parameter	V_{CC} (V)	74ACT		74ACT	Unit	Conditions
			T_A = +25°C		T_A = −40°C to +85°C		
			Typ	Guaranteed Limits			
V_{IH}	Minimum High Level Input Voltage	4.5 5.5	1.5 1.5	2.0 2.0	2.0 2.0	V	V_{OUT} = 0.1 V or V_{CC} − 0.1 V
V_{IL}	Maximum Low Level Input Voltage	4.5 5.5	1.5 1.5	0.8 0.8	0.8 0.8	V	V_{OUT} = 0.1 V or V_{CC} − 0.1 V
V_{OH}	Minimum High Level Output Voltage	4.5 5.5	4.49 5.49	4.4 5.4	4.4 5.4	V	I_{OUT} = −50 μA
		4.5 5.5		3.86 4.86	3.76 4.76	V	*V_{IN} = V_{IL} or V_{IH} I_{OH} −24 mA −24 mA
V_{OL}	Maximum Low Level Output Voltage	4.5 5.5	0.001 0.001	0.1 0.1	0.1 0.1	V	I_{OUT} = 50 μA
		4.5 5.5		0.36 0.36	0.44 0.44	V	*V_{IN} = V_{IL} or V_{IH} I_{OL} 24 mA 24 mA

(2) CMOS가 TTL을 구동할 경우

그림 4-55와 같이 CMOS의 논리레벨 입력전압은 TTL의 출력전압 조건을 모두 만족하므로 별도의 인터페이스가 필요 없다.

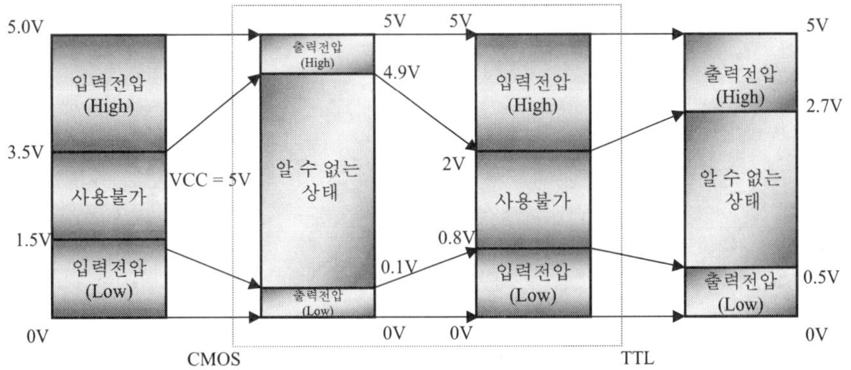

그림 4-55 CMOS가 TTL을 구동할 경우

4-5 IC의 입·출력 핀 표기법

모든 TTL IC는 입·출력 핀을 갖고 있다. 입·출력 핀은 IC의 특성에 따라 여러 가지 방식으로 표기되고 해당 표기에 따라 신호의 특성이 결정된다. 예를 들어 그림 4-56, 4-57, 4-58을 살펴보면 다양한 입·출력 표기법이 나와 있다. IC의 동작을 해석할 때 그림 4-56, 4-57, 4-58을 참고하여 해석한다.

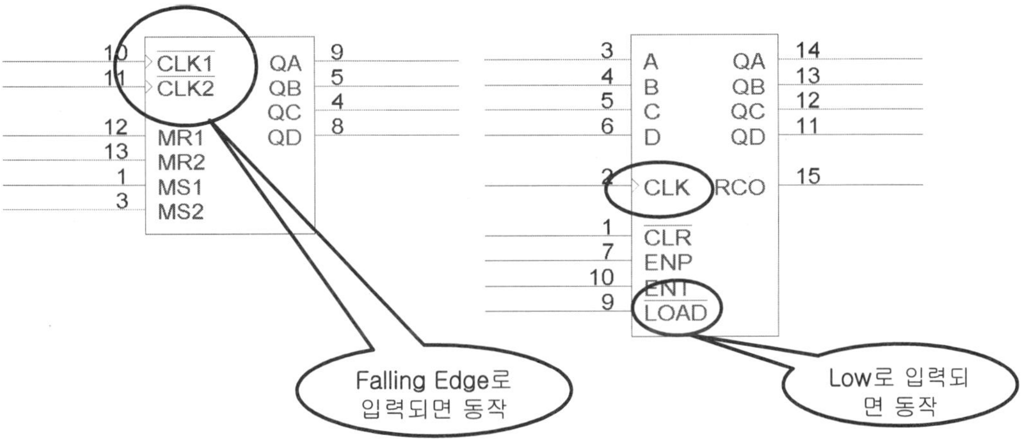

그림 4-56 IC 입·출력 신호 특성 1

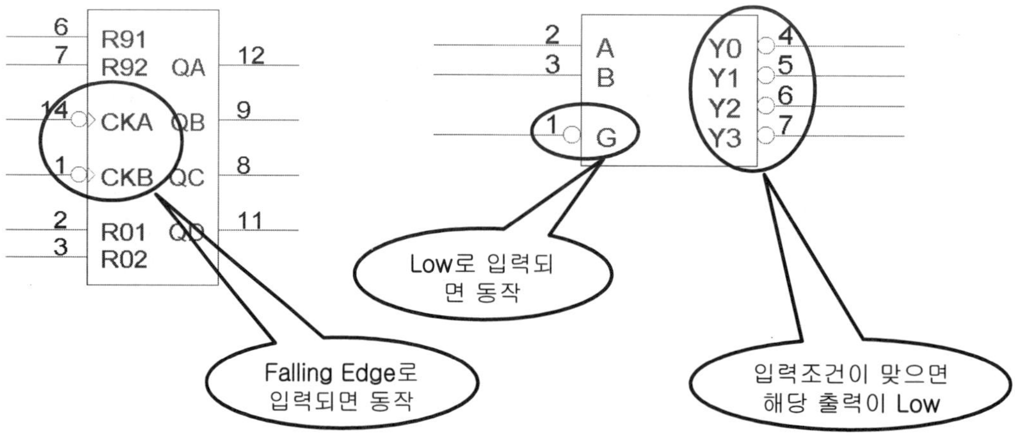

그림 4-57 IC 입·출력 신호 특성 2

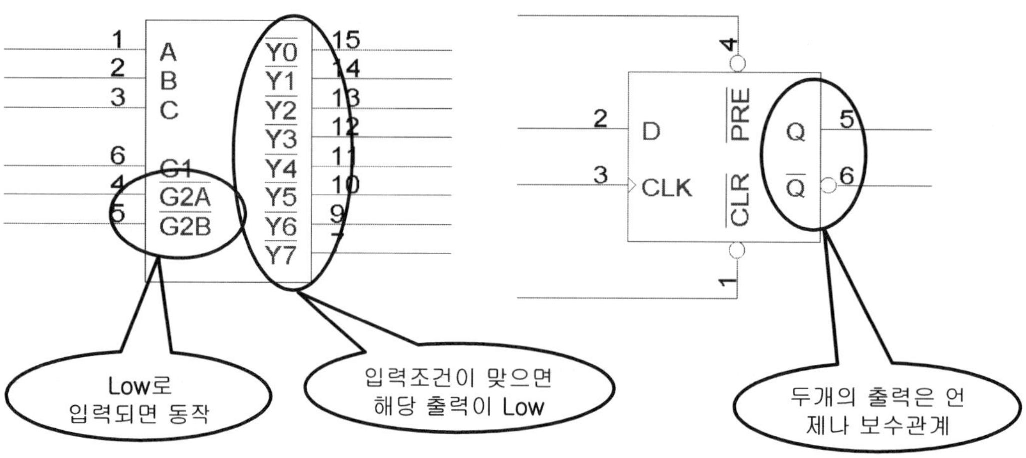

그림 4-58 IC 입·출력 신호 특성 3

연습문제

1. 다음 입력전압이 표준 TTL의 논리레벨 [High] 또는 [Low]로 인식될 수 있는지를 판별하라.

1) 3.2V　　　　2) 2.2V

3) 1.0V　　　　4) 0.6V

2. TTL과 CMOS를 연결할 때 풀업저항의 역할에 대해 설명하라.

3. 다음에 주어진 조건을 이용하여 그림 4-59에 있는 회로의 전압 V_a와 전류 I_a를 구하라.

$I_{IL} = -1.6[mA]$　　　　$I_{IH} = 40[\mu A]$

$I_{OL} = 16[mA]$　　　　$I_{OH} = -400[\mu A]$

$V_{IL} = 0.8[V]$　　　　$V_{IH} = 2.0[V]$

$V_{OL} = 0.2[V]$　　　　$V_{OH} = 3.4[V]$

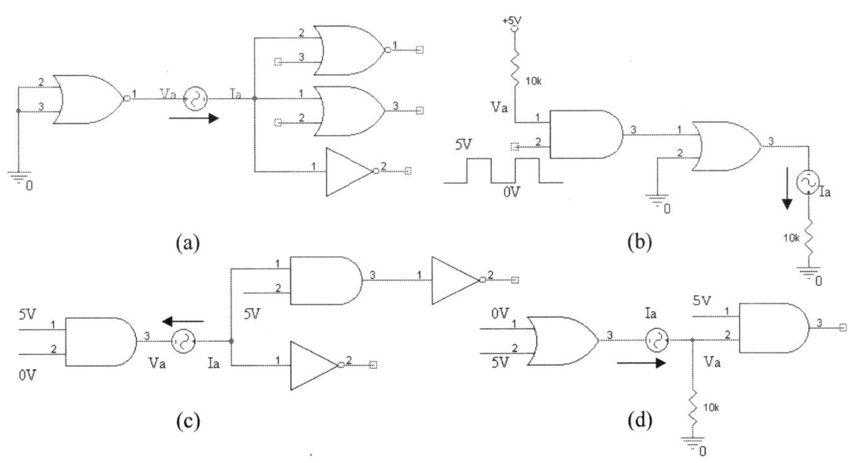

그림 4-59

4. 그림 4-60의 OR 게이트에 그림 4-61의 파형과 같은 신호가 입력되고 출력파형이 측정되었다. 다음 질문에 답하라.

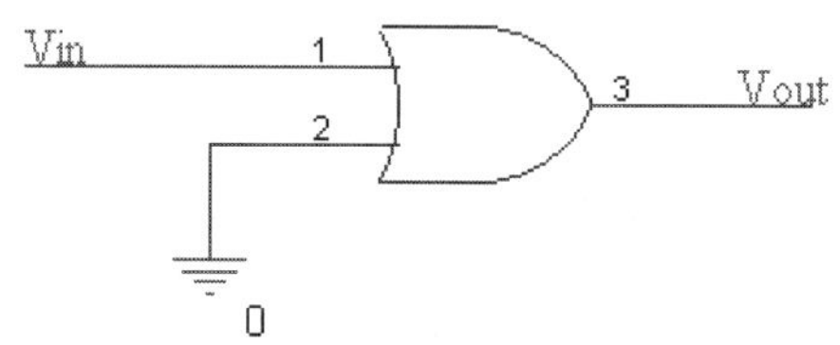

그림 4-60

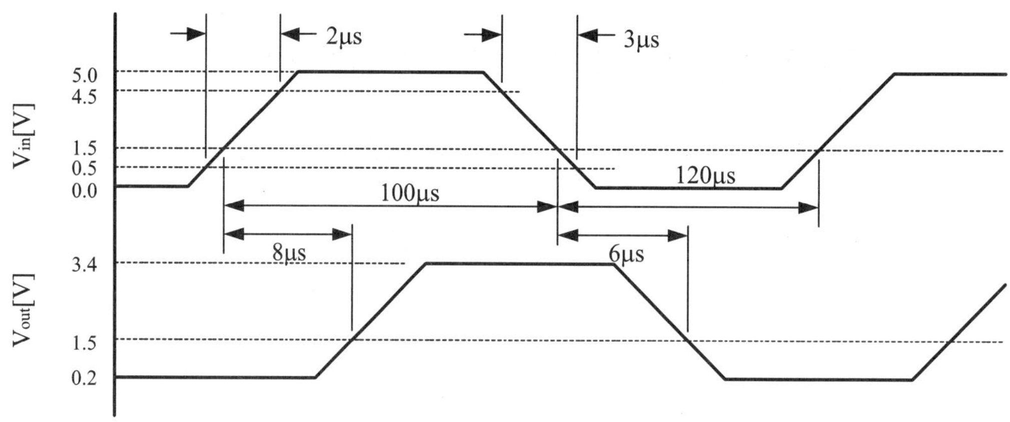

그림 4-61

1) 입력신호 V_{in}의 주파수를 구하라.

2) 입력신호 V_{in}의 상승시간과 하강시간을 구하라.

3) OR 게이트의 전달지연시간(t_{PLH}, t_{PHL})을 구하라.

5. 오픈 컬렉터형인 게이트의 출력단에 풀업(Pull-Up)저항을 연결하는 이유를 상세히 설명하라.

6. 그림 4-62의 회로는 Wired-AND 회로이다. 이 회로의 출력에 대한 논리식을 작성하라.

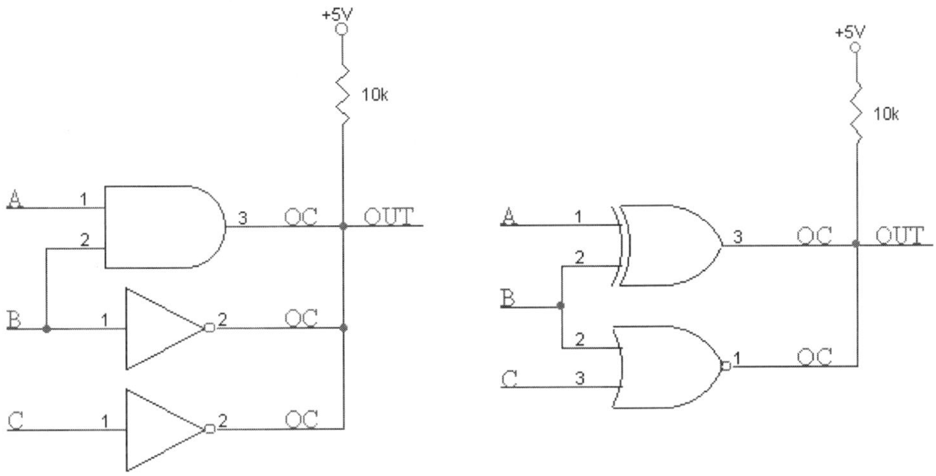

그림 4-62

7. TTL IC는 어떤 형식의 트랜지스터를 사용하여 제작하는가?

8. CMOS IC는 어떤 형식의 트랜지스터를 사용하여 제작하는가?

9. 팬 아웃(Fan-Out)의 의미를 설명하라.

CHAPTER 5

조합논리회로와 응용

3장에서는 기본 논리 게이트의 동작원리와 이들 기본 게이트들의 간단한 조합에 의한 기본 디지털 회로와 부울 대수, 카노프 맵 등을 적용한 간단한 조합논리 회로들을 그리고 4장에서는 실제의 IC 특성을 IC의 데이터 시트 등을 참조하여 살펴보았다.

이번 장에서는 조합논리회로를 알아보자. 디지털 시스템의 논리회로에는 조합논리회로(Combinational Logic Circuit)와 순차논리회로(Sequential Logic Circuit)가 있다. 조합논리회로는 현재 입력되는 신호의 상태에 의해서만 출력이 결정되는 논리회로이며 순차(순서)논리회로는 현재의 출력상태와 입력상태에 의해서 다음 상태의 출력이 결정되는 논리회로이다. 순서논리회로에 사용되는 디바이스는 논리 게이트 외에 기억특성과 피드백(Feedback) 기능을 갖는 소자들을 이용하여 구성할 수 있는 회로이다.

☞ **조합논리회로의 대표적인 예**

▣ 산술 연산회로(가산기, 감산기, 곱셈기, 나눗셈기 등)

▣ 데이터 전송회로(부호기, 복호기, 멀티플렉서, 디멀티플렉서, 패리티 발생기, 패리티 검출기 등)

5-1 조합논리회로의 설계순서

모든 조합논리회로는 입력신호가 있고 그에 상응하는 출력 신호가 있다. 그림 5-1은 조합논리회로의 블럭도이다. 이 블럭도에서 n개의 2진 입력신호가 있고 박스로 표현한 조합논리회로에 의해 m개의 2진 출력신호로 나타난다. 이와 같은 조합논리회로의 설계순서는 다음과 같다.

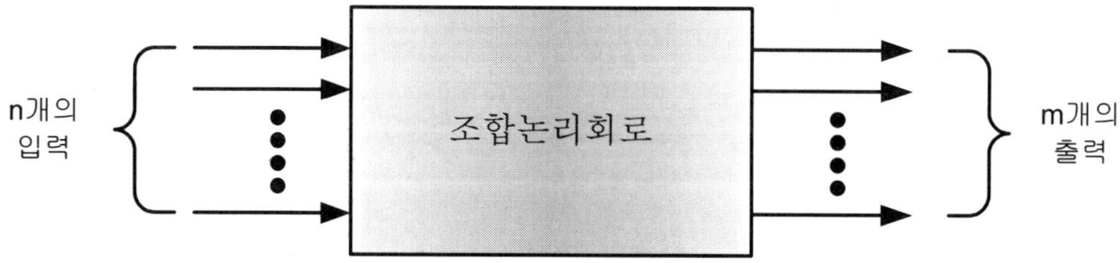

그림 5-1 조합논리회로의 블럭도

1) 디지털 시스템의 기능에 필요한 입력변수와 출력변수의 수를 결정한 다음 각각의 신호에 기호를 부여하여 블럭도를 그린다.
2) 입·출력 변수간의 진리표를 작성한다.
3) 진리표를 이용하여 논리식을 작성하고 카노프 맵이나 부울대수를 이용하여 작성된 논리식을 간단히 한다.

4) 간단히 된 논리식을 이용하여 논리회로를 그린다.

예제 5-1을 통하여 조합논리 회로 설계과정을 살펴보자.

예제 5-1 4개의 스위치에 의해 통제되는 스위칭 시스템이 있다. 출력이 [ON]이 되는 경우는 4개의 스위치 중 3개 이상이 [ON]일 경우이다. 이 회로를 설계하라.

[풀이] 1) 그림 5-2와 같이 입·출력 변수를 설정한다.

4개의 스위치에 의해 통제되므로 입력 신호는 4개, 출력은 [ON] 아니면 [OFF]이므로 [ON]은 논리 [1], [OFF]는 논리 [0]으로 처리할 수 있으므로 한 개의 출력이면 된다.

그림 5-2 입•출력 변수

2) 표 5-1과 같이 진리표를 작성한다.

예제 5-1에서 스위치 4개 중 3개 이상이 [ON]일 경우 출력이 [ON]이 되므로 표 5-1과 같이 진리표를 작성할 수 있다.

3) 표 5-1의 진리표를 이용하여 논리식을 작성하고 할 수 있으면 간소화를 한다.

표 5-1을 이용하여 표준형의 최소항을 적용하면 다음과 같은 논리식을 얻을 수 있다.

$$
\begin{aligned}
F &= \overline{A}BCD + A\overline{B}CD + AB\overline{C}D + ABC\overline{D} + ABCD \\
&= \overline{A}BCD + A\overline{B}CD + AB\overline{C}D + ABC\overline{D} + ABCD + ABCD + ABCD + ABCD \\
&= BCD(A+\overline{A}) + ACD(B+\overline{B}) + ABD(C+\overline{C}) + ABC(D+\overline{D}) \\
&= BCD + ACD + ABD + ABC
\end{aligned}
$$

표 5-1 예제 5-1의 진리표

입 력				출 력
A	B	C	D	F
0	0	0	0	0
0	0	0	1	0
0	0	1	0	0
0	0	1	1	0
0	1	0	0	0
0	1	0	1	0
0	1	1	0	0
0	1	1	1	1
1	0	0	0	0
1	0	0	1	0
1	0	1	0	0
1	0	1	1	1
1	1	0	0	0
1	1	0	1	1
1	1	1	0	1
1	1	1	1	1

표 5-1을 카노프 맵에 적용하면 보다 더 간단하게 논리식을 구할 수 있다.

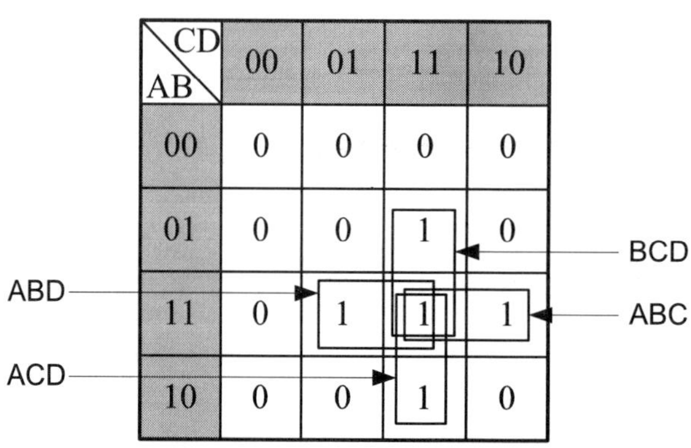

그림 5-3 예제 5-1의 카노프 맵

위의 카노프 맵으로부터

F = BCD + ACD + ABD + ABC 가 된다.

4) 표준형의 최소항을 이용한 간소화 논리식과 카노프 맵에 의한 간소화 논리식이 서로 동일한 결과를 보이고 있으며 이 논리식을 이용하여 회로를 설계한다.

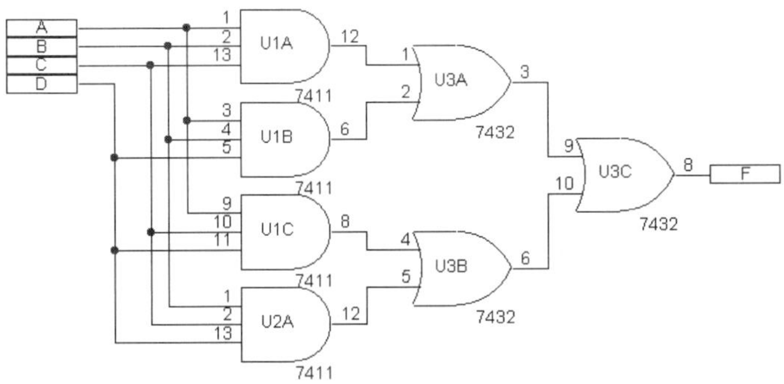

그림 5-4 예제 5-1의 결과 회로도

5) 그림 5-5는 그림 5-4회로의 결과파형이다.

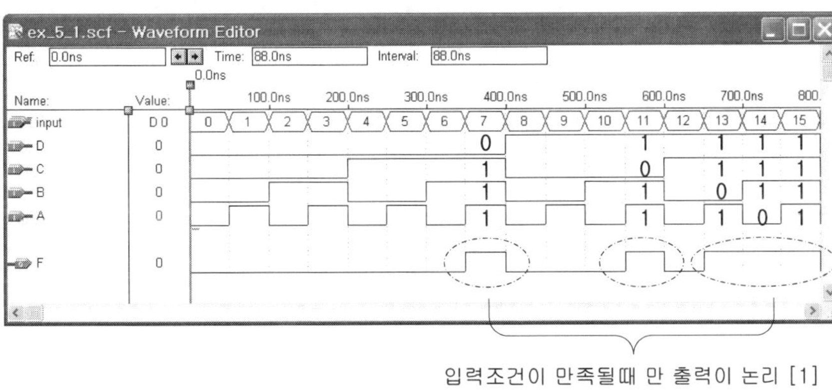

그림 5-5 예제 5-1의 결과파형

그림 5-5에서 입력 신호의 배열을 D,C,B,A 순으로 나열하였으며 이들 입력을 그룹으로 표현한 것이 [input]이다. 그림 5-5에서 알 수 있듯이

입력이 "0111"일 때 즉, 7일 때 출력은 논리 [1]
입력이 "1011"일 때 즉, 11일 때 출력은 논리 [1]
입력이 "1101"일 때 즉, 13일 때 출력은 논리 [1]
입력이 "1110"일 때 즉, 14일 때 출력은 논리 [1]
마지막으로
입력이 "1111"일 때 즉, 15일 때 출력은 논리 [1]

이 되는 것을 확인할 수 있다. 이 결과는 표 5-1의 진리표와 일치하는 것을 알 수 있다.

이와 같이 디지털 시스템의 설계조건이 주어지면 설계과정에 맞추어 설계를 한 후 제작을 하고 실험하면서 결과를 확인하는 것이 중요하다. ■

5-2 가산기(Adder)

2장에서 2진수의 덧셈에 대해서 배웠다. 2진수로 된 비트(Bit)간의 덧셈을 다시 한 번 살펴보면 다음과 같다.

```
    0      0      1      1
  + 0    + 1    + 0    + 1
  ---    ---    ---    ---
    0      1      1     10
```

2진수의 덧셈은 비트끼리 더하며 특히 [1]과 [1]을 더하는 경우 캐리(Carry)가 발생하고 덧셈 결과와 캐리를 표현하려면 출력은 2개의 비트가 필요하다. 이와 같이 비트끼리 덧셈을 할 때 발생하는 캐리와 덧셈의 결과를 얻을 수 있는 논리회로를 반가산기(Half Adder : HA)라 부른다. 그러므로 반가산기는 2개의 입력과 2개의 출력이 필요하다. 반면, 다음의 덧셈을 살펴보자.

```
    [1]  [1]  [1]
     0    0    1    1
  +  0    1    1    1
  ------------------
     1    0    1    0
    S3   S2   S1   S0
```

위의 덧셈은 4비트 2진수를 더하는 예이다. 이 덧셈에서 각 자릿수의 덧셈은 아랫자리의 덧셈에서 발생된 캐리와 함께 더한다는 것을 알 수 있다. 이와 같이 아랫자리에서 올라오는 캐리와 함께 더하는 것을 전가산기(Full Adder : FA)라 부르며 3개의 입력과 2개의 출력이 필요하다.

5-2-1 반가산기

그림 5-6은 반가산기의 블럭도이다. 반가산기의 입력은 2개(X, Y)이고 출력 역시 2개(S, C)이다. S는 2개 비트의 덧셈결과인 합(Sum)의 약자이고, C는 2개 비트의 덧셈결과 나타나는 자리올림수인 캐리(Carry)의 약자이다.

1) 반가산기의 블럭도는 그림 5-6과 같다.

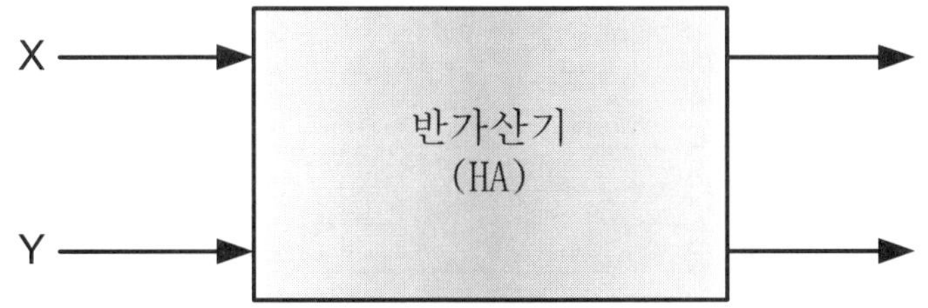

그림 5-6 반가산기의 블럭도

2) 반가산기의 진리표를 표 5-2에 표시하였다.

2개의 비트 X, Y를 더하면 덧셈 결과 S와 덧셈결과 발생하는 캐리 C는 표 5-2와 같은 결과를 갖는다.

표 5-2 반가산기의 진리표

입력		출력	
X	Y	S	C
0	0	0	0
0	1	1	0
1	0	1	0
1	1	0	1

3) 표 5-2의 진리표에 의해 반가산기의 논리식을 작성하면 다음과 같다.

$$S = \overline{X}Y + X\overline{Y} = X \oplus Y$$
$$C = XY$$

4) S는 Exclusive OR이고 C는 AND 게이트이므로 이를 논리회로로 표현하면 그림 5-7과 같다.

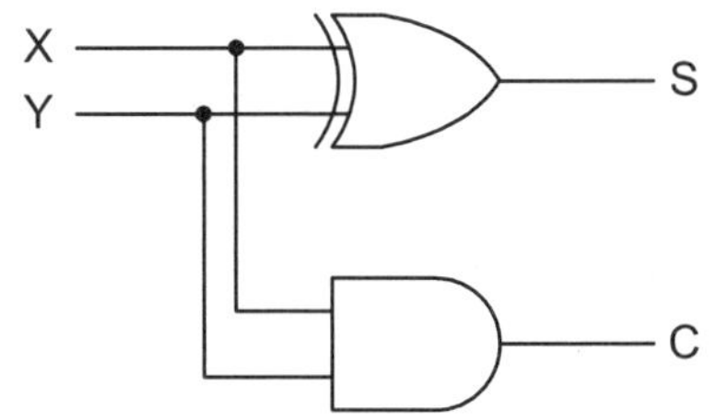

그림 5-7 반가산기 회로도

5) 그림 5-7에 있는 반가산기의 입·출력 결과파형은 그림 5-8과 같다.

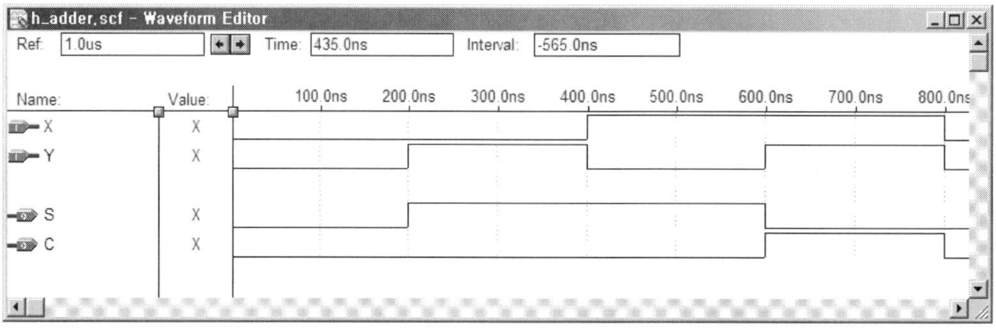

그림 5-8 반가산기의 결과파형

그림 5-8에서 덧셈에 사용할 입력 X와 Y가 동시에 논리 [1]일 경우 S는 [0], C는 [1]이 되는 것을 알 수 있으며 표 5-2의 진리표와 입·출력 파형이 일치하고 있음을 알 수 있다.

5-2-2 전가산기(Full Adder)

전가산기는 두 비트간의 덧셈에서 아랫자리에서 올라오는 캐리와 함께 더해야 하므로 입력이 3개가 필요하다.

1) 전가산기의 블럭도를 그리면 그림 5-9와 같다.

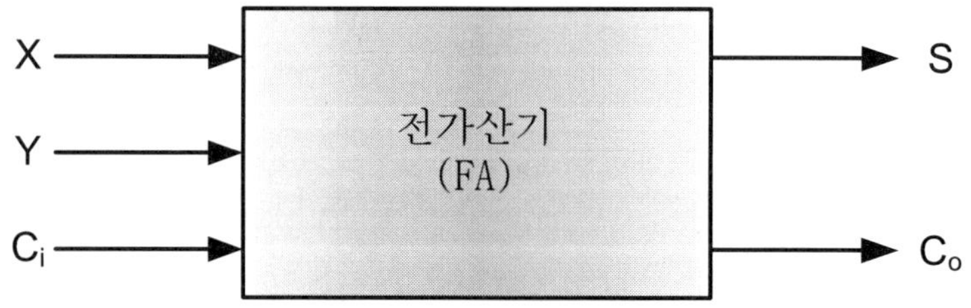

그림 5-9 전가산기의 블럭도

2) 그림 5-9에서 X, Y는 덧셈에 사용할 2개 비트 입력 신호이다.
3) C_i는 아랫자리에서 올라오는 캐리 입력 신호이다.
4) 전가산기의 입력과 출력에 대한 진리표는 표 5-3과 같다.

표 5-3 전가산기의 진리표

입력			출력	
X	Y	C_i	S	C_o
0	0	0	0	0
0	0	1	1	0
0	1	0	1	0
0	1	1	0	1
1	0	0	1	0
1	0	1	0	1
1	1	0	0	1
1	1	1	1	1

5) 표 5-3의 진리표에서 각 출력에 대해 그림 5-10과 같이 카노프 맵을 적용하여 간소화하면 다음과 같다. 그림 5-10(a)의 S에 대한 카노프 맵은 인접한 논리 [1]의 항이 없으므로 Exclusive OR의 상태를 갖는다.

X \ YC_i	00	01	11	10
0	0	1	0	1
1	1	0	1	0

그림 5-10(a) S의 카노프 맵

X \ YC_i	00	01	11	10
0	0	0	1	0
1	0	1	1	1

그림 5-10(b) Co의 카노프 맵

$$S = \overline{X}\,\overline{Y}C_i + \overline{X}Y\overline{C_i} + X\overline{Y}\,\overline{C_i} + XYC_i = X \oplus Y \oplus C_i$$

$$\begin{aligned} C_o &= XY + XC_i + YC_i = XY + C_i(X+Y) \\ &= XY + C_i(X(Y+\overline{Y}) + Y(X+\overline{X})) \\ &= XY + C_i(XY + X\overline{Y} + XY + \overline{X}Y) \\ &= XY + C_iXY + C_i(X\overline{Y} + \overline{X}Y) \\ &= XY(1+C_i) + C_i(X\overline{Y} + \overline{X}Y) = XY + C_i(X \oplus Y) \end{aligned}$$

간소화된 논리식 S와 C_o를 살펴보면 전가산기는 2입력 Exclusive OR 게이트가 2개, AND 게이트 2개 그리고 OR 게이트 한 개로 구성할 수 있으며 이를 회로로 표현하면 그림 5-11과 같다.

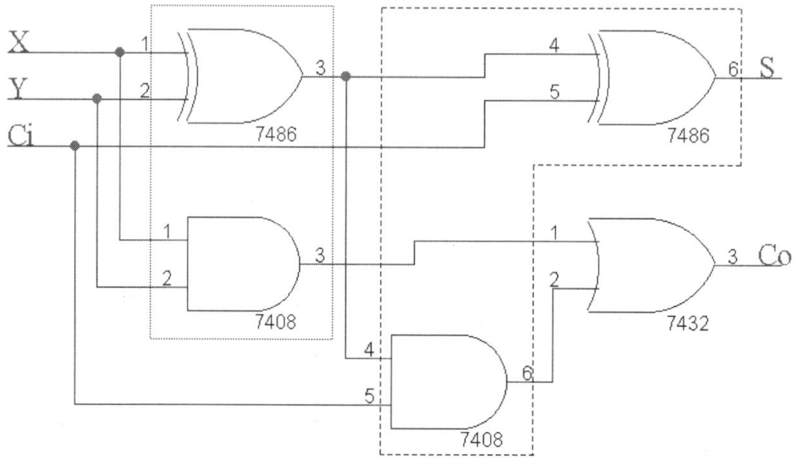

그림 5-11 전가산기 회로도

4) 논리회로의 구성

그림 5-11의 전가산기는 점선으로 표시된 반가산기 2개와 OR 게이트 한 개로 구성할 수 있음을 알 수 있다.

5) 전가산기의 결과파형을 그림 5-12에 나타내었다.

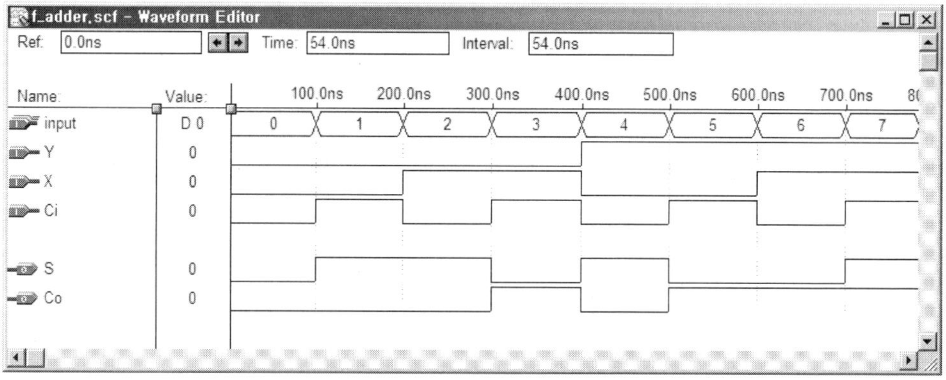

그림 5-12 전가산기의 결과파형

그림 5-11을 하나의 블록으로 나타내어 FA라 부르자. 2비트끼리의 덧셈은 그림 5-13과 같이 전가산기 2개를 직렬로 연결하고, 4비트끼리의 덧셈은 그림 5-14와 같이 전가산기 4개를 직렬로 연결하여 설계할 수 있다.

그림 5-13의 2비트 덧셈기에서 X_1, X_0와 Y_1, Y_0는 덧셈할 2비트 입력이고 첫 번째 자릿수에는 아랫자리에서 올라오는 캐리가 없으므로 캐리입력 신호 C_i는 접지에 연결한다. 첫 번째 FA의 덧셈결과는 S_0이고 발생된 캐리는 두 번째 FA의 캐리 입력신호에 연결한다. 두 번째 FA는 두 번째 자릿수의 2개 비트와 첫 번째 FA에서 입력되는 캐리와 함께 계산하며 덧셈결과 S_1과 캐리 출력 C_o를 얻게 된다. 이것은 좌측에 표시한 덧셈식과 일치함을 알 수 있다.

	X_1	X_0
+	Y_1	Y_0
C_0	S_1	S_0

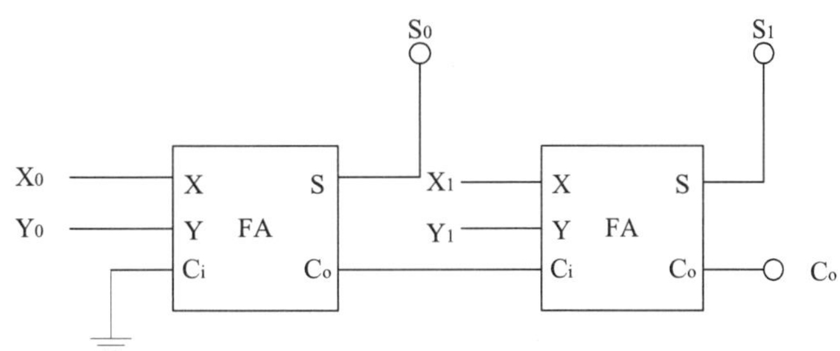

그림 5-13 2비트 덧셈기

그림 5-14는 4비트끼리의 덧셈기이며 설계원리 및 동자원리는 2비트 끼리의 덧셈기와 같다.

	X_3	X_2	X_1	X_0
+	Y_3	Y_2	Y_1	Y_0
C_0	S_3	S_2	S_1	S_0

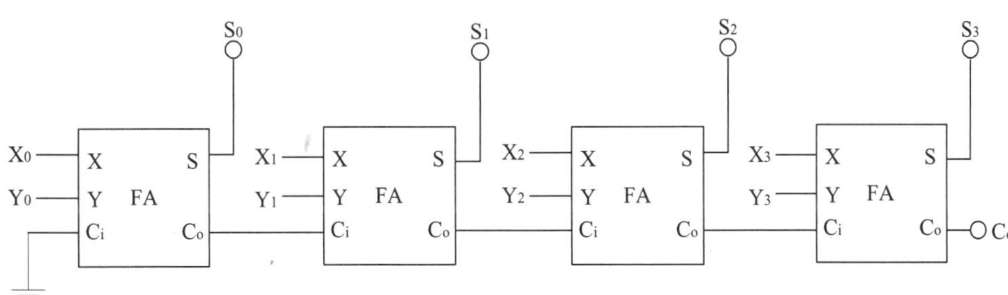

그림 5-14 4비트 덧셈기

예제 5-2 그림 5-11의 전가산기 회로에 다음과 같은 입력이 공급되었을 때 각 게이트의 출력을 결정하라($X=0$, $Y=1$, $C_i=1$).

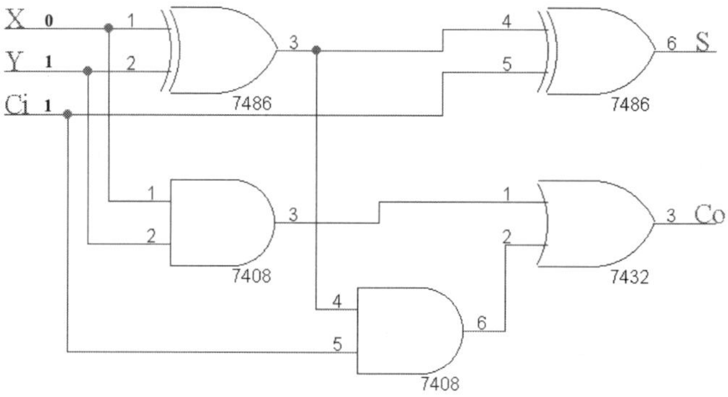

[풀이] 입력에 따른 각 게이트의 출력상태를 추적하면 다음과 같은 결과를 얻을 수 있다. 즉, 전가산기의 덧셈 결과인 S는 [0], 캐리 C_o는 [1]이라는 결과를 얻게 된다.

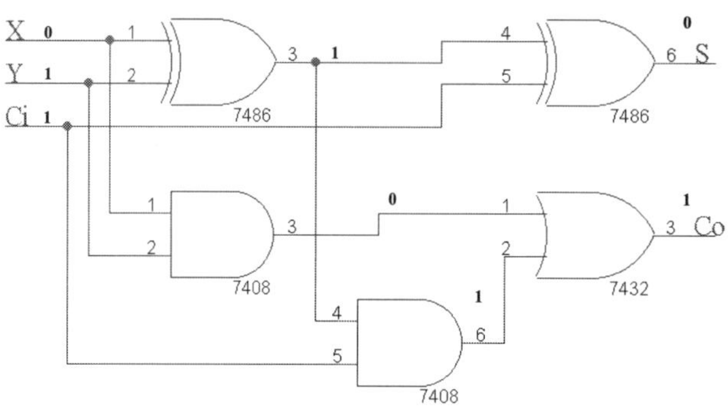

■

5-2-3 실제적인 IC 7483(4비트 가산기)을 이용한 4비트 가산기의 설계

1) 7483은 4비트 가산을 수행할 수 있는 IC이며 2그룹의 4비트 입력핀과 캐리 입력핀, 캐리 출력핀 그리고 가산의 결과를 나타내는 4비트의 핀들이 있다. 그림 5-15는 7483의 핀 구성도를 나타낸 것이다.

- ▣ A_4-A_1 : 피가수 입력단자
- ▣ B_4-B_1 : 가수 입력단자
- ▣ $\Sigma 4-\Sigma 1$: 덧셈결과 출력단자
- ▣ C_0 : 입력 캐리
- ▣ C_4 : 출력 캐리

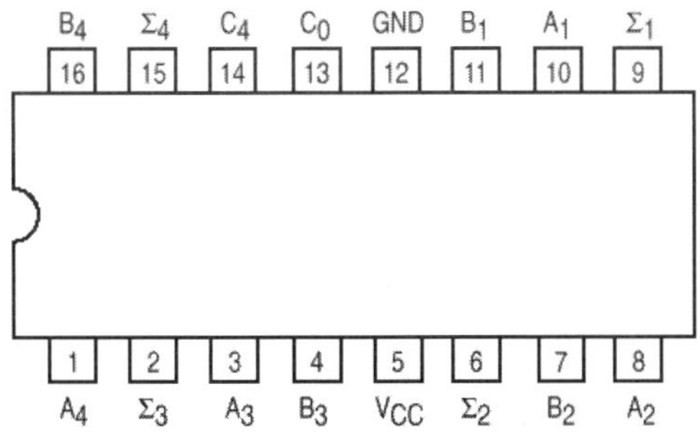

그림 5-15 7483 가산기의 핀 구성도

2) 7483을 이용하여 다음의 덧셈을 실행시켜 보자.
아래의 식에서 피가수는 A_4에서 A_1, 가수는 B_4에서 B_1으로 나타내었다.

1 0 1 1	0 1 1 1	1 0 0 1	(A_4 A_3 A_2 A_1)
+ 0 1 1 0	+ 1 0 0 0	1 1 0 1	(B_4 B_3 B_2 B_1)
[1] 0 0 0 1 (11H)	1 1 1 1 (FH)	[1] 0 1 1 0 (16H)	
↖ 캐리		↖ 캐리	

3) 그림 5-16과 같이 7483의 각 입력 핀에 덧셈할 디지털 신호를 연결한다. A_1과 B_1 자릿수 이전의 자릿수에서 올라오는 캐리는 없기 때문에 7483의 캐리 입력신호인 13번 핀은 접지에 연결한다. 7483의 출력핀 ∑는 S로 표현하였다.

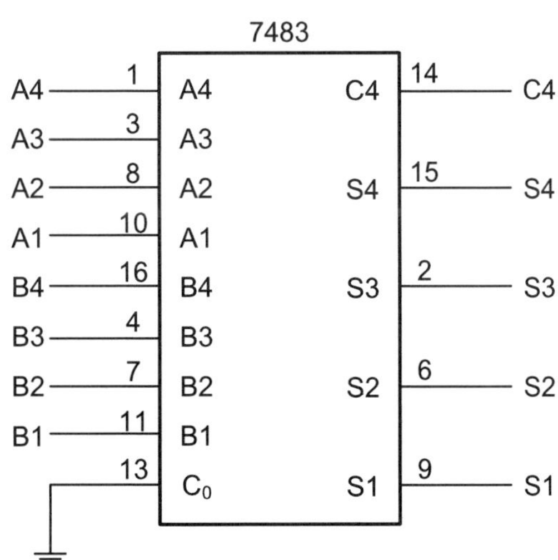

그림 5-16 4비트 가산기 회로도

4) 그림 5-16 회로의 가수 핀과 피가수 핀에 입력된 4비트 값들의 덧셈결과는 그림 5-17과 같다.

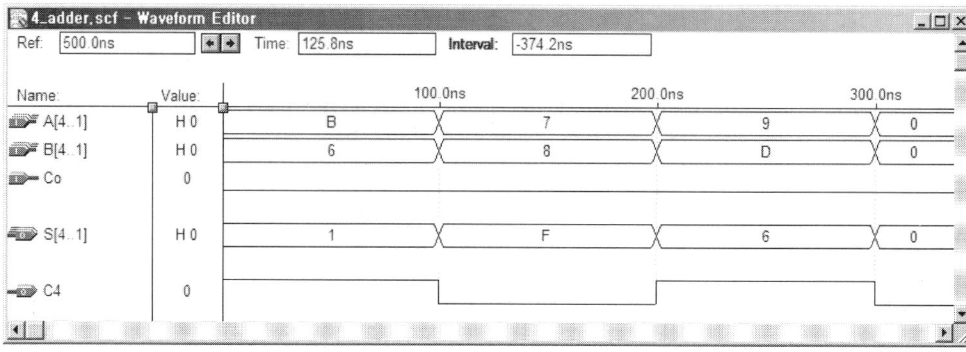

그림 5-17 4비트 가산기 결과파형

그림 5-17에 나타난 결과와 2)의 결과가 같음을 알 수 있다. 4비트 연산시 MSB에서 발생되는 캐리는 14번 핀인 C4로 출력된다. 7483을 Cascading 방식으로 연결할 경우 8비트 연산이 가능하게 되며 이때 상위 4비트의 연산에는 하위 4비트의 연산결과 발생되는 캐리 출력 14번 핀을 다음 단 7483의 캐리 입력 핀인 13번 핀에 연결한다.(그림 5-21 참조)

5-2-4 7483과 XOR 게이트를 이용하여 8비트 가산기와 감산기 설계

가산기능은 7483의 특성을 그대로 이용하면 되지만 7483 자체가 가산기이므로 감산기능을 위해서는 몇 가지 논리의 추가가 요구된다.

2장에서 배운 2진수의 뺄셈 과정을 다시 한 번 생각해 보자.

1) 2진수의 뺄셈은 2의 보수를 이용하여 덧셈을 한다는 사실을 기억하고 있을 것이다.

2) 예를 들어 (7−3)은 7+(−3)과 같으므로 빼는 수는 음수가 되고 연산은 덧셈으로 처리할 수 있다.

3) 이때 음수인 (-3)에는 2의 보수를 취해야 하므로 먼저 2진수의 각 비트에 1의 보수를 취한다. 즉, 10진수 3의 2진수인 0011에 대한 1의 보수는 1100이 된다. 1의 보수는 각 비트에 NOT 게이트를 연결하면 해결할 수 있지만 가산과 감산을 함께 처리할 수 있도록 XOR 게이트를 사용할 수 있다. 다음을 살펴보자.

▣ XOR 게이트의 입력 핀 중 하나가 논리 [0] 상태일 경우

그림 5-18과 같이 XOR의 특성에 따라 입력 IN이 [1]이면 출력도 [1], 입력 IN이 [0]이면 출력도 [0]이 되므로 입력되는 신호를 그대로 출력에 보낼 수 있다. 즉, 덧셈에 사용되는 입력들이 모두 양의 값일 경우 그림 5-18을 사용한다.

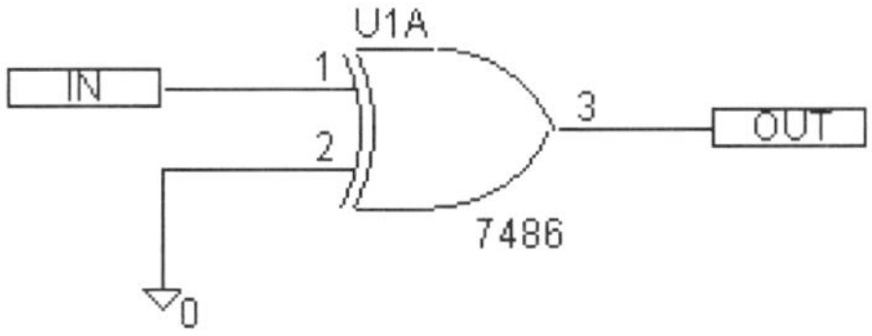

그림 5-18 XOR 게이트 회로에서 하나의 입력 핀이 논리 [0]일 경우

▣ XOR 게이트의 입력 핀 중 하나가 논리 [1] 상태일 경우

그림 5-19와 같이 입력 IN이 [1]이면 출력은 [0], 입력이 [0]이면 출력은 [1]이 되므로 1의 보수기능을 수행한다. 즉, 뺄셈일 경우 앞에서 설명한 대로 양수와 음수의 덧셈으로 처리하면서 음수에 대한 1의 보수 과정을 그림 5-19를 이용하여 처리할 수 있다.

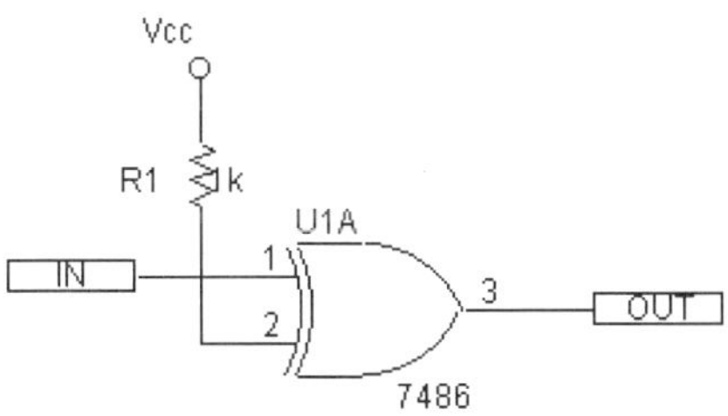

그림 5-19 XOR 게이트 회로에서 하나의 입력 핀이 논리 [1]일 경우

4) 그러므로 그림 5-20과 같이 더하거나 빼는 수의 각 비트를 XOR 게이트의 입력 핀에 연결하고 XOR 게이트의 나머지 핀에 스위치를 연결하여 덧셈일 경우는 스위치를 [ON]시켜 논리레벨 [0]이 입력되도록 하고 뺄셈일 경우 스위치를 [OFF]시키면 논리 [1]이 공급되어 입력되는 신호에 대해 [1]의 보수기능을 실행토록 한다.

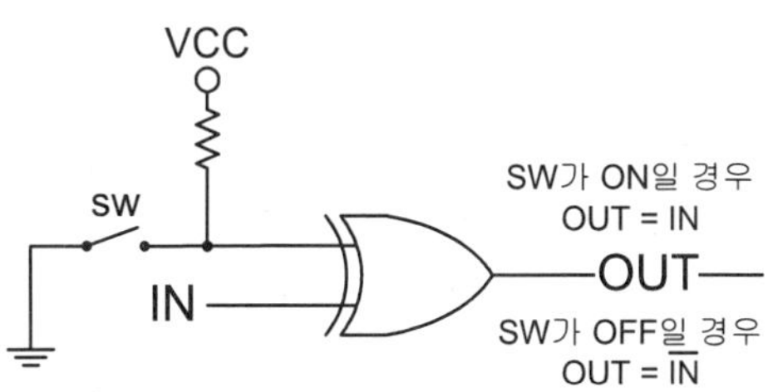

그림 5-20 1의 보수 만들기

5) 위의 절차에 따라 그림 5-21과 같이 회로를 구성해 보자.

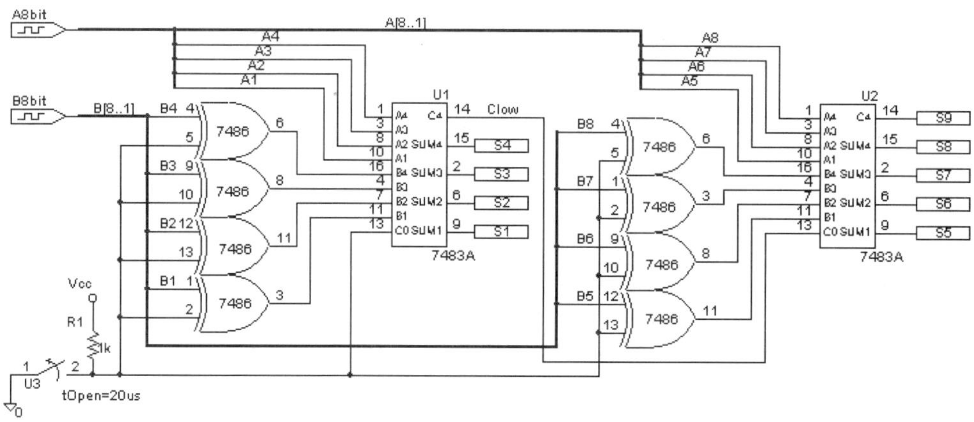

그림 5-21 8비트 가·감산기의 회로도

6) 그림 5-21은 8비트 가 · 감산기이며 U1은 8비트 중 하위 4비트의 가 · 감산을 처리하며 하위 4비트 가 · 감산 결과는 S4에서 S1으로 표현하고 캐리가 발생하면 상위 4비트가 · 감산기인 U2의 캐리 입력핀인 13번 핀에 발생된 캐리를 연결한다. 상위 4비트의 가 · 감산 결과는 S8에서 S5로 나타내며 8비트 가 · 감산시 발생하는 캐리는 S9으로 출 력된다.

7) 그림 5-21의 회로를 이용하여 다음 연산의 과정을 살펴보자.

$$73_{10} + 121_{10} = 49H + 79H = C2H = 194_{10}$$

위의 연산은 덧셈이므로 그림 5-21의 스위치 U3을 [ON] 상태로 놓으면 접지와 연결되어 U1의 캐리 입력이 [0]이 되고 일반적인 덧셈이 진행된다. 이 연산의 결과는 그림 5-22에서 알 수 있듯이 C2H가 된다. U1에서 출력되는 [Clow]신호는 논리 [1]이 되는데 하위 4비트의 덧셈에서 캐리가 발생했기 때문이다. 아래에 주어진 연산 결과는 어떻게 될까?

$$150_{10} - 60_{10} = 150_{10} + (-60_{10}) = ?$$

위의 연산의 경우 뺄셈이므로 덧셈으로 변환하기 위해 감수 [60]에 대한 2의 보수를 구한 다음 덧셈을 한다. 그림 5-21의 스위치 U1을 [OFF] 상태로 놓으면 풀업에 연결되어 U1의 캐리 입력이 논리 [1], 그리고 XOR 게이트의 한쪽 핀에 논리 [1]이 공급된다. 이때 8개의 XOR 게이트에 감수 60에 대한 2진수를 입력하면 1의 보수인 출력을 얻을 수 있다. 그리고 스위치 U3에 의해 U1의 캐리 입력 신호에 논리 [1]이 공급되므로 "1의 보수"결과에 논리 [1]을 더하게 되며 U1과 U2에 공급되는 값은 감수 60의 2의 보수 값이 된다.

60_{10}의 2진수는 00111100_2이므로 XOR 게이트의 출력은 11000011이 되고 스위치 U3가 OFF 이므로 11000011에 [1]을 더한 2의 보수 값이 입력되는 것과 같게 된다.

또, 150_{10}의 2진수는 10010110_2이므로 $150_{10} - 60_{10}$ 연산과정을 나타내면 다음과 같다.

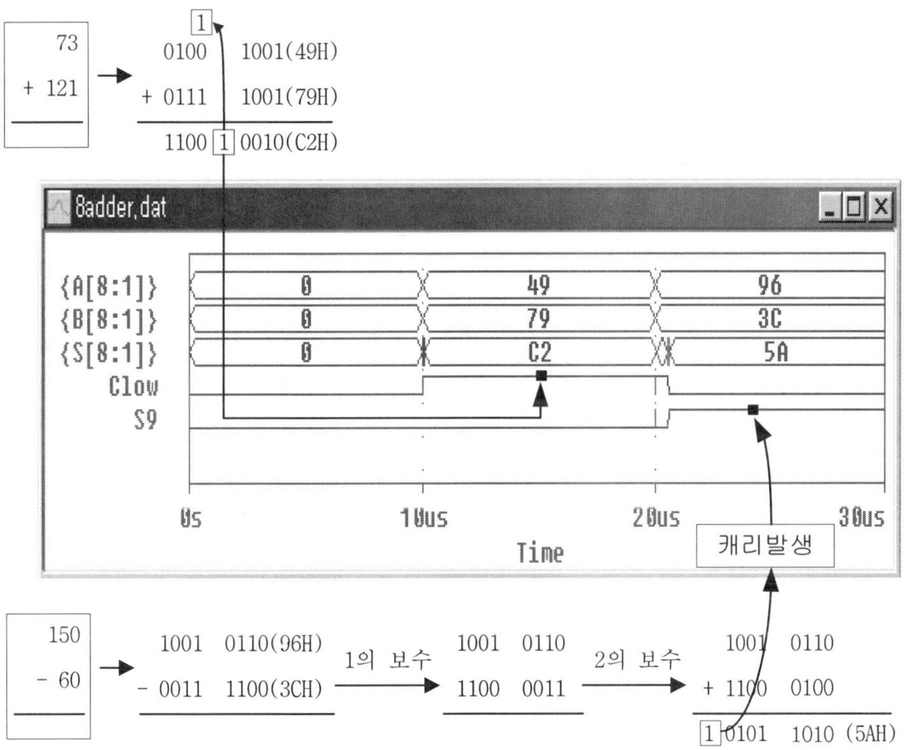

그림 5-22 8비트 가·감산기의 연산결과

그림 5-22의 결과 파형에서 10us에서 20us까지는 덧셈의 결과를 나타낸 것이며 연산에 사용된 10진수를 16진수의 형태로 표현하였다. 20us에서 30us까지는 뺄셈을 처리한 결과를 나타낸 것이며 역시 연산에 사용된 10진수를 16진수 형태로 표현하였다.

5-3 두 수의 크기 비교기(Comparator)

입력되는 디지털 신호(B)의 크기를 기준 신호(A)와 비교하여 같은가(Equal : E, A=B), 큰가(Greater Than : G, A>B), 아니면 작은가(Less Than : L, A<B)를 비교하여 결과를 얻는 논리회로를 비교기라 한다. 여기서는 비교기 논리소자인 7485를 이용하여 비교기의 기능 및 사용법을 배우도록 한다. 그림 5-23은 비교기의 블록도이다.

그림 5-23 비교기의 블럭도

A 그룹에 입력되는 신호를 기준 신호라 할 때 A그룹의 신호가 B그룹의 신호보다 크면 G 신호에 논리 [1]이 출력되고, 같으면 E 신호에 논리 [1]이 출력되며, A그룹의 신호가 B그룹의 신호보다 작으면 L 신호에 논리 [1]을 출력한다. TTL IC중 7485가 대표적인 4비트 비교기이며 그림 5-24는 7485의 핀 구성도이다.

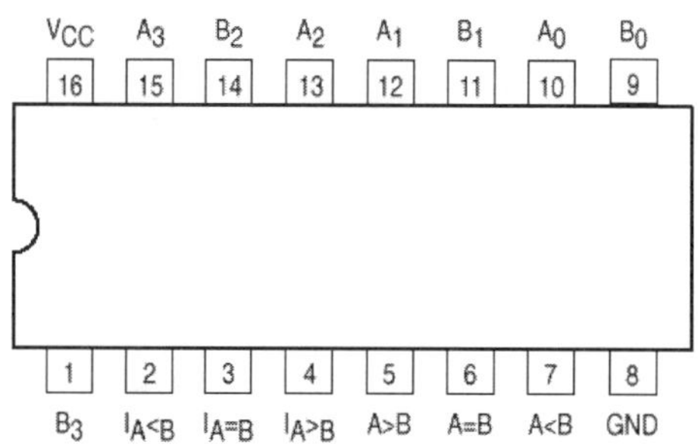

그림 5-24 7485 비교기 핀 구성도

그림 5-24의 핀 구성도에서

- A3－A0는 기준 신호
- B3－B0는 비교 신호
- 핀 2, 3, 4는 확장용 입력단자
- 핀 6, 7, 8은 비교결과 출력단자

이다.

7485의 진리표를 표 5-4에 나타내었다. 표 5-4에서 알 수 있듯이 비교기에서는 비교대상 비트 중 MSB를 가장 먼저 비교한다. MSB가 같으면 그 다음 비트를 순서대로 비교해 나간다.

표 5-4 7485 비교기 진리표

FUNCTION TABLE

Comparing Inputs				Expansion Inputs			Outputs		
A_3, B_3	A_2, B_2	A_1, B_1	A_0, B_0	$I_{A>B}$	$I_{A<B}$	$I_{A=B}$	A > B	A < B	A = B
$A_3 > B_3$	X	X	X	X	X	X	H	L	L
$A_3 < B_3$	X	X	X	X	X	X	L	H	L
$A_3 = B_3$	$A_2 > B_2$	X	X	X	X	X	H	L	L
$A_3 = B_3$	$A_2 < B_2$	X	X	X	X	X	L	H	L
$A_3 = B_3$	$A_2 = B_2$	$A_1 > B_1$	X	X	X	X	H	L	L
$A_3 = B_3$	$A_2 = B_2$	$A_1 < B_1$	X	X	X	X	L	H	L
$A_3 = B_3$	$A_2 = B_2$	$A_1 = B_1$	$A_0 > B_0$	X	X	X	H	L	L
$A_3 = B_3$	$A_2 = B_2$	$A_1 = B_1$	$A_0 < B_0$	X	X	X	L	H	L
$A_3 = B_3$	$A_2 = B_2$	$A_1 = B_1$	$A_0 = B_0$	H	L	L	H	L	L
$A_3 = B_3$	$A_2 = B_2$	$A_1 = B_1$	$A_0 = B_0$	L	H	L	L	H	L
$A_3 = B_3$	$A_2 = B_2$	$A_1 = B_1$	$A_0 = B_0$	L	L	H	L	L	H
$A_3 = B_3$	$A_2 = B_2$	$A_1 = B_1$	$A_0 = B_0$	X	X	H	L	L	H
$A_3 = B_3$	$A_2 = B_2$	$A_1 = B_1$	$A_0 = B_0$	H	H	L	L	L	L
$A_3 = B_3$	$A_2 = B_2$	$A_1 = B_1$	$A_0 = B_0$	L	L	L	H	H	L

이제 7485를 이용하여 두 개의 디지털 신호를 비교해 보자.

그림 5-25에 나타낸 회로는 7485에 기준 값 [6]을 설정하여 입력되는 신호와 비교한 다음 입력되는 디지털 신호가 기준 값 보다 작거나 같을 경우 클럭 신호를 내보내고 클 경우 클럭 신호를 내보내지 않는 기능을 처리하는 회로이다. 이 회로의 입력조건과 출력 상태를 살펴보자.

▣ 기준 값 : 6

▣ 비교 값 : 0, B, 3

☞ 비교결과 : 기준 값 A가 B에 입력되는 신호(0, 3)보다 크기 때문에 "A>B" 신호가 논리 [1]로 나타난다.

그림 5-25 회로에서 7485의 핀 6과 5는 조건이 성립할 경우 [High] 신호를 출력하므로 OR 게이트의 출력 COMP가 논리 [1]이 된다. 이 신호는 AND 게이트에 입력되는 CLOCK 신호를 출력으로 내보낸다.

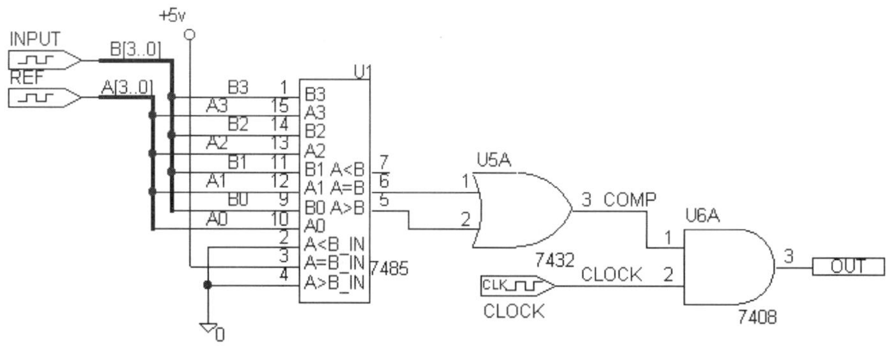

그림 5-25 비교기 회로도

그림 5-25 회로의 결과 파형은 그림 5-26과 같다.

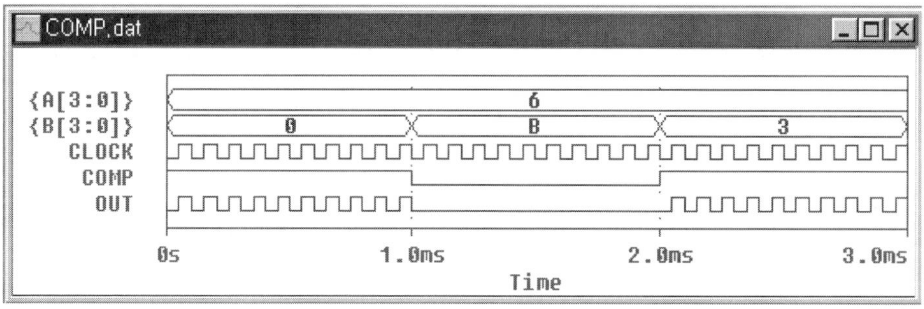

그림 5-26 비교기 회로의 결과파형

[6]보다 작은 수 [0] 또는 [3]이 입력되면 COMP 신호가 논리 [1]이 되어 출력 [OUT]으로 CLOCK 신호가 나가고 [6]보다 크면 COMP 신호가 논리 [0]이 되어 CLOCK 신호가 출력되지 않는다.

5-4 부호 변환기(Code Converter)

디지털 시스템의 모든 정보는 [0]과 [1]로 표현되며 디지털 정보의 표현 방법에는 2진수, 8진수, 16진수, 그레이 코드(Gray Code), BCD(Binary Coded Decimal) 코드, ASCII 코드 등 많은 코드들이 사용되고 있다. 앞 장에서 2진수를 그레이 코드로 변환하는 과정을 다루었듯이 디지털 시스템에서는 다양한 코드의 변환이 필요하다. 예를 들면, 디지털 시스템은 2진수를 다루지만 디지털 시스템을 사용하는 사람은 10진수를 사용하므로 디지털 시스템과 사람 사이에 코드변환 과정이 필요하다. 이러한 변환과정을 처리해 주는 논리회로를 부호 변환기라 부르며 디코더와 엔코더로 분류한다.

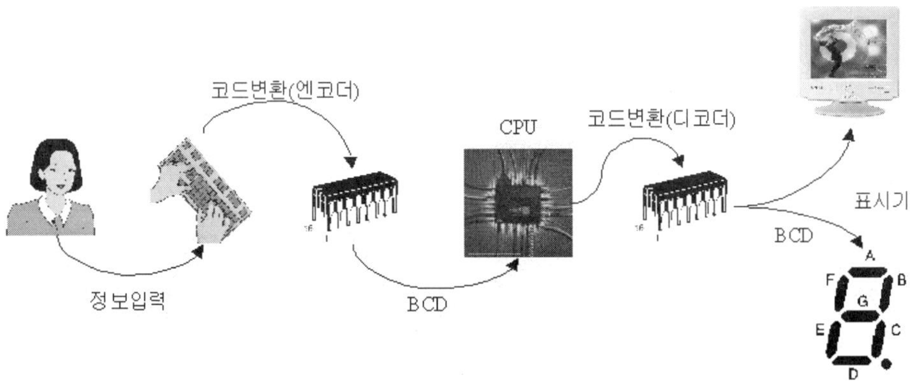

그림 5-27 부호 변환 시스템

엔코더는 숫자나 문자를 2진수, BCD 그리고 16진수의 상태로 변환 시키고 디코더는 입력되는 2진수, BCD 그리고 16진수 같은 어떤 코드를 숫자나 문자 상태로 전환해 준다.

그림 5-27을 살펴보자. 사람이 키패드나 키보드를 이용하여 정보를 입력하면 엔코더는 사람이 입력한 정보를 CPU가 인식할 수 있는 2진화 된 정보로 코드변환을 한다. CPU에서는 입력된 정보를 처리하여 모니터나 표시기 장치로 내보내 사람이 인식할 수 있도록 정보를 가공하여 출력하는데 디코더가 이 기능을 처리한다.

5-4-1 디코더(Decoder)

디코더는 좁은 의미로는 n개의 입력신호를 받아서 최대 2^n개에 대응되는 2진수 출력을 만들어 내며 이 중 1개의 신호만이 액티브 되게 하는 논리회로를 말한다. 넓은 의미로는 코드화된 어떤 정보로부터 필요한 정보를 복호화 한다는 의미이므로 여러 가지 입력 중에서 하나를 찾아낸다는 용도로 사용되는 등 디코더는 다양한 분야의 디지털 시스템에서 응용될 수 있다.

2×4 디코더를 설계해보자. 그림 5-28은 2×4 디코더의 블록 다이어그램을 나타낸 것이다. 입력이 2개이므로 2^2는 4가 되어 4개의 출력을 얻을 수 있다.

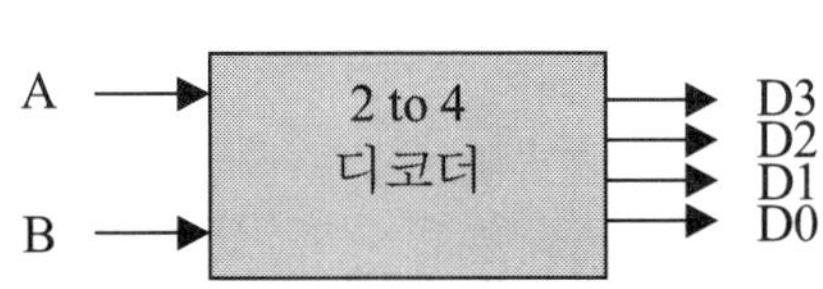

그림 5-28 디코더의 블록도

그림 5-28에서 알 수 있듯이 디코더의 출력 수는 입력 수에 의해 결정되며 디코더의 입력 수를 n이라 하면 디코더의 출력 수는 다음과 같다.

$$\text{디코더 출력의 수} = 2^n$$

1) 표 5-5는 2개의 입력신호를 받아서 4개의 출력을 만들어 내고 이 중 한 개만 논리 [0]으로 출력되는 디코더 회로의 진리표이다.

표 5-5 디코더의 진리표

	입 력		출 력			
상태	A	B	D3	D2	D1	D0
0	0	0	1	1	1	0
1	0	1	1	1	0	1
2	1	0	1	0	1	1
3	1	1	0	1	1	1

2) 표 5-5의 진리표에 따라 논리식을 작성해 보자. 표준형의 최대항을 이용하면 다음 식을 얻을 수 있다.

$$D0 = A + B, \qquad D1 = A + \overline{B}$$
$$D2 = \overline{A} + B, \qquad D3 = \overline{A} + \overline{B}$$

3) 최대항을 이용하여 구한 논리식을 기준으로 그림 5-29와 같은 회로를 구성할 수 있다.

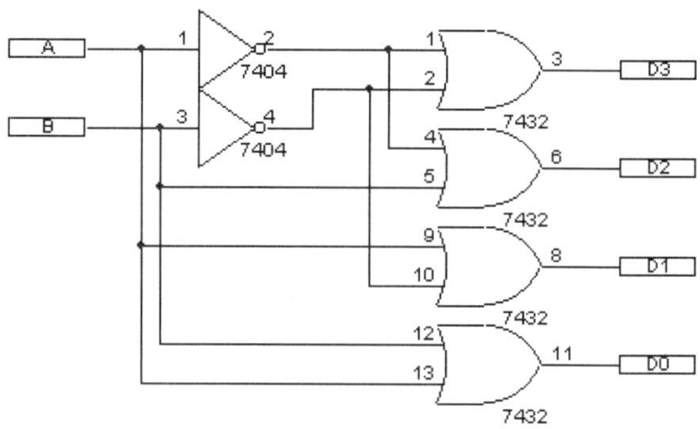

그림 5-29 디코더 회로도

4) 그림 5-30에서 A, B가 동시에 논리 [0]이면 D_0가 논리 [0], A가 논리 [0], B가 논리 [1]일 때 D_1은 논리 [0], A가 논리 [1], B가 논리 [0]일때 D_2는 논리 [0], 그리고 A와 B가 동시에 논리 [1]이면 D_3가 논리 [0]이 된다. 이와 같이 두 개의 입력신호 상태에 따라 출력

중 하나만이 액티브상태(논리 [0])로 나타나게 되며 그림 5-28 회로의 출력은 표 5-5와 동일한 결과라는 것을 알 수 있다.

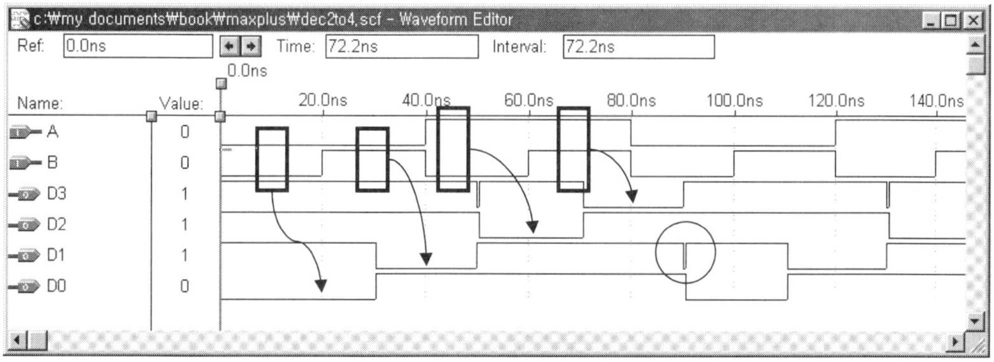

그림 5-30 디코더 회로도의 결과 파형

(1) 디코더 74F139에 대한 소개

74F139는 2개의 입력신호와 1개의 인에이블 신호를 이용하여 4개의 출력신호를 제어하는 디코더이며 내부에 2개의 디코더 그룹을 갖고 있다.

1) 그림 5-31은 74F139의 핀 구성도이다.

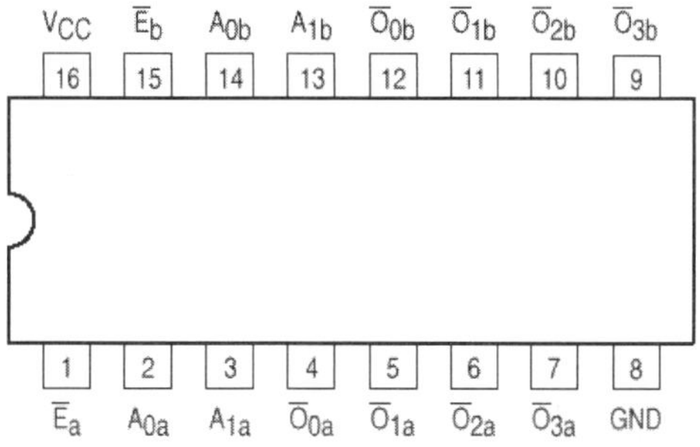

그림 5-31 74F139의 핀 구성도

74F139는 2개의 디코더(A그룹, B그룹)를 포함하고 있으며 각 디코더의 입력과 출력은 서로 분리되어 있다.

2) 74F139의 진리표

표 5-6은 74F139의 진리표이다. $\overline{E}$신호가 [Low]일 때 A_1과 A_0의 조합에 의해 출력신호 4개 중 한 개가 액티브 [Low]로 된다.

표 5-6 74F139 진리표

Inputs			Outputs			
$\overline{E}$	A_0	A_1	$\overline{O_0}$	$\overline{O_1}$	$\overline{O_2}$	$\overline{O_3}$
H	X	X	H	H	H	H
L	L	L	L	H	H	H
L	H	L	H	L	H	H
L	L	H	H	H	L	H
L	H	H	H	H	H	L

3) 74F139를 이용하여 4개의 메모리 중 한 개를 선택하는 회로를 구성해 보자.

그림 5-32의 회로는 4개의 메모리 블록(M4~M1) 중 1개를 선택하는 기능을 처리한다.

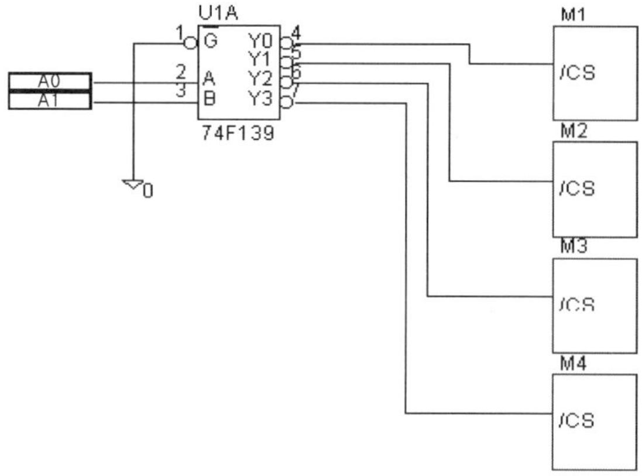

그림 5-32 메모리 선택 회로

이 회로의 동작은 표 5-7과 같다. 4개의 메모리 디바이스(M1~M4)는 디바이스 선택신호(/CS)를 갖고 있으며 이 신호에 [0]가 입력되면 해당 디바이스가 선택된다.

표 5-7 메모리 선택회로의 진리표

입력		출력			
A1	A0	M1	M2	M3	M4
0	0	0	1	1	1
0	1	1	0	1	1
1	0	1	1	0	1
1	1	1	1	1	0

표 5-7로부터 A_1, A_0가 논리 [0]이면 메모리 M_1이 선택되고 A_1이 논리 [0], A_0가 논리 [1]이면 메모리 M_2, A_1이 논리 [1], A_0가 논리 [0]이면 메모리 M_3, 그리고 A_1, A_0가 [1]이면 메모리 M_4가 선택된다는 것을 알 수 있다.

(2) BCD신호를 세븐 세그먼트(7-segment)신호로 변환하는 디코더

일반적으로 많이 사용하는 표시기 중 7-segment는 8개의 발광 다이오드(LED)로 구성되어 있으며 7개는 숫자 표시를 위해 사용되고 1개는 도트 [·]를 표시하기 위해 사용된다. 7-segment는 계산기, 디지털시계, 계측기 등에 있는 숫자 표시기로 많이 사용되고 있으며 공통 캐소드 형과 공통 애노드 형의 2가지 형식으로 분류된다.

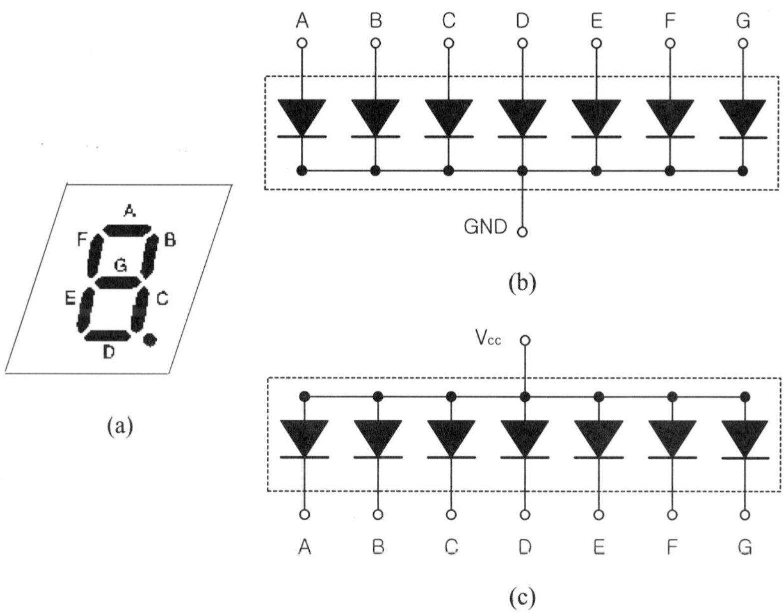

(a) 7-segment (b) 공통 캐소드 형 (c) 공통 애노드 형

그림 5-33 7-segment와 형식

그림 5-33은 7-segment의 외형과 7-segment의 형식을 나타낸 것이며 그림 5-33의 (a)는 7-segment의 외형을 표시한 것이다. 그림 5-33의 (b)는 공통 캐소드형 7-segment이며 7개 발광 다이오드의 캐소드가 공통으로 연결되어 있다. 이 세그먼트는 공통 캐소드를 접지에 연결하고 각각의 애노드에 논리 [1]을 공급하면 해당 세그먼트에 불이 들어온다. 그림 5-33의 (c)는 공통 애노드형 7-segment이며 7개 발광 다이오드의 애노드가 공통으로 연결되어 있다. 이 세그먼트는 공통 애노드를 +5V에 연결하고 각각의 캐소드에 논리 [0]를 공급하면 해당 세그먼트에 불이 들어온다. 이와 같은 세그먼트를 구동하기 위해서는 세그먼트의 형식에 맞는 디코더를 선택해야 한다. 다음 절에서 각각의 디코더에 대한 설명을 살펴본다.

1) 7447 공통 애노드 형 디코더

그림 5-34는 7447 핀 구성도이며 7447은 공통 애노드 형 7-segment를 구동하는 디바이스이고 출력은 Open-Collector의 특성을 갖는다. 그리고 출력신호가 액티브 [Low]로 출력되기 때문에 공통 애노드 형 7-segment 형식을 선택한다. 이 7-segment의 공통 애노드 단자를 전원에 연결하고 7447의 출력 핀을 7-segment의 각 단자에 연결하여 사용하면 원하는 숫자를 표시할 수 있다. 표 5-8은 7447 진리표를 나타낸 것이다.

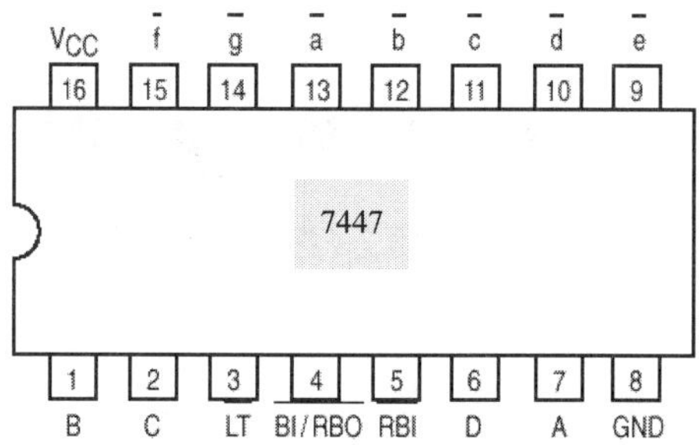

그림 5-34 7447 핀 구성도

7447 디바이스와 표 5-8을 이용하여 공통 애노드 형 7-segment 구동 회로를 구성해 보자. 표 5-8 진리표에서 D, C, B, A는 BCD 코드 입력 신호이고 $\overline{\mathrm{LT}}$, $\overline{\mathrm{RBI}}$ 그리고 $\overline{\mathrm{BI/RBO}}$는 논리 [1]에 연결하여 사용한다.

■ 입력조건

$$\overline{\mathrm{LT}}, \overline{\mathrm{RBI}}, \overline{\mathrm{BI/RPO}} \rightarrow \text{논리}[1]$$
$$\mathrm{D,\ C,\ B,\ A} \rightarrow \text{논리}[0101]$$

위와 같은 입력조건이 주어졌을 때 출력은 어떻게 나올 것인가를 표 5-8의 진리표를 통해 알아보자. 위의 입력조건에서 D, C, B, A가 [0101]이므로 출력은 표 5-8의 진리표에서 10진수 5에 해당되는 값이 나타난다. 즉, [a b c d e f g] = 논리 [L H L L H L L]로 나타난다. 그러므로 그림 5-35의 회로에서 7-segment는 '5'를 표시하게 된다.

표 5-8 공통 애노드 형 7-segment 드라이어 7447 진리표

DECIMAL OR FUNCTION	INPUTS							OUTPUTS							
	$\overline{LT}$	$\overline{RBI}$	D	C	B	A	$\overline{BI/RBO}$	$\overline{a}$	$\overline{b}$	$\overline{c}$	$\overline{d}$	$\overline{e}$	$\overline{f}$	$\overline{g}$	NOTE
0	H	H	L	L	L	L	H	L	L	L	L	L	L	H	A
1	H	X	L	L	L	H	H	H	L	L	H	H	H	H	A
2	H	X	L	L	H	L	H	L	L	H	L	L	H	L	
3	H	X	L	L	H	H	H	L	L	L	L	H	H	L	
4	H	X	L	H	L	L	H	H	L	L	H	H	L	L	
5	H	X	L	H	L	H	H	L	H	L	L	H	L	L	
6	H	X	L	H	H	L	H	H	H	L	L	L	L	L	
7	H	X	L	H	H	H	H	L	L	L	H	H	H	H	
8	H	X	H	L	L	L	H	L	L	L	L	L	L	L	
9	H	X	H	L	L	H	H	L	L	L	H	H	L	L	
10	H	X	H	L	H	L	H	H	H	H	L	L	H	L	
11	H	X	H	L	H	H	H	H	H	L	L	H	H	L	
12	H	X	H	H	L	L	H	H	L	H	H	H	L	L	
13	H	X	H	H	L	H	H	L	H	H	L	H	L	L	
14	H	X	H	H	H	L	H	H	H	H	L	L	L	L	
15	H	X	H	H	H	H	H	H	H	H	H	H	H	H	
$\overline{BI}$	X	X	X	X	X	X	L	H	H	H	H	H	H	H	B
$\overline{RBI}$	H	L	L	L	L	L	L	H	H	H	H	H	H	H	C
$\overline{LT}$	L	X	X	X	X	X	H	L	L	L	L	L	L	L	D

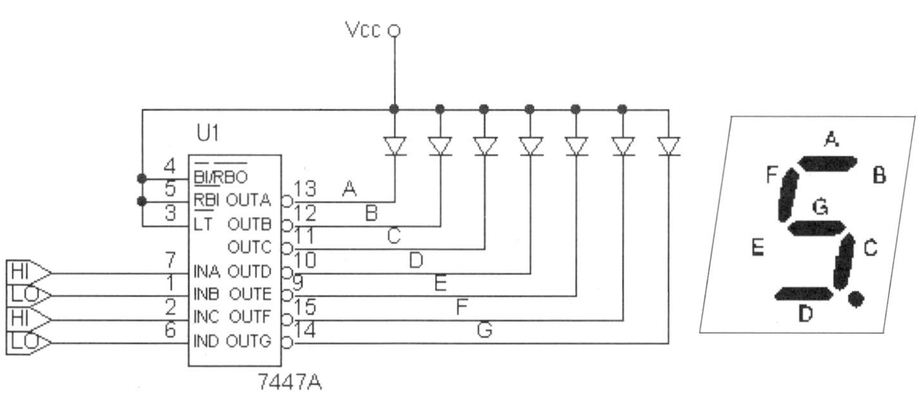

그림 5-35 공통 애노드 형 7-segment 구동회로

2) 7448 공통 캐소드 형 디코더

7448은 7447과 달리 공통 캐소드 형 7-segment를 구동하는 디바이스이며 출력은 액티브 [High]로 나타나고 공통 캐소드 형 7-segment를 구동할 수 있다. 그림 5-36은 7448 핀 구성도이고 표 5-9는 7448의 진리표를 나타낸 것이다.

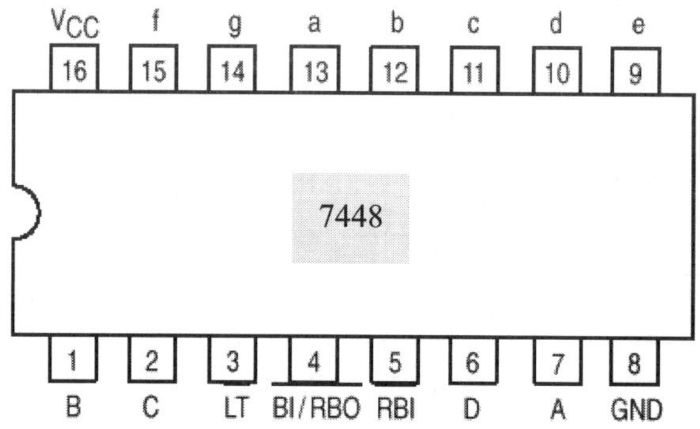

그림 5-36 7448 핀 구성도

표 5-9 공통 캐소드 형 7-segment 드라이어 7448 진리표

DECIMAL OR FUNCTION	INPUTS: $\overline{LT}$	$\overline{RBI}$	D	C	B	A	$\overline{BI/RBO}$	OUTPUTS: a	b	c	d	e	f	g	NOTE
0	H	H	L	L	L	L	H	H	H	H	H	H	H	L	1
1	H	X	L	L	L	H	H	L	H	H	L	L	L	L	1
2	H	X	L	L	H	L	H	H	H	L	H	H	L	H	
3	H	X	L	L	H	H	H	H	H	H	H	L	L	H	
4	H	X	L	H	L	L	H	L	H	H	L	L	H	H	
5	H	X	L	H	L	H	H	H	L	H	H	L	H	H	
6	H	X	L	H	H	L	H	L	L	H	H	H	H	H	
7	H	X	L	H	H	H	H	H	H	H	L	L	L	L	
8	H	X	H	L	L	L	H	H	H	H	H	H	H	H	
9	H	X	H	L	L	H	H	H	H	H	L	L	H	H	
10	H	X	H	L	H	L	H	L	L	L	H	H	L	H	
11	H	X	H	L	H	H	H	L	L	H	H	L	L	H	
12	H	X	H	H	L	L	H	L	H	L	L	L	H	H	
13	H	X	H	H	L	H	H	H	L	L	H	L	H	H	
14	H	X	H	H	H	L	H	L	L	L	H	H	H	H	
15	H	X	H	H	H	H	H	L	L	L	L	L	L	L	
BI	X	X	X	X	X	X	L	L	L	L	L	L	L	L	2
RBI	H	L	L	L	L	L	L	L	L	L	L	L	L	L	3
LT	L	X	X	X	X	X	H	H	H	H	H	H	H	H	4

7448 디바이스와 표 5-9를 이용하여 다음과 같은 조건이 주어진 공통 캐소드 형 7-segment 구동 회로를 구성해 보자. 표 5-8 진리표에서 D, C, B, A는 BCD 코드 입력 신호이고 $\overline{LT}$, $\overline{RBI}$ 그리고 $\overline{BI/RBO}$는 논리 [1]에 연결하여 사용한다.

▣ 입력조건

$$\overline{LT},\ \overline{RBI},\ \overline{BI/RBO} \rightarrow 논리[1]$$
$$D,\ C,\ B,\ A \rightarrow 논리[0011]$$

위와 같은 입력조건이 주어졌을 때 출력은 어떻게 나올 것인가를 진리표 5-9를 통해 알아보자. 위의 입력조건에서 D, C, B, A가 [0011]이므로 출력은 표 5-9의 진리표에서 3에 해당되는 값이 나타난다. 즉, [a b c d e f g] = 논리 [H H H H L L H]로 나타난다. 그러므로 그림 5-37의 회로에서 7-segment는 '3'을 표시하게 된다.

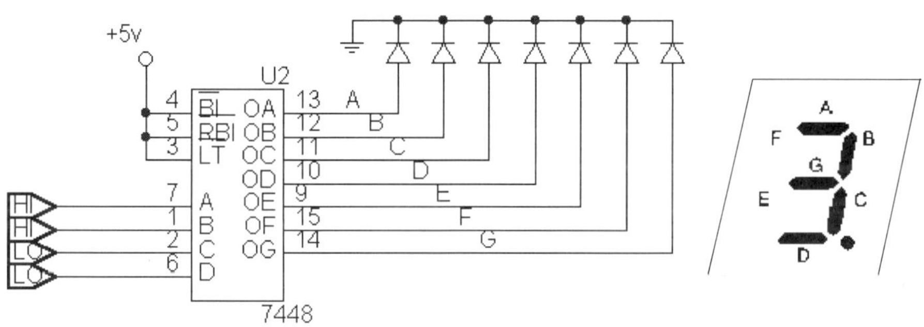

그림 5-37 공통 캐소드 형 7-segment 구동회로

3) 3×8 디코더(74138)

입력이 3개이고 출력이 8개인 디코더이며 해당 출력은 입력조건이 일치할 때 액티브 [Low]로 동작한다. 그림 5-38은 74138 핀 구성도이고 표 5-10은 이 디바이스의 진리표를 나타낸 것이다.

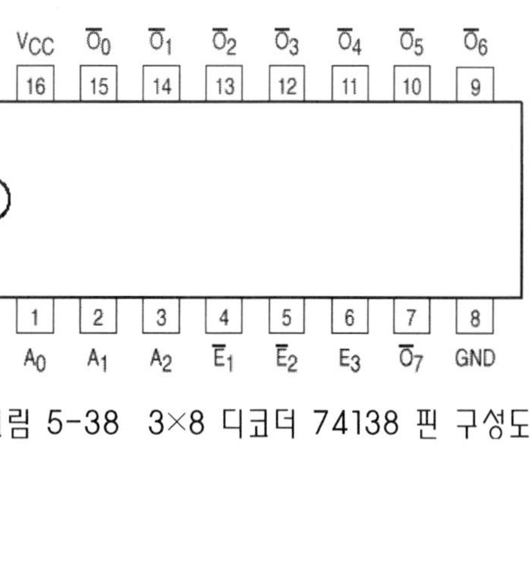

그림 5-38 3×8 디코더 74138 핀 구성도

표 5-10 3×8 디코더 74138 진리표

Inputs						Outputs							
$\overline{E}_1$	$\overline{E}_2$	E_3	A_0	A_1	A_2	$\overline{O}_0$	$\overline{O}_1$	$\overline{O}_2$	$\overline{O}_3$	$\overline{O}_4$	$\overline{O}_5$	$\overline{O}_6$	$\overline{O}_7$
H	X	X	X	X	X	H	H	H	H	H	H	H	H
X	H	X	X	X	X	H	H	H	H	H	H	H	H
X	X	L	X	X	X	H	H	H	H	H	H	H	H
L	L	H	L	L	L	L	H	H	H	H	H	H	H
L	L	H	H	L	L	H	L	H	H	H	H	H	H
L	L	H	L	H	L	H	H	L	H	H	H	H	H
L	L	H	H	H	L	H	H	H	L	H	H	H	H
L	L	H	L	L	H	H	H	H	H	L	H	H	H
L	L	H	H	L	H	H	H	H	H	H	L	H	H
L	L	H	L	H	H	H	H	H	H	H	H	L	H
L	L	H	H	H	H	H	H	H	H	H	H	H	L

디코더의 응용을 위해 74138 디코더를 이용하여 앞 절에서 배운 전가산기를 구성해 보자. 단, $\overline{E}_1$, $\overline{E}_2$ 그리고 E_3는 제어 신호이므로 논리식에 포함시키지 않는다. 전가산기의 덧셈할 입력 2비트를 각각 A2, A1에 연결하고 캐리 입력 비트를 A0에 연결한다. 표 5-11은 전가산기의 진리표이며 이 진리표와 표 5-10에 있는 74138 진리표를 이용하여 전가산기를 설계해 보자.

표 5-11 전가산기의 진리표

입력			출력			
가산기 입력			S	74138 출력	C_o	74138 출력
X	Y	C_i				
74138 입력						
A2	A1	A0				
0	0	0	0		0	
0	0	1	1	Q1(Y1)	0	
0	1	0	1	Q2(Y2)	0	
0	1	1	0		1	Q3(Y3)
1	0	0	1	Q4(Y4)	0	
1	0	1	0		1	Q5(Y5)
1	1	0	0		1	Q6(Y6)
1	1	1	1	Q7(Y7)	1	Q7(Y7)

■ 설계 설정

☞ 표 5-10과 같이 A0, A1, A2를 전가산기의 입력이라 가정할 때 표 5-11에서 A0, A1, A2의 합이 [1]이 나오는 항을 선택한다 : (Q_1, Q_2, Q_4, Q_7)
그리고 A0, A1, A2를 합한 결과 캐리가 발생하는 항을 선택한다 : (Q_3, Q_5, Q_6, Q_7)

☞ 각 항에 만족하는 입력이 들어오면 74138 디코더의 특징에 따라 출력은 논리 [0]가 되며 합이 논리 [1]이 되거나 캐리가 논리 [1]이 되는 각 항들의 출력을 NAND 게이트에

연결하면 XOR 게이트, AND 게이트 그리고 OR 게이트로 설계한 전가산기와 동일한 입력 신호의 합과 캐리 출력을 얻을 수 있다.

■ 회로설계

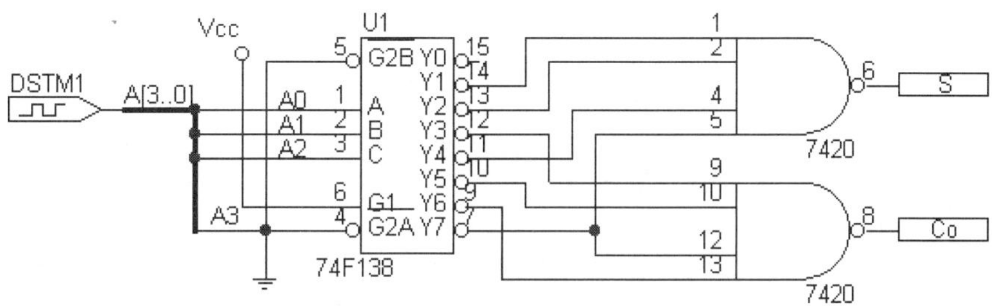

그림 5-39 74138을 이용한 전가산기 회로도

■ 실험결과

그림 5-40의 결과는 앞 절에서 배운 전가산기의 출력파형과 동일함을 알 수 있다.

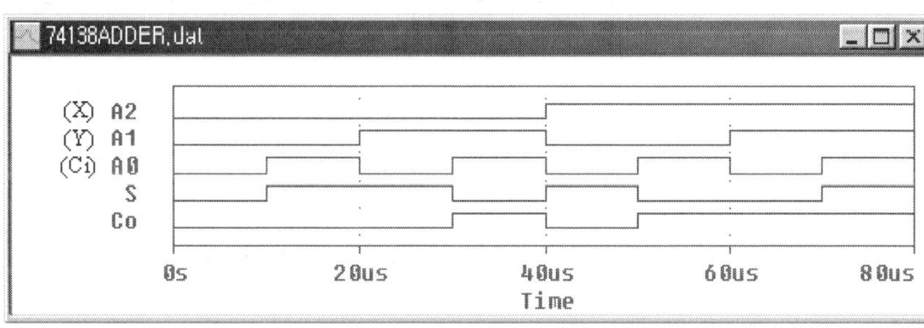

그림 5-40 전가산기 결과파형

즉, 결과 파형에 대한 다음과 같은 분석이 가능하다.

3개의 입력 중 논리 [1]이 1개일 경우 : $S=1,\ C_0=0$
3개의 입력 중 논리 [1]이 2개일 경우 : $S=0,\ C_0=1$
3개의 입력 중 논리 [1]이 3개일 경우 : $S=1,\ C_0=1$

예제 5-3 3×8 디코더인 74138의 입력 신호에 그림 5-41과 같은 입력 신호가 공급되고 있을 때 출력 파형을 그려라. 그림 5-38의 74138에서 5번 핀 $\overline{E_2}$는 접지에, 6번 핀 E_3는 5V에 연결하였다.

[풀이] 그림 5-41에 입력신호에 따른 출력신호 결과 파형을 나타내었다.

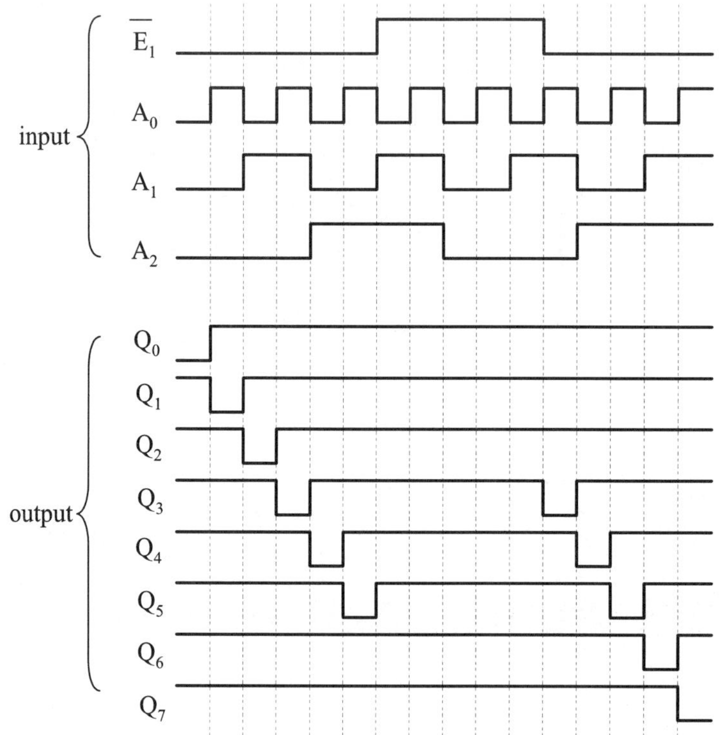

그림 5-41 예제 5-3의 결과 파형

74138은 $\overline{E_1}$ 신호가 논리 [0]일 때 동작하므로 이 신호가 논리 [0]일 때 A_0, A_1, A_2의 상태에 따라 출력 신호들 중 한 개만 액티브 [Low] 상태를 갖는다. 특히 $\overline{E_1}$신호가 논리 [1]일 경우 출력은 모두 논리 [1]로 나타나는 것을 알 수 있다. 출력 Q3, Q4, Q5는 두 곳에서 출력이 논리 [0]이 되는데 이것은 입력 조건이 같기 때문이다.

■

5-4-2 엔코더(Encoder)

엔코더는 숫자나 문자를 2진수, BCD 그리고 16진수의 형태로 변환시키는 것을 말하며 일반적으로 입력되는 신호를 특정한 코드로 변환하는 논리회로를 의미한다.

(1) 10진수를 BCD 코드로 변환하는 엔코더 74147

BCD 코드는 2장에서 배웠듯이 10진수를 4비트의 2진수로 변환한 상태를 말한다. 예를 들어 9_{10}의 BCD 코드는 1001_2이다. 이것을 하드웨어로 어떻게 만들어 낼 수 있을까?

먼저 그림 5-42의 74147 핀 구성도를 살펴보자.

1) 74147 핀 구성도 및 기능

74147은 9개의 입력신호와 4개의 출력신호가 있으며 9개의 입력신호에는 10진수를 입력할 수 있는 스위치 또는 키를 연결하여 스위치나 키를 누를 때 액티브 [Low]가 입력 핀에 공급되도록 한다. 이때 출력신호에는 입력된 신호에 해당하는 10진수가 4비트의 BCD 코드로 변환되어 나타난다. 예를 들어 10진수 7에 해당하는 키를 누르면 [1000]이 출력되므로 74147의 출력단에 NOT 게이트를 연결하여 반전시키면 [0111]을 얻을 수 있다.

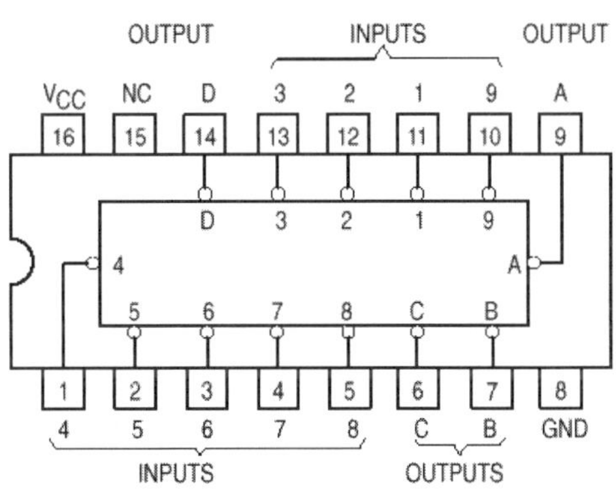

그림 5-42 74147 핀 구성도

2) 74147 진리표

표 5-12는 74147의 진리표를 나타낸 것이다.

▣ 표 5-12의 진리표를 살펴보면 첫 번째 행은 모든 입력이 논리 [H]이면 출력은 모두 논리 [H]로 나타남을 의미한다. 그래서 74147의 입력 신호 중 어떤 신호도 액티브 상태가 아닐 때에는 언제나 논리 [H]가 입력되도록 풀업저항을 연결한다.

표 5-12 74147 진리표

INPUTS									OUTPUTS			
1	2	3	4	5	6	7	8	9	D	C	B	A
H	H	H	H	H	H	H	H	H	H	H	H	H
X	X	X	X	X	X	X	X	L	L	H	H	L
X	X	X	X	X	X	X	L	H	L	H	H	H
X	X	X	X	X	X	L	H	H	H	L	L	L
X	X	X	X	X	L	H	H	H	H	L	L	H
X	X	X	X	L	H	H	H	H	H	L	H	L
X	X	X	L	H	H	H	H	H	H	L	H	H
X	X	L	H	H	H	H	H	H	H	H	L	L
X	L	H	H	H	H	H	H	H	H	H	L	H
L	H	H	H	H	H	H	H	H	H	H	H	L

▣ 표 5-12의 진리표에서 [×]는 don't care를 의미하며 우선권을 부여할 수 있도록 논리가 구성되어 있다. 즉, 6과 7을 동시에 누르면 7이 우선권이 있어서 출력 [D C B A]는 [H L L L]이 된다.

▣ 74147 출력신호에 NOT 게이트를 연결하여 보수를 취하면 원하는 BCD 코드를 얻어낼 수 있다.

3) 엔코더와 7448 디코더를 이용한 논리회로 설계

그림 5-43은 74147과 7448을 이용하여 원하는 10진수를 눌렀을 때 7-세그먼트에 숫자가 나오도록 설계한 회로이다. 이 회로와 연관된 다음 내용을 살펴보자.

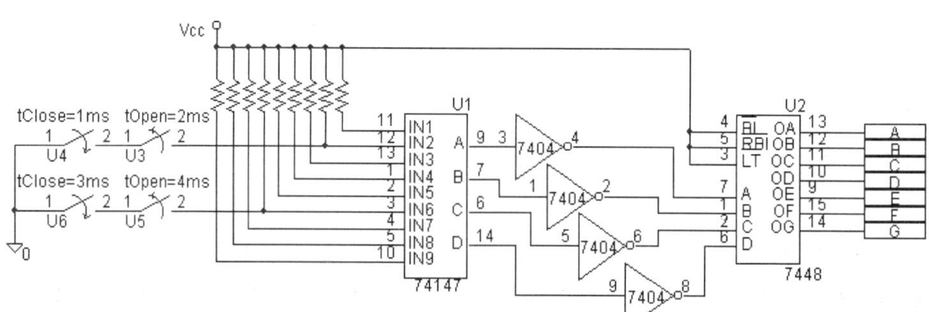

그림 5-43 74147과 7448을 이용한 키 입력 회로도

▣ 10진수에 해당하는 키를 누르면 74147 엔코더에서 4비트의 BCD 코드에 대한 보수 신호가 출력된다.

▣ 출력된 BCD 코드를 NOT 게이트를 이용하여 반전시킨 후 7448 디코더에 입력한다.

▣ 4비트 BCD 코드가 디코더 7448에 입력되면 7448은 7세그먼트를 구동할 수 있는 7개의

디지털 신호를 출력한다.

▣ 그림 5-43에서 74147 입력에 연결된 스위치 U3, U4는 1ms에서 2ms 사이에 2번 키를 누르는 것이고, 스위치 U5, U6은 3ms와 4ms 사이에 6번 키를 누른 것과 동일한 상태를 의미한다.

▣ 2번 키를 누르면 74147은 DCBA에 [1101]을 출력하고 NOT 게이트를 통과하면 [0010]이 된다.

▣ [0010]이 7448에 입력되면 7448의 ABCDEFG는 [1101101]을 출력하며 7세그먼트는 그림 5-44와 같이 숫자 [2]를 표시하게 된다.

▣ 같은 방법으로 [6]키를 누르면 74147은 DCBA에 [1001]을 출력하고 NOT 게이트를 통과하면 [0110]이 된다.

▣ [0110]이 7448에 입력되면 7448의 ABCDEFG는 [0011111]을 출력하며 7세그먼트는 그림 5-44와 같이 [6]을 표시하게 된다.

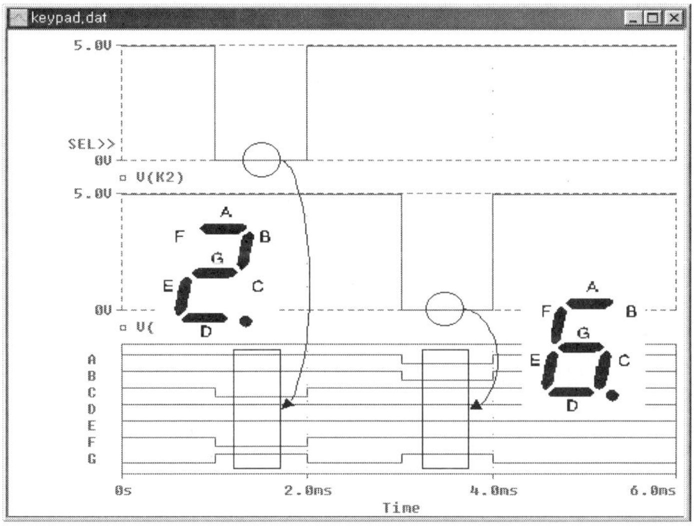

그림 5-44 그림 5-43 회로의 결과파형

예제 5-4 그림 5-43에서 U1의 IN8 핀을 누를 경우 즉, 5번 핀 입력에 논리 [0]가 인가되었을 경우 다음 질문에 답하다.

1) U1의 출력 상태는 ?	[0111]
2) NOT 게이트의 출력 상태는 ?	[1000]
3) U2의 출력 상태는 ?	[1111111]
4) 7세그먼트는 ?	8을 표시하게 된다.

■

5-5 멀티플렉서(Multiplexer)와 디멀티플렉서(Demultiplexer)

디지털 시스템을 설계할 때 입력되는 여러 개의 신호 중 한 개의 신호만을 선택하여 처리해야 하는 경우가 있다(멀티플렉서). 역으로 입력되는 신호는 한 개이지만 이를 여러 장치로 분류하여 공급해야하는 경우가 있다(디멀티플렉서). 이와 같은 기능을 제공하는 디바이스를 멀티플렉서와 디멀티플렉서라 부른다.

5-5-1 멀티플렉서(Multiplexer : MUX)

그림 5-45는 멀티플렉서의 기본 개념을 나타낸 것이며 그림 5-46은 멀티플렉서의 블록도이다.

> **멀티플렉서의 정의** : 멀티플렉서는 데이터 선택회로라고도 부르며 2^n개의 입력신호 중 하나만을 선택하여 출력으로 내보내는 것을 의미하며 반드시 n개의 선택 신호를 갖는다.

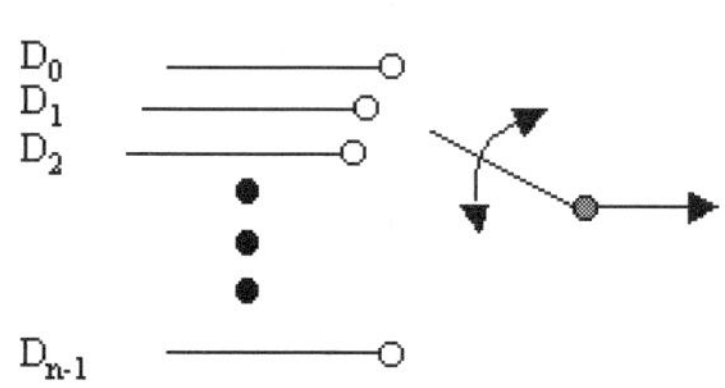

그림 5-45 멀티플렉서의 기본 개념도

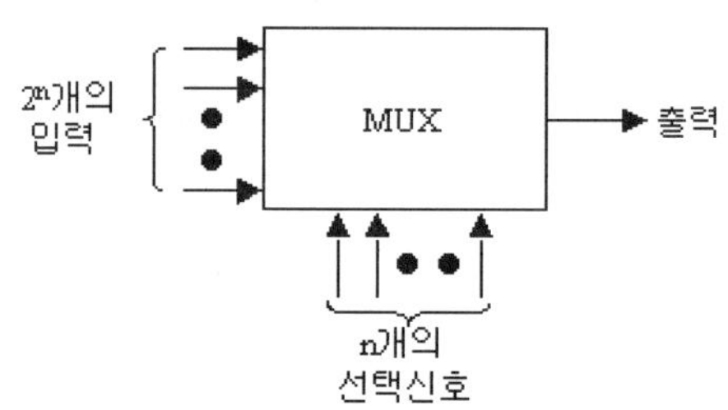

그림 5-46 멀티플렉서 블럭도

(1) 간단한 멀티플렉서

예제 5-5를 통하여 멀티플렉서의 동작원리를 살펴보자.

예제 5-5 입력이 2개인 멀티플렉서를 구성하라.

[풀이] 입력이 2개이므로 선택신호는 1개만을 필요로 한다.
그림 5-47에서 SEL은 선택신호이며 이 신호가 논리 [0]이면 입력신호 중 B를 선택하고 SEL이 논리 [1]이면 A를 선택하게 되어 출력으로는 선택된 입력신호가 나타난다. 이 회로에서 A는 1[kHz], B는 5[kHz]를 주파수를 갖는 신호를 입력하여 출력을 측정하였다.

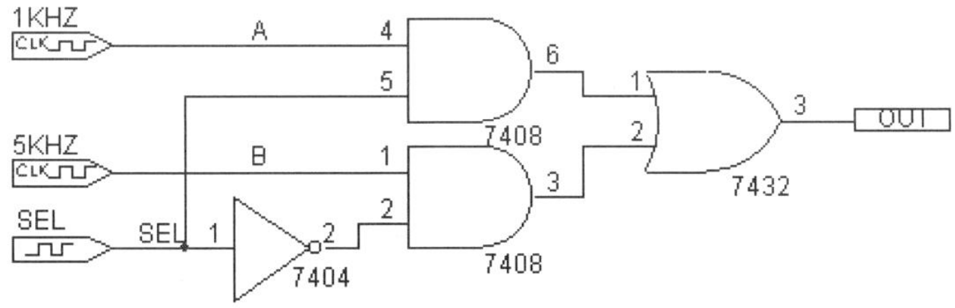

그림 5-47 2입력 멀티플렉서

▣ 결과파형

그림 5-48은 그림 5-47 회로에 대한 결과파형이다.

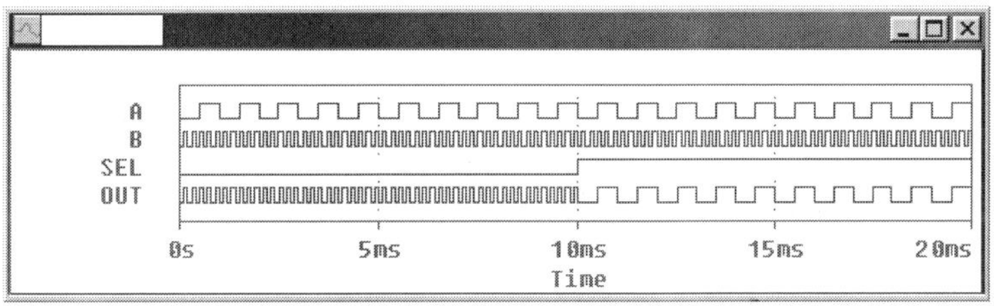

그림 5-48 2입력 멀티플렉서 입·출력 결과 파형

SEL이 논리 [Low]를 유지하는 동안 출력으로 B 신호인 5[kHz]의 클럭 신호가 나오고 SEL이 [High]인 동안 A 신호인 1[kHz]의 클럭 신호가 출력되고 있음을 알 수 있다. 즉, SEL 신호의 상태에 따라 2개의 입력 중 하나가 선택되어 출력으로 나타난다. ■

(2) 디지털 시스템에서 많이 사용하는 멀티플렉서

1) 8개의 입력을 갖는 멀티플렉서(74F151)

그림 5-49는 74F151 멀티플렉서의 핀 구성도이며 74F151은 8개의 입력(I_0, I_1, I_2, …, I_7)과 3개의 선택신호(S_0, S_1, S_2), 1개의 제어신호($\overline{E}$) 그리고 2개의 출력신호(Z, $\overline{Z}$)를 갖는 디바이스다. 출력신호 2개는 서로 보수의 관계를 갖고 있다.

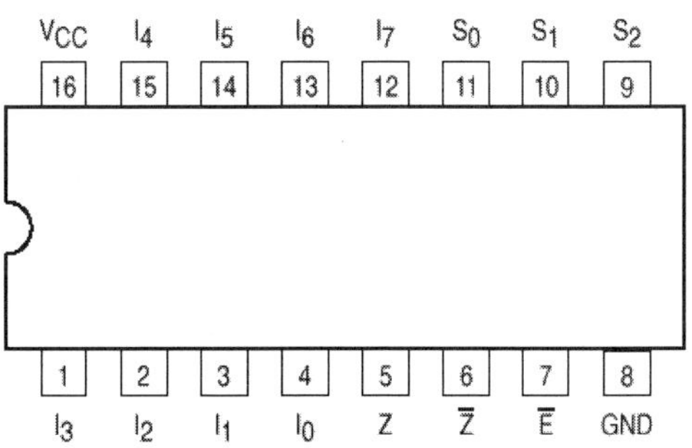

그림 5-49 74F151 핀 구성도

74F151의 진리표를 표 5-13에 나타내었다.

표 5-13 74F151 진리표

Inputs				Outputs	
$\overline{E}$	S_2	S_1	S_0	$\overline{Z}$	Z
H	X	X	X	H	L
L	L	L	L	$\overline{I}_0$	I_0
L	L	L	H	$\overline{I}_1$	I_1
L	L	H	L	$\overline{I}_2$	I_2
L	L	H	H	$\overline{I}_3$	I_3
L	H	L	L	$\overline{I}_4$	I_4
L	H	L	H	$\overline{I}_5$	I_5
L	H	H	L	$\overline{I}_6$	I_6
L	H	H	H	$\overline{I}_7$	I_7

74F151의 동작원리는 다음과 같다.

▣ 제어신호 $\overline{E}$가 논리 [H]이면 출력 Z는 논리 [L]가 되고 $\overline{Z}$는 [H]가 된다.

▣ 제어신호 $\overline{E}$가 논리 [L]일 때 정상동작을 하게 되며 S_2, S_1, S_0의 상태에 따라 입력으로 사용되는 I_7~I_0 중 하나가 선택되어 출력된다. 진리표 5-13에는 입력 I_7~I_0를 표기하는 것을 생략하였다.

2) 74F151의 응용

표 5-14와 같은 진리표를 갖는 논리회로를 74F151을 이용하여 설계해 보자.

표 5-14 멀티플렉서 예제 진리표

입력			출력
A	B	C	Y
0	0	0	1
0	0	1	1
0	1	0	0
0	1	1	1
1	0	0	0
1	0	1	0
1	1	0	1
1	1	1	0

표 5-14의 진리표를 이용하여 논리식을 작성한 후 카노프 맵이나 부울대수를 이용하여 설계하는 방법도 있지만 여기서는 74F151의 응용 예를 살펴보기 위해 74F151을 이용하여 설계한다.

표 5-15 74F151과 표 5-14의 관계

입력				출력
I_7~I_0	A→ S_2	B→ S_1	C→S_0	Y
I_0 →[1]	0	0	0	1
I_1 →[1]	0	0	1	1
I_2 →[0]	0	1	0	0
I_3 →[1]	0	1	1	1
I_4 →[0]	1	0	0	0
I_5 →[0]	1	0	1	0
I_6 →[1]	1	1	0	1
I_7 →[0]	1	1	1	0

■ 설계의 방향

- 표 5-14의 입력신호 A, B, C는 표 5-15와 같이 74F151의 선택신호 S_2, S_1, S_0에 연결한다.
- 표 5-14 진리표에서 A, B, C가 모두 논리 [0]일 때 출력은 논리 [1]이 나오므로 표 5-15와 같이 74F151의 I_0를 논리 [1]에 연결하면 S_2, S_1, S_0가 각각 [0]일 때 I_0가 출력으로 나오므로 표 5-14의 진리표를 만족하는 결과를 얻을 수 있다.
- 74F151의 8개 입력을 표 5-14의 출력과 동일한 논리 상태로 표 5-15와 같이 연결한다. 즉, 논리 [1]은 +5V에, 논리 [0]은 접지에 연결한다.
- 제어신호 $\overline{E}$는 접지에 연결하여 디바이스를 인에이블시킨다.

■ 설계된 회로

그림 5-50은 표 5-14를 만족하는 회로를 나타낸 것이다.

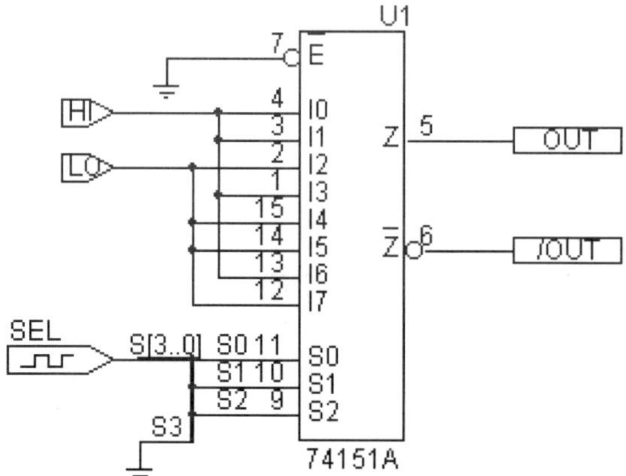

그림 5-50 멀티플렉서 74F151의 응용 예

■ 결과파형

그림 5-51에 그림 5-50 회로에 대한 결과파형을 나타내었다.

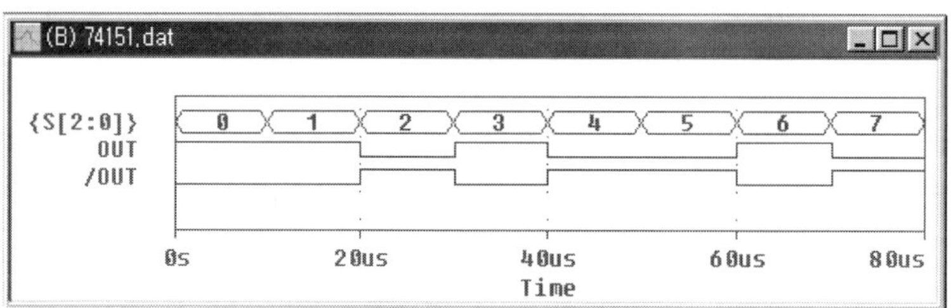

그림 5-51 멀티플렉서 74F151의 결과 파형

그림 5-51의 결과와 표 5-14의 진리표를 비교하면 다음과 같다.

Y=[1 1 0 1 0 0 1 0] (표 5-14의 진리표에서 입력신호의 순서에 일치하는 출력 신호 순서)

OUT=[1 1 0 1 0 0 1 0] (그림 5-51의 모의실험 결과)

결과적으로 그림 5-50 회로에 대한 그림 5-51 결과파형이 표 5-14의 진리표와 일치하고 있음을 알 수 있다.

3) Dual 4비트 입력 멀티플렉서(74157)

그림 5-52는 74157 멀티플렉서의 핀 구성도이고 그림 5-53은 블럭도를 나타낸 것이다. 입력신호는 4비트씩 2개의 그룹(I_{0a}, I_{0b}, I_{0c}, I_{0d} 그룹과 I_{1a}, I_{1b}, I_{1c}, I_{1d}인 두 그룹)이 있고 출력 역시

4비트(Z_a, Z_b, Z_c, Z_d)로 구성되어 있다. 입력 신호가 2개의 그룹이므로 선택신호(S)는 1개가 있으며 디바이스의 인에이블을 제어하는 신호($\overline{E}$)가 1개 있다.

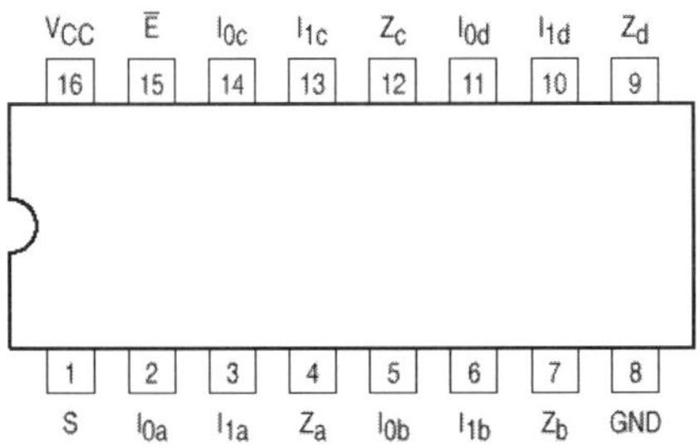

그림 5-52 74157 핀 구성도

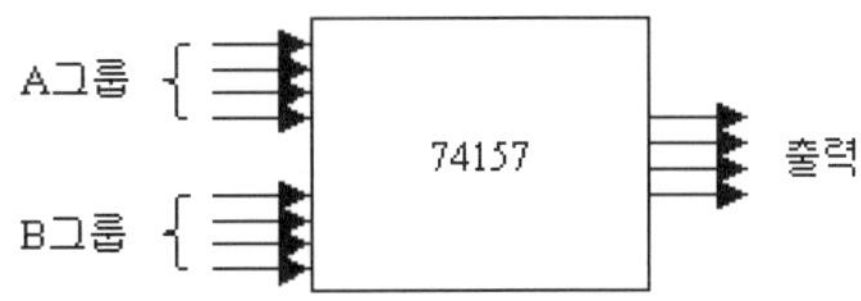

그림 5-53 74157 블럭도

표 5-16은 74157의 진리표를 나타낸 것이다.

표 5-16 74157 진리표

Inputs				Output
$\overline{E}$	S	I_0	I_1	Z
H	X	X	X	L
L	H	X	L	L
L	H	X	H	H
L	L	L	X	L
L	L	H	X	H

74157의 동작을 살펴보면 다음과 같다.

- ▣ 제어신호 $\overline{E}$가 논리 [L]일 때 정상동작을 하고 이 신호가 논리 [H]이면 입력신호의 상태에 관계없이 출력은 논리 [L]가 된다.
- ▣ 스트로브 신호 S가 논리 [L]이면 I_0 그룹의 데이터가 Z그룹으로 출력된다.
- ▣ 스트로브 신호 S가 논리 [H]이면 I_1 그룹의 데이터가 Z그룹으로 출력된다.

5-5-2 디멀티플렉서(Demultiplexer : DEMUX)

그림 5-54는 디멀티플렉서의 기본 개념도이고 그림 5-55는 디멀티플렉서의 블록도를 나타낸 것이다.

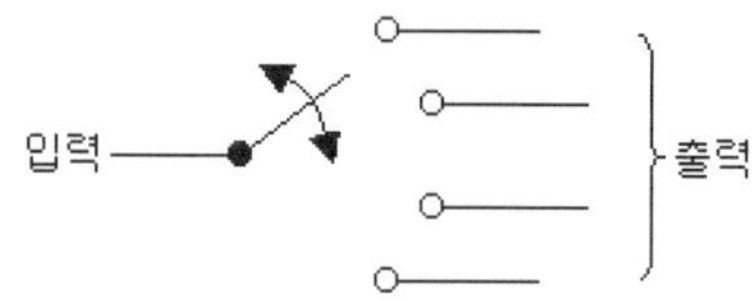

그림 5-54 디멀티플렉서 기본 개념도

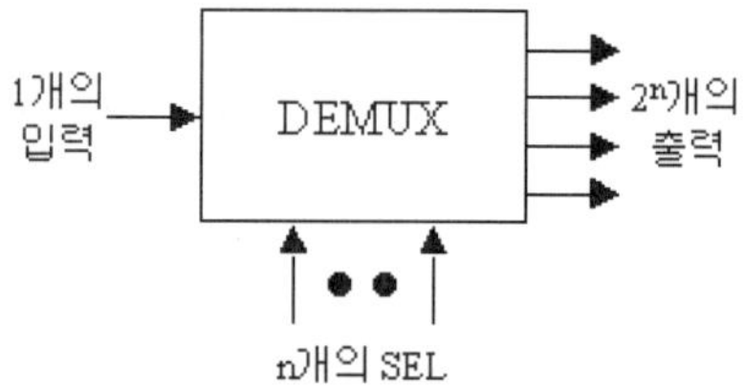

그림 5-55 디멀티플렉서 블럭도

디멀티플렉서의 개념 : 데이터 분배회로로 불리며 그림 5-54와 같이 여러 개의 출력 중 하나에 한 개의 입력을 연결해 주는 기능을 갖고 있다.

(1) 간단한 디멀티플렉서

예제 5-6을 통하여 디멀티플렉서의 동작원리를 살펴보자.

예제 5-6 74F139 디코더를 이용하여 출력이 4개인 디멀티플렉서를 설계하라. 단, 선택된 출력은 액티브 [Low]가 되도록 하고, 선택되지 않은 출력은 [고 임피던스(Hi-Z)]가 되도록 설계하라.

[풀이]
- ▣ 1 × 4 디코더를 사용한다.
- ▣ 출력이 4개이므로 선택신호는 2개를 필요로 한다.
- ▣ 표 5-17과 같이 진리표를 작성한다. 이 진리표에서 출력이 선택되면 액티브 [Low], 선택되지 않으면 [고 임피던스]를 유지하도록 작성한다.

표 5-17 예제 5-7의 진리표

입력(DATA)	선택신호		출력			
	SEL1	SEL0	Y0	Y1	Y2	Y3
L	0	0	L	Hi-Z	Hi-Z	Hi-Z
L	0	1	Hi-Z	L	Hi-Z	Hi-Z
L	1	0	Hi-Z	Hi-Z	L	Hi-Z
L	1	1	Hi-Z	Hi-Z	Hi-Z	L

- ▣ 출력이 [고 임피던스]상태를 유지해야 하므로 앞에서 배운 74125 3상태 버퍼를 사용한다.
- ▣ 그림 5-56과 같이 회로를 설계한다.

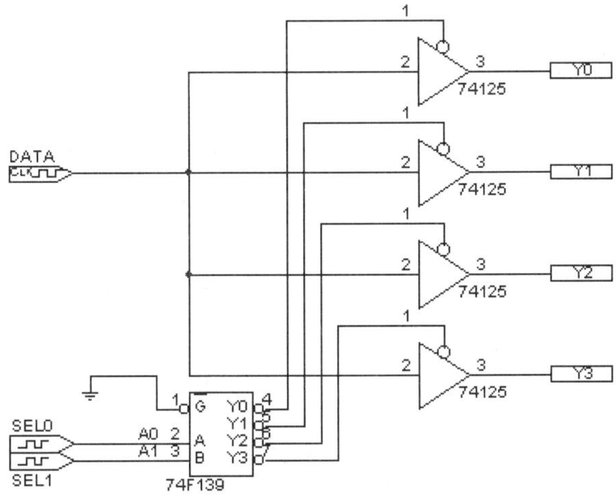

그림 5-56 예제 5-6의 결과 회로도

▣ SEL 신호에 따라 74F139 디코더는 3상태 버퍼인 74125의 제어신호를 출력하도록 설계하고 제어신호가 [Low]이면 DATA신호가 Y3～Y0 중의 하나로 출력되고 나머지 출력 신호는 [고 임피던스] 상태가 되도록 한다.

▣ 예제 5-6의 결과파형

그림 5-57은 그림 5-56 회로에 대한 결과파형이다. 그림 5-57에서 선택되지 않은 출력은 선이 2줄로 나타나는데 이것을 [고 임피던스]상태라고 부른다. 그림 5-57에서 선택 신호에 의해 선택된 출력 신호만이 입력신호와 동일한 신호를 출력하고 있음을 알 수 있다.

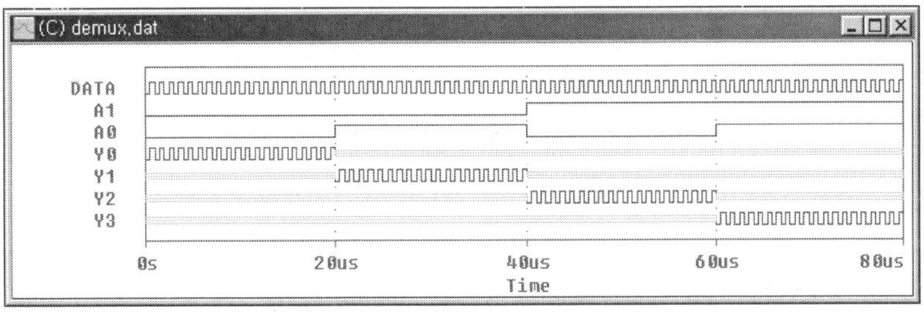

그림 5-57 예제 5-6의 결과 파형

5-6 패리티 발생기

디지털 시스템을 이용하여 정보를 송신하거나 수신할 때 프레임 단위로 보내거나 받게 된다. 보내진 정보는 기기의 오동작, 선로의 불량 그리고 외부 신호의 간섭 때문에 에러가 발생하는 경우가 많다. 에러의 유무를 판별하기 위해 송신측에서는 보내는 정보의 데이터 비트를 확인하여 패리티(parity)를 발생시켜 보내고자 하는 정보에 포함시킨다. 수신 측에서는 수신된 정보로부터 패리티를 확인하여 수신된 정보의 에러유무를 판단하게 된다. 패리티에는 짝수 패리티(Even Parity)와 홀수 패리티(Odd Parity)가 있으며 프레임(n비트)에 포함된 논리 1의 개수가 짝수이면 짝수 패리티, 홀수이면 홀수 패리티라 부른다. 일반적으로 패리티를 발생시키는 논리소자는 XOR 게이트가 많이 사용된다. 앞 장에서 배웠듯이 XOR 게이트는 입력되는 데이터 중 [1]의 개수가 짝수이면 논리 [0]을, 홀수이면 논리 [1]을 출력하는 디바이스라는 것은 이미 알고 있는 사실이다. 그림 5-58은 데이터 전송 시스템에서 패리티를 발생시키는 개념도를 나타낸 것이다.

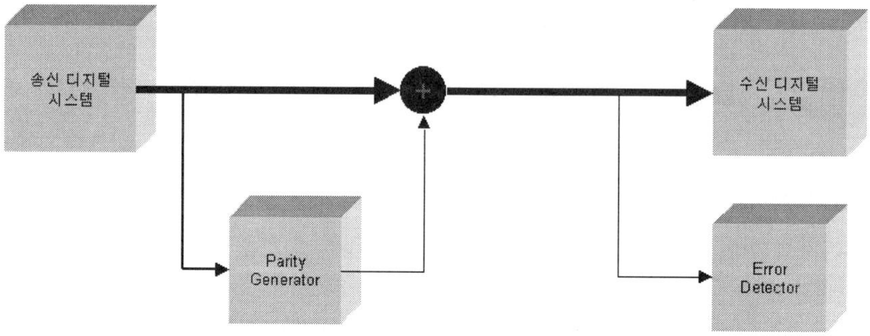

그림 5-58 데이터 전송 시스템에서 패리티 발생의 예

송신 측에서는 전송하려는 데이터와 해당데이터의 패리티를 전송선로에 보낸다. 수신 측에서는 전송된 데이터로부터 패리티 오류의 유무를 판단하여 데이터를 처리한다.

5-6-1 74180 패리티 발생기 및 검출기의 소개

그림 5-59는 74180 패리티 발생기의 핀 구성도이며

- ▣ 8개의 입력 신호
- ▣ 짝수 패리티 입력과 홀수 패리티 입력
- ▣ 짝수 패리티 출력과 홀수 패리티 출력

을 갖고 있다.

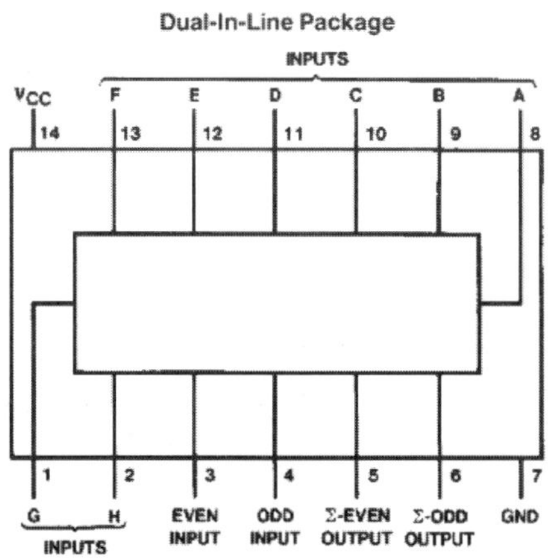

그림 5-59 74180 패리티 발생기 핀 구성도

표 5-18은 74180의 진리표를 나타낸 것이다.

표 5-18 74180 진리표

Inputs			Outputs	
Σ of H's at A thru H	Even	Odd	Σ Even	Σ Odd
Even	H	L	H	L
Odd	H	L	L	H
Even	L	H	L	H
Odd	L	H	H	L
X	H	H	L	L
X	L	L	H	H

H = High Level, L = Low Level, X = Don't Care

5-6-2 패리티 발생기 및 검출기의 기본 구성

(1) 짝수 패리티 발생기

입력조건

EVEN_IN	:	접지
ODD_IN	:	+5V

패리티 발생의 원리

DATA가 EVEN일 때 EVEN_OUT은 [Low]가 되고 ODD_OUT은 [High]

DATA가 ODD일 때 EVEN_OUT은 [High]가 되고 ODD_OUT은 [Low]가 된다.

(2) 홀수 패리티 발생기

입력조건

EVEN_IN	:	+5V
ODD_IN	:	접지

패리티 발생의 원리

DATA가 EVEN일 때 EVEN_OUT은 [High]가 되고 ODD_OUT은 [Low]

DATA가 ODD일 때 EVEN_OUT은 [Low]가 되고 ODD_OUT은 [High]가 된다.

(3) 짝수 패리티 검출기

입력조건

EVEN_IN	:	송신측에서 보내온 패리티 비트 연결
ODD_IN	:	+5V

패리티 검출의 원리

DATA+패리티 비트가 EVEN이면 EVEN_OUT은 [Low]

DATA+패리티 비트가 ODD이면 EVEN_OUT은 [High]가 된다.

(4) 홀수 패리티 검출기

입력조건

EVEN_IN	:	+5V
ODD_IN	:	송신측에서 보내온 패리티 비트 연결

패리티 검출의 원리

DATA+패리티 비트가 EVEN이면 EVEN_OUT은 [High]

DATA+패리티 비트가 ODD이면 EVEN_OUT은 [Low]가 된다.

5-6-3 패리티 발생기 및 검출기의 설계

그림 5-60 회로에서 74244를 전송 시스템이라 가정하고 패리티 발생과 패리티 검출에 대해 알아보자.

1) 패리티 발생기는 74180을 이용하여 짝수 패리티 발생기로 구성하였다.
2) 패리티 검출기 역시 짝수 패리티 검출기로 구성하였다.
3) 전송될 데이터는 다음과 같다.

00000000(00H)　　10101010(AAH)

01010101(55H)　　11111000(F8H)

00110010(32H)

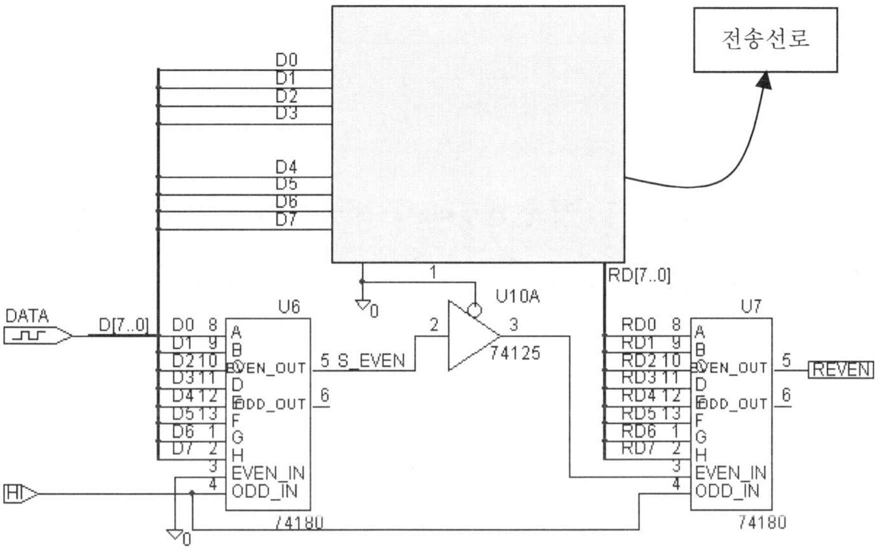

그림 5-60 패리티 발생 및 검출 시스템의 예

5-6-4 패리티 발생 및 검출회로의 결과

(1) 입력 데이터중 논리 [1]의 개수가 짝수일 경우(00H, AAH, 55H)

그림 5-61로부터

1) 패리티 발생기의 S_EVEN은 짝수 패리티 신호를 [Low]로 출력시켰고
2) 패리티 검출기의 REVEN은 역시 짝수 패리티 신호인 [Low]를 출력하였으므로
3) 데이터 전송은 정상으로 판단한다.

(2) 입력 데이터중 논리 [1]의 개수가 홀수일 경우(F8H, 32H)

그림 5-61로부터

1) 패리티 발생기의 S_EVEN은 홀수 패리티를 출력 즉, S_EVEN은 [High]가 되었다.
2) 패리티 검출기에 공급된 논리 [1]의 개수는 패리티를 포함하여 짝수이므로 REVEN은 역시 짝수 패리티 신호인 [Low]를 출력하였다.
3) 그러므로 데이터 전송은 정상으로 판단한다.

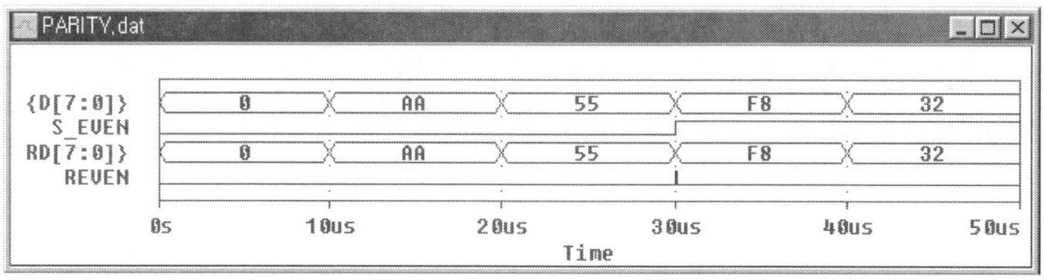

그림 5-61 패리티 발생 및 검출 결과파형

5-6-5 패리티 발생 및 검출회로에서 데이터선에 오류가 있을 경우

그림 5-62는 패리티 발생 및 검출회로이며 수신측 데이터선(RD3)이 접지와 단락되는 오류가 발생했다.

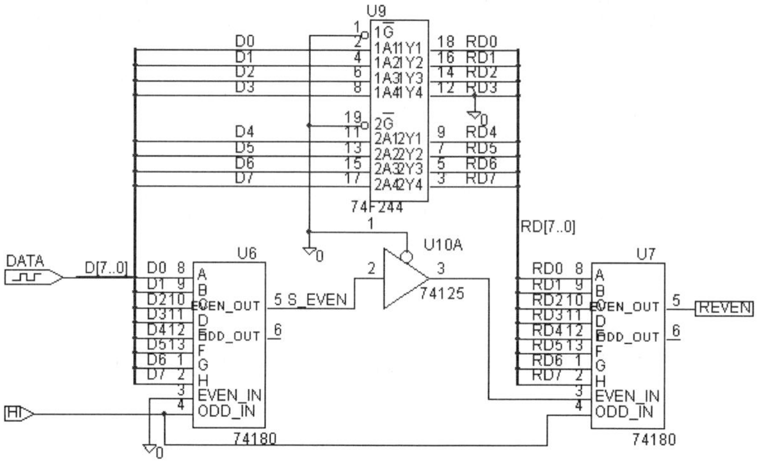

그림 5-62 전송 선로에 오류가 있을 경우

(1) 입력 데이터의 D3이 논리 [0]이면서 짝수 패리티인 경우(00H, 55H)

그림 5-63으로부터

1) 패리티 발생기의 S_EVEN은 짝수 패리티 신호인 [Low]를 출력하였고
2) RD3이 접지와 단락되었어도 입력 데이터 D3이 논리 [0]이므로
3) 패리티 검출기의 REVEN은 짝수 패리티 신호인 [Low]를 출력한다.
4) 그러므로 데이터 전송은 정상으로 판단한다.
5) 이 경우 선로에 문제가 발생했어도 수신 데이터에는 에러(Error)가 없는 것으로 판단하게 된다.

(2) 입력 데이터의 D3이 논리 [1]이면서 짝수 패리티인 경우(AAH)

그림 5-63으로부터

1) 패리티 발생기의 S_EVEN은 짝수 패리티를 출력 즉, S_EVEN은 [Low]가 출력되었다.
2) RD3이 접지와 단락되었기 때문에 수신측 데이터의 논리 [1]의 갯수가 홀수가 된다.
3) 그러므로 패리티 검출기의 REVEN은 [High]가 되어 홀수 패리티를 발생한다.
4) 결과적으로 송신측에서는 짝수 패리티를 공급하였으나 수신측에서는 홀수 패리티를 검출하였으므로 데이터 전송에 오류가 발생된 것으로 판단한다.
5) 송신측에서 송신한 [F8] 및 [32]는 1의 개수가 홀수이므로 S_EVEN 신호는 [Low]를 출력한다.
6) 송신측에서는 홀수 패리티를 출력하였으나 전송선로의 RD3이 접지와 연결되어 있으므로 수신측에서는 1의 개수가 짝수가 되어 REVEN 신호가 [Low]로 출력된다.
7) 결과적으로 송신측에서는 홀수패리티를 공급하였으나 수신측에서는 짝수 패리티를 검출하였으므로 데이터 전송에 오류가 발생된 것으로 판단한다.

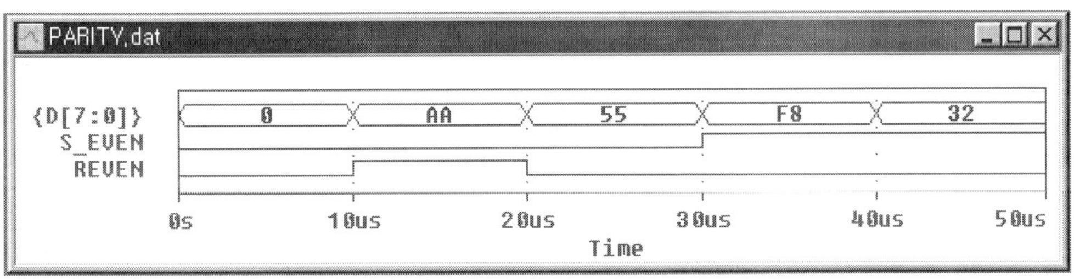

그림 5-63 전송 선로에 오류가 있을 경우

연습문제

1. 그림 5-7의 반가산기를 NOR만으로 설계하라.

2. 4개의 전가산기를 이용하여 4비트 가산기를 설계하라.

3. 그림 5-21에서 8비트 가산을 실행할 경우 U1의 핀 13은 논리 [0]이어야 하는 이유를 상세히 설명하라.

4. 다음과 같은 덧셈을 하려면 4비트 가산기인 7483이 몇 개 필요한가를 답하라.

1) 3+2　　2) 5+7

3) 131+83　　4) 242+125

5. 7485는 4비트 비교기이다. 7485를 이용한 8비트 비교기를 설계하라.

6. 문제 5에서 설계한 8비트 비교기를 이용하여 다음을 비교하고 각 비교기의 출력 레벨을 결정하라.

1) 1011 1001과 1011 1001　　2) 1011 0101과 1100 0011

7. 2×4인 디코더 74139에 입력신호가 다음과 같이 공급되었을 때 출력신호를 그려라.

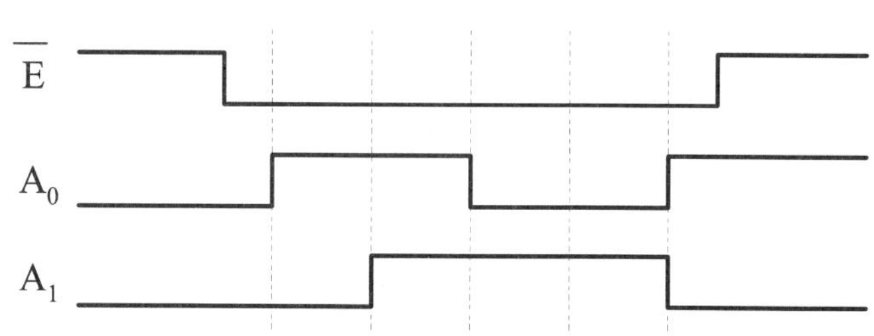

8. 3×8 디코더인 74138의 입력신호가 다음과 같이 공급되었을 때 출력신호를 그려라. $\overline{E}_1$과 $\overline{E}_2$는 접지에 연결하였다.

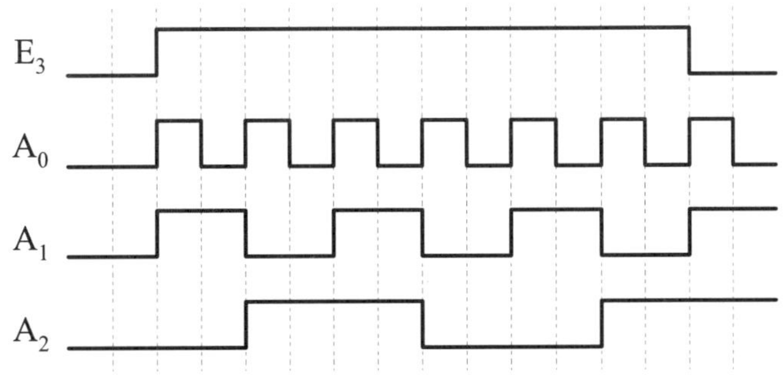

9. 7447은 7-세그먼트 드라이버로 사용된다. 이 디바이스와 직접 연결할 수 있는 7-세그먼트의 형식을 말하라.

10. 7448에 BCD 코드 1011이 입력되었을 때 출력을 표시하고 이 출력이 7-세그먼트에 연결되었을 때 나타나는 문자를 그려라.

11. 그림 5-42의 74147은 우선순위가 있는 엔코더이다. 2개의 서로 다른 10진수가 동시에 입력된다면 엔코더는 어느 숫자를 출력할 것인가?

12. 그림 5-49에서 74151은 멀티플렉서이다. 74151을 다음과 같이 연결하고 제어신호 S_2, S_1, S_0을 [000]부터 순차적으로 1씩 증가시켰을 때 출력파형을 그려라.
($I_0=0$, $I_1=1$, $I_2=1$, $I_3=0$, $I_4=1$, $I_5= 0$, $I_6=1$, $I_7=1$)

13. 3비트 2진수 중 짝수인 것은 그대로 출력으로 내보내고 홀수인 것은 출력의 모든 신호가 [0]이 되는 논리회로를 설계하라.

CHAPTER 6

플립플롭과 순서논리회로

지금까지 배운 논리회로는 출력이 현재 공급되는 입력의 조합에 의해서만 결정되는 조합논리회로(Combinational Logic Circuit)였다. 이 조합논리회로와 대응되는 회로를 순서논리회로(Sequential Logic Circuit)라 부르며 이 회로의 다음 출력은 현재 공급된 입력의 조합과 현재의 출력상태에 의해 결정되는 회로이다. 그러므로 순서논리회로에는 현재의 출력상태를 저장할 수 있는 기억장치가 필요하며 이와 같은 논리회로에 사용되는 대표적인 기억장치로는 래치(Latch)와 플립플롭(Flip-Flop)이있다. 본 장에서는 이들 기억장치의 동작원리와 특성을 파악한 다음 이들 소자를 이용한 응용회로를 소개하고 디지털 시스템에의 다양한 응용 예를 다룬다.

6-1 래치(Latch)회로

디지털 데이터를 일시적으로 저장할 수 있는 기능을 갖는 회로이며 메모리 등의 기억장치와 직접적인 관계를 갖고 있다.

6-1-1 NAND 게이트를 이용한 SR 래치회로

그림 6-1과 같이 2개의 NAND 게이트를 이용하여 출력 Q를 입력신호 /R이 연결되어 있는 NAND 게이트에 피드백(feedback)시키고 출력 /Q를 입력신호 /S가 연결되어 있는 NAND 게이트에 피드백시킨 회로를 SR NAND 래치회로라 부른다.

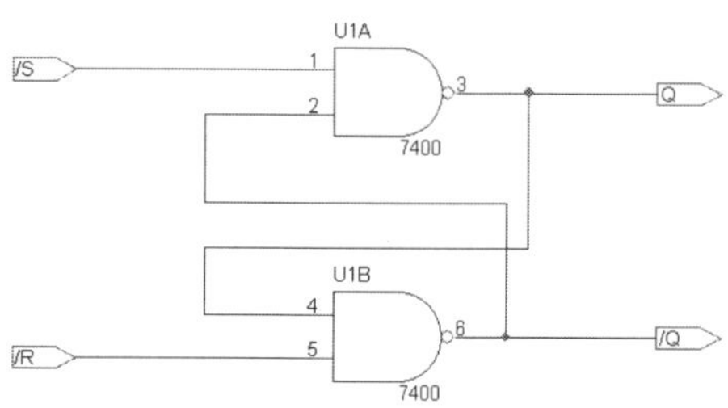

그림 6-1 SR NAND 래치회로

그림 6-1 회로의 진리표를 표 6-1에 나타내었다.

표 6-1 SR NAND 래치회로의 진리표

입력		출력
/S	/R	Q
H	H	이전상태
L	H	1(SET)
H	L	0(RESET)
L	L	금지입력

이 회로의 동작원리와 타이밍을 살펴보자.

☞ 동작원리

1) 플립플롭에서 출력 Q와 /Q는 언제나 서로 다른 상태를 유지하고 있어야 한다. 표 6-1의 네 번째 항처럼 입력신호인 /S와 /R이 동시에 논리 [Low]인 경우 NAND 게이트의 출력은 모두 논리 [High]가 되므로 사용할 수 없다. 이를 금지된 입력(Inhibited Input)이라 부른다.
2) 그림 6-2는 이 회로의 타이밍을 나타낸 것이다. 이 타이밍도와 표 6-1을 자세히 살펴보면서 동작원리를 이해하도록 한다.

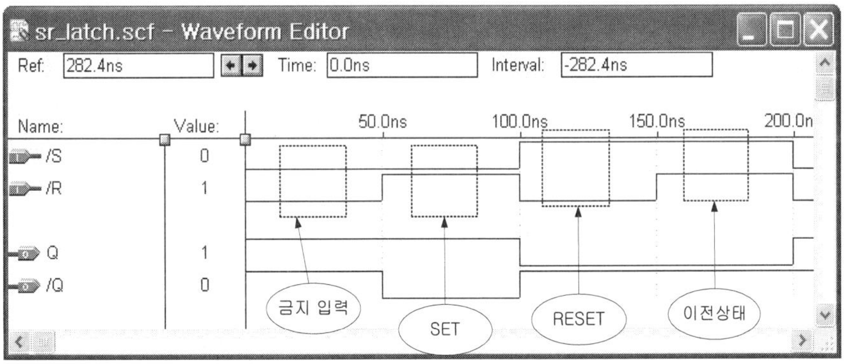

그림 6-2 SR-NAND 래치회로의 타이밍도

3) 0ns와 50ns 사이의 입력[/S, /R]이 모두 논리 [Low, Low]인 경우 출력은 모두 논리 [High]가 되는데 이 상태는 래치회로의 정의와 일치하지 않으므로 금지 입력이라 하고 이와 같은 입력조건은 사용하지 않는다.
4) 50ns와 100ns 사이의 입력[/S, /R]이 논리[Low, High]일 경우 출력 Q는 논리 [High], 출력 /Q는 논리 [Low]인 SET 상태가 된다.
5) 100ns와 150ns 사이의 입력[/S, /R]이 논리[High, Low]일 경우 출력 Q는 논리 [Low], 출력 /Q는 논리 [High]인 RESET 상태가 된다.
6) 150ns와 200ns 사이의 입력[/S, /R]이 논리[High, High]일 경우 출력은 이전 상태를 유지한다.
7) 이와 같이 동작하는 것을 SR NAND 래치회로라 부른다.

6-1-2 NOR 게이트를 이용한 SR 래치회로

그림 6-3과 같이 2개의 NOR 게이트를 이용하여 출력 Q를 입력신호 S가 연결되어 있는 NOR 게이트에 피드백시키고 출력 /Q를 입력신호 R이 연결되어 있는 NOR 게이트에 피드백시킨 회로를 SR NOR 래치회로라 부른다.

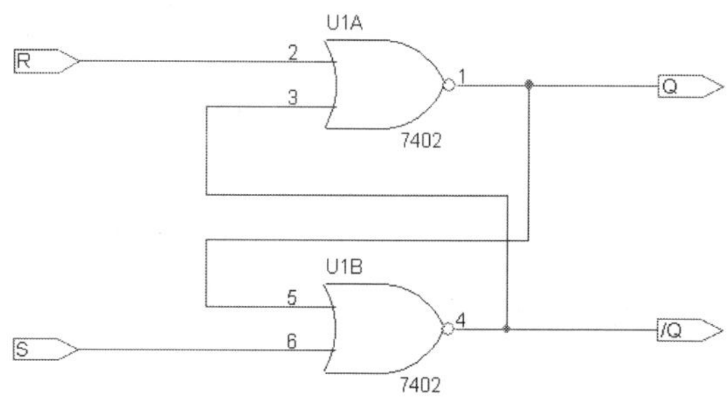

그림 6-3 SR NOR 래치회로

그림 6-3 회로의 진리표를 표 6-2에 나타내었다.

표 6-2 SR NOR 래치회로의 진리표

입력		출력
R	S	Q
L	L	이전상태
L	H	1(SET)
H	L	0(RESET)
H	H	금지입력

이 회로의 동작원리와 타이밍을 살펴보자.

☞ **동작원리**

1) 출력 Q와 /Q는 언제나 서로 다른 상태를 유지하고 있어야 하므로 입력신호인 S와 R이 동시에 논리 [High]인 경우는 NOR 게이트의 특성상 출력이 모두 논리 [Low]가 되므로 사용할 수 없다. 이를 NAND 게이트를 이용한 래치회로와 같이 금지된 입력이라 부른다.
2) 그림 6-4는 이 회로의 타이밍을 나타낸 것이다. 표 6-2와 그림 6-4의 타이밍도를 이용하여 동작원리를 살펴보자.
3) 0ns 와 50ns 사이의 입력[R, S]가 논리 [Low, High]인 경우 출력 Q는 논리 [High], 출력 /Q는 논리 [Low]인 SET 상태가 된다.

4) 50ns와 100ns 사이의 입력[R, S]가 논리[High, Low]일 경우 출력 Q는 논리 [Low], 출력 /Q는 논리 [High]인 RESET 상태가 된다.
5) 100ns와 150ns 사이의 입력[R, S]가 논리[Low, Low]일 경우 출력은 이전 상태를 유지한다.
6) 150ns와 200ns 사이의 입력[R, S]가 논리[High, High]일 경우 출력이 모두 논리 [Low]로 나타나기 때문에 금지 입력이라 부른다.
7) 이와 같이 동작하는 회로를 SR NOR 래치회로라 부른다.

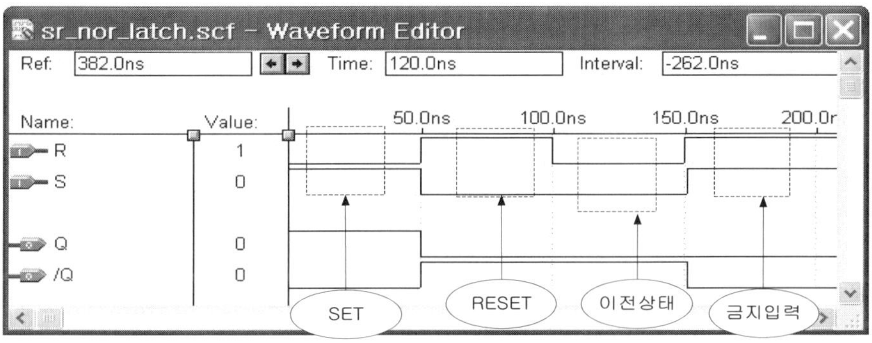

그림 6-4 SR NOR 래치회로의 타이밍도

6-1-3 SR 래치의 응용

그림 6-5(a)는 기계적 스위치를 이용하여 전기 신호를 얻기 위한 회로이며 스위치 S1을 누르면 [OUT] 신호는 논리 [Low]를, S1을 떼면 논리 [High]를 출력하는 회로이다. 그러나 S1 스위치는 기계적인 특성을 갖고 있으므로 설계자가 원하는 깔끔한 [ON], [OFF] 상태를 얻을 수 없다. 그림 6-5의 동작과정을 살펴보면서 SR 래치의 응용범위를 생각해 보자.

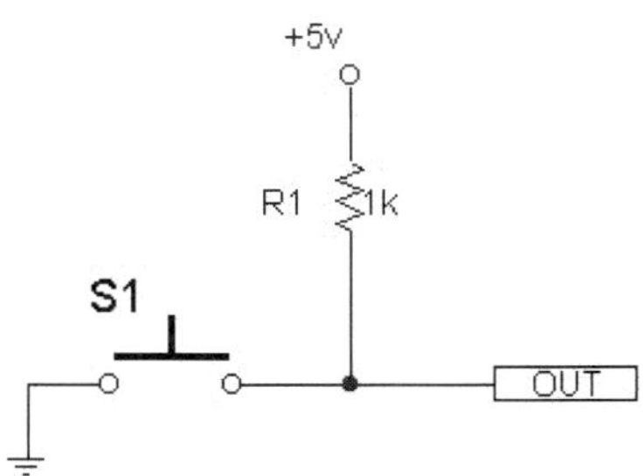

(a)

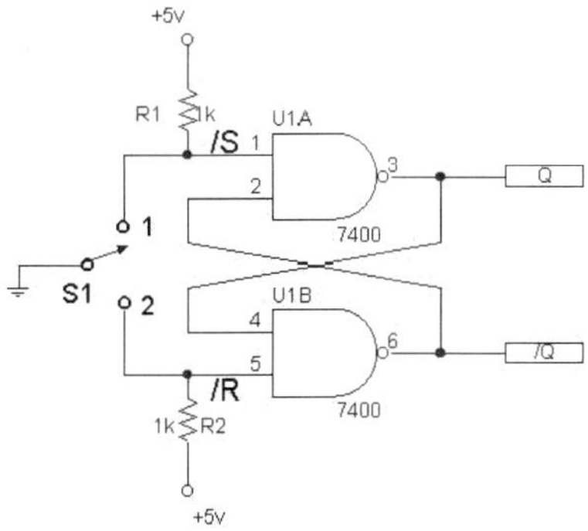

(d)

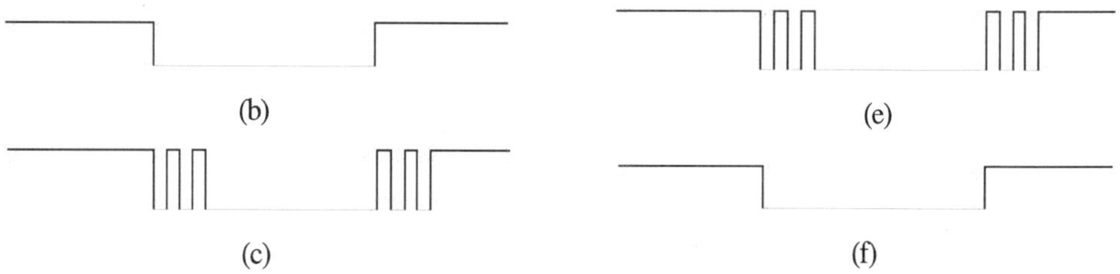

그림 6-5

그림 6-5의 (a)에서 스위치 S1이 [ON], [OFF]될 때 이상적인 출력 신호는 그림 6-5의 (b)와 같이 나와야 되지만 실제에서는 그림 6-5의 (c)와 같이 스위치 S1의 기계적인 진동 때문에 전기적인 바운싱이 발생한다. 이 바운싱은 디지털 시스템에 좋지않은 영향을 주게 되므로 바운싱을 제거하는 것이 좋다. 그림 6-5의 (d)와 같이 스위치 S1의 출력에 SR 래치를 연결하면 스위치 S1에서 그림 6-5의 (e)와 같은 바운싱이 발생하더라도 그림 6-5(f)와 같이 바운싱이 제거된 신호를 얻을 수 있다. 이 회로의 동작원리는 다음과 같다.

☞ **동작원리**

1) 그림 6-5의 (d)에서 스위치 S1이 1번 핀에 연결되면 /S에는 논리 [Low], /R에는 풀업저항 R2에 의해 논리 [high]가 공급되므로 출력 Q는 논리 [High], /Q는 논리 [Low]가 된다.
2) 다음에 스위치 S1을 조작하여 2번 핀에 연결시켜보자. 이때 스위치 S1의 기계적 바운싱 때문에 S1이 2번 핀에 여러 차례 붙었다 떨어 졌다를 되풀이하게 된다.
3) 그렇지만 스위치 S1이 2번 핀에 연결되는 순간 /S에는 풀업저항의 영향으로 논리 [High]가 공급되고 /R에는 논리 [Low]가 공급된다. 이때 출력 /Q는 논리 [High]가 되고 Q는 논리 [Low]가 된다.
4) 기계적 진동에 의해 스위치 S1이 2번 핀에서 떨어져도 /S와 /R에 연결된 풀업저항에 의해 /S와 /R에는 논리 [High]가 계속 공급되어 이전상태 모드를 유지하기 때문에 출력 Q는 논리 [Low]를, 출력 /Q는 논리 [High]를 계속 유지한다.
5) 결과적으로 스위치 S1의 기계적 진동에 의한 전기적 바운싱이 제거되고 그림 6-5(f)와 같은 결과 파형을 얻게 된다.
6) 그렇지만 래치를 사용해도 전기적 바운싱이 완전히 제거되는 것은 아니라는 점을 참고적으로 기억해 두기 바란다.

6-2 D-Type 래치

앞 절에서 배운 SR 래치는 2개의 입력신호를 이용하여 하나의 조건에서 다른 조건으로 변할 때 이를 제어하기 위한 시스템에 많이 사용된다. 디지털 시스템에서는 입력되는 특정신호를 다른 곳에 저장하는 기능을 필요로 하는 경우가 많다. D-Type 래치는 이와 같은 기능을 처리할 수 있기 때문에 디지털 계측기, 컴퓨터 등 데이터를 일시적으로 저장할 필요가 있는 디지털 시스템에 널리 사용된다.

6-2-1 SR 래치를 이용한 D-Type 래치

그림 6-6은 SR-NOR 래치에 논리 소자를 추가하여 만든 D-Type 래치회로이다.

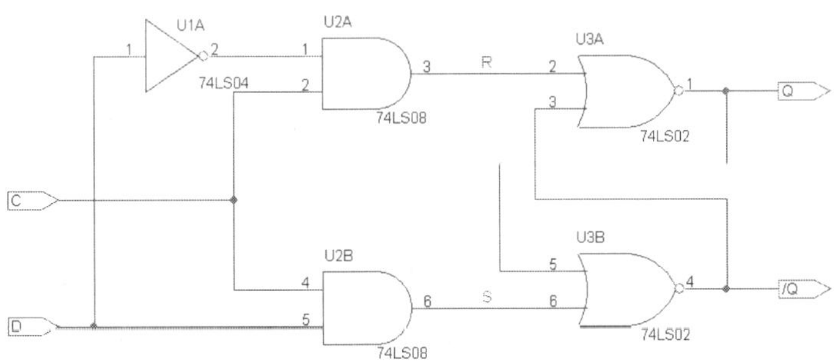

그림 6-6 SR NOR 래치회로를 이용한 D-Type 플립플롭

이 회로의 진리표인 표 6-3에서 알 수 있듯이 C가 논리 [High]일 때 D가 [High]이면 Q는 [High], D가 [Low]이면 Q는 [Low]를 출력하게 되고 C가 [Low]이면 D의 상태에 관계없이 이전에 기억되었던 출력 상태를 유지한다.

표 6-3 그림 6-6회로의 진리표

입력		출력
C	D	Q
1	1	1
1	0	0
0	X	이전상태

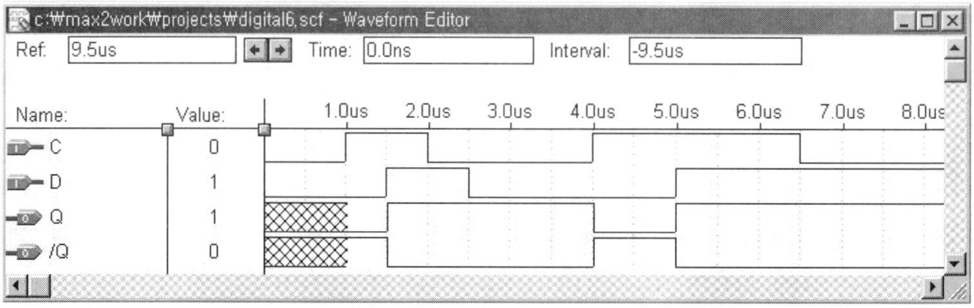

그림 6-7 D-Type 플립플롭의 타이밍도

그림 6-7은 그림 6-6 회로의 결과파형을 나타낸 것이다. 이 결과파형을 이용하여 회로의 동작원리를 살펴보자.

☞ **동작원리**

1) 입력신호 C가 논리 [Low]이면 출력은 이전상태를 유지한다. 그렇지만 이 회로의 초기 상태를 정의하지 않았기 때문에 Q의 논리 상태는 [Low]인지 [High]인지 알 수 없다.
2) 입력신호 C가 논리 [High]일 때 입력신호 D가 논리 [High]가 되면 출력 Q는 논리 [High]가 된다.
4) 입력신호 C가 논리 [Low]면 D의 상태에 관계없이 출력은 이전상태를 유지한다.
5) 이와 같이 입력신호 D가 입력 C의 조건에 따라 Q로 출력되기 때문에 D-Type 래치라 부른다.

6-2-2 7474 D-Type 에지-트리거(Edge Trigger) 플립플롭

1) 그림 6-8은 7474 IC의 핀 구성도를 나타낸 것이다.
2) 이 디바이스는 입력신호 1개, 출력신호 2개, 제어신호 2개 그리고 클럭입력 신호 1개를 갖고 있으며 일종의 래치 기능을 갖는 플립플롭이다.
3) 이 디바이스는 D에 입력되는 디지털신호가 클럭신호인 CLK의 상승에지에 의해 래치되어 출력되는 기능을 처리한다.
4) 표 6-4는 7474의 진리표를 나타낸 것이다.

표 6-4에서 PR의 논리 [Low] 신호는 Q를 논리 [High]로 출력시키는 세트(SET)의 기능을, CLR의 논리 [Low] 신호는 Q를 논리 [Low]로 출력시키는 리셋(RESET)의 기능을 하는 입력 신호이다. 7474의 정상적인 동작은 PR과 CLR 신호가 모두 논리 [High]로 공급될 때이다. 이 진리표와 그림 6-9의 7474 동작결과 타이밍도를 기준으로 동작원리를 살펴보자.

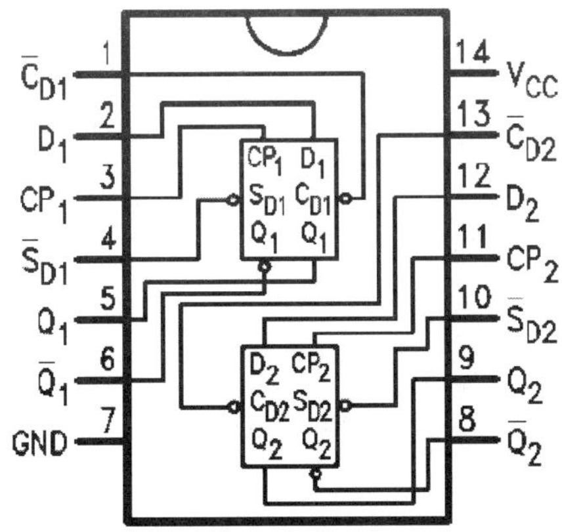

그림 6-8 7474 핀 구성도

표 6-4 7474 D 플립플롭의 진리표

입 력				출 력	
PR	CLR	CLK	D	Q	$\overline{Q}$
L	H	X	X	H	L
H	L	X	X	L	H
L	L	X	X	H*	H*
H	H	↑	H	H	L
H	H	↑	L	L	H
H	H	L	X	Q0	$\overline{Q}0$

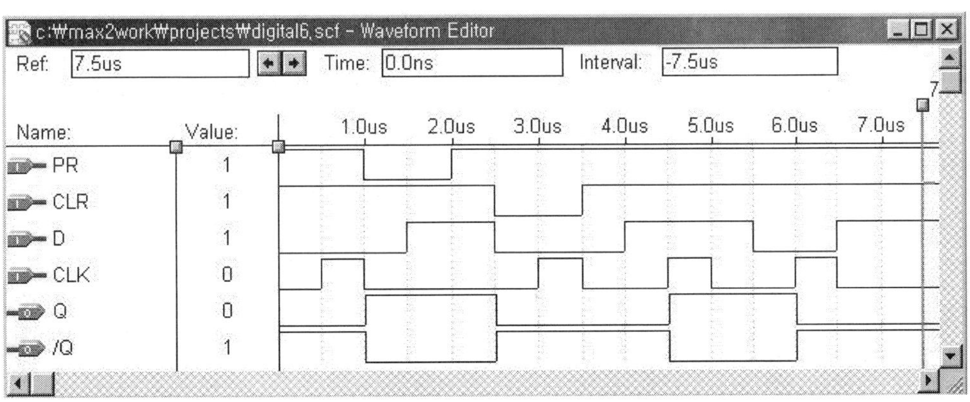

그림 6-9 7474 동작 타이밍도

☞ 동작원리

1) 그림 6-9에서 7474의 초기상태는 Q가 [Low], /Q가 [High]인 리셋 상태에 놓여 있다.

2) 1.0us 이후 PR 신호가 논리 [Low]가 되면 출력 Q는 논리 [High], /Q는 논리 [Low]가

되어 셋트 상태를 갖는다.

3) PR 신호가 논리 [Low]이면 CLK 신호의 상승에지가 있어도 래치기능을 할 수 없다.
4) 2.5us에서 CLR 신호가 논리 [Low]가 되면 7474는 리셋 상태가 되며 Q는 논리 [Low]를 출력한다. 리셋상태에서는 CLK 신호의 상승에지가 있어도 래치기능을 할 수 없다.
5) PR과 CLR이 모두 논리 [High]가 되면 이 디바이스는 정상적인 동작을 할 수 있으며 4.5us에서 CLK의 상승에지가 있을 때 D 입력이 논리 [High]로 입력되므로 출력 Q는 4.5us에서 논리 [High]가 된다. 즉, 입력되는 D 신호의 상태를 저장하여 출력하는 것으로 볼 수 있다. 새로운 CLK의 상승에지가 입력되지 않는 한 출력은 이전에 저장한 상태를 그대로 유지한다.
6) 6.0us에서 CLK의 상승에지가 있고 이때 입력되는 D 신호가 논리 [Low]이므로 출력은 논리 [Low]가 된다.
7) 이와 같이 7474 플립플롭은 CLK의 상승에지에서 입력되는 D 신호의 상태를 출력으로 내보내는 기능을 처리할 수 있는 디바이스다.

예제 6-1 7474 플립플롭에 다음과 같은 입력신호가 공급되고 있다. 출력파형 Q를 그려라. 여기서 $\overline{S}_D$는 PR, $\overline{R}_D$는 CLR과 같은 기능을 갖는다.

[풀이]

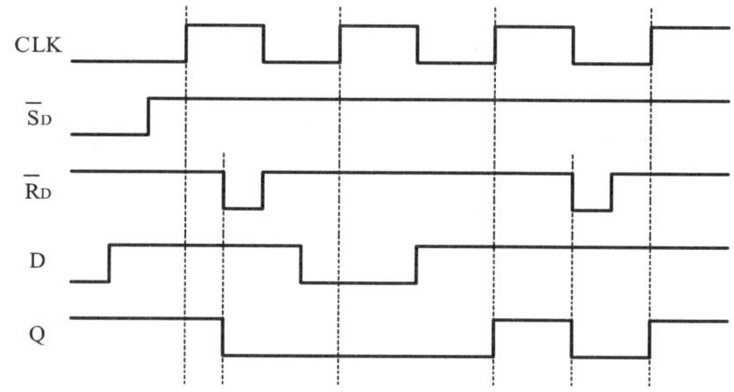

[해설] $\overline{S_D}$가 논리 [Low]일 때 Q는 논리 [High]를 출력한다. $\overline{S_D}$와 $\overline{R_D}$가 모두 논리 [High]일 때 CLK의 첫 번째 상승에지가 있고 이때 D 신호가 논리 [High]이므로 Q는 논리 [High]를 출력한다. 이후 $\overline{R_D}$ 신호가 논리 [Low]가 되고 리셋트 상태이므로 Q는 논리 [Low]가 된다. $\overline{R_D}$ 신호가 다시 논리 [High]로 바뀌고 CLK 신호의 두 번째 상승에지가 발생하고 이때 D 신호의 논리 상태가 [Low]이므로 Q는 논리 [Low]를 출력한다. CLK의 세 번째 상승에지가 있을 때 D가 논리 [High]이기 때문에 Q는 논리 [High]를 출력한다. 다시 $\overline{R_D}$ 신호가 논리 [Low]가 되었으므로 Q는 논리 [Low]로 바뀐다. CLK의 네 번째 상승에지가 있을 때 D 신호가 논리 [High]이므로 Q 역시 논리 [High]가 된다.

■

6-3 JK 플립플롭

JK 플립플롭은 D 플립플롭과 함께 디지털 시스템에서 많이 쓰이는 부품 중의 하나이다. 74109와 74112는 입력신호 J, K의 상태에 따라 클럭신호의 상승에지 또는 하강에지에 의해 출력 상태를 제어할 수 있는 플립플롭이다.

6-3-1 74109 JK 에지-트리거 플립플롭

74109는 클럭신호의 상승에지가 입력될 때 J와 K의 상태에 따라 출력이 결정되는 디바이스이며 그림 6-10에 74112의 내부 블럭도를 나타내었다.

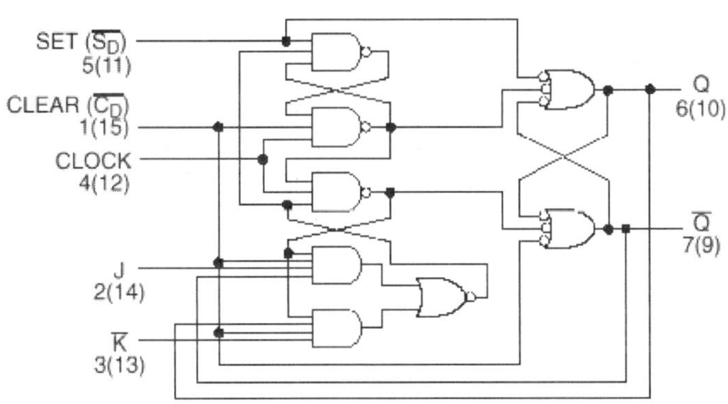

그림 6-10 74109 내부 블럭도

그림 6-11은 74109의 논리심벌이며 한 개의 디바이스에 2개의 플립플롭이 들어있다. 표 6-5는 74109의 입 · 출력 진리표를 나타낸 것이다.

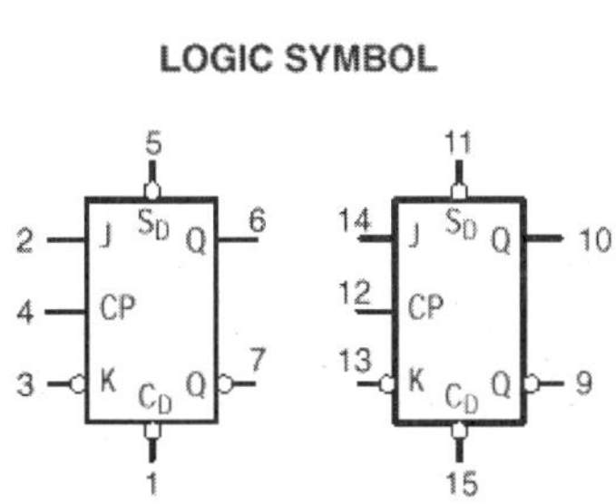

그림 6-11 74109 논리 심벌

표 6-5 74109 진리표

OPERATING MODE	INPUTS				OUTPUTS	
	$\overline{S}_D$	$\overline{C}_D$	J	$\overline{K}$	Q	$\overline{Q}$
Set	L	H	X	X	H	L
Reset (Clear)	H	L	X	X	L	H
*Undetermined	L	L	X	X	H	H
Load "1" (Set)	H	H	h	h	H	L
Hold	H	H	l	h	q	$\overline{q}$
Toggle	H	H	h	l	$\overline{q}$	q
Load "0" (Reset)	H	H	l	l	L	H

$\overline{S_D}$ 신호가 [Low]이면 Q는 [High]를 출력하는 세트(Set) 상태와 $\overline{C_D}$ 신호가 [Low]이면 Q는 [Low]를 출력하는 리셋(Reset) 상태가 있다. $\overline{S_D}$와 $\overline{C_D}$ 신호가 둘 다 [High]일 때 정상적인 동작을 하게 되며 클럭의 상승에지가 있을 때 J, $\overline{K}$가 모두 [High]이면 세트 모드, J, $\overline{K}$가 각각 [Low], [High]이면 이전 상태 유지 모드, J, $\overline{K}$가 각각 [Low]이면 리셋모드 그리고 J, $\overline{K}$가 각각 [High], [Low]이면 출력이 이전상태와 반대로 바뀌는 토글(Toggle) 모드가 있다.

6-3-2 74112 JK 에지-트리거 플립플롭

74112는 클럭신호의 하강에지가 입력될 때 J와 K의 상태에 따라 출력이 결정되는 디바이스이며 그림 6-12에 74112의 내부 블럭도를 나타내었다.

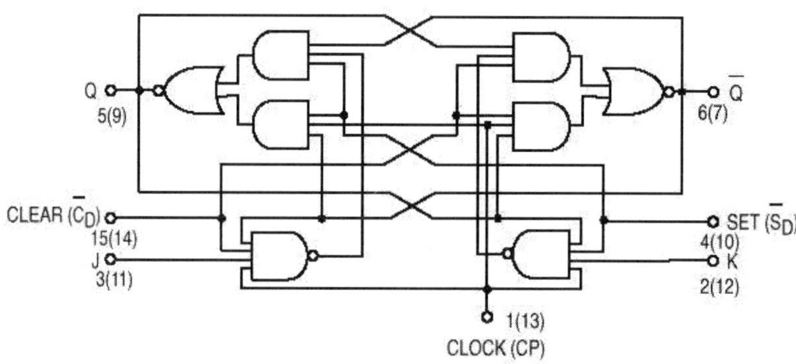

그림 6-12 74112 내부 블럭도

그림 6-13은 74112의 심벌이며 한 개의 디바이스에 2개의 플립플롭이 있다. 각 플립플롭의 제어신호, 입력신호 그리고 출력신호는 서로 독립적으로 사용된다. 표 6-6은 74112의 진리표를 나타낸 것이다.

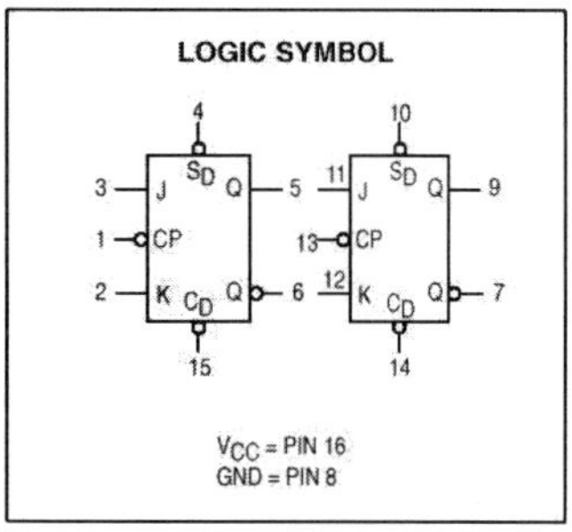

그림 6-13 74112 심벌

표 6-6 74112 진리표

OPERATING MODE	INPUTS				OUTPUTS	
	$\overline{S_D}$	$\overline{C_D}$	J	K	Q	$\overline{Q}$
Set	L	H	X	X	H	L
Reset (Clear)	H	L	X	X	L	H
*Undetermined	L	L	X	X	H	H
Toggle	H	H	h	h	q	q
Load "0" (Reset)	H	H	l	h	L	H
Load "1" (Set)	H	H	h	l	H	L
Hold	H	H	l	l	q	q

74109와 74112는 클럭의 에지 상태와 K상태만 서로 반대일 뿐 진리표의 동작 상태는 동일하므로 진리표에 대한 이해는 74109를 참고하기 바란다. 이 진리표와 그림 6-14인 74112의 결과파형을 기준으로 74112의 동작 원리를 살펴보자.

☞ 동작원리

1) 그림 6-14는 74112의 동작 결과파형이다.

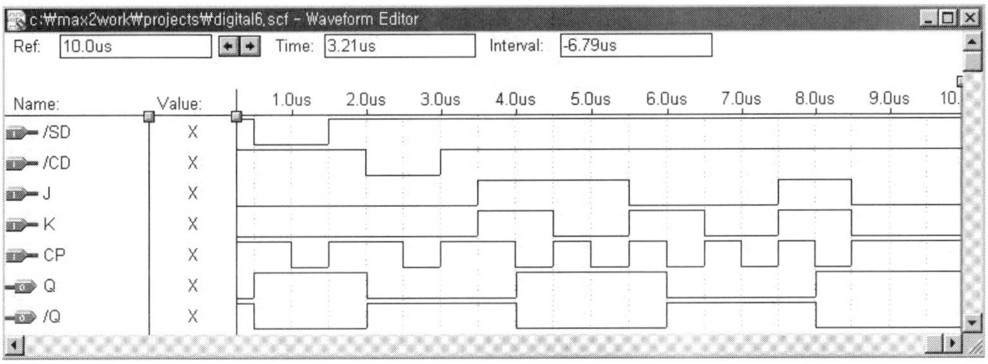

그림 6-14 74112 동작결과 파형

2) /SD 신호가 0.5us에서 논리 [Low]로 입력되면 출력은 세트 상태가 되어 Q는 [High], /Q는 [Low]가 된다.
3) /SD 신호가 논리 [High]이면서 /CD 신호가 논리 [Low]이면 리셋 상태가 되어 Q는 [Low], /Q는 [High]가 된다(2.0us).
4) 두 개의 제어신호가 모두 논리 [High]일 때 74112는 정상적인 동작모드가 되며 4us에서 CP 신호의 하강에지가 입력되고 J와 K는 논리 [High]이므로 반전 또는 토글모드가 선택되어 출력 Q는 논리 [Low]에서 [High]로 바뀐다.
5) 5.0us에서 CP 신호의 하강에지가 입력되고 J에는 논리 [High], K에는 논리 [Low]가 입력되었으므로 74112는 세트 모드가 선택되어 출력 Q는 논리 [High]를 유지한다.
6) 6.0us에서 CP 신호의 하강에지가 입력되고 J에는 논리 [Low], K에는 논리 [High]가 입력되었으므로 74112는 리셋 모드가 선택되어 출력은 논리 [Low]가 된다.
7) 7.0us에서 CP 신호의 하강에지가 입력되고 J와 K에 논리 [Low]가 입력되었으므로 74112는 이전상태 유지 모드가 선택되고 출력은 논리 [Low]를 계속 유지한다.
8) 8.0us에서 CP 신호의 하강에지가 입력되고 이때 J와 K는 논리 [High]이므로 반전 또는 토글 모드가 선택되고 출력 Q는 논리 [Low]에서 [High]로 바뀐다.
9) 이와 같이 JK 플립플롭은 클럭의 에지가 입력될 때의 J, K 상태에 따라 출력 상태를 제어할 수 있는 디바이스이다.

6-4 T(Toggle) 플립플롭

T 플립플롭은 토글 플립플롭 또는 반전 플립플롭이라고도 부르며 클럭신호가 입력될 때마다 출력상태가 반전되는 회로이다. 즉, 현재의 출력이 [High]였을 때 클럭이 입력되면 [Low]로 바뀌고 다음 클럭이 입력되면 다시 [High]로 바뀌는 것을 말한다. 그림 6-15는 T 플립플롭의 회로 기호이고 그림 6-16은 T 플립플롭의 동작상태를 표현한 것이다.

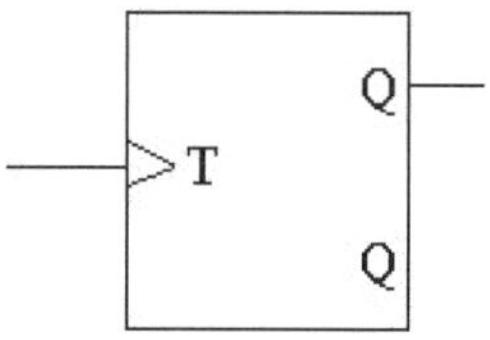

그림 6-15 T-FF

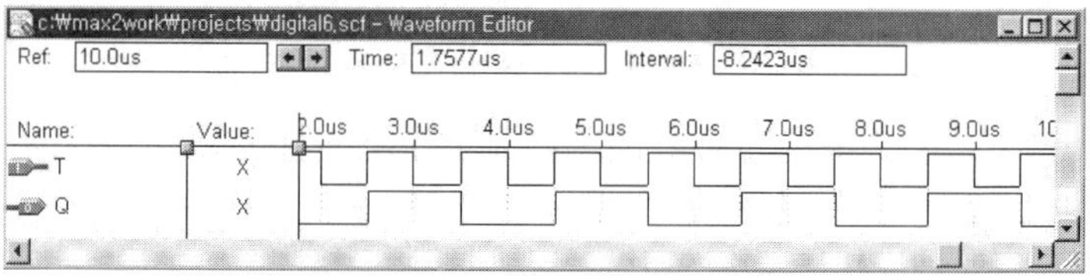

그림 6-16 T 플립플롭의 기본 동작

2.5us에서 T 신호의 상승에지가 입력되었을 때 T 신호의 에지가 입력되기 전의 출력상태가 [Low]였으므로 Q는 2.5us에서 [High]를 출력한다. 3.5us에서 다시 T 신호의 상승에지가 입력되면 Q는 다시 [Low]를 출력하고 있다. 이와 같이 동작하는 것을 토글이라고 부르며 Q 신호의 주기는 T 신호의 2배가 되는 것을 기억하기 바란다.

일반적으로 7474와 74112 등을 이용하여 T 플립플롭을 구성할 수 있으며 그림 6-17과 6-18은 7474와 74112로 설계한 T 플립플롭 회로이다.

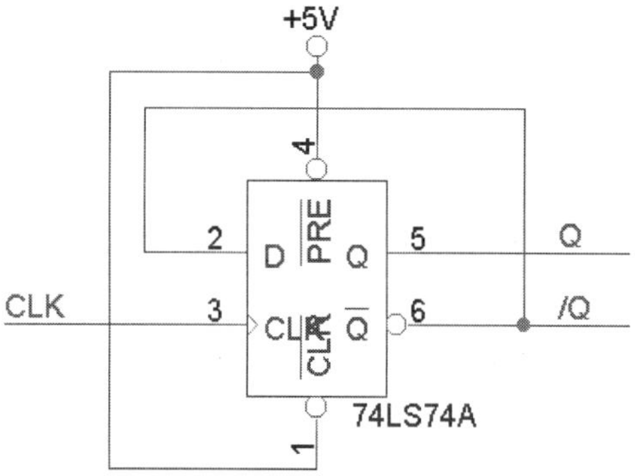

그림 6-17 7474를 이용한 T 플립플롭

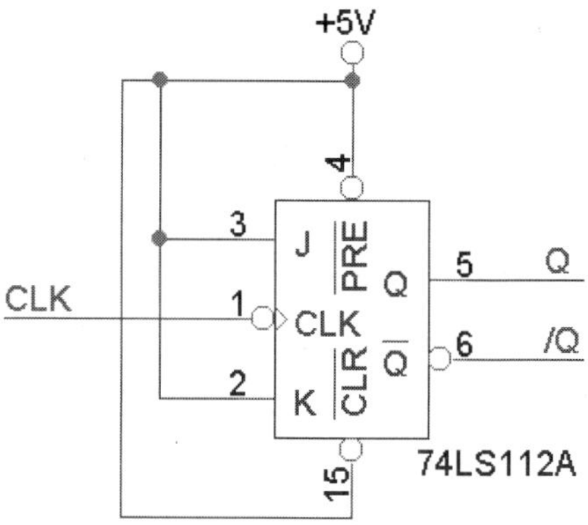

그림 6-18 74112를 이용한 T 플립플롭

☞ **동작원리(7474를 이용한 T 플립플롭)**

1) 그림 6-17과 같이 7474를 이용하여 T 플립플롭을 구성하려면 출력 /Q를 입력 신호인 D와 연결하면 된다.

그림 6-19는 7474로 구성한 T 플립플롭의 동작결과 파형을 그린 것이다.

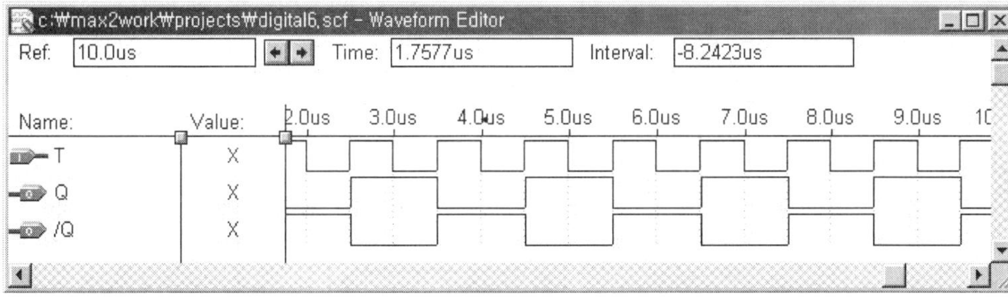

그림 6-19 7474를 이용한 T 플립플롭의 동작 타이밍

2) 그림 6-19의 결과 파형을 살펴보자. 2.5us에서 클럭신호인 T에 상승에지가 공급될 때 그 시점의 /Q가 논리 [High]이고 이 신호가 플립플롭의 D에 연결되어 [High]가 공급되고 있으므로 출력 Q에는 논리 [High]가 출력된다. /Q는 Q의 반대 신호가 되므로 동시에 논리 [Low]가 된다.
3) 3.5us에서 T에 상승에지가 공급되고 그 시점의 /Q가 논리 [Low]이기 때문에 출력 Q에는 논리 [Low]가 출력된다. /Q는 Q의 반대신호가 되므로 동시에 논리 [High]가 된다.
4) 이와 같은 과정이 되풀이되면 출력 Q는 T 신호의 주파수를 2분주한 상태가 된다. 그리고 출력신호 주기는 입력신호 주기의 2배가 된다.
5) 디지털 클럭신호의 주파수로부터 낮은 주파수를 얻어내려면 T 플립플롭을 이용하여 구할 수 있다.

☞ 동작원리(74112를 이용한 T플립플롭)

1) 그림 6-18에서 74112를 이용한 T 플립플롭은 J와 K 신호를 5V에 연결하여 논리 [High]를 공급하므로써 JK 플립플롭의 토글 모드를 이용한다.

그림 6-20은 74112로 구성한 T 플립플롭의 동작결과 파형을 나타낸 것이다.

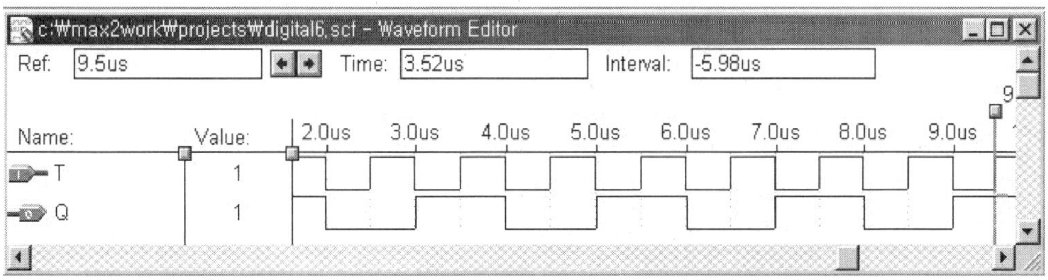

그림 6-20 74112를 이용한 T 플립플롭의 동작 타이밍

2) 파형을 살펴보면 74112의 출력 Q에 논리 [High]가 출력되고 있다. 2.0us에서 클럭 신호인 T에 하강에지가 공급되면 74112의 토글 기능에 의해 출력은 이전 상태인 논리 [High]에서 [Low]로 반전된다.
3) 3.0us에서 T에 하강에지가 공급되고 그 시점의 출력논리상태가 논리 [Low]이었으므로 반전되면 출력 Q는 논리 [High]가 된다.
4) 이와 같은 과정이 되풀이되면 출력 Q는 T 신호의 주파수를 2분주한 상태가 된다.

6-5 T 플립플롭을 이용한 주파수 분주회로

그림 6-21은 클럭신호를 8분주하는 회로이며 입력클럭의 상승에지에서 토글되는 JK 플립플롭을 이용하였다. 8분주 회로의 입력신호 CLK의 주파수가 1[kHz]라면 Q0는 500[Hz], Q1은 250[Hz] 그리고 Q2는 125[Hz]로 분주되어 나타난다. 그림 6-22의 결과 파형을 이용하여 8분주 회로의 동작원리를 살펴보자.

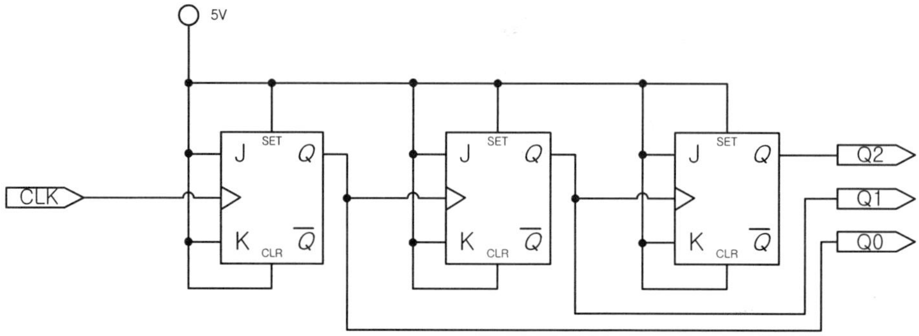

그림 6-21 T 플립플롭을 이용한 8분주 회로

☞ 설계 및 동작원리

1) 그림 6-21에서 CLK 신호는 첫 번째 JK 플립플롭의 클럭입력 신호로 공급된다.
2) 첫 번째 플립플롭의 출력은 두 번째 플립플롭의 클럭입력 신호로 연결한다.
3) 두 번째 플립플롭의 출력은 세 번째 플립플롭의 클럭입력 신호로 연결한다.
4) 출력 Q2~Q0은 각 플립플롭의 출력신호이다.
5) 그림 6-22는 8분주 회로의 동작결과 파형을 나타낸 것이며 CLK의 각 상승에지에 의해 출력 Q0이 CLK 신호의 2분주 신호로 나타난다.
6) Q0의 각 상승에지에 의해 출력 Q1이 Q0의 2분주 신호로 나타나므로 Q1 신호는 CLK 신호를 4분주한 것과 같다.

7) Q1의 각 상승에지에 의해 출력 Q2가 Q1의 2분주 신호로 나타나므로 Q2 신호는 CLK 신호를 8분주한 것과 같다.

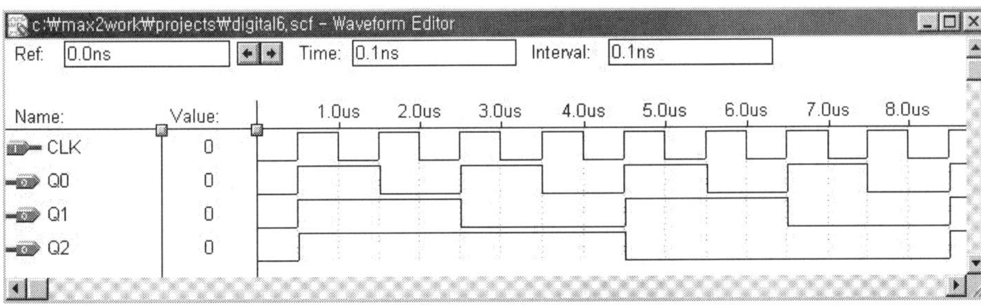

그림 6-22 8분주 회로의 동작결과 파형

예제 6-2 T 플립플롭 4개를 직렬로 연결하여 얻을 수 있는 최대 분주 수는 얼마인가? 그리고 입력 클럭신호의 주파수가 1[MHz]일 때 얻을 수 있는 모든 주파수를 구하라.

[풀이] T 플립플롭 1개로 주파수를 2분주할 수 있으므로 T 플립플롭이 4개이면 $2^4=16$분주가 된다.

$$\frac{1}{2}[\mathrm{MHz}] = 500[\mathrm{kHz}], \qquad \frac{500}{2}[\mathrm{kHz}] = 250[\mathrm{kHz}]$$

$$\frac{250}{2}[\mathrm{kHz}] = 125[\mathrm{kHz}], \qquad \frac{125}{2}[\mathrm{kHz}] = 62.5[\mathrm{kHz}]$$

■

예제 6-3 그림 6-21의 8분주 회로에 입력되는 클럭신호의 주파수가 2[MHz]일 때 각 플립플롭의 출력신호 주파수 및 주기를 계산하라.

[풀이]

- ▣ Q0의 주파수는 $\frac{2}{2}[\mathrm{MHz}] = 1[\mathrm{MHz}]$가 되고 주기는 $\frac{1}{1[\mathrm{MHz}]} = 1[\mu\mathrm{s}]$가 된다.
- ▣ Q1의 주파수는 $\frac{1}{2}[\mathrm{MHz}] = 500[\mathrm{kHz}]$가 되고 주기는 $\frac{1}{500[\mathrm{kHz}]} = 2[\mu\mathrm{s}]$가 된다.
- ▣ Q2의 주파수는 $\frac{500}{2}[\mathrm{kHz}] = 250[\mathrm{kHz}]$가 되고 주기는 $\frac{1}{250[\mathrm{kHz}]} = 4[\mu\mathrm{s}]$가 된다.

■

6-6 멀티 바이브레이터(Multivibrator)

멀티 바이브레이터는 디지털 시스템에서 필요로 하는 클럭신호 발생기로 자주 사용된다. 클럭신호 발생기의 출력은 구형파가 대부분이며 디지털 시스템은 클럭 신호를 기준으로 모든 동작이 이루어진다. 그러므로 클럭신호는 인체의 심장박동과 같다고 말할 수 있다. 일반적으로 멀티 바이브레이터는 다음과 같이 3종류로 분류한다.

- ▣ 불안정 멀티 바이브레이터(astable multivibrator)
- ▣ 단안정 멀티 바이브레이터(mono-stable multivibrator)
- ▣ 쌍안정 멀티 바이브레이터(bi-stable multivibrator)

6-6-1 불안정 멀티 바이브레이터

불안정 멀티 바이브레이터는 그림 6-23과 같이 논리 [Low]와 논리 [High] 상태가 연속해서 나타나는 상태를 의미하며 일종의 발진기(Oscillator)이다. 발진기는 외부의 입력을 필요로 하는 것과 전원이 공급되면 자동적으로 발생하는 것으로 구분할 수 있으며 정해진 주파수와 듀티 싸이클(Duty Cycle)을 유지하면서 두 개의 디지털 논리 레벨을 연속해서 출력하는 회로이다. 디지털 시스템에서 흔히 클럭 발생기라 부르는 것이 불안정 멀티 바이브레이터이며 듀티 싸이클은 클럭신호의 한 주기 중에서 [High]가 차지하는 백분율을 의미한다.

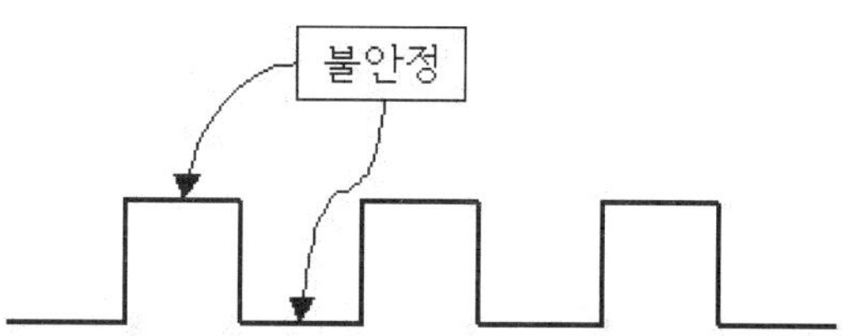

그림 6-23 불안정 멀티 바이브레이터 신호

(1) 수정 발진기(Crystal Oscillator)

디지털 시스템에서 사용되는 클럭신호 발생기는 다음과 같은 조건을 만족할 때 이상적인 디지털 클럭으로 사용할 수 있다.

1) 논리 [High] 레벨과 논리 [Low] 레벨전압이 안정할 것
2) 상승시간과 하강시간이 짧을 것
3) 주파수가 안정할 것

위의 세 가지 조건을 충분히 만족하는 디바이스가 클럭신호 발생기로 널리 사용되는 수정 발진기이다.

마이크로프로세서에 공급되는 클럭신호를 살펴보자. 그림 6-24는 33[MHz]의 클럭 신호를 필요로 하는 어떤 마이크로프로세서에 공급될 클럭신호 조건을 나타낸 것이다.

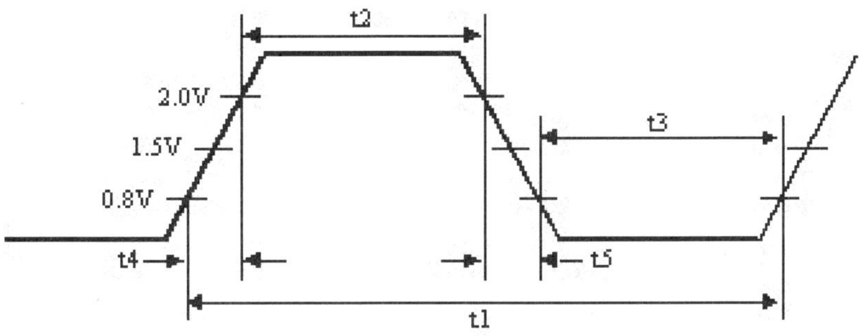

그림 6-24 클럭신호

그림 6-24에서 클럭신호의 안정조건으로 제시된 내용은 다음과 같다.

1) 논리 [Low] 레벨전압 : 0.8V 이하
2) 논리 [High] 레벨전압 : 2.0V 이상
3) t1 : 클럭신호 주기(30ns)
4) t2 : 논리 [High]의 펄스 폭(최소 11ns)
5) t3 : 논리 [Low]의 펄스 폭(최소 11ns)
6) t4 : 상승시간(최대 3ns)
7) t5 : 하강시간(최대 3ns)

이와 같이 디지털 시스템에서 사용되는 클럭신호는 시스템의 특성에 따라 다양한 조건이 요구된다. 이러한 조건에 가장 근접한 부품이 수정발진기이다.

1) TTL을 이용한 수정 발진기 회로

그림 6-25는 7404 인버터를 사용하여 수정 발진기를 발진시키는 회로이다. 그림 6-25에서 사용된 수정 발진기를 X-TAL이라 부른다.

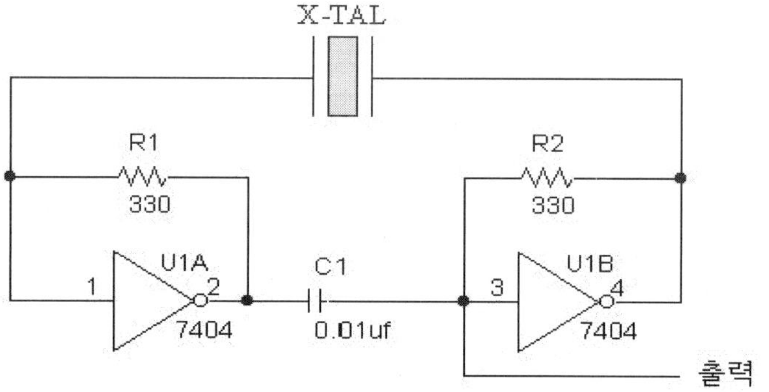

그림 6-25 TTL 클럭 발생기 회로

2) 마이크로프로세서 MCS8051의 수정 발진기 사용 예

그림 6-26과 같이 MCS51은 수정 발진기의 한쪽 핀을 마이크로프로세서의 XTAL2핀에 연결하고 다른 쪽 핀은 커패시터를 연결하여 접지와 연결하고 동일한 커패시터를 XTAL1핀과 접지 사이에 연결하여 수정 발진기를 발진시킨다. 발진조건을 위해 선택되는 커패시터 C값은 마이크로프로세서마다 약간씩 다르므로 데이터 매뉴얼을 참조하여 값을 결정한다.

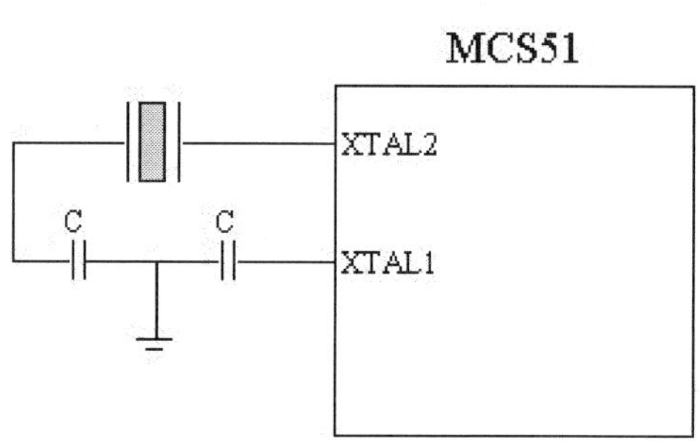

그림 6-26 MCS51의 클럭 신호 발생

3) 마이크로프로세서 Z-80(2MHz)의 수정 발진기 사용 예

그림 6-27과 같이 Z-80은 TTL 클럭 발생 회로를 이용하여 4[MHz] 수정 발진기를 발진시키고 7474로 발생된 클럭 신호를 2분주하여 마이크로프로세서에 입력한다.

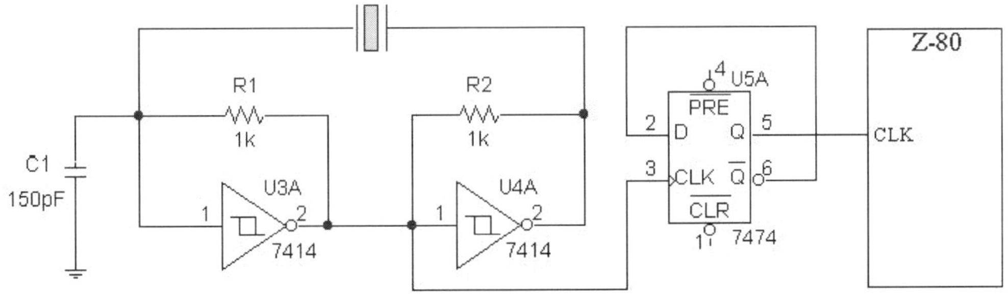

그림 6-27 Z-80 2MHz의 클럭 발생 회로

(2) 타이머 555를 이용한 구형파 발진

타이머 555는 출력 신호가 TTL 신호 레벨과 호환성을 갖는 디바이스이며 구형파 발진기 또는 단안정 멀티 바이브레이터로 널리 사용된다. 그림 6-28은 타이머 555를 이용하여 클럭 신호를 발생시키는 회로이다. 그림 6-29와 같은 구형파를 발생시키기 위한 조건은 다음과 같다. 이 조건을 이용하여 그림 6-28에 있는 저항과 커패시터 값을 결정한다.

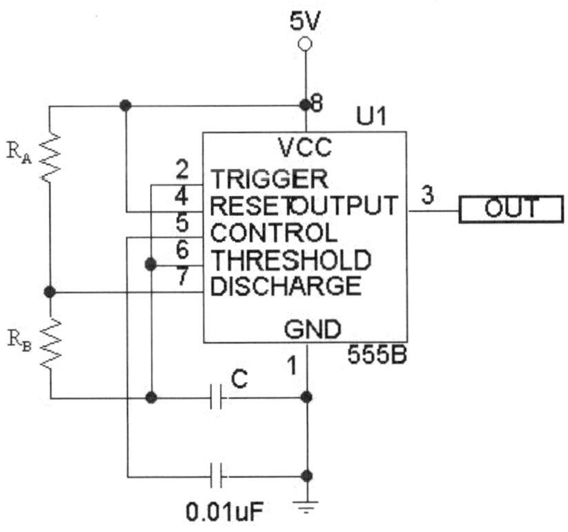

그림 6-28 타이머 555 클럭 발생 회로

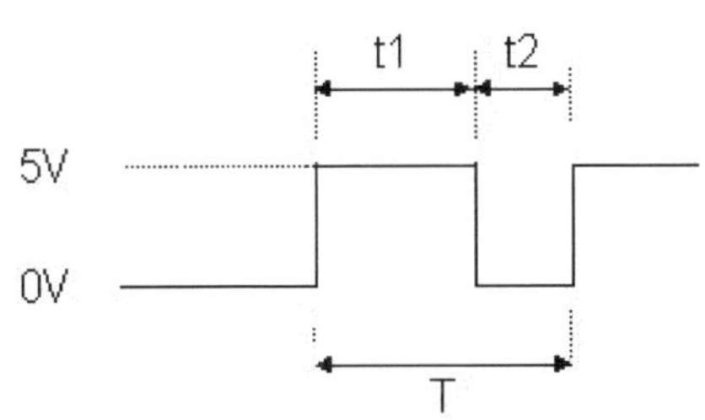

그림 6-29 구형파 발생

1) 구형파 발생 조건

▣ 펄스의 [High] 구간

$$t_1 = 0.693 \cdot (R_A + R_B) \cdot C$$

▣ 펄스의 [Low] 구간

$$t_2 = 0.693 \cdot R_B \cdot C$$

▣ 펄스의 주파수

$$f = \frac{1}{T} = \frac{1}{(t_1 + t_2)}$$

▣ 펄스의 듀티 싸이클(클럭의 주기에서 [High]가 차지하는 백분율)

$$dutycycle = \frac{t_1}{T} \times 100\,\% = \frac{t_1}{(t_1 + t_2)} \times 100\,\%$$

$$= \frac{(R_A + R_B)}{(R_A + 2 \cdot R_B)} \times 100\,\%$$

▣ 그림 6-28에서 CONTROL 신호인 핀 5와 접지 사이에는 클럭 발생의 안정도를 높이기 위해 0.01[μF]을 연결한다.
▣ 일반적으로 R_A는 500[Ω] 이상을 사용한다.
▣ 펄스의 듀티 싸이클을 50%로 하려면 $R_B > R_A > 500[\Omega]$인 조건 하에서 가능하며 구형파의 논리 [Low]과 논리 [High]의 펄스 폭이 거의 같게 출력된다. 이때의 주파수는 다음과 같다. 대부분의 디지털 시스템은 듀티 싸이클이 50%에 가까운 클럭 신호를 사용하므로 아래의 식을 꼭 기억하기 바란다.

$$f \cong \frac{0.72}{R_B \cdot C}$$

예제 6-4 타이머 555를 이용하여 듀티 싸이클이 50%인 100[kHz] 클럭신호를 얻으려고 한다. R_A를 1[kΩ], R_B를 10[kΩ]으로 선택하였을 때 커패시터 C를 구하라.

[풀이]

$$f \cong \frac{0.72}{R_B \cdot C} \text{에서}$$

$$C \cong \frac{0.72}{R_B \cdot f} = \frac{0.72}{10 \times 10^3 \times 100 \times 10^3}$$

$$= \frac{0.72}{10^9}$$

$$= 0.72[nF]$$

■

6-6-2 단안정 멀티 바이브레이터

단안정 멀티 바이브레이터는 원-샷(One Shot)이라고도 부르며 외부로부터 트리거 신호(짧은 펄스)가 가해질 때마다 회로에 연결된 저항과 콘덴서의 시정수 폭만큼 일정한 시간동안 하나의 구형 펄스를 발생시키는 회로이다.

(1) 타이머 555를 이용한 단안정 멀티 바이브레이터

그림 6-30은 타이머 555를 이용하여 단안정 멀티 바이브레이터 신호를 얻어내기 위한 회로이다.

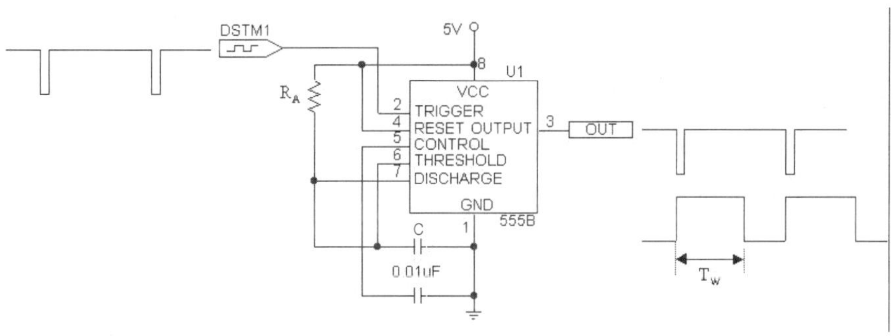

그림 6-30 타이머 555를 이용한 단안정 멀티 바이브레이터

▣ 동작원리

1) 그림 6-30에서 타이머 555의 핀 2에 짧은 펄스 폭을 갖는 디지털 신호를 입력한다.
2) 타이머 555에 부착된 저항 R_A의 크기와 커패시터 C의 용량에 따라 출력 3번 핀에 펄스 폭 T_W를 갖는 신호가 출력된다.
3) 트리거는 입력신호의 하강에지에서 시작되며 펄스 폭 T_W는 다음 식으로 결정된다.

$$T_W = 1.1R_AC$$

예제 6-5 그림 6-30의 회로에서 C는 10μF, R_A는 10kΩ을 사용하였을 때 다음 입력 신호(IN)에 대한 출력 파형(OUT)을 그려라.

[풀이]

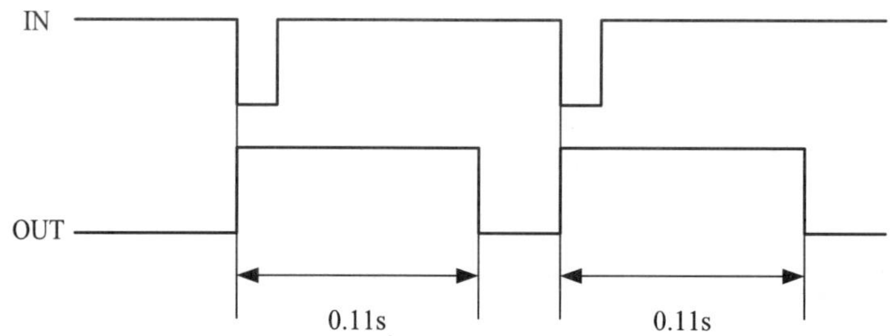

$$T_W = 1.1 \times R_A \times C$$
$$= 1.1 \times 10 \times 10^3 \times 10 \times 10^{-6} = 0.11[S]$$

■

(2) 74121 단안정 멀티 바이브레이터

74121은 Non-Retriggerable이며 그림 6-31과 같이 3개의 제어 입력신호와 2개의 출력신호를 갖고 있다. 표 6-7과 같이 트리거는 A1과 A2 입력 신호의 하강에지에서, B 입력신호의 상승에지에서 일어난다.

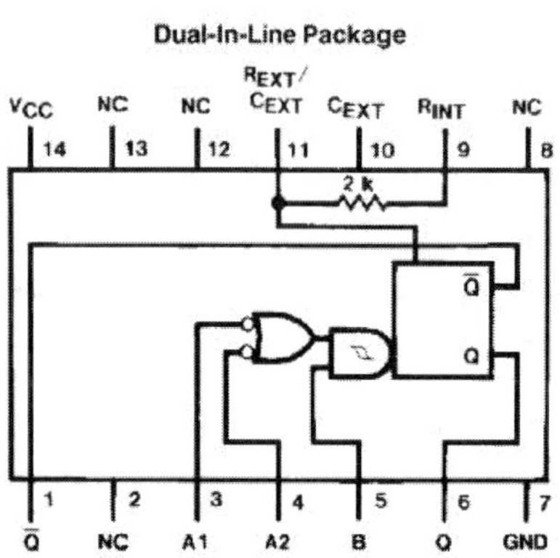

그림 6-31 74121 블럭도

표 6-7 74121 진리표

Function Table

Inputs			Outputs	
A1	A2	B	Q	Q̄
L	X	H	L	H
X	L	H	L	H
X	X	L	L	H
H	H	X	L	H
H	↓	H	⊓	⊔
↓	H	H	⊓	⊔
↓	↓	H	⊓	⊔
L	X	↑	⊓	⊔
X	L	↑	⊓	⊔

▣ 동작원리

1) 그림 6-32는 입력신호에 대한 출력신호를 나타낸 것이다.
2) 그림 6-32(a)와 같이 A1 신호와 A2 신호가 논리 [Low]로 입력되고 이때 B 신호에 상승에지가 있으면 출력 Q 신호가 일정시간동안 논리 [High]를 출력한다.
3) 74121 디바이스에서 출력 Q가 논리 [High]로 출력되는 시간은 다음과 같다.

$$T_W = 0.693 R_{ext} C_{ext}$$

4) 그림 6-32(b)와 같이 B 신호에는 논리 [High]가 공급되고 A1 신호 또는 A2 신호에 하강에지가 입력되면 출력 Q 신호가 T_W 시간동안 논리 [High]를 출력한다.
5) 출력 신호의 펄스 폭은 3번 항과 동일한 방식으로 적용된다.
6) 그림 6-33은 74121의 연결방법을 나타낸 것이다. 이 디바이스의 11번 핀과 전원 사이에 저항 R_{ext}를 연결하고 11번 핀과 10번 핀 사이에 커패시터 C_{ext}를 연결하면 원하는 펄스 폭을 얻을 수 있다.

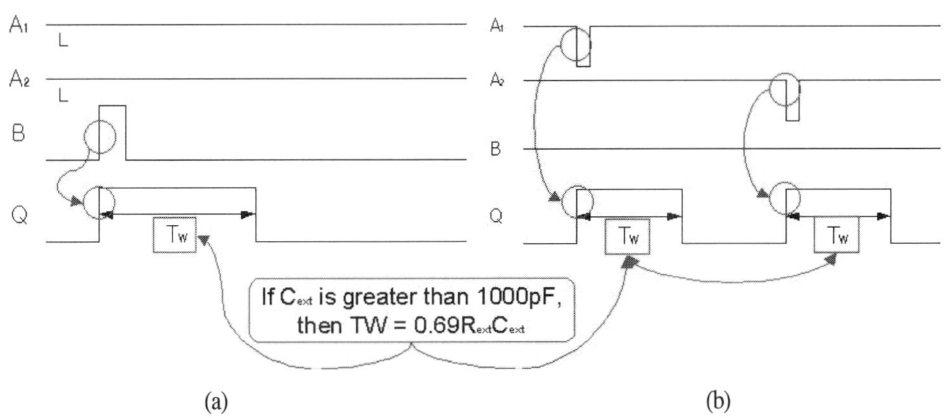

그림 6-32 74121의 동작 타이밍

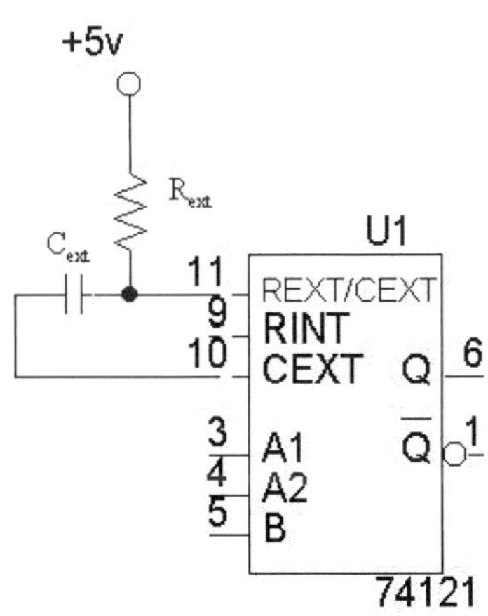

그림 6-33 74121 연결방법

(3) 74122/74123 단안정 멀티 바이브레이터

74122는 Retriggerable이며 그림 6-34와 같이 74122의 경우 4개의 입력(A1, A2, B1, B2)과 1개의 제어신호(CLEAR)가 있으며 4개 중 2개(B1과 B2)는 입력신호의 상승에지에서 트리거 되어 펄스를 만들어내고 나머지는 하강에지에서 트리거되어 펄스를 만들어 낸다. 표 6-8에 74122 진리표를 나타냈다.

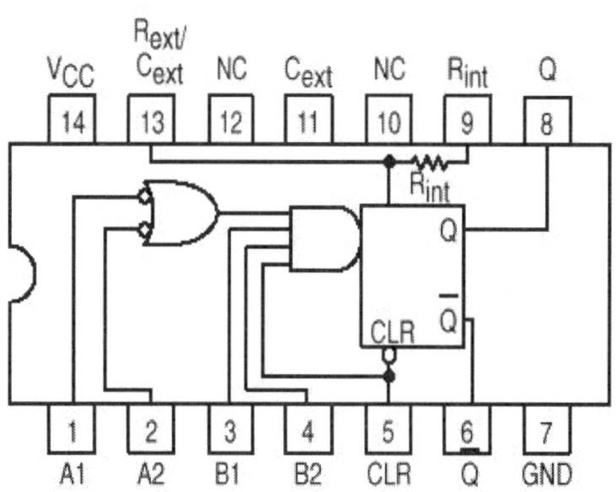

그림 6-34 74122 블럭도

표 6-8 74122 진리표

LS122
FUNCTIONAL TABLE

INPUTS					OUTPUTS	
CLEAR	A1	A2	B1	B2	Q	Q̄
L	X	X	X	X	L	H
X	H	H	X	X	L	H
X	X	X	L	X	L	H
X	X	X	X	L	L	H
H	L	X	↑	H	⊓	⊔
H	L	X	H	↑	⊓	⊔
H	X	L	↑	H	⊓	⊔
H	X	L	H	↑	⊓	⊔
H	H	↓	H	H	⊓	⊔
H	↓	↓	H	H	⊓	⊔
H	↓	H	H	H	⊓	⊔
↑	L	X	H	H	⊓	⊔
↑	X	L	H	H	⊓	⊔

그림 6-35와 같이 74123은 두 개의 단안정 멀티 바이브레이터를 갖고 있으며 2개의 입력신호와 1개의 제어신호를 갖고 있다. 표 6-9에 74123 진리표를 나타냈다.

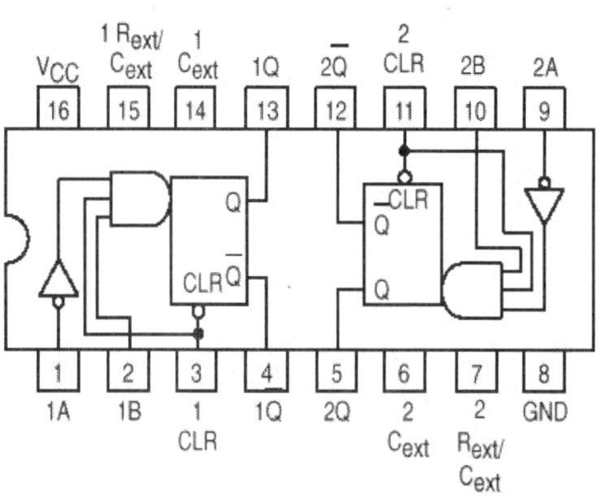

그림 6-35 74123 블럭도

표 6-9 74123 진리표

LS123
FUNCTIONAL TABLE

INPUTS			OUTPUTS	
CLEAR	A	B	Q	Q̄
L	X	X	L	H
X	H	X	L	H
X	X	L	L	H
H	L	↑	⊓	⊔
H	↓	H	⊓	⊔
↑	L	H	⊓	⊔

▣ 설계방법

그림 6-36과 그림 6-37은 74122와 74123의 인터페이스 방법의 예를 나타낸 것이다. 이 연결방법은 표준으로 적용되고 있다.

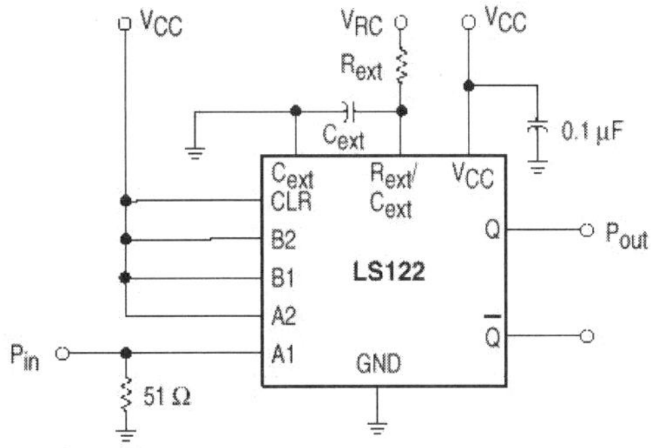

그림 6-36 74122 설계 예

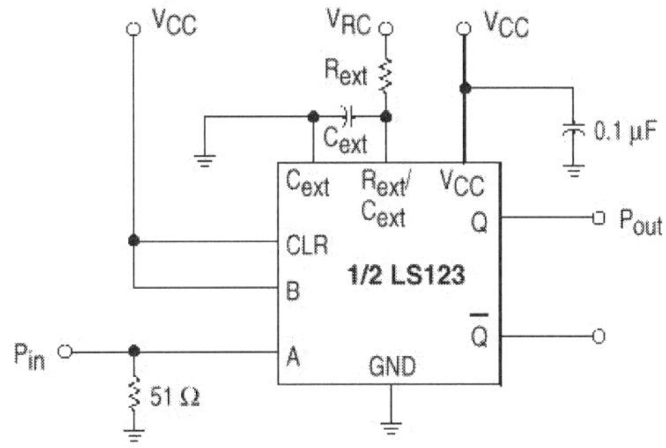

그림 6-37 74123 설계 예

▣ 동작원리

1) 그림 6-38에서 74122의 B에 상승에지가 공급되면 R_{ext}와 C_{ext}의 용량에 따라 출력신호의 펄스 폭이 결정된다. 출력이 나오는 동안 CLR 신호가 논리 [Low]로 공급되면 출력은 논리 [Low]로 된다.

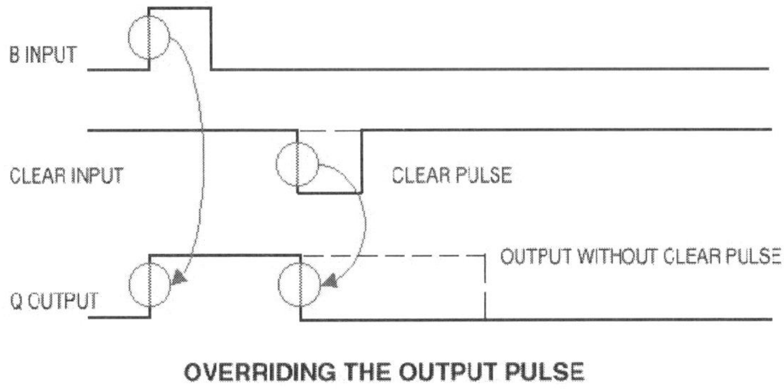

그림 6-38 74122 동작 타이밍

2) 그림 6-39에서 74123의 B에 상승에지가 공급되면 R_{ext}와 C_{ext}의 용량에 따라 출력신호의 펄스 폭이 결정된다. 출력이 나오는 동안 B에 상승에지가 다시 입력되면 출력의 펄스 폭은 연장된다.

예를 들어 tw가 30[us]일 때 첫 번째 트리거 신호에 의해 펄스가 발생되어 20[us]까지 진행되었을 때 트리거 신호가 한 번 더 입력되면 이때부터 30[us]만큼 펄스가 연장되므로 최종 출력의 펄스 폭은 50[us]가 된다.

3) 74122와 74123의 펄스 폭은 다음과 같이 결정된다.

$$t_W = 0.45R_{ext}C_{ext}$$

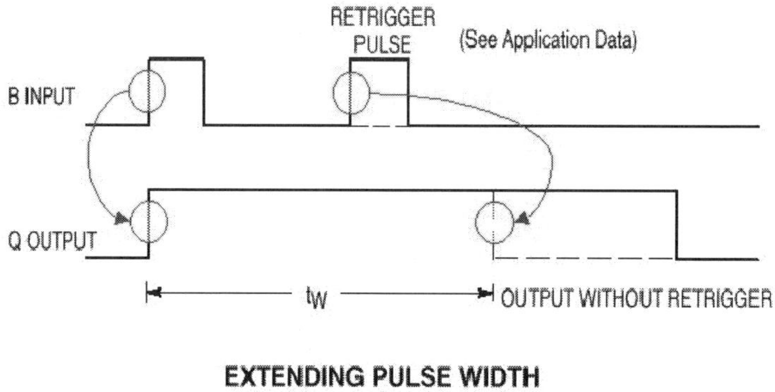

그림 6-39 74123 동작 타이밍

6-6-3 쌍안정 멀티바이브레이터

쌍안정 멀티바이브레이터는 6장 처음에서 언급한 플립플롭으로 외부의 신호가 없으면 [Low] 상태 혹은 [High] 상태가 그대로 유지되는 회로이다.

연습문제

1. 그림 6-1에 그림 6-40과 같은 입력파형이 공급될 때 출력파형을 그려라. 단, 초기 상태는 논리 [1]이었다고 가정한다.

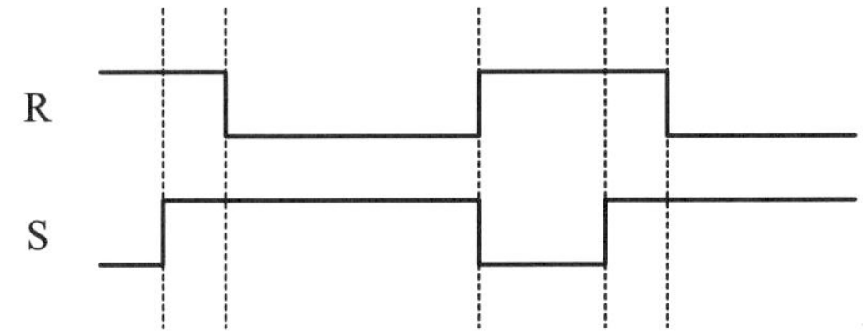

그림 6-40

2. 그림 6-3에 그림 6-41과 같은 입력파형이 공급될 때 출력파형을 그려라. 단, 초기 상태는 논리 [0]이었다고 가정한다.

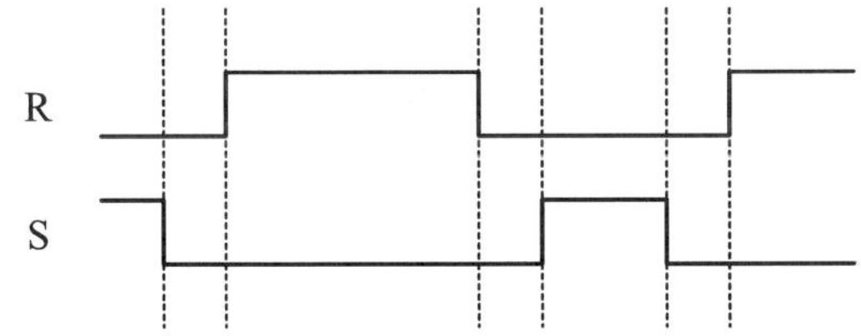

그림 6-41

3. 7474 D 타입 플립플롭에 그림 6-42와 같은 신호가 입력되었을 때 출력파형을 그려라.

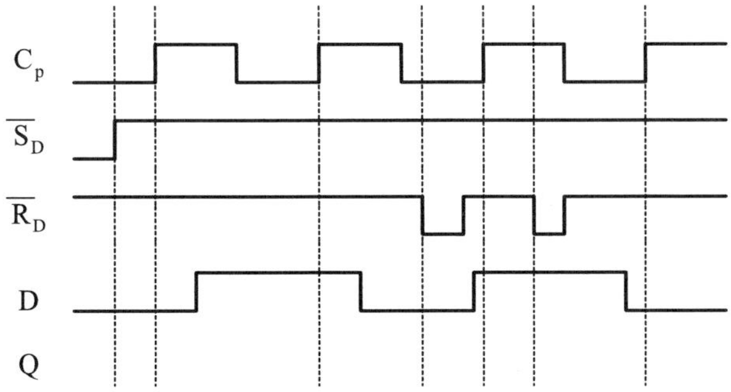

그림 6-42

4. 7474 플립플롭 2개를 이용하여 10[kHz]의 주파수를 갖는 디지털 신호를 4분주하는 회로를 작성하고 입·출력파형을 그려라.

5. 74109 JK 플립플롭을 이용하여 T 플립플롭을 설계하라.

6. 타이머 555를 이용하여 듀티 싸이클이 75%인 10[kHz] 구형파를 발생시키려고 한다. 그림 6-28에서 저항 R_A는 1[kΩ]으로 할 때 R_B와 C값을 결정하라.

7. 단안정 멀티바이브레이터인 74121을 이용하여 20[us]의 펄스 폭을 갖는 신호를 얻고자 한다. 현재 가지고 있는 콘덴서는 0.01[μF]이다. 이 펄스 폭을 얻기 위한 저항값을 구하라.

8. 그림 6-43과 같이 듀티 싸이클이 80%이고 주파수가 50[kHz]인 디지털 신호 In이 있다. 단안정 멀티바이브레이터인 74121을 이용하여 듀티 싸이클이 50%인 신호인 Out 신호로 변형하고 싶다. R_{ext}와 C_{ext}를 구하라. 여기서 참고할 것은 일반적으로 많이 사용되는 콘덴서 C_{ext}는 100[pF]이다.

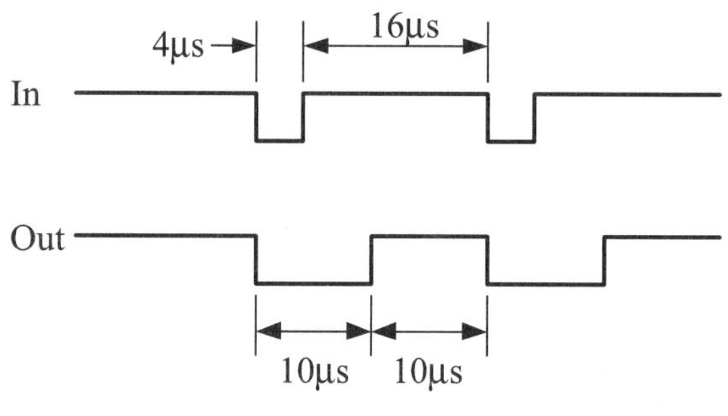

그림 6-43

9. 그림 6-44의 회로에서 R_B에 직렬로 10[kΩ]의 가변저항을 연결하였다. 이때 가변저항은 0[Ω]으로 설정하였다. R_A=6.8[kΩ], R_B=4.7[kΩ] 그리고 C=1000[pF]을 사용할 때 출력파형의 주파수 및 듀티 싸이클을 계산하고 파형을 정확히 그려라.

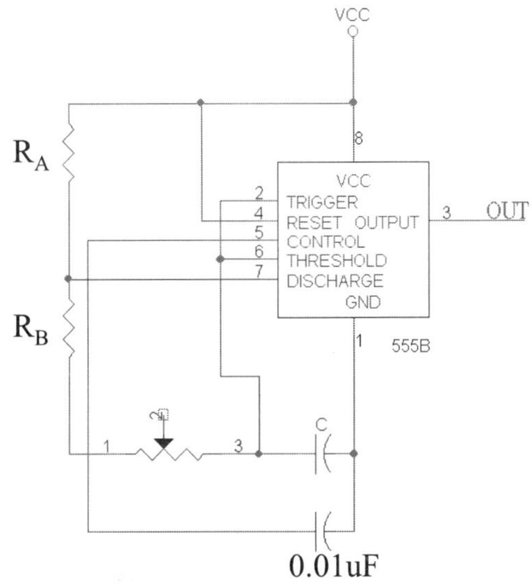

그림 6-44 타이머 555 클럭 발생 회로

10. 그림 6-44의 회로에서 가변저항을 이용하여 얻을 수 있는 최대 주파수와 최소 주파수를 구하라. 가변저항의 용량은 10[kΩ]이다.

11. 단안정 멀티바이브레이터인 74122를 이용하여 원하는 펄스 폭을 얻고자 한다. T_W를 50[us]로 설정하고 트리거 신호를 공급하였다. 첫 번째 트리거 신호의 하강에지에서 펄스가 발생하여 20[us]까지 진행되었다. 이때 두 번째 트리거 신호의 하강 에지를 공급하였다. 최종적인 펄스폭을 구하라. 그리고 입•출력 타이밍을 정확히 그려라.

CHAPTER 7

카운터(Counter)와 카운터 응용

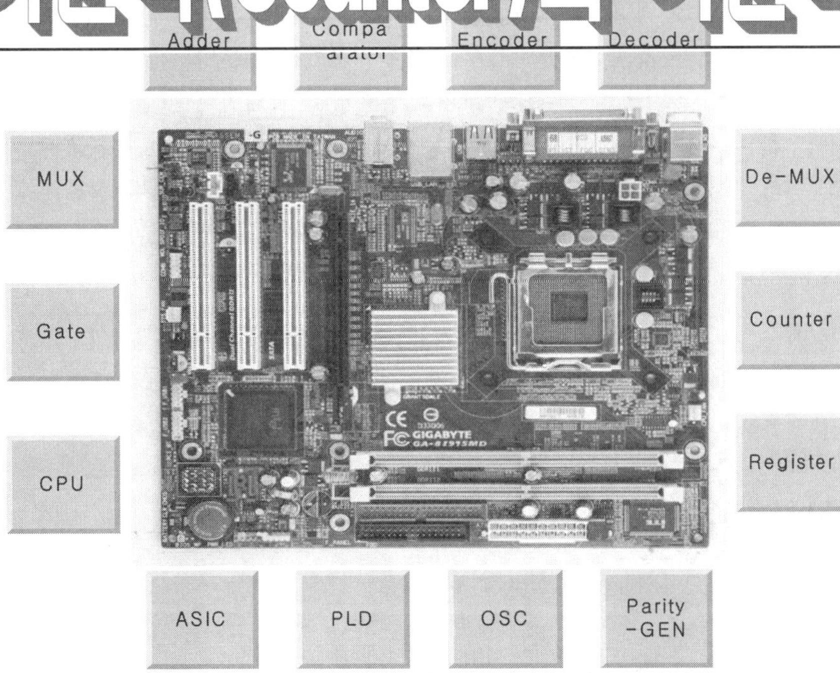

일상생활 속에서 흔히 접하는 일 중의 하나가 어떤 수를 세는 일이다. 수를 셀 때 가장 쉽게 선택하는 방법이 손가락을 이용하는 것이다. 디지털 시스템에서는 이와 같이 어떤 수를 세는 것을 카운팅(Counting)이라 하고 이와 같은 기능을 갖는 디바이스 또는 회로를 카운터 또는 계수기라 부른다. 카운터는 입력되는 펄스의 수를 세며 카운터를 이용한 디지털 시스템은 우리 일상생활에서 자주 접할 수 있다. 여러분이 손목에 차고 있는 디지털 시계, 전자계산기, 핸드폰, MP3 등과 실험실에서 사용하는 주파수 카운터 등 헤아릴 수 없이 많은 디지털 시스템이 카운터를 사용한다. 일반적으로 사람이 숫자를 셀 때 결과를 기억할 수 있는 것처럼 카운터 역시 계수 결과를 저장할 수 있어야 한다. 카운터는 플립플롭으로 구성하기 때문에 계수결과를 저장할 수 있다.

카운터는 일반적으로 1개의 클럭신호 입력핀, 여러 개의 제어핀 그리고 n개의 출력핀으로 구성되어 있으며 출력핀의 수에 따라 n비트 카운터라 부른다. 예를 들어 출력핀이 4개이면 4비트 카운터라 부르며 $2^4=16$으로 표현하고 0에서 최대 15까지 셀 수 있다.

카운터는 플립플롭에 있는 클럭입력 신호의 연결방법에 따라 비동기식 카운터(asynchronous counter)와 동기식 카운터(synchronous counter)로 분류하며 비동기식 카운터는 플립플롭을 직렬로 연결한 경우이며 앞단의 플립플롭 출력을 다음 단 플립플롭 클럭입력으로 연결하는 방식이다. 비동기식 카운터는 지연시간이 많이 발생하기 때문에 고속 계수에는 적합하지 않지만 설계가 간편하다. 반면, 동기식 카운터는 동일한 클럭 신호를 플립플롭의 클럭입력으로 사용하기 때문에 지연시간이 작고 고속 동작에 적합하다. 다만 설계가 다소 복잡하다는 단점이 있다.

이 장에서는 여러 가지 카운터의 원리, 구성 그리고 다양한 응용 예를 소개하면서 카운터를 설계하는 방법을 다룬다.

7-1 비동기식 카운터

D 플립플롭과 JK 플립플롭을 이용한 카운터를 살펴보자.

7-1-1 D 플립플롭을 이용한 리플-업(Ripple-Up) 카운터

7474 D 플립플롭은 입력 데이터인 D 신호를 클럭신호의 상승에지에서 저장하면서 출력한다는 것을 이미 배웠다. 또한 플립플롭의 출력 /Q를 입력 데이터 신호에 귀환시켜 연결하면 입력클럭이 2분주되어 나타나는 것 또한 배웠다. 3개의 7474 D 플립플롭을 이용하여 8진 리플-업 카운터를 설계해 보자.

☞ 설계과정

1) 상태 천이도 : 8진 리플-업 카운터는 그림 7-1의 상태 천이도와 같이 0에서 7까지 계수할 수 있어야 하고 표 7-1과 같이 입력되는 클럭의 수에 따라 출력이 나타나야 한다.

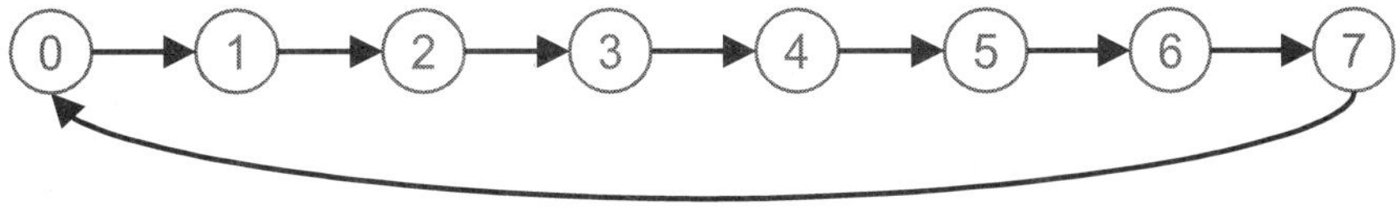

그림 7-1 8진 Ripple-Up 카운터 상태 천이도

표 7-1 리플-업 카운터의 입력 클럭과 출력

입력 클럭 수	0	1	2	3	4	5	6	7
카운터 출력	000	001	010	011	100	101	110	111

이와 같이 현재의 값에서 증가되는 방향으로 계수하는 것을 업(up) 카운터라 부르며 상태천이도에서 알 수 있듯이 8개의 상태를 계수할 수 있어야 하는데 이와 같은 계수기를 설계하기 위해 소요되는 플립플롭의 수는 다음과 같은 식에 의해 결정한다.

$$\text{계수 범위} \leq 2^n$$

위 식에서 계수범위가 10이면 n=4가 되며 이때의 n이 플립플롭의 수가 된다.
표 7-1에서 3비트 카운터 출력의 좌측이 MSB다.

2) 그림 7-2와 같이 플립플롭을 연결한다. 카운터의 출력은 각 플립플롭의 /Q에서 얻는다. 8진 카운터이므로 3개의 플립플롭이 필요하고 출력은 3비트가 된다.
3) CLK 신호를 첫 번째 플립플롭의 클럭신호로 공급하고 출력 /Q를 다음 플립플롭의 클럭신호에 연결한다. 각 플립플롭의 출력 /Q는 해당 플립플롭의 데이터 입력신호인 D에 귀환시킨다.
4) 카운터 출력은 플립플롭이 3개이므로 3비트의 출력을 얻게 되며 첫 번째 플립플롭의 출력(q_0)이 LSB가 되고 마지막 플립플롭의 출력(q_2)이 MSB가 된다.

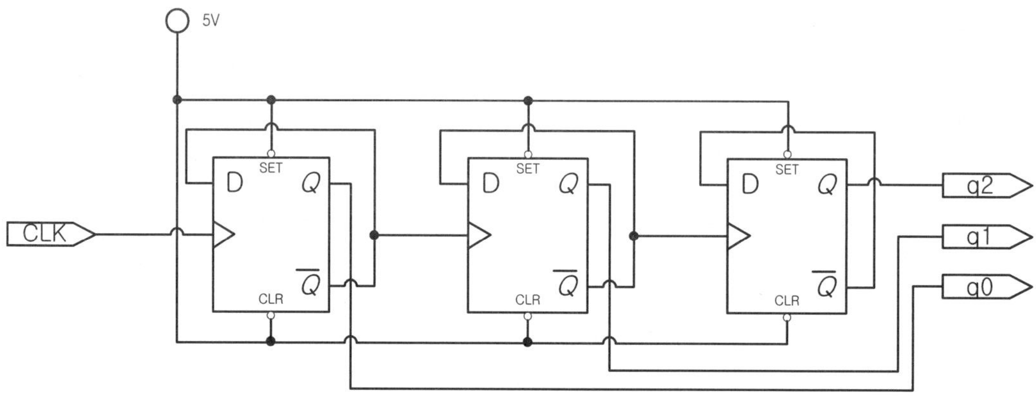

그림 7-2 8진 Ripple-Up 카운터

☞ **동작원리**

1) 그림 7-3은 이 카운터의 입력과 출력을 나타낸 것이다. 출력이 호수 표면의 작은 물결이 밀려가는 모양으로 나타나기 때문에 리플 카운터라 부른다.

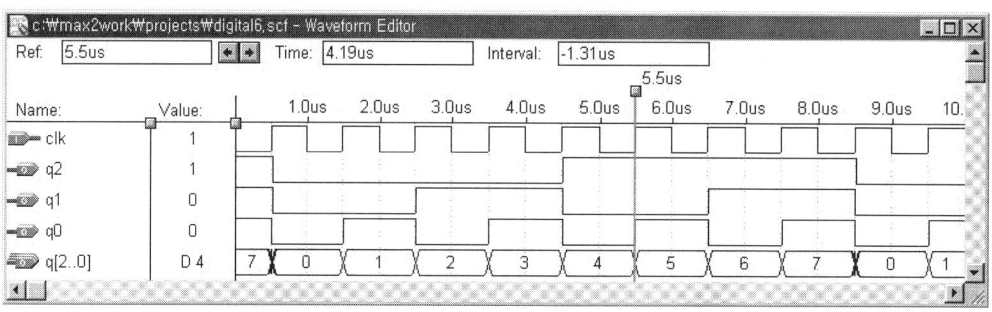

그림 7-3 Ripple-Up 카운터 출력 타이밍도

2) 플립플롭은 초기에 리셋트되었으므로 각 플립플롭의 출력 Q는 논리 [Low], /Q는 논리 [High] 상태를 갖는다. 그러므로 카운터의 초기값은 [7]이다.
3) 0.5[us]에서 입력된 CLK의 상승에지에 의해 q0는 [Low]가 되고 플립플롭을 T플립플롭으로 구성하였으므로 다음 상승에지에서 q0는 [High]가 된다. 이와 같은 상태는 CLK의 상승에지가 있을 때마다 되풀이된다.
4) 첫 번째 플립플롭의 /Q가 두 번째 플립플롭의 클럭신호이므로 /Q의 상승에지(q0는 하강에지)가 발생한 0.5[us]에서 q1은 [Low]가 된다. q0의 두 번째 하강에지에서 q1은 [High]가 되고 동일한 상태가 되풀이된다.
5) 두 번째 플립플롭의 출력 /Q가 세 번째 플립플롭의 클럭신호이므로 /Q의 상승에지(q1은 하강에지)가 발생한 0.5[us]에서 q2는 [Low]가 된다. q1의 두 번째 하강에지에서 q2는 [High]가 되고 동일한 상태가 되풀이된다.

6) 그림 7-3에 나타난 결과를 살펴보면 CLK의 첫 번째 상승에지 이후에 출력은 [000](0)이 되고 8번째 상승에지 이후에 출력은 [111](7)이 되었음을 알 수 있다. 또한 CLK의 9번째 상승에지 이후에 출력은 다시 원래의 상태인 [000](0)으로 되는 것을 확인할 수 있다.

7-1-2 D 플립플롭을 이용한 리플-다운(Ripple-Down) 카운터

☞ 설계과정

1) 상태 천이도 : 8진 Ripple-Down카운터는 그림 7-4의 상태 천이도와 같이 7에서 0까지 계수할 수 있어야 하고 표 7-2와 같이 출력이 나타나야 한다. 그림 7-4에 나타낸 상태 천이도에서 알 수 있듯이 현재의 값에서 감소되는 방향으로 계수되는 것을 다운 카운터라 부른다.

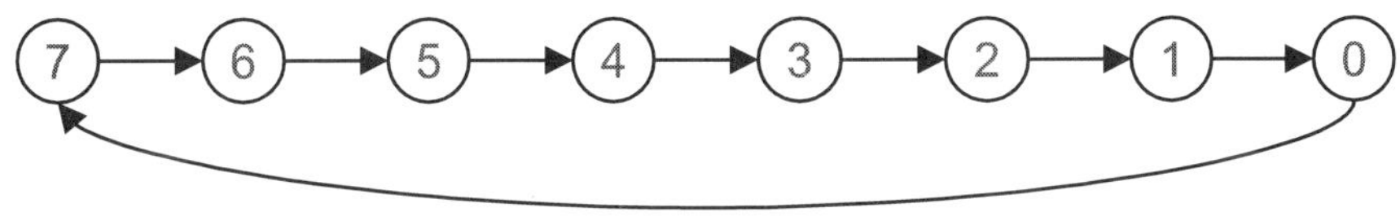

그림 7-4 8진 Ripple-Down 카운터

표 7-2 리플-다운 카운터의 입력 클럭과 출력

입력 클럭 수	0	1	2	3	4	5	6	7
카운터 출력	111	110	101	100	011	010	001	000

2) 그림 7-5와 같이 플립플롭을 연결한다.

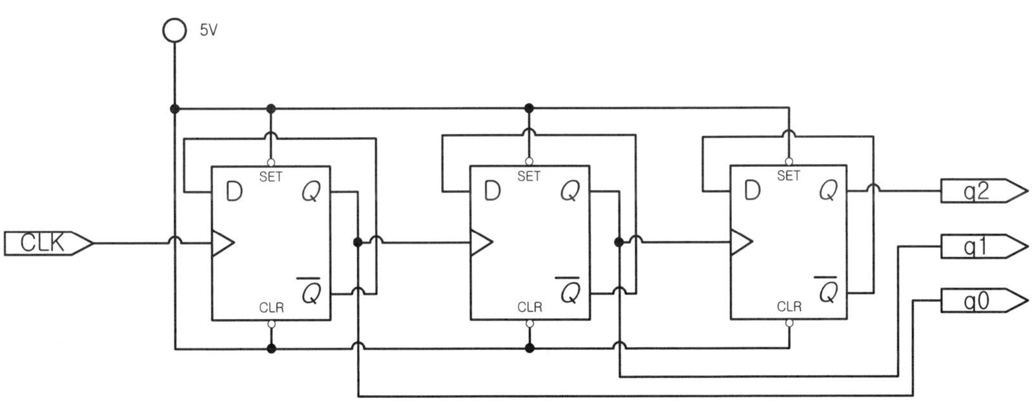

그림 7-5 8진 Ripple-Down 카운터

3) 8진 리플-다운 카운터는 플립플롭의 출력 Q가 다음 플립플롭의 클럭 입력으로 연결한 것을 제외하면 리플-업 카운터와 동일하다.

☞ **동작원리**

1) 그림 7-6은 이 카운터의 입력과 출력 파형을 나타낸 것이다.
2) 플립플롭은 초기에 리셋되었으므로 각 플립플롭의 출력 Q는 논리 [Low], /Q는 논리 [High] 상태를 갖는다. 그러므로 카운터의 초기값은 [0]이 된다.
3) CLK의 상승에지가 발생한 0.5[us] 이후 q0는 [High]가 되고 다음 상승에지가 있는 1.5 [us] 이후에 q0는 [Low]가 된다. 이와 같은 상태는 CLK의 상승에지가 있을 때마다 되풀이된다.
4) 첫 번째 플립플롭의 q0(Q)가 두 번째 플립플롭의 클럭신호이므로 q0의 첫 번째 상승에지가 발생한 0.5[us]에서 q1은 [High]가 된다. q0의 두 번째 상승에지가 있는 2.5[us] 이후에 q1은 [Low]가 되고 동일한 상태가 되풀이된다.
5) 두 번째 플립플롭의 q1(Q)이 세 번째 플립플롭의 클럭신호이므로 q1의 첫 번째 상승에지가 있는 0.5[us] 이후에 q2는 [High]가 된다. q1의 두 번째 상승에지가 있는 2.5[us] 이후에 q2는 [Low]가 되고 동일한 상태가 되풀이된다.
6) 그림 7-6에 나타난 결과를 살펴보면 CLK의 첫 번째 상승에지에서 출력은 [111](7)이 되고 8번째 상승에지에서 출력은 [000](0)이 되었음을 알 수 있으며 9번째 상승에지에서 출력은 다시 원래의 초기 계수 상태인 [111](7)로 되는 것을 확인할 수 있다.

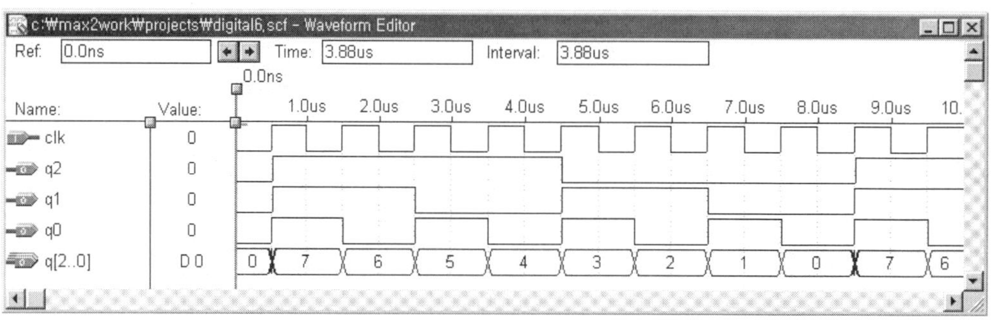

그림 7-6 8진 Ripple-Down 카운터의 동작 타이밍도

7-1-3 JK 플립플롭을 이용한 8진 리플-업 카운터

JK 플립플롭은 클럭신호와 입력신호인 J와 K의 상태에 따라 출력이 결정된다는 것을 6장에서 배웠다. 또한 J와 K 신호를 모두 논리 [High]로 연결하고 클럭신호를 공급하면 출력은 토글되며 이에 따라 클럭 입력신호가 2분주되어 출력된다는 것 또한 배웠다. 이 절에서는 3개의 JK 플립플롭을 이용하여 8진 리플-업 카운터를 설계하는 방법을 다룬다.

☞ **설계원리**

1) 상태 천이도 : 그림 7-1과 동일한 상태를 갖는다.
2) 74112 JK 플립플롭은 클럭신호의 하강에지에서 동작하고 J와 K를 논리 [High] 또는 +5V에 연결하여 클럭신호를 공급하면 출력신호가 토글되는 원리를 이용하여 카운터를 설계한다.
3) 그림 7-7과 같이 74112 JK 플립플롭을 연결한다. 플립플롭의 출력 Q가 카운터의 출력이 되고 또한 다음 단에 연결된 플립플롭의 클럭 입력신호로 사용된다.

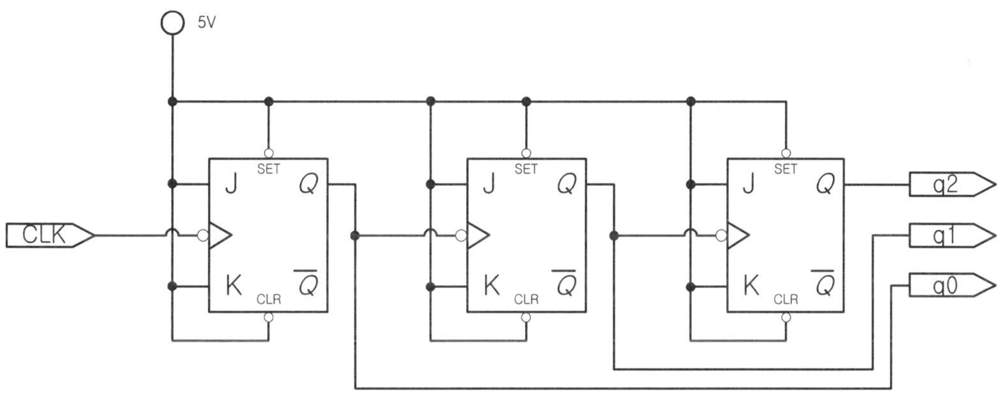

그림 7-7 JK 플립플롭을 이용한 8진 Ripple-Up 카운터

☞ **동작원리**

1) 그림 7-8은 이 카운터의 입력과 출력을 나타낸 것이다.

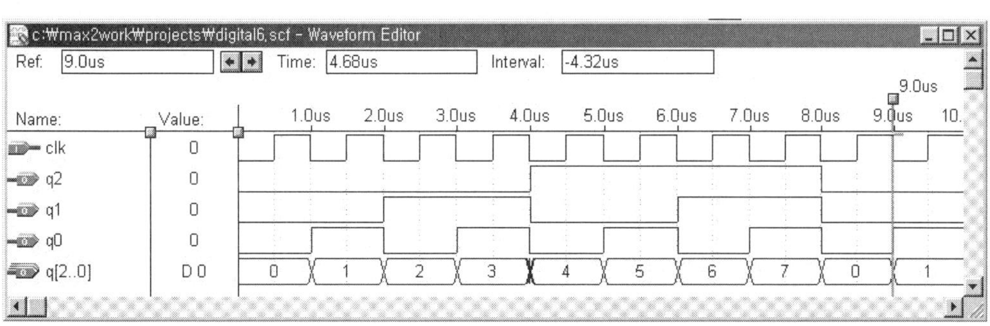

그림 7-8 JK 플립플롭을 이용한 8진 Ripple-Up 카운터의 동작 타이밍도

2) JK 플립플롭은 초기에 리셋트되었으므로 각 플립플롭의 출력 Q는 논리 [Low], /Q는 논리 [High] 상태를 갖는다.
3) CLK의 하강에지가 있는 1.0[us] 이후에 q0는 [High]가 되고 다음 하강에지가 있는 2.0[us]

이후에 q0는 [Low]가 된다. 이와 같은 상태는 CLK의 하강에지가 있을 때마다 되풀이된다.

4) 첫 번째 플립플롭의 q0(Q)가 두 번째 플립플롭의 클럭신호이므로 q0의 첫 번째 하강에지가 있는 2.0[us] 이후에 q1은 [High]가 된다. q0의 두 번째 하강에지가 있는 4.0[us] 이후에 q1은 [Low]가 되고 동일한 상태가 되풀이된다.

5) 두 번째 플립플롭의 q1(Q)이 세 번째 플립플롭의 클럭신호이므로 q1의 첫 번째 하강에지가 있는 4.0[us] 이후에 q2는 [High]가 된다. q1의 두 번째 하강에지가 있는 8.0[us] 이후에 q2는 [Low]가 되고 동일한 상태가 되풀이된다.

6) 그림 7-8에 나타난 결과를 살펴보면 초기상태가 [000](0)이었고 초기상태를 포함한 CLK의 8번째 하강에지에서 출력은 [111](7)이 되고 클럭신호의 하강 에지가 하나 더 입력되면 카운터의 출력은 초기상태인 [000](0)이 된다.

7-1-4 JK 플립플롭을 이용한 8진 리플-다운 카운터

☞ 설계과정

1) 상태 천이도 : 그림 7-4와 동일한 상태를 갖는다.
2) 그림 7-9와 같이 JK 플립플롭의 출력 /Q를 클럭신호에 연결한다.

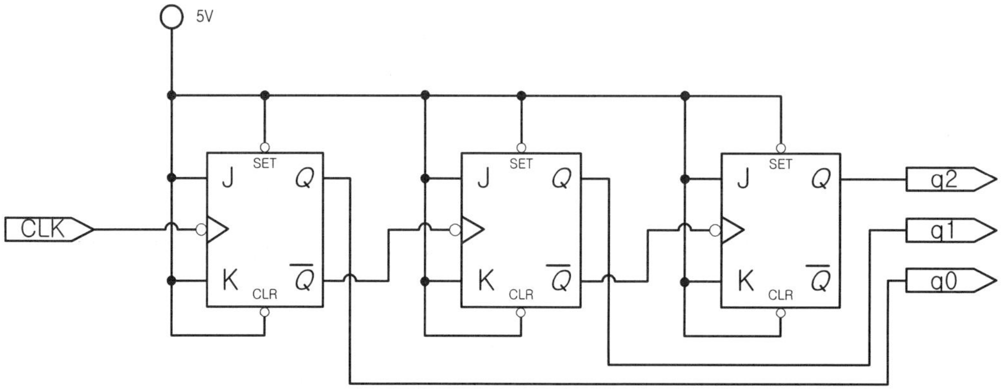

그림 7-9 JK 플립플롭을 이용한 8진 Ripple-Down 카운터

3) 카운터의 출력은 플립플롭의 Q에서 얻는다.

☞ 동작원리

1) 그림 7-10은 이 카운터의 입력과 출력파형을 나타낸 것이다.

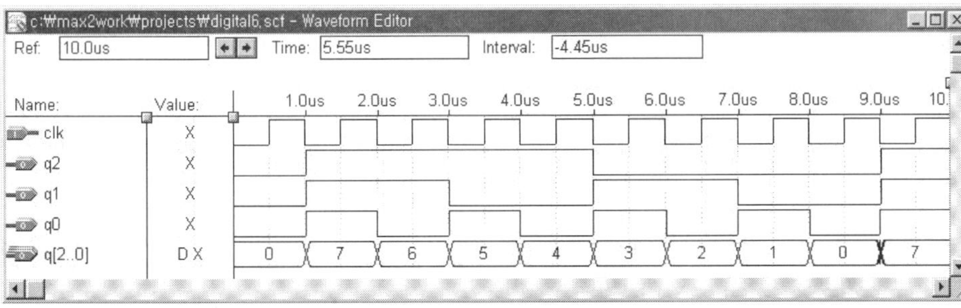

그림 7-10 8진 Ripple-Down 카운터의 타이밍도

2) JK 플립플롭은 초기에 리셋되었으므로 각 플립플롭의 출력 Q는 논리 [Low], /Q는 논리 [High] 상태를 갖는다.
3) CLK의 하강에지(1.0[us])에서 q0는 [High]가 되고 다음 하강에지(2.0[us])에서 q0는 [Low]가 된다. 이와 같은 상태는 CLK의 하강에지가 있을 때마다 되풀이된다.
4) 첫 번째 플립플롭의 /Q 신호가 두 번째 플립플롭의 클럭신호이므로 q0의 첫번째 상승에지(1.0[us])에서 q1은 [High]가 된다. q0의 두 번째 상승에지(3.0[us])에서 q1은 [Low]가 되고 동일한 상태가 되풀이된다.
5) 두 번째 플립플롭의 /Q가 세 번째 플립플롭의 클럭신호이므로 q1의 첫 번째 상승에지(1.0[us])에서 q2는 [High]가 된다. q1의 두 번째 상승에지(5.0[us])에서 q2는 [Low]가 되고 동일한 상태가 되풀이된다.
6) 그림 7-10에 나타난 결과를 살펴보면 CLK의 첫 번째 하강에지에서 출력이 [111](7)이 되고 CLK의 8번째 하강에지에서 출력은 [000](0)이 된다. 그리고 CLK의 9번째 하강에지에서 출력은 다시 초기 상태인 [111](7)이 된다.

예제 7-1 그림 7-11은 74109 JK 플립플롭이다. 이 플립플롭을 이용하여 8진 Ripple-Up 및 Ripple-Down 카운터를 설계하시오.

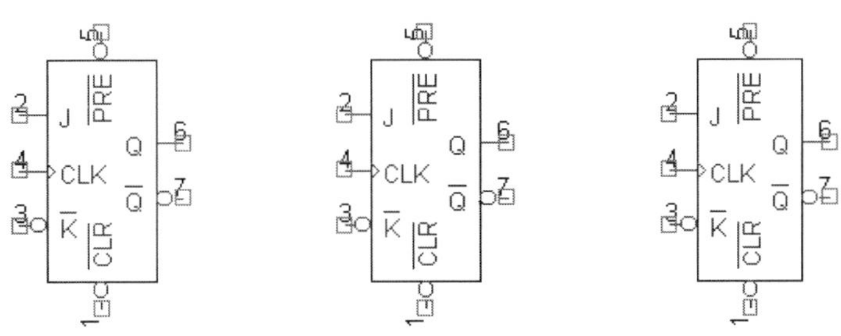

그림 7-11 74109 JK 플립플롭

※ 비동기식 카운터는 위에서 소개한 것과 같이 앞단의 출력이 다음 단의 입력이 되므로 최종 출력은 처음 신호에 비해 상당한 지연시간을 갖게 된다. 8진 카운터에서 각 플립플롭의 지연시간이 10[ns]라면 3개의 플립플롭에 의한 지연 시간은 30[ns]가 된다. 이와 같이 비동기식 카운터는 신호의 지연시간이 계속 누적된다는 것이 가장 큰 단점이다. ■

7-1-5 직접 리셋형 모듈로 10(modulo-10 또는 mod-10) 카운터

모듈러스의 정의 : 앞 절에서 소개한 리플 카운터는 출력이 3비트이면서 8개의 상태를 계수할 수 있는 카운터이다. 일반적으로 계수할 수 있는 상태의 수가 n개이면 이 카운터의 모듈러스(modulus)는 n이 된다. 그러므로 카운터를 modulo-n 또는 mod-n 카운터라 부른다. 플립플롭의 수가 3개이면 $2^3=8$, 4개이면 $2^4=16$과 같이 플립플롭의 수에 따라 2, 4, 8, 16 단위로 계수할 수 있다.

만약 0에서 9까지 계수하려면 계수 상태의 수가 10개이므로 플립플롭은 4개가 필요하다. 그렇지만 별도의 논리회로를 추가하지 않으면 이 카운터는 15까지 계수한 다음 0을 계수하게 되므로 원하는 계수 상태를 얻을 수 없다. 이것을 해결하기 위해 단안정 멀티바이브레이터를 추가하거나 플립플롭의 리셋트 단자를 제어하는 직접 리셋 방식 등 다양한 방법을 사용하고 있으나 멀티바이브레이터를 추가하는 방법은 다소 고전적이고 비용이 많이 소요된다. 그러므로 이 절에서는 직접 리셋형을 다룬다.

☞ **설계과정**

1) 플립플롭의 리셋트 신호에 논리 [Low]를 공급하면 플립플롭의 모든 출력이 [Low]로 되는 특성을 이용한다.
2) 그림 7-12는 mod-10 카운터의 상태 천이도를 나타낸 것이다. mod-10 카운터는 10진 카운터이므로 0에서 9까지 계수한 다음 다시 0이 되어야 한다.

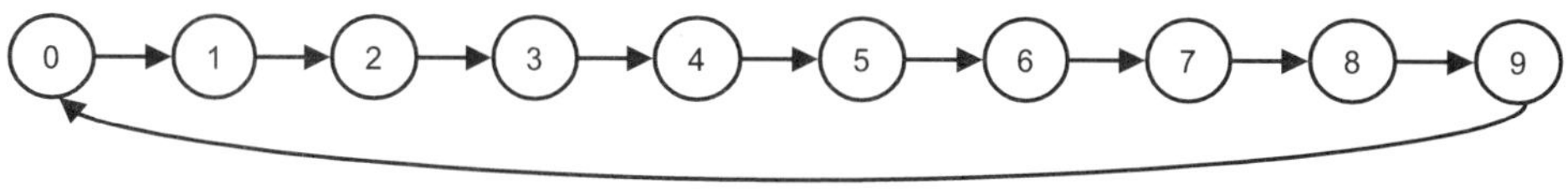

그림 7-12 mod-10 카운터의 상태 천이도

3) 표 7-3은 클럭입력에 따른 mod-10 카운터의 출력상태를 나타낸 것이다.

표 7-3 mod-10 카운터의 계수 상태표

입력	출력			
계수상태	Q3	Q2	Q1	Q0
0	L	L	L	L
1	L	L	L	H
2	L	L	H	L
3	L	L	H	H
4	L	H	L	L
5	L	H	L	H
6	L	H	H	L
7	L	H	H	H
8	H	L	L	L
9	H	L	L	H
0	L	L	L	L

4) 표 7-3에서 [H L L H](9)까지 계수한 다음 계속해서 클럭신호가 입력되면 계수 상태는 10이 되며 출력은 [H L H L](10)가 된다. 이것은 mod-10 카운터에서 원하는 출력이 아니므로 출력이 [L L L L](0)가 되도록 설계를 변경해야 한다.
5) 그림 7-13과 같이 카운터의 q_3, $/q_2$, q_1, $/q_0$를 NAND 게이트에 연결하고 NAND 게이트의 출력 신호를 모든 플립플롭의 리셋트 단자에 연결한다.

카운터의 출력이 [H L H L](10)가 나올 때 NAND 게이트에 [H H H H]가 공급되어 NAND 게이트의 출력신호는 플립플롭의 리셋트 단자에 논리 [Low]를 공급하게 되며 플립플롭의 모든 출력은 [L L L L](0)가 되어 카운터의 초기 상태가 된다. 이때 클럭신호의 상승에지가 입력되면 카운터는 [L L L H](1)가 되어 정상적인 10진 카운터의 동작을 할 수 있게 된다.

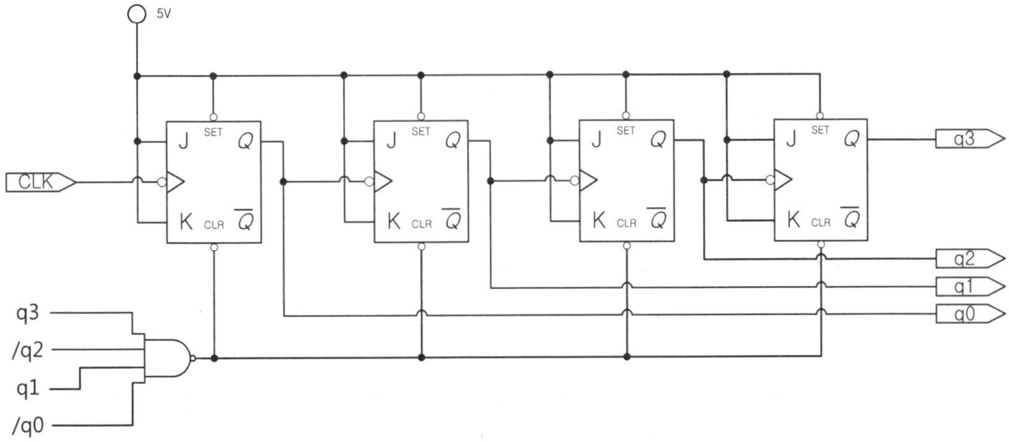

그림 7-13 74109 JK 플립플롭을 이용한 mod-10 카운터의 설계

☞ **동작원리**

1) 그림 7-14는 mod-10 카운터의 입력과 출력을 나타낸 것이다.

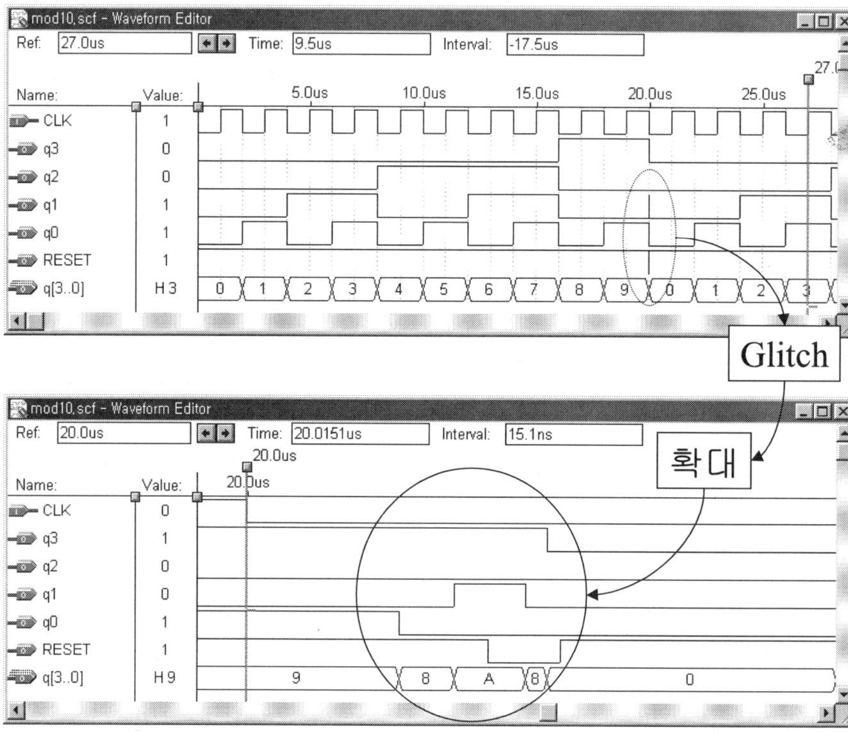

그림 7-14 mod-10 카운터의 동작 타이밍도

2) 클럭의 상승에지가 mod-10 카운터에 연속해서 입력되면 카운터는 0에서 9까지 계수한다.
3) 9에서 다음 클럭의 상승에지가 입력되면 10이 되어 출력의 논리상태는 [H L H L](10)가 된다.
4) q3와 q1을 NAND 게이트의 입력 핀에 연결하고 /q2와 /q0를 NAND 게이트의 나머지 입력 핀에 연결하면 [H L H L](10)가 출력될 때 NAND 게이트에는 [H H H H]가 입력되며 NAND 게이트의 출력은 논리 [Low]가 된다.
5) 이 [Low] 신호는 모든 플립플롭의 리셋 단자에 공급되기 때문에 출력은 모두 [Low]가 된다. 그러므로 카운터의 현재 출력은 [L L L L[(0)이 된다.
6) 이때 클럭신호의 상승에지가 입력되면 출력은 [L L L L]에서 하나가 증가되어 [L L L H](1)가 되며 계수 동작을 계속하게 된다.
7) 직접 리셋트형 카운터의 단점은 그림 7-14에서 알 수 있듯이 글리치(Glitch)가 발생하는 것이다. 이 글리치는 펄스폭이 매우 작기 때문에 계수 동작에 큰 영향을 주지는 않지만

정밀한 디지털 시스템을 구성하는 데는 문제를 일으킬 수 있다.

8) 글리치가 발생한 부분을 확대해서 살펴보면 9에서 0으로 계수 상태가 변하는 과정에 CLK의 상승에지가 없어도 8과 10이 연속해서 나타나는 것을 확인할 수 있으며 10이 나타난 이후에 0이 나타난다. 다만, 이 시간이 매우 짧기 때문에 계수 동작에 영향을 주지 않을 뿐이다.

7-1-6 TTL IC로 된 비동기식 카운터

(1) 74LS90 비동기식 10진 카운터

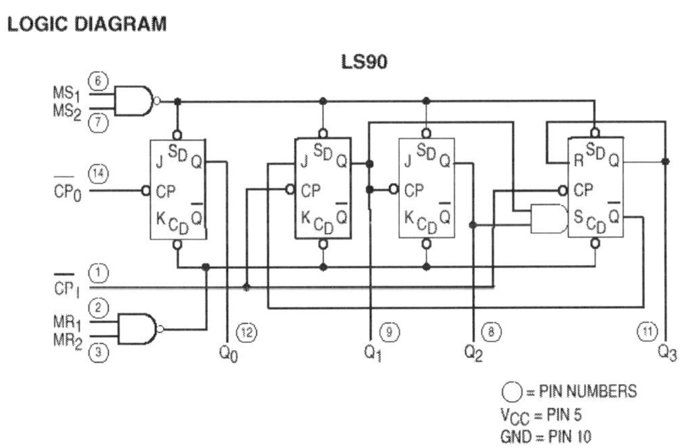

그림 7-15 74LS90 10진 카운터 구성도

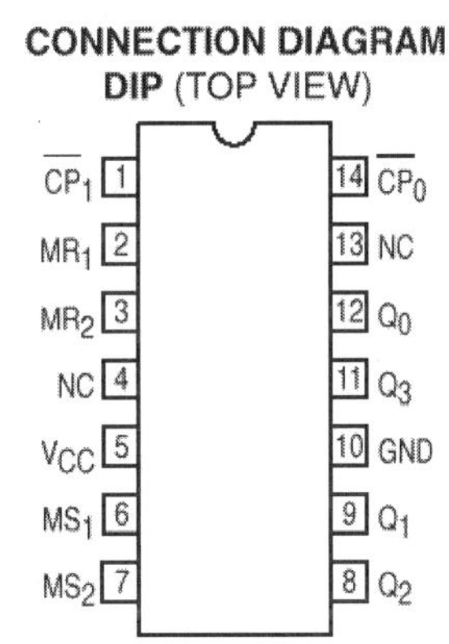

그림 7-16 핀 구성도

10분주 회로로도 많이 사용되는 74LS90에는 2진 카운터와 5진 카운터가 내장되어 있으며 각각을 2진 카운터 및 5진 카운터로 사용할 수도 있고 두 개를 결합하여 10진 카운터로 동작시킬 수도 있다. 그림 7-15는 비동기식 10진 카운터인 74LS90의 구성도를, 그림 7-16에 핀 구성도를 나타냈다. 카운터는 일반적인 TTL과 다르게 전원 공급 핀이 IC의 중간에 있다. 즉, V_{CC}는 5번 핀, GND는 10번 핀으로 할당되어 있으므로 사용할 때 주의하기 바란다.

☞ 설계과정

1) 표 7-4는 74LS90의 진리표를 나타낸 것이다.

표 7-4 74LS90 10진 카운터 진리표

입력					출력			
CP0, CP1	MR_1	MR_2	MS_1	MS_2	Q3	Q2	Q1	Q0
↓	H	H	L	X	L	L	L	L
	H	H	X	L	L	L	L	L
	X	X	H	H	H	L	L	H
	L	X	L	X	Count			
	X	L	X	L	Count			
	L	X	X	L	Count			
	X	L	L	X	Count			

MR_1과 MR_2는 카운터 리셋트 기능을, MS_1과 MS_2는 카운터 셋트 기능을 제공하며 카운트 동작을 위해서는 모든 제어신호 4개를 논리 [Low] 상태가 되도록 접지에 연결하여 사용한다. 계수 동작이 진행되는 도중에 MR_X 신호가 논리 [High]로 공급되면 카운터는 [L L L L](0)으로 초기화된다. 또한 MS_X 신호가 논리 [High]가 되면 카운터는 [H L L H](9)로 초기화된다.

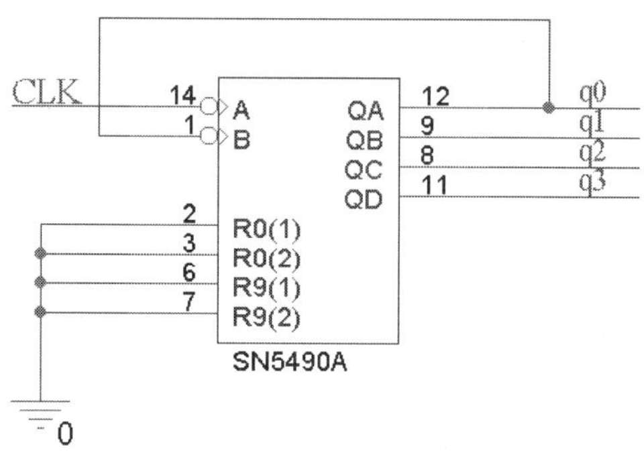

그림 7-17 10진 카운터 설계

2) 이 카운터는 2진 카운터와 5진 카운터를 갖고 있기 때문에 10진 카운터로 사용하려면 그림 7-17과 같이 연결하여 사용한다.
3) 그림 7-17에서 계수 클럭은 2진 카운터의 클럭 입력신호인 14번 핀에 연결하고 2진 카운터의 출력인 q0(12번 핀)를 5진 카운터의 클럭 입력신호인 1번 핀에 연결하여 10진 카운터를 설계한 것이다. 10진 카운터의 출력에서 q3이 MSB이고 q0이 LSB이다.
4) 74LS90을 이용한 10진 카운터의 계수 결과는 그림 7-18과 같다.

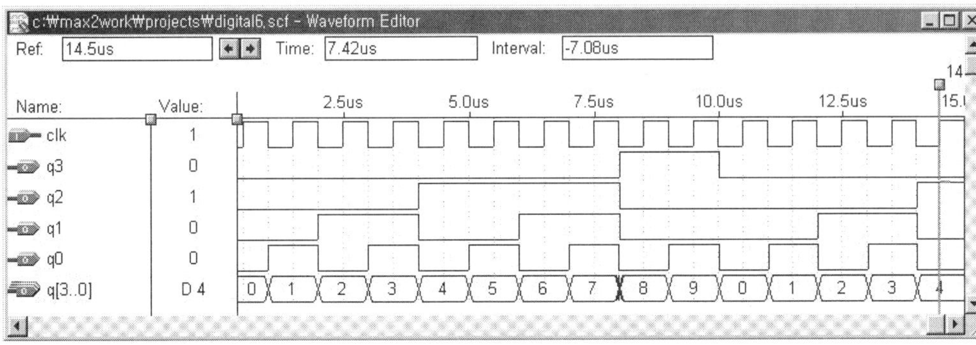

그림 7-18 74LS90을 이용한 10진 카운터의 동작 타이밍도

☞ 동작원리

1) 그림 7-18에 74LS90을 이용하여 얻은 계수 결과를 나타내었다.
2) 74LS90은 클럭신호의 하강에지에서 계수 동작을 한다.
3) CLK 신호의 하강에지가 공급되면 현재의 계수 상태에서 하나가 증가되어 출력되는 것을 알 수 있으며 0에서 9까지 계수한 다음 다시 0을 계수하게 된다.
4) 그림 7-18을 보면 q0는 입력 클럭신호 주기의 2배이고 50%의 듀티 싸이클을 갖고 있으며 CLK 신호를 2분주 한 신호와 동일하다.
5) q3은 [Low] 구간이 8×CLK, [High] 구간이 2×CLK인 10분주 신호와 동일하다.
6) 그러므로 74LS90은 10진 카운터 외에 클럭신호를 2분주, 5분주 및 10분주하는 회로로 사용할 수 있다.

(2) 비동기식 16진 카운터

그림 7-19에 나타낸 74LS93은 2진 카운터와 8진 카운터로 구성되어 있으며 2개의 카운터를 직렬로 연결하면 16진 카운터를 구성할 수 있다. MR_1과 MR_2를 논리 [High]에 연결하면 카운터는 리셋트가 되어 카운터 출력이 [L L L L](0)이 되고 MR_1 또는 MR_2를 논리 [Low]에 연결하면 카운터는 클럭신호에 따라 계수 동작을 시작한다.

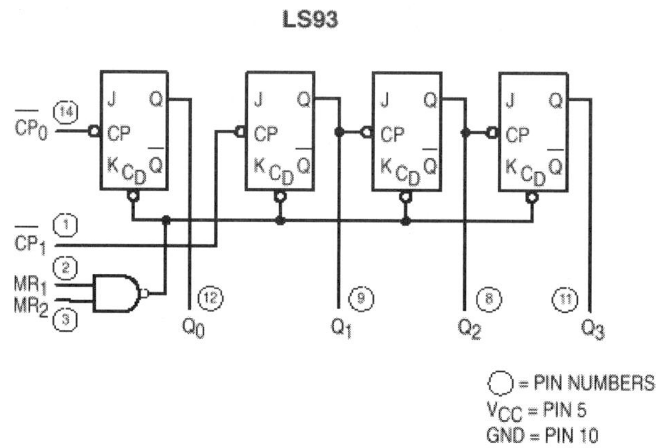

그림 7-19 74LS93의 블럭도

표 7-5에 74LS93의 진리표를 나타냈다.

표 7-5 74LS93 16진 카운터 진리표

<table>
<tr><th colspan="4">입 력</th><th colspan="4">출 력</th></tr>
<tr><th>CP0, CP1</th><th>MR₁</th><th>MR₂</th><th>계수</th><th>Q3</th><th>Q2</th><th>Q1</th><th>Q0</th></tr>
<tr><td rowspan="17">↓</td><td>H</td><td>H</td><td>X</td><td>L</td><td>L</td><td>L</td><td>L</td></tr>
<tr><td colspan="2" rowspan="16">L H
H L
L X
X L</td><td>0</td><td>L</td><td>L</td><td>L</td><td>L</td></tr>
<tr><td>1</td><td>L</td><td>L</td><td>L</td><td>H</td></tr>
<tr><td>2</td><td>L</td><td>L</td><td>H</td><td>L</td></tr>
<tr><td>3</td><td>L</td><td>L</td><td>H</td><td>H</td></tr>
<tr><td>4</td><td>L</td><td>H</td><td>L</td><td>L</td></tr>
<tr><td>5</td><td>L</td><td>H</td><td>L</td><td>H</td></tr>
<tr><td>6</td><td>L</td><td>H</td><td>H</td><td>L</td></tr>
<tr><td>7</td><td>L</td><td>H</td><td>H</td><td>H</td></tr>
<tr><td>8</td><td>H</td><td>L</td><td>L</td><td>L</td></tr>
<tr><td>9</td><td>H</td><td>L</td><td>L</td><td>H</td></tr>
<tr><td>10</td><td>H</td><td>L</td><td>H</td><td>L</td></tr>
<tr><td>11</td><td>H</td><td>L</td><td>H</td><td>H</td></tr>
<tr><td>12</td><td>H</td><td>H</td><td>L</td><td>L</td></tr>
<tr><td>13</td><td>H</td><td>H</td><td>L</td><td>H</td></tr>
<tr><td>14</td><td>H</td><td>H</td><td>H</td><td>L</td></tr>
<tr><td>15</td><td>H</td><td>H</td><td>H</td><td>H</td></tr>
</table>

☞ **설계과정**

1) 2진 카운터의 클럭 입력신호인 $/CP_0$에 클럭신호를 연결한다.
2) 2진 카운터의 출력신호인 Q0를 8진 카운터의 클럭 입력신호인 $/CP_1$에 연결한다.
3) MR_1 또는 MR_2를 논리 [Low]에 연결한다.

☞ **동작원리**

1) 그림 7-20에 74LS93을 이용하여 얻은 계수 결과를 나타내었다.

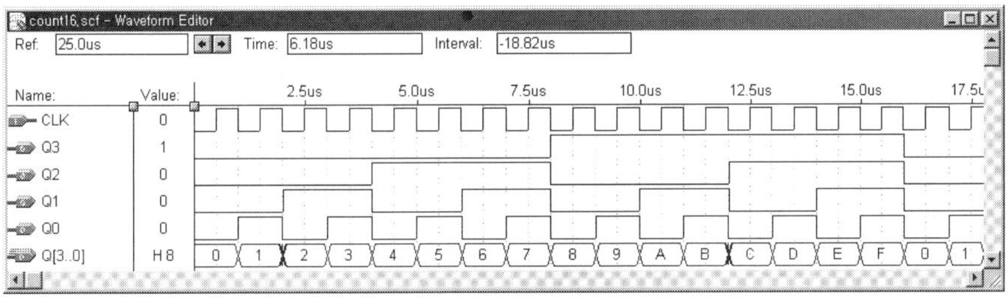

그림 7-20 74LS93을 이용한 16진 카운터의 동작 타이밍도

2) 74LS93은 클럭신호의 하강에지에서 계수 동작을 한다.
3) CLK 신호의 하강에지가 공급되면 현재의 계수 상태에서 하나가 증가되어 출력되는 것을 알 수 있으며 [0]에서 [F]까지 계수한 다음 다시 [0]을 계수하게 된다.
4) 그림 7-20에서 Q0는 입력클럭신호 CLK 주기의 2배이고 50% 듀티 싸이클을 갖는다.
5) Q_1의 주기는 Q0의 2배, Q2는 Q1 주기의 2배, Q3은 Q2의 주기의 2배이므로 74LS93은 어떤 클럭신호를 2, 4, 8 그리고 16분주로 분할하는 회로로 사용할 수 있다.

7-2 동기식 카운터

앞 절에서 설명한 것과 같이 비동기식 카운터는 플립플롭의 수만큼 지연시간이 발생하기 때문에 고속동작에 사용하기 어렵다. 이와 같은 단점을 보완할 수 있는 카운터가 동기식 카운터이다. 동기식 카운터는 모든 플립플롭의 클럭신호를 동일한 클럭으로 공급한다. 동기식 카운터는 설계방식이 다소 까다롭지만 다음 몇 가지 규칙을 잘 이해하면 쉽게 설계할 수 있다. 또한 TTL IC로 설계된 동기식 카운터가 디지털 시스템의 많은 분야에서 응용되기 때문에 TTL IC의 동작원리만 충분히 파악하고 있으면 쉽게 설계할 수 있다.

7-2-1 동기식 카운터의 설계순서

1) 카운터의 계수표를 작성한다.
2) 플립플롭의 수를 결정하고 플립플롭의 종류를 결정한다. 플립플롭의 종류에 따른 동작 과정표와 여기표는 카운터 설계를 위해 반드시 필요한 내용이므로 정확하게 이해해야 한다.
3) 동작 과정표와 여기표를 이용하여 플립플롭의 입력에 대한 카노프 맵을 작성한다.
4) 카노프 맵으로부터 얻은 결과를 이용하여 회로를 작성한다.

7-2-2 D 플립플롭을 이용한 5진 카운터의 설계

표 7-6의 진리표, 표 7-7의 여기표를 이용해 5진 카운터를 설계해 보자.

☞ D 플립플롭의 동작 과정표 및 여기표

표 7-6 7474 D 플립플롭의 진리표

입 력				출 력	
PR	CLR	CLK	D	Q	$\overline{Q}$
L	H	X	X	H	L
H	L	X	X	L	H
L	L	X	X	H*	H*
H	H	↑	H	H	L
H	H	↑	L	L	H
H	H	L	X	Q0	$\overline{Q}0$

표 7-6은 7474 D 플립플롭의 진리표를 나타낸 것이고 표 7-7은 이 진리표를 토대로 작성한 D 플립플롭의 여기표이다. 표 7-7에서 현재의 출력(Q_n)과 다음 출력(Q_{n+1})이 [0]에서 [0]을 유지하는 경우는 입력신호 D가 [0]인 경우이고 [0]에서 [1]로 바뀔 수 있는 것은 입력신호 D가 [1]로 공급되는 경우이다. 또한 [1]에서 [0]으로 바뀌는 경우는 입력신호 D가 [0]으로 공급되는 경우이며 [1]에서 [1]을 유지하는 경우는 입력 신호 D가 [1]인 경우이다.

표 7-7 D 플립플롭의 여기표

$Q_n \rightarrow Q_{n+1}$	D
0 → 0	0
0 → 1	1
1 → 0	0
1 → 1	1

☞ 설계 과정

1) 5진 카운터의 계수표를 작성한다.

▣ 5진 카운터이므로 0에서 4까지 계수한 다음 0을 계수할 수 있어야 한다.

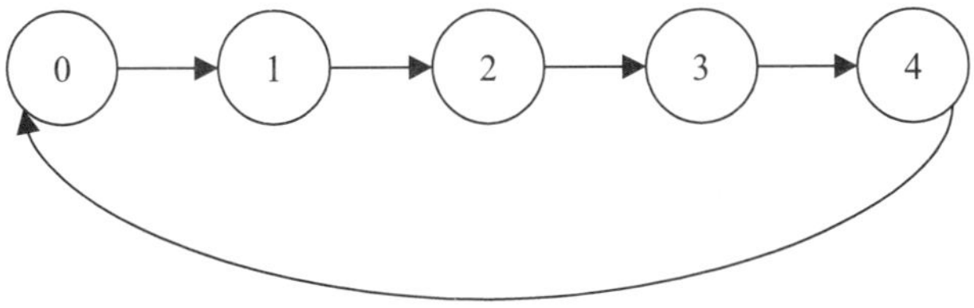

▣ 5단계를 계수해야 하므로 3개의 D 플립플롭이 소요된다.

$$2^3 \geq 5$$

2) 3개의 플립플롭을 그림 7-21과 같이 배치하고 입·출력 신호 명을 정한다.

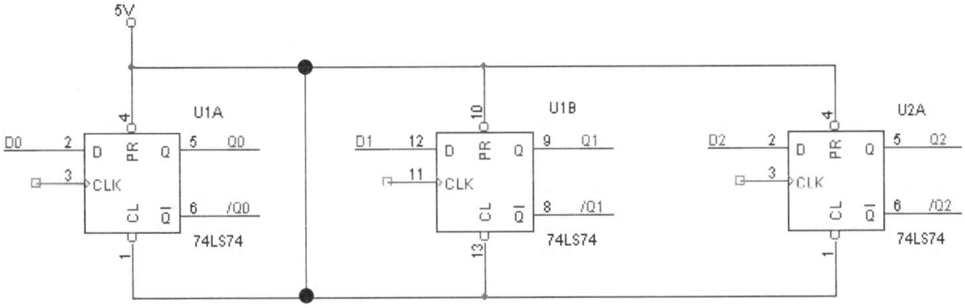

그림 7-21 7474 D 플립플롭의 배치

표 7-8 5진 카운터의 계수표

클럭입력	현재 상태			다음 상태		
	Q2	Q1	Q0	Q2	Q1	Q0
0	0	0	0	0	0	1
1	0	0	1	0	1	0
2	0	1	0	0	1	1
3	0	1	1	1	0	0
4	1	0	0	0	0	0
5	0	0	0	0	0	1

3) 표 7-8의 계수표를 이용하여 카노프 맵을 작성한다. 플립플롭이 3개이므로 8개의 출력상태를 가질 수 있으나 5진 카운터는 5개의 상태만을 사용하기 때문에 Don't Care항이 발생한다. 그러므로 Don't Care을 고려하여 카노프 맵을 작성한다.

▣ Q_2의 다음 상태가 나오기 위한 D_2에 대한 카노프 맵과 논리식(세번째 플립플롭 입력)

Q_2 \ $Q_1 Q_0$	00	01	11	10
0	0	0	1	0
1	0	d	d	d

→ $Q_1 \cdot Q_0$

$$D_2 = Q_1 \cdot Q_0$$

▣ Q_1의 다음 상태가 나오기 위한 D_1의 카노프 맵과 논리식(세 번째 플립플롭 입력)

Q_2 \ $Q_1 Q_0$	00	01	11	10
0	0	1	0	1
1	0	d	d	d

→ $\overline{Q_1} \cdot Q_0$

→ $Q_1 \cdot \overline{Q_0}$

$$D_1 = \overline{Q_1} \cdot Q_0 + Q_1 \cdot \overline{Q_0} = Q_1 \oplus Q_0$$

▣ Q_0의 다음 상태가 나오기 위한 D_0에 대한 카노프 맵과 논리식

Q_2 \ $Q_1 Q_0$	00	01	11	10
0	1	0	0	1
1	0	d	d	d

→ $\overline{Q_2} \cdot \overline{Q_0}$

$$D_0 = \overline{Q_2} \cdot \overline{Q_0}$$

4) 각각의 카노프 맵에서 얻어낸 논리식을 그림 7-21에 적용하여 그림 7-22와 같은 회로를 완성한다.

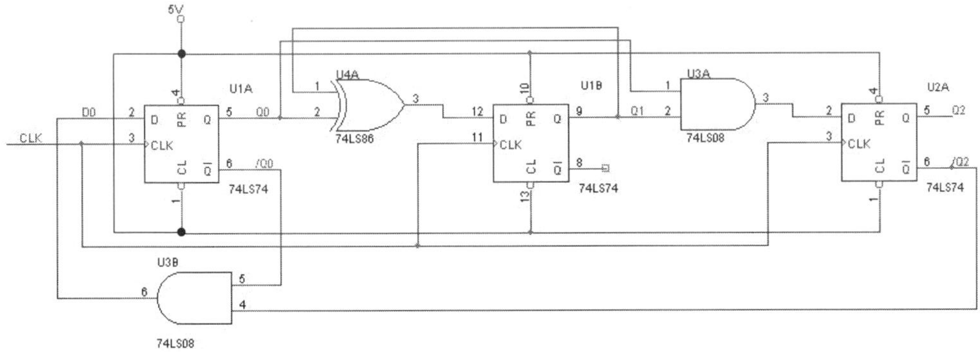

그림 7-22 5진 동기식 카운터의 설계

5) 그림 7-23은 5진 동기식 카운터의 모의실험 결과이다. 카운터에 공급된 클럭의 상승에지에서 계수 상태가 하나씩 증가되어 나타나며 [100](4)를 계수한 다음 클럭의 상승에지가 공급되면 계수 상태가 [000](0)으로 된다.

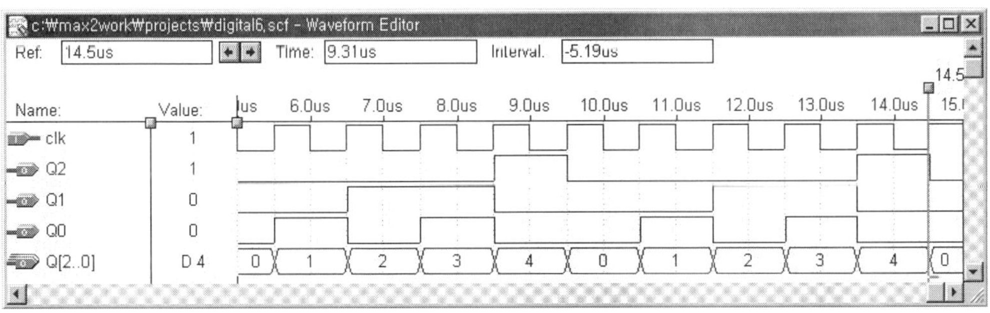

그림 7-23 5진 동기식 카운터의 모의실험 결과

7-2-3 JK 플립플롭을 이용한 10진 카운터의 설계

표 7-8은 JK 플립플롭의 동작과정표이다. 이 표에서 J가 [Low]이면 K에 관계없이 출력이 [Low]이거나 이전상태를 유지한다. 만약 이전 상태가 [Low]였다면 표 7-9의 여기표 항목 1과 같은 조건을 만들 수 있다. J가 [High]이면 출력은 [High] 또는 [Toggle]이므로 여기표 항목 2를 만들 수 있다. K가 [High]인 경우 출력이 [Low]이거나 [Toggle]이므로 여기표 항목 3을 만들 수 있다. 마지막으로 K가 [Low]이면 J에 관계없이 출력이 [High]이거나 이전상태 유지이므로 여기표 항목 4를 만들 수 있다.

☞ JK 플립플롭의 동작 과정표 및 여기표

표 7-9 JK 플립플롭의 동작 과정표

입 력					출 력	
PR	CLR	CLK	J	K	Q	$\overline{Q}$
L	H	X	X	X	H	L
H	L	X	X	X	L	H
L	L	X	X	X	H*	H*
H	H	↑	L	L	Q0	$\overline{Q_0}$
H	H	↑	H	L	H	L
H	H	↑	L	H	L	H
H	H	↑	H	H	Toggle	

표 7-10 JK 플립플롭의 여기표

항목	동작상태	JK 입력 상태	
	$Q_n \rightarrow Q_{n+1}$	J	K
1	0 → 0	0	d
2	0 → 1	1	d
3	1 → 0	d	1
4	1 → 1	d	0

1) 카운터의 계수표를 작성한다.

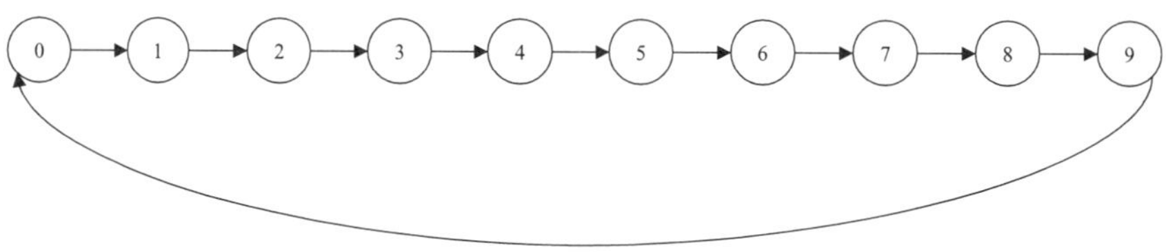

2) 10개의 상태를 계수해야 하므로 4개의 플립플롭이 필요하다. 4개의 JK 플립플롭을 그림 7-24와 같이 배치한다.

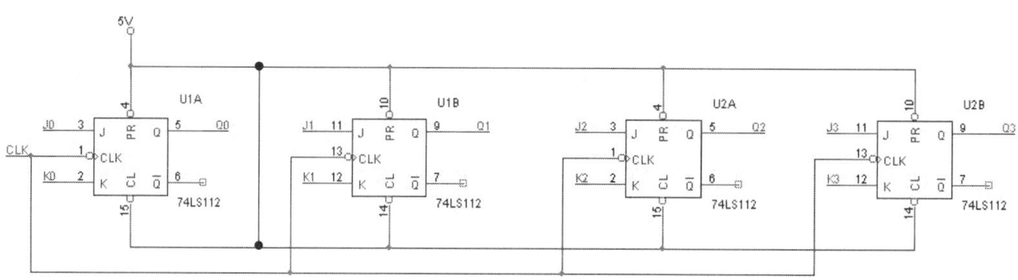

그림 7-24 10진 동기식 카운터 설계를 위한 JK 플립플롭 배치

3) 표 7-11의 계수표를 이용하여 카노프 맵을 작성한다. JK 플립플롭은 JK의 상태에 따라 출력이 결정되므로 JK의 상태를 결정해야 한다.

표 7-11 10진 카운터의 계수표

클럭입력	현재 상태				다음 상태			
	Q3	Q2	Q1	Q0	Q3	Q2	Q1	Q0
0	0	0	0	0	0	0	0	1
1	0	0	0	1	0	0	1	0
2	0	0	1	0	0	0	1	1
3	0	0	1	1	0	1	0	0
4	0	1	0	0	0	1	0	1
5	0	1	0	1	0	1	1	0
6	0	1	1	0	0	1	1	1
7	0	1	1	1	1	0	0	0
8	1	0	0	0	1	0	0	1
9	1	0	0	1	0	0	0	0

■ Q_3의 J_3

Q_3Q_2 \ Q_1Q_0	00	01	11	10
00	0	0	0	0
01	0	0	1	0
11	d	d	d	d
10	d	d	d	d

$J_3 = Q_2 \cdot Q_1 \cdot Q_0$

■ Q_3의 K_3

Q_3Q_2 \ Q_1Q_0	00	01	11	10
00	d	d	d	d
01	d	d	d	d
11	d	d	d	d
10	0	1	d	d

$K_3 = Q_0$

▣ Q_2의 J_2

Q_3Q_2 \ Q_1Q_0	00	01	11	10
00	0	0	1	0
01	d	d	d	d
11	d	d	d	d
10	0	0	d	d

$J_2 = Q_1 \cdot Q_0$

▣ Q_2의 K_2

Q_3Q_2 \ Q_1Q_0	00	01	11	10
00	d	d	d	d
01	0	0	1	0
11	d	d	d	d
10	d	d	d	d

$K_2 = Q_1 \cdot Q_0$

▣ Q_1의 J_1

Q_3Q_2 \ Q_1Q_0	00	01	11	10
00	0	1	d	d
01	0	1	d	d
11	d	d	d	d
10	0	0	d	d

$J_1 = \overline{Q_3} \cdot Q_0$

▣ Q_1의 K_1

Q_3Q_2 \ Q_1Q_0	00	01	11	10
00	d	d	1	0
01	d	d	1	0
11	d	d	d	d
10	d	d	d	d

$K_1 = Q_0$

▣ Q_0의 J_0

Q_3Q_2 \ Q_1Q_0	00	01	11	10
00	1	d	d	1
01	1	d	d	1
11	d	d	d	d
10	1	d	d	d

$J_0 = 1$

▣ Q_0의 K_0

Q_3Q_2 \ Q_1Q_0	00	01	11	10
00	d	1	1	d
01	d	1	1	d
11	d	d	d	d
10	d	1	d	d

$K_0 = 1$

4) 카노프 맵을 이용하여 얻은 논리식을 기준으로 그림 7-25와 같이 10진 동기식 카운터를 설계한다.

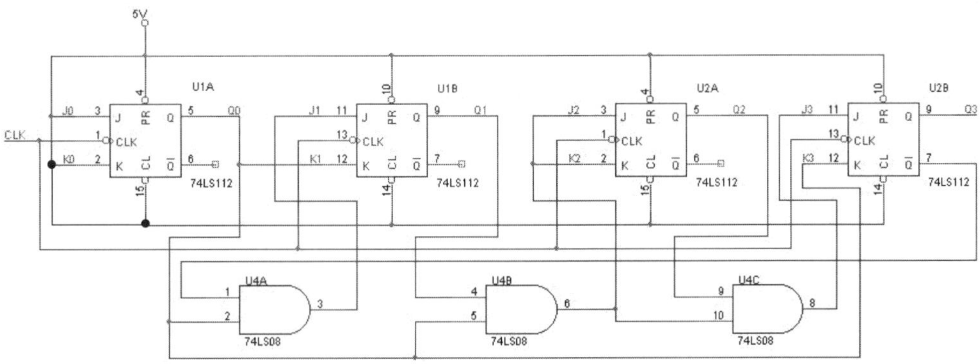

그림 7-25 완성된 동기식 10진 카운터

5) 그림 7-26은 동기식 10진 카운터의 모의실험 결과를 나타낸 것이다.
동기식 10진 카운터의 결과파형은 비동기식 10진 카운터 74LS90과 동일하다. 다만 74LS90의 결과파형과 그림 7-26의 결과파형을 비교하면 지연시간을 파악할 수 있다. 출력 Q0는 입력신호 클럭의 2분주 신호가 되고, 출력 Q3는 입력신호 클럭의 10분주 신호가 된다. 비동기식 10진 카운터에서도 그랬듯이 출력 Q3는 8×CLK의 [Low] 펄스폭과 2×CLK의 [High] 펄스폭을 갖는 신호이다.

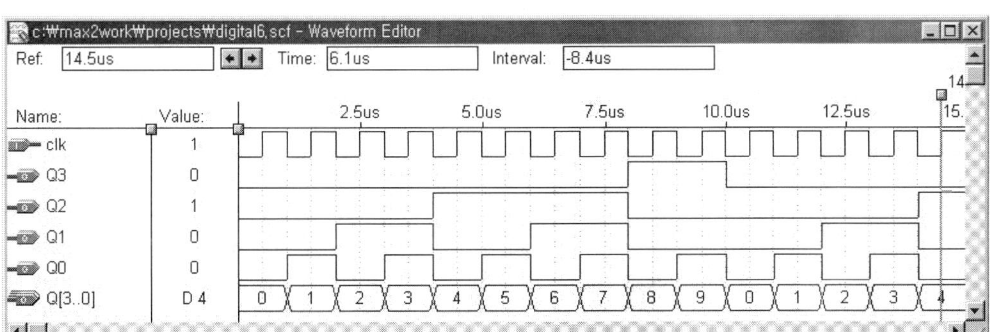

그림 7-26 동기식 10진 카운터의 동작 타이밍도

7-2-4 IC로된 동기식 카운터

(1) 74160 동기식 10진 카운터

그림 7-27은 74160 10진 카운터의 핀구성도이고 그림 7-28은 기능도를 나타낸 것이다.

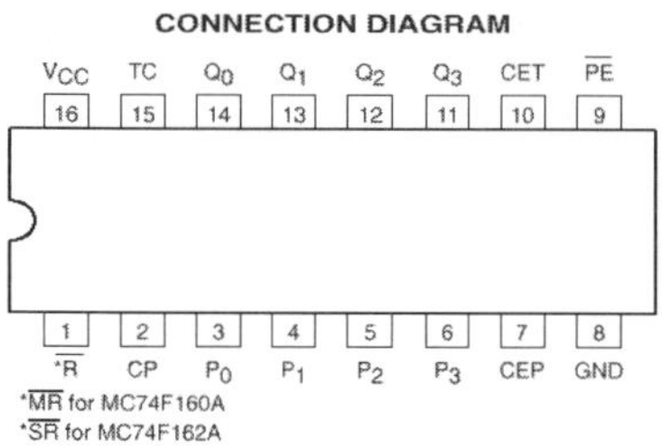

그림 7-27 74160 블록도

FUNCTION TABLE

$\overline{SR}$	$\overline{PE}$	CET	CEP	ACTION ON THE RISING CLOCK EDGE (_/‾)
L	X	X	X	Reset (Clear)
H	L	X	X	Load (P_n Q_n)
H	H	H	H	Count (Increment)
H	H	L	X	No Change (Hold)
H	H	X	L	No Change (Hold)

H = HIGH Voltage Level; L = LOW Voltage Level; X = Don't Care

그림 7-28 74160 기능도

■ 74160 IC의 특징

1) 0에서 9까지 계수할 수 있으며 클럭의 상승에지에서 계수 상태가 증가한다.
2) TC는 캐리 출력신호이며 카운터를 직렬로 연결하여 사용할 때 다음 10진 카운터의 클럭신호로 사용할 수 있다. 이 신호는 9를 계수하는 클럭신호의 한 주기 동안만 논리 [High] 상태를 유지하므로 10진 카운터를 직렬로 연결하려면 인버터(NOT 게이트)를 이용하여 다음 단의 클럭신호로 공급해야 한다.
3) 그림 7-29는 74160의 일반적인 사용 예이고 또, 74160은 초기 상태를 결정할 수 있는 4개의 입력 핀이 있다. 예를 들어 [5]부터 계수하려면 그림 7-30과 같이 P3~P0(D, C, B, A)를 논리 [0101](5)로 연결한 다음 /PE(LOAD) 신호를 클럭신호의 상승에지에서 논리 [Low]로 공급하면 된다.

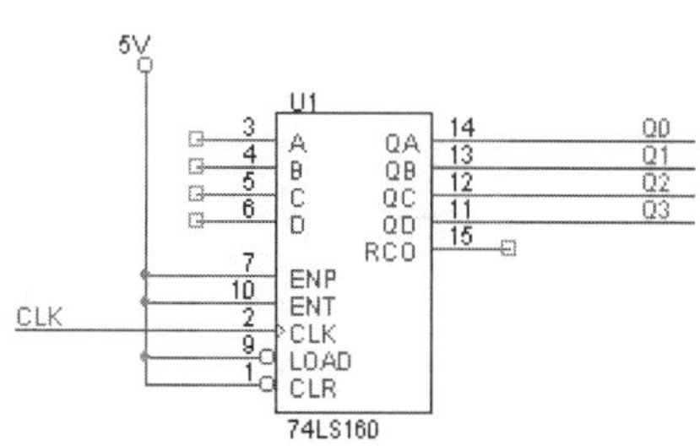

그림 7-29 74160의 일반적인 사용 예

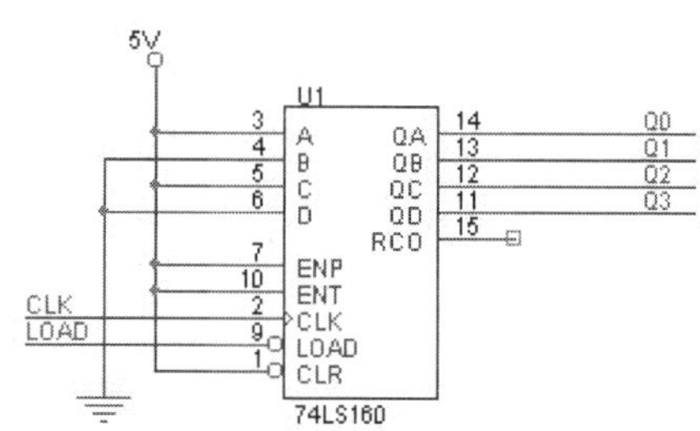

그림 7-30 74160의 응용

4) CEP(ENP)와 CET(ENT) 신호는 계수동작을 위해 논리 [High]로 연결한다.
5) 1번 핀 /SR(CLR) 신호는 카운터를 리셋트 시킨다.

6) 그림 7-31은 일반적으로 사용되는 74160 카운터의 동작을 모의 실험하여 나타낸 것이다. 그림 7-31에서 TC 신호는 [1001](9)을 계수하는 클럭신호의 한 주기 동안 논리 [High]로 나타나므로 이 신호를 다음 74160의 클럭 입력신호로 사용하려면 이 신호에 NOT 게이트를 연결하여 사용해야 한다. 그 이유는 74160의 계수동작은 클럭신호의 상승에지에서 이루어지기 때문에 NOT 게이트를 사용하지 않으면 [1001](9)에서 다음 단 카운터의 계수동작이 일어나게 되고 결과는 현재 9를 계수하는 동안 10의 자릿수가 하나 증가되어 [0001 1001](19)가 나타나게 된다.
7) 초기 값을 [0101](5)로 설정한 카운터 회로의 모의실험 결과를 그림 7-32에 나타내었으며 LOAD 신호가 논리 [Low]이면서 클럭의 상승에지가 있으면 [0101](5)가 나타나고 계수동작이 이어지면 [1001](9)에서 끝나고 다음 [0000](0)을 계수한다. 만약에 [0000](0)이 되는 클럭의 상승에지에서 LOAD 신호가 [Low]가 되면 다시 [0101](5)부터 계수한다. 결과적으로 이 카운터는 5진 카운터라 부를 수 있다.

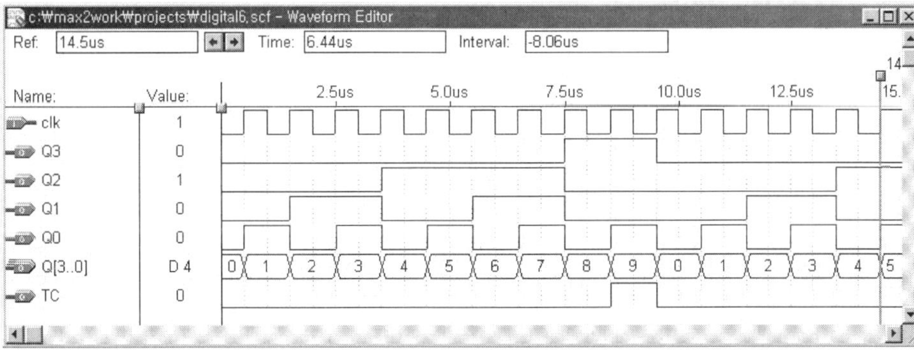

그림 7-31 74160 10진 카운터의 일반적인 동작 타이밍도

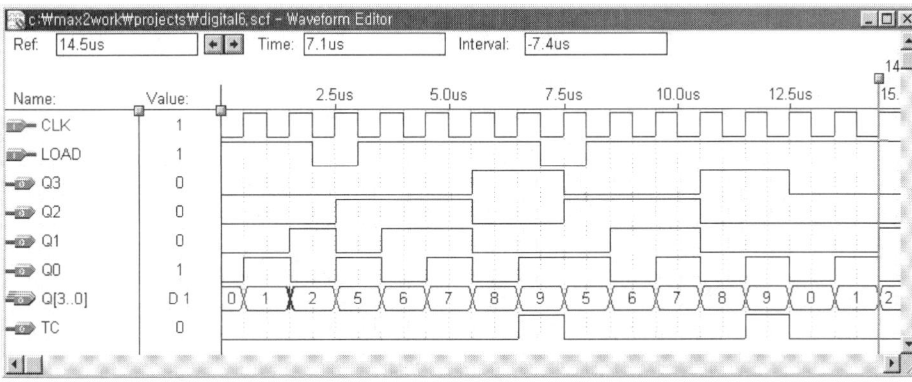

그림 7-32 74160을 이용한 5진 카운터의 동작 타이밍도

(2) 74161 동기식 16진 카운터

74161은 74160과 동일한 입·출력 핀을 갖고 있으나 16진 카운터라는 점만 다르다.

(74161 핀 구성도 및 기능도)

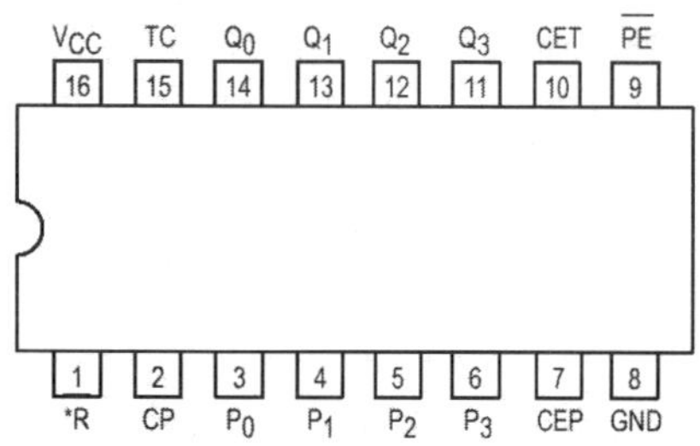

그림 7-33 74161 핀 구성도

MODE SELECT TABLE

*SR	PE	CET	CEP	Action on the Rising Clock Edge (_⌐)
L	X	X	X	RESET (Clear)
H	L	X	X	LOAD ($P_n \rightarrow Q_n$)
H	H	H	H	COUNT (Increment)
H	H	L	X	NO CHANGE (Hold)
H	H	X	L	NO CHANGE (Hold)

그림 7-34 74161 기능도

7-3 카운터의 응용

7-3-1 주파수 분할기

6장에서 T 플립플롭과 D 플립플롭 그리고 JK 플립플롭을 이용하여 클럭 입력 신호를 분주하는 방법을 다루었다. 이 장에서는 IC를 이용하여 클럭신호를 분주하는 예를 통하여 주파수 분주에 대한 개념을 소개한다. 그림 7-35는 74161과 JK 플립플롭을 이용하여 입력 주파수를 2분주, 4분주, 8분주, 16분주 그리고 32분주하는 회로를 설계한 것이다. 74161은 16진 카운터이므로 Q0는 CLK를 2분주, Q1은 4분주, Q2는 8분주, Q3는 16분주가 된다. 74161의 Q3를 다음 단 JK 플립플롭의 클럭신호로 공급하였고 J와 K를 [High]에 연결하여 Toggle 모드로 사용하기 때문에 U6A는 2분주 회로가 된다. 그러므로 Q4는 CLK를 32분주한 것과 같다.

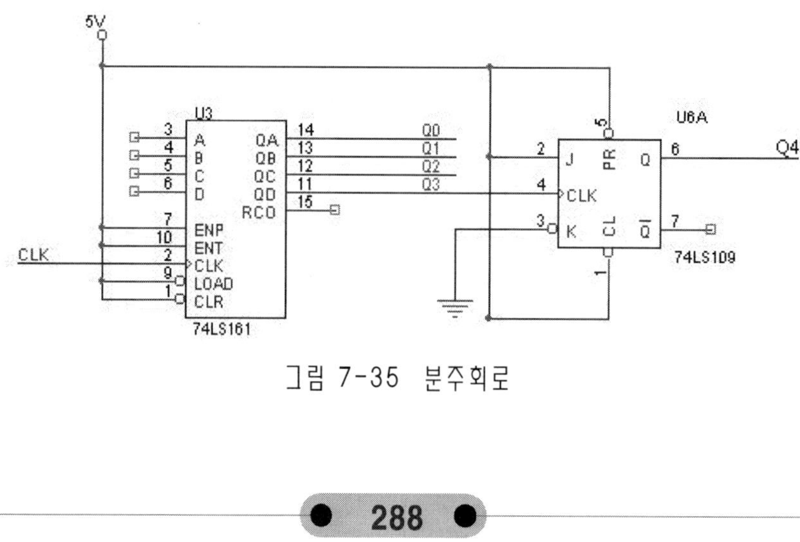

그림 7-35 분주회로

그림 7-36은 분주회로의 결과파형을 나타낸 것이며 CLK의 상승에지에서 출력이 나타나며 분주된 파형을 얻을 수 있다.

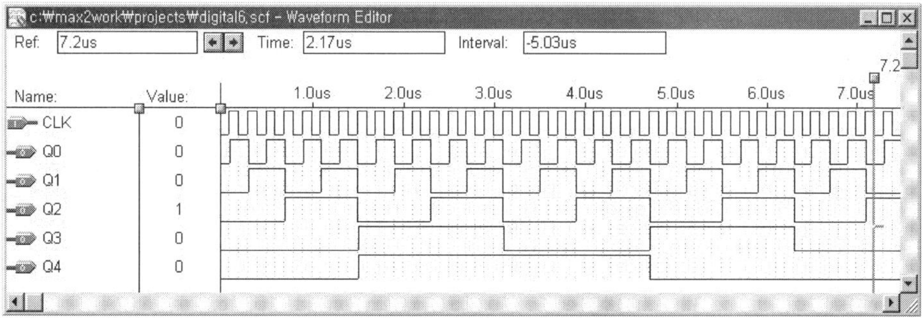

그림 7-36 분주회로 결과파형

- ▣ 그림 7-36에서 CLK의 주기가 200[ns]이므로 주파수는 5[MHz]인 신호이다.
- ▣ Q0의 주기는 400[ns] 주파수는 2.5[MHz]
- ▣ Q1의 주기는 800[ns] 주파수는 1.25[MHz]
- ▣ Q2의 주기는 1600[ns] 주파수는 625[kHz]
- ▣ Q3의 주기는 3200[ns] 주파수는 312.5[kHz]
- ▣ Q4의 주기는 6400[ns] 주파수는 156.25[kHz]

7-3-2 링 카운터(Ring Counter)를 이용한 LED 점등회로

이제까지의 카운터는 2진수로 계수하는 방법을 사용하였다. 이 절에서 다룰 링 카운터는 상태를 계수할 때 1비트만이 논리 [High]가 되고 나머지 비트는 모두 논리 [Low]가 되는 방법을 사용하여 논리 [High] 비트를 왼쪽에서 오른쪽으로 1개씩 순환시키는 카운터이다. 이 카운터를 이용하면 다음과 같이 5개의 LED를 순차적으로 점등시킬 수 있다.

그림 7-37과 같이 5개의 LED가 있다. 이 LED를 순차적으로 점등할 수 있는 방법을 찾아보자.

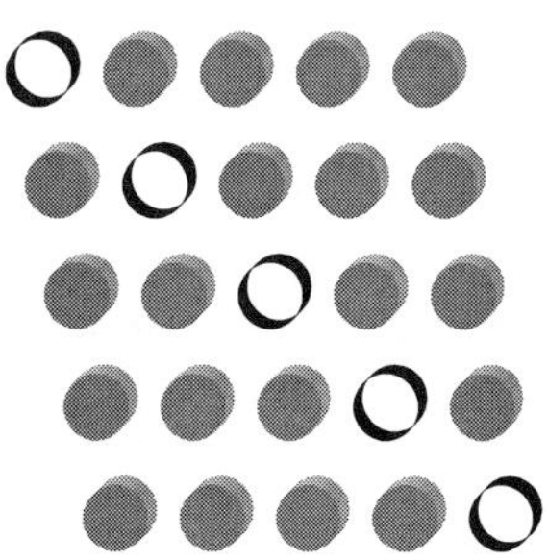

그림 7-37 5개의 LED

1) 그림 7-38과 같이 회로를 구성한다.
2) CLEAR 신호를 논리 [Low]로 공급하여 U7A 플립플롭은 셋트시키고 나머지 모든 플립플롭을 리셋트시킨 다음 CLEAR 신호를 논리 [High]로 바꾼다.

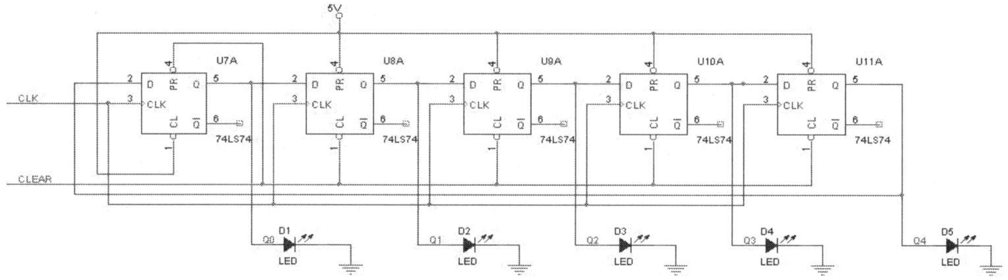

그림 7-38 링 카운터를 이용한 LED 점등회로

3) 클럭을 공급하면 그림 7-39와 같은 출력파형이 순차적으로 [High]로 나오기 때문에 LED (D1~D5)가 순차적으로 ON되었다가 OFF되는 것을 알 수 있다.

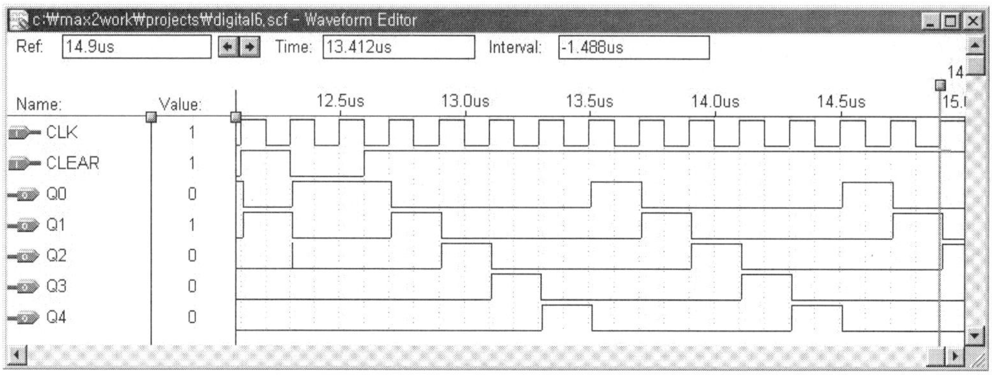

그림 7-39 링 카운터 동작 타이밍도

7-3-3 10진 카운터 74160을 이용한 24분주 회로의 설계

앞에서 배운 74160 10진 카운터 2개를 이용하여 24분주 회로를 설계하는 방법을 살펴본다.

☞ 설계 방법

그림 7-40의 Ⓐ는 1의 자리 카운터, Ⓑ는 10의 자리 카운터이다. 10진 카운터 2개를 직렬로 연결하면 최대 100개의 상승에지 클럭을 셀 수 있으므로 다음에 나열한 순서를 이용하여 각 카운터의 초기값을 설정하면 24분주 회로를 설계할 수 있다. 모든 카운터의 클럭 신호는 동기식으로 동작시키기 위해 동일한 클럭 신호를 사용한다.

1) 100에서 24를 빼면 76이 남는다.
2) 나머지 숫자 76에서 1의 자리 6은 카운터 Ⓐ의 초기 값[L H H L], 10의 자리 7은 카운터 Ⓑ의 초기값[L H H H]으로 설정하여 각 카운터의 초기 값을 공급하는 입력 핀[D, C, B, A]에 연결한다.
3) 카운터의 초기 값을 Load하기 위한 신호는 카운터 Ⓑ의 캐리 출력 신호 [Cont]에 NOT 게이트를 연결하여 공급한다.
4) 카운터 Ⓐ의 캐리 출력 신호를 두 개의 NOT 게이트를 이용하여 지연시킨 다음 Ⓑ카운터의 카운터 인에이블 신호 [ENT]에 연결한다.
5) 카운터 Ⓑ는 카운터 Ⓐ의 캐리 출력 신호가 발생할 때만 인에이블되고 카운트된다.

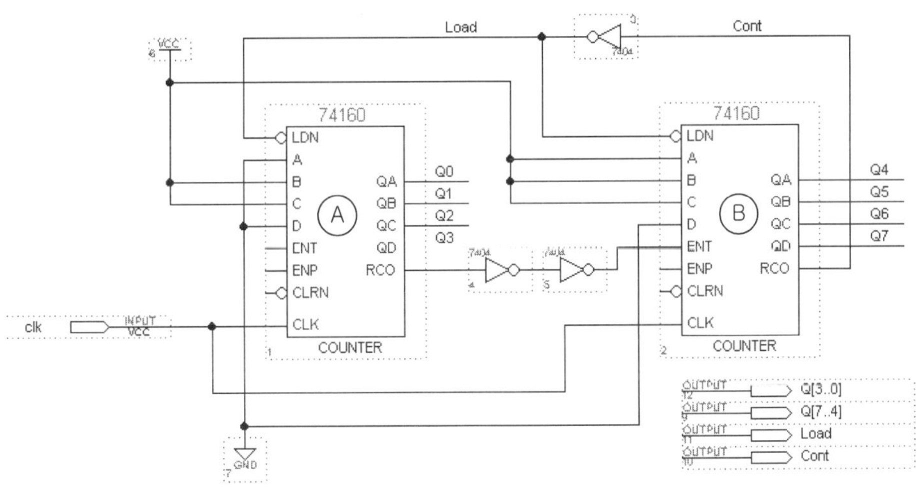

그림 7-40 74160 10진 카운터 2개를 이용한 24분주 회로의 설계

☞ 결과 파형 분석

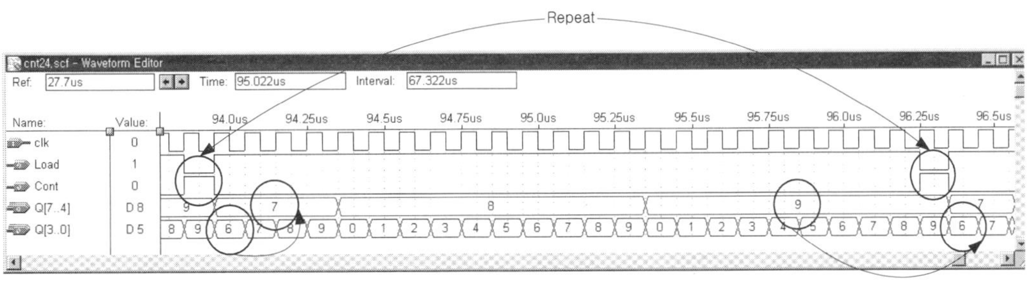

그림 7-41 74160 10진 카운터 2개를 이용한 24분주 회로의 설계

그림 7-41은 74160 10진 카운터 두 개를 이용하여 설계한 24분주 회로의 결과 파형이다.

1) 출력 Q[7..4]는 10의 자리, Q[3..0]은 1의 자리를 나타낸다.
2) 카운터 Ⓐ의 초기값은 6이고 카운터 Ⓑ의 초기값은 7이다.
3) [Cont] 신호는 10의 자리 카운터 캐리 출력이며 Q[7..4]의 값이 9가 되면 [High]를 출력한다.
4) [Cont] 신호를 인버트한 [Load] 신호를 각 카운터의 초기값 Load 신호로 사용하며 이 신호에 [Low]가 입력되면 카운터 Ⓐ는 Q[3..0]에 6을, 카운터 B는 Q[7..4]에 7을 각각 출력한다.
5) [Load] 신호가 각 카운터에 [Low]를 공급하면 카운터의 출력은 76이 되고 [CLK] 신호의 상승에지에서 카운터 출력은 하나씩 증가한다. 카운터의 출력이 99가 되면 카운터는 다음 [CLK] 신호의 상승에지에서 76을 출력하게 된다.
6) 결과적은 Q7신호는 [CLK] 신호를 24분주한 결과와 같다.
7) [Cont] 신호 역시 [CLK] 신호를 24분주한 결과와 같다.

연습문제

1. 동기식 카운터와 비동기식 카운터의 장단점을 비교하라.

2. 그림 7-2의 클럭 입력 주기가 1[ms]이다. 출력의 주기를 각각 계산하라.

3. 그림 7-5의 출력 q2의 주기가 10[us]이다. 입력클럭신호의 주기와 주파수를 계산하라.

4. 다음에 주어진 카운터를 설계하려면 몇 개의 플립플롭이 필요한가?

1) MOD-7　　2) MOD-8　　3) MOD-2
4) MOD-20　　5) MOD-33

5. 그림 7-42에 주어진 미완성 회로를 이용하여 MOD-6 카운터를 완성하라. 그리고 입출력 파형을 그려라. 또한 카운터 리셋트를 위해 스위치를 사용하라.

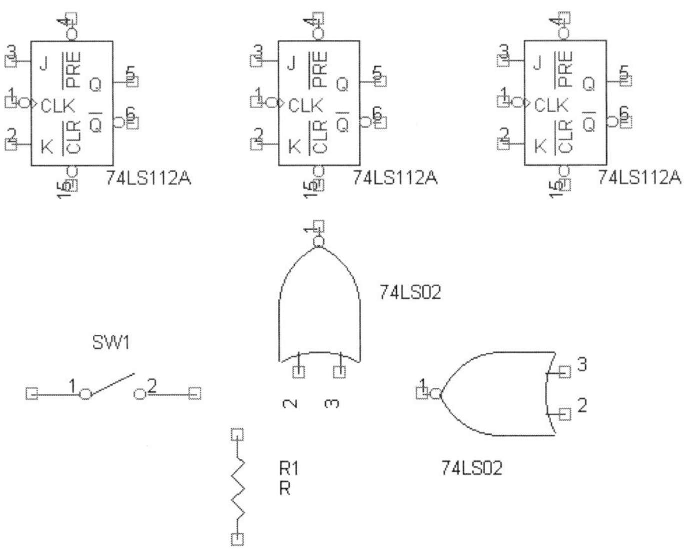

그림 7-42

6. 2[MHz]의 입력신호를 0.4[MHZ]로 분할하는 회로를 설계하라.

7. 그림 7-43에 주어진 회로에서 입력되는 신호에 대한 출력파형을 그림 7-44에 그려라.

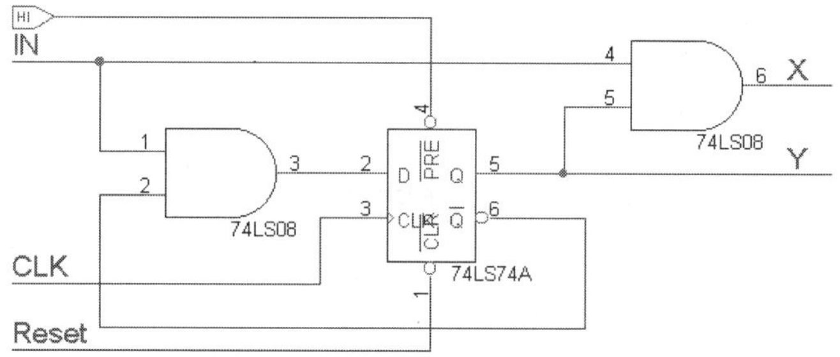

그림 7-43

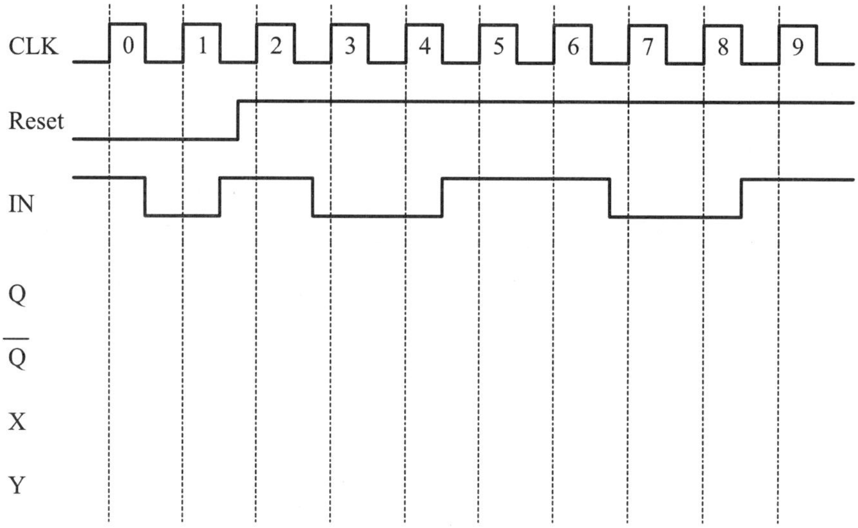

그림 7-44

8. 동기식 10진 카운터 74160을 이용하여 0에서 99까지 수를 셀 수 있는 카운터 회로를 설계하라.

9. 동기식 10진 카운터 74160을 이용하여 카운터의 초기값이 언제나 4가 되는 카운터를 설계하라.

10. JK 플립플롭 74112를 이용하여 6비트 링 카운터를 설계하고 결과파형을 작성하라.

11. 16진 카운터 74161 2개를 이용하여 144분주 회로를 설계하라.

CHAPTER 8

레지스터(Register)

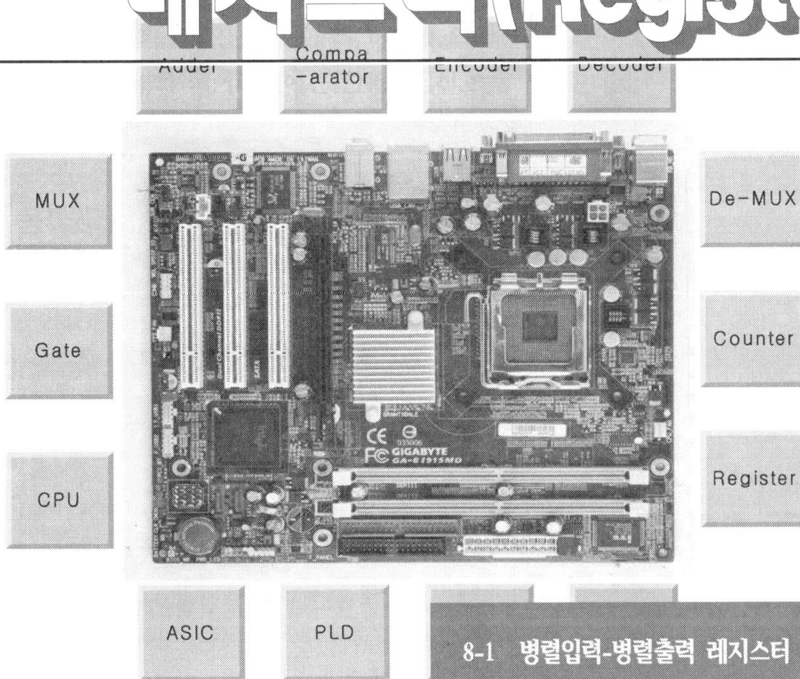

6장에서 배운 플립플롭은 입력되는 하나의 데이터를 저장할 수 있는 1비트 저장 디바이스이다. 레지스터는 이와 같은 플립플롭을 여러 개 연결하여 입력되는 데이터를 대량으로 저장할 수 있는 기능을 처리하는 회로이며 플립플롭의 연결방법과 수량에 따라 저장할 수 있는 데이터 비트의 용량이 결정된다. 일반적으로 컴퓨터 등에 많이 쓰이는 기억장치는 레지스터의 기능을 이용하여 구성한 것이 많다.

레지스터는 플립플롭의 배열방법과 연결방법에 따라 다양한 기능을 수행할 수 있다. 예를 들어 입력되는 데이터를 좌·우로 이동시킬 수 있는데 왼쪽으로 이동하면 Left Shift Register, 오른쪽으로 이동하면 Right Shift Register라 부른다. 여러분들이 사용하는 컴퓨터에서 키보드를 이용하여 문자 또는 숫자를 입력하면 화면에서 커서가 오른쪽으로 이동되는 것을 알 수 있다. 또한 계산기 등에서 숫자를 입력하면 먼저 입력한 숫자가 왼쪽으로 이동하는 것을 볼 수 있다. 이와 같은 기능은 레지스터를 이용하여 처리할 수 있는 기능들이다. 이와 같이 레지스터가 거의 모든 디지털 시스템에 적용되므로 레지스터의 동작원리 및 설계 원리를 잘 파악해 두는 것이 좋다. 마이크로프로세서는 입력되는 데이터를 일시적으로 저장하였다가 일정시간이 지난 다음 CPU가 처리할 수 있도록 레지스터를 사용한다. FIFO (First In First Out)의 경우 입력되는 데이터를 내부의 레지스터에 저장하였다가 레지스터의 용량이 꽉 차면 먼저 입력되었던 데이터를 출력해 주는 디바이스이다. LIFO(Last In First Out)는 디지털 시스템에서 스택(Stack)이라 부르기도 하며 제일 나중에 입력되었던 데이터가 제일 먼저 출력되는 것을 제외하면 FIFO와 동일한 레지스터 기능을 갖는다. 그 외에 레지스터는 연산처리에서도 사용되고 카운터 회로를 구성하는 데도 사용된다.

이 장에서는 다양한 종류의 레지스터를 소개하고 동작원리를 살펴본 다음 간단한 응용 예를 든다.

8-1 병렬입력-병렬출력 레지스터

그림 8-1은 병렬입력-병렬출력 레지스터의 블럭도이며 공급된 n개의 입력이 동시에 출력으로 나오는 경우를 나타낸 것이다. 이 레지스터는 컴퓨터에서 많이 사용하는 메모리의 설계 기본 원리로 적용된다.

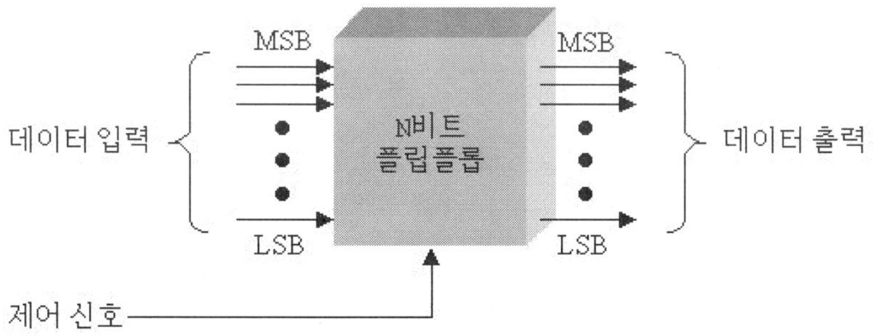

그림 8-1 병렬 입력-병렬 출력 레지스터 블럭도

8-1-1 일반적인 병렬입력-병렬출력 레지스터

그림 8-2는 7474 IC로 구성한 4비트 레지스터의 설계 예를 나타낸 것이다. 이 회로에서 CLK 신호의 상승에지에서 입력되는 데이터가 플립플롭의 출력으로 나타나며 CLK의 상승에지가 더 이상 공급되지 않으면 처음에 저장되었던 데이터를 그대로 유지한다.

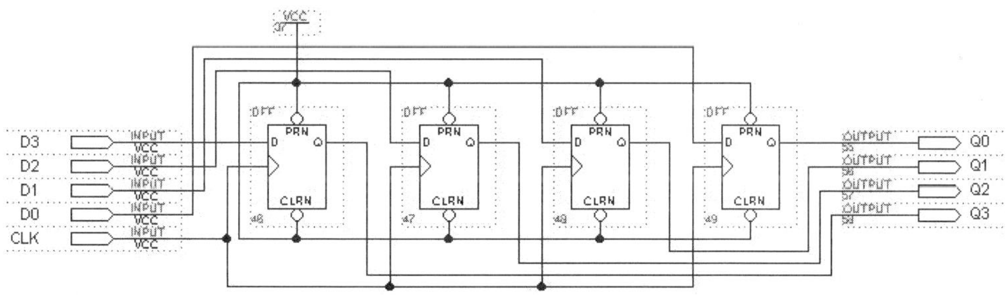

그림 8-2 병렬입력-병렬출력 회로도

☞ 회로해석

1) 7474 플립플롭의 제어신호인 PRN과 CLRN 신호는 모두 [High]로 묶는다.
2) 클럭 입력신호인 CLK는 각 플립플롭의 클럭 입력신호에 연결한다.
3) 각 플립플롭에 입력 데이터를 연결한다. 첫 번째 플립플롭의 데이터 입력 핀에 MSB인 D3를 마지막 플립플롭에 LSB인 D0를 연결한다.
4) 각 플립플롭의 출력 Q는 레지스터의 출력신호가 된다(Q3～Q0).

☞ 동작원리

1) 그림 8-3은 병렬입력-병렬출력 레지스터의 동작결과 파형이다.

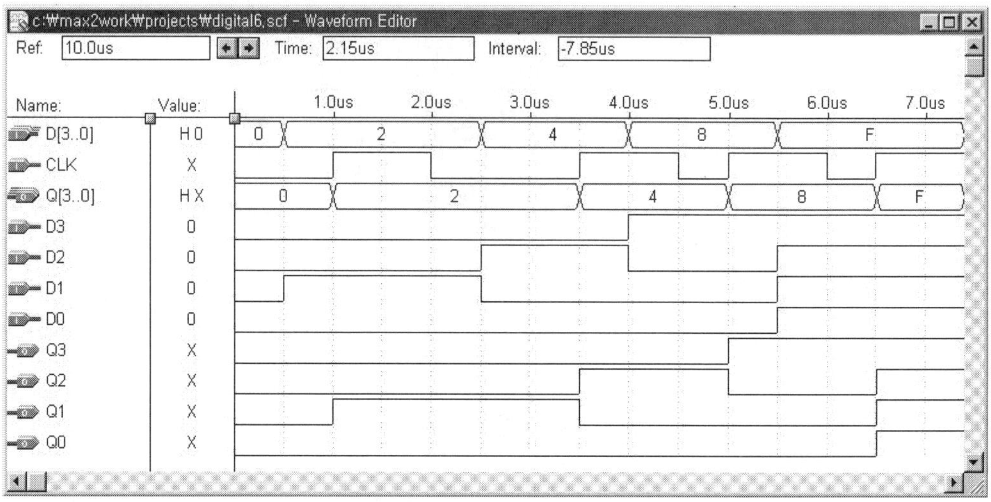

그림 8-3 병렬입력-병렬출력 레지스터의 동작 타이밍도

2) 0.5[us]에서 입력 데이터 D[3..0]에 16진수로 2가 입력되고 있다. 1.0[us]에서 공급된 CLK 신호의 상승에지에 의해 입력 데이터는 출력 Q[3..0]으로 나타난다.
3) 저장된 데이터는 CLK의 상승에지에 의해 새로운 데이터가 저장되지 않는 한 입력 데이터가 4로 바뀌었어도 처음에 저장되었던 값 2를 계속 유지한다.
4) 2.5[us]에서 입력 데이터가 4로 바뀌고 3.5[us]에서 CLK 신호의 상승에지가 공급되었기 때문에 출력에는 4가 나타난다.
5) 5.5[us]에서 입력 데이터가 F로 바뀌고 6.5[us]에서 CLK 신호의 상승에지가 공급되었기 때문에 출력에는 F가 나타난다.
6) 그림 8-3에서 D3~D0와 Q3~Q0는 개별적인 신호의 타이밍을 보여주기 위해 나타낸 것이다.

8-1-2 인에이블 신호가 있는 병렬입력-병렬출력 레지스터

그림 8-4는 레지스터의 출력단자에 3상태 버퍼를 연결하여 출력신호를 제어하기 위한 회로이며 3상태 버퍼가 인에이블 되었을 때 입력 데이터가 출력 Q3~Q0로는 출력되지만 최종출력 EQ3~EQ0에는 출력되지 않는다. 그 이유는 버퍼인 74125가 추가된 회로이며 ENIN 신호의 상승에지에 의해 저장된 데이터를 ENOUT 신호를 이용하여 제어하는 회로이기 때문이다. 이 회로는 메모리 디바이스의 쓰기 신호인 /WR 신호와 읽기 신호인 /RD신호와 동일한 기능을 할 수 있도록 설계한 것이다.

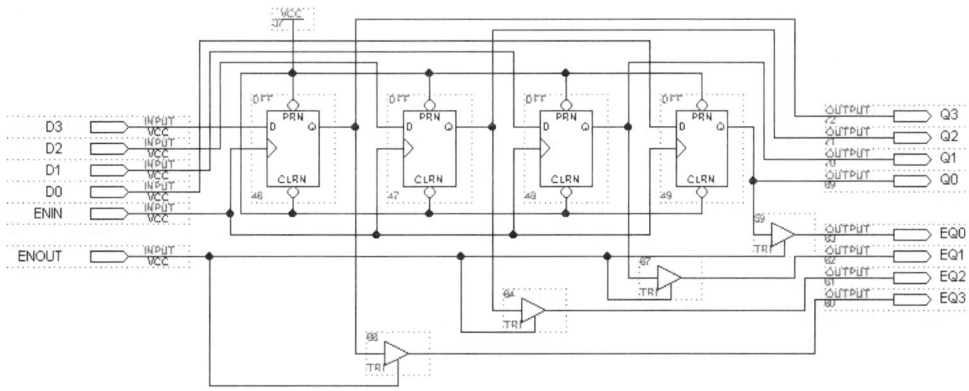

그림 8-4 3상태 버퍼를 갖는 병렬입력-병렬출력 레지스터

☞ 회로해석

1) 플립플롭의 출력신호를 3상태 버퍼에 연결한다.
2) 3상태 버퍼의 제어신호에는 ENOUT 신호를 연결한다.
3) ENOUT 신호가 [Low]이면 출력은 [High-Impedance] 상태, [High]이면 정상상태가 된다.

☞ 동작원리

1) 그림 8-5는 3상태 버퍼가 있는 레지스터 회로의 동작 타이밍도이다.

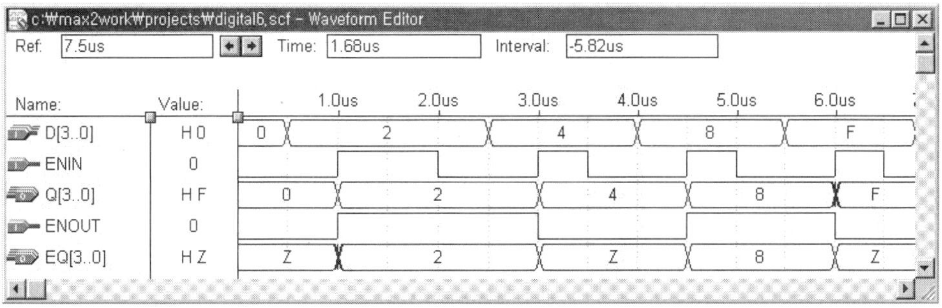

그림 8-5 3상태 버퍼가 있는 병렬입력-병렬출력 레지스터의 동작 타이밍도

2) 입력 데이터 2는 ENIN 신호의 상승에지가 있는 1.0[us]에서 출력 Q[3..0]으로 나타난다.
3) 출력 데이터는 3상태 버퍼에 연결되어 있으므로 3상태 버퍼의 제어신호인 ENOUT 신호가 [High]로 되어 있을 때 최종 출력 EQ[3..0]으로 전달된다.
4) 1.0[us]에서부터 3.0[us]까지 ENOUT 신호가 [High] 상태를 유지하고 있으므로 출력에는 2가 나타난다.

5) 2.5[us]에서 새로운 데이터 4가 공급되고 3.0[us]에서 ENIN 신호의 상승에지가 있으므로 출력 Q[3..0]에는 4가 나타난다. 출력 4는 3상태 버퍼를 통해서 전달되어야 하는데 3상태 버퍼의 제어신호인 ENOUT 신호가 [Low]이므로 최종 출력에는 [Z]라 표시된 [High-Impedance] 상태가 출력된다.

8-2 병렬입력-직렬출력 레지스터

그림 8-6은 병렬입력-직렬출력 레지스터의 블럭도이며 동시에 공급된 n개의 입력 신호가 제어신호에 의해 순차적으로 하나씩 출력으로 나오는 경우를 나타낸 것이다. 여기서 제어 신호는 클럭 신호를 의미하는 것이며 이 레지스터는 통신시스템 또는 컴퓨터의 직렬통신에 많이 이용된다.

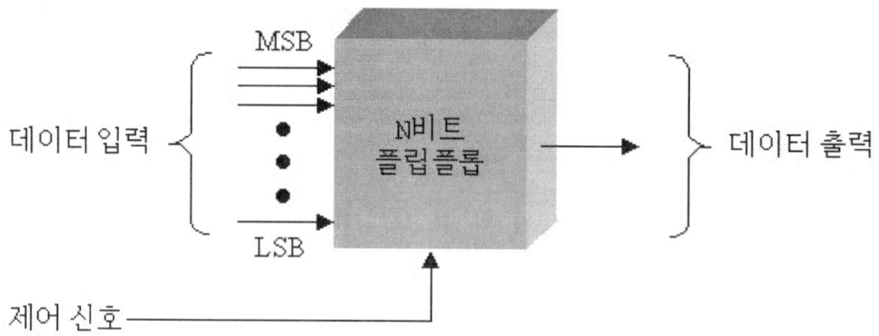

그림 8-6 병렬입력-직렬출력 레지스터 블럭도

그림 8-7은 병렬입력-직렬출력 레지스터를 멀티플렉서와 플립플롭으로 구성한 예이며 4비트 병렬입력 데이터를 제어신호에 의해 출력으로 한 비트씩 내보내기 위한 논리회로이다.

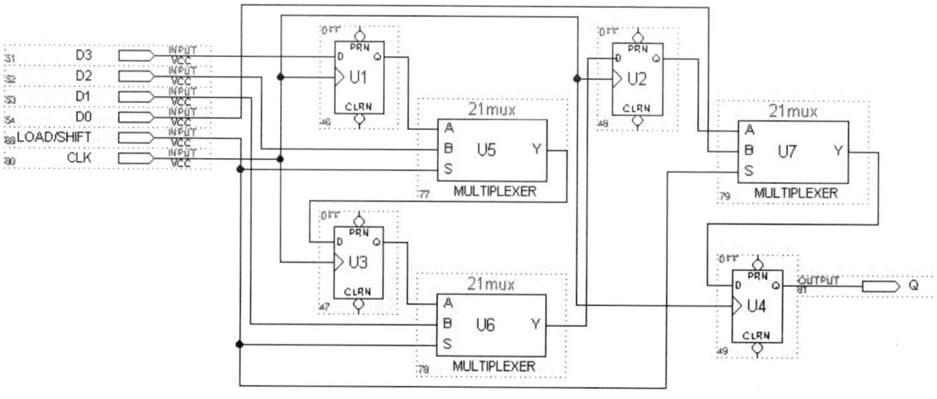

그림 8-7 병렬입력-직렬출력 레지스터

☞ 회로해석

1) 4개의 플립플롭과 3개의 멀티플렉서를 이용한다.
2) 병렬입력 데이터 중 MSB인 D3은 플립플롭 U1의 데이터선에 직접 연결한다.
3) 멀티플렉서 U5는 D2와 U1의 출력 중 하나를 선택하여 출력할 수 있도록 한다.
4) 멀티플렉서 U6은 D1과 U3의 출력 중 하나를 선택하여 출력할 수 있도록 한다.
5) 멀티플렉서 U7은 D0과 U2의 출력 중 하나를 선택하여 출력할 수 있도록 한다.
6) 멀티플렉서의 제어신호인 [LOAD/SHIFT]가 [Low]일 때 멀티플렉서의 B가 선택되기 때문에 B에 연결된 신호인 D2~D0와 U1에 직접 연결한 D3이 병렬입력 데이터가 된다.
7) 각 멀티플렉서의 출력은 다음 플립플롭의 데이터 입력선에 연결한다.
8) LOAD/SHIFT 신호가 [Low]일 때 입력되는 4비트 데이터가 동시에 플립플롭에 공급된다.
9) LOAD/SHIFT 신호가 [High]일 때 CLK 신호의 상승에지에 의해 플립플롭에 저장되어 있는 데이터가 한 비트씩 이동되어 출력된다.

☞ 동작원리

1) 그림 8-8은 병렬입력-직렬출력 레지스터의 동작 타이밍이다.
2) 병렬입력 데이터는 9이며 LOAD/SHIFT 신호를 [Low]로 공급하여 밀티플렉서가 B의 데이터를 출력하도록 한다.
3) 이때 모든 플립플롭의 데이터선에는 병렬 입력 데이터인 [1001](9)가 공급된다.
4) 첫 번째 클럭의 상승에지가 1.0[us]에서 공급되면 9가 각 플립플롭의 출력으로 처음에 나타나고 U4의 D 입력신호에 연결되었던 입력 데이터 D0이 U4의 출력 Q로 나타난다. LQAD/SHIFT 신호를 [High]로 공급하면 모든 멀티플렉서는 A신호를 선택하여 출력한다.
5) 두 번째 상승에지가 2.0[us]에서 공급되면 U2에 의해 저장되었던 D1신호가 U7을 통하여 U4의 데이터선에 연결되어 있었기 때문에 Q에는 입력 데이터 D1이 나타난다. 그리고 U3은 U1의 출력인 D3을 U2는 U3의 출력인 D2를 각각 저장한다.
6) 세 번째 상승에지가 3.0[us]에서 공급되면 Q에는 U2에 의해 저장되었던 입력 데이터 D2가 나타난다. 그리고 U2는 U3의 출력인 D3을 저장한다.
7) 네 번째 상승에지가 4.0[us]에서 공급되면 Q에는 U2에 의해 저장되었던 입력 데이터 D3이 나타난다. 즉, 병렬 데이터 [1001]이 클럭 입력에 따라 Q에 직렬로 나타나는 것을 알 수 있다.
8) 상승에지가 계속해서 공급되면 병렬입력 데이터가 모두 [Low]이므로 출력에는 [Low]가 계속해서 나타난다.

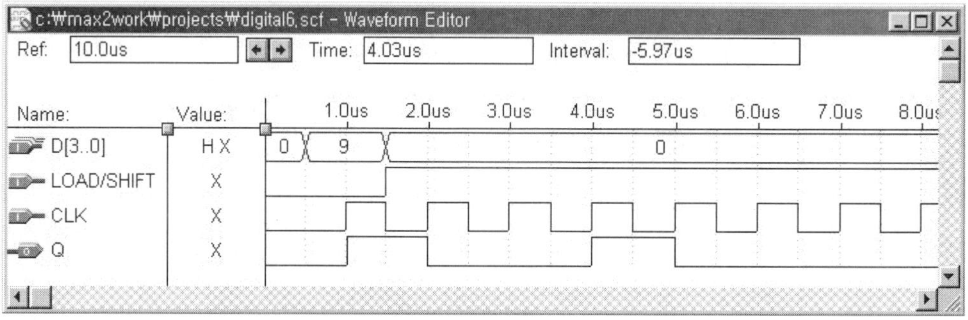

그림 8-8 병렬입력-직렬출력 레지스터 동작타이밍

8-3 직렬입력-직렬출력 레지스터

그림 8-9는 직렬입력-직렬출력 레지스터의 블럭도이며 공급된 직렬입력 데이터가 제어신호에 의해 순차적으로 하나씩 출력으로 나오는 경우를 나타낸 것이다.

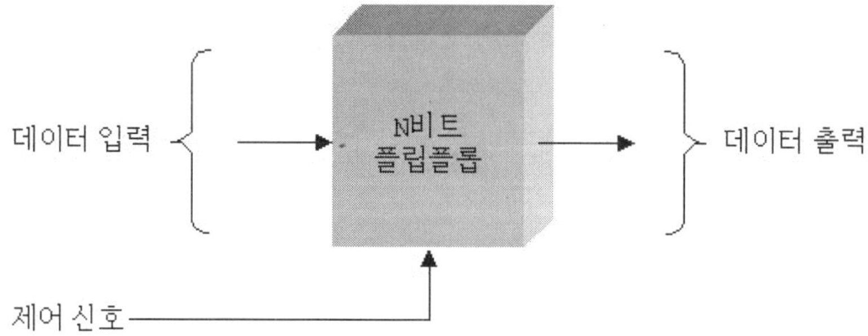

그림 8-9 직렬입력-직렬출력 레지스터 블럭도

이 레지스터는 통신시스템 또는 컴퓨터에서 많이 이용되는 FIFO, LIFO 또는 신호 지연회로에 많이 응용된다.

그림 8-10은 4개의 플립플롭으로 구성한 직렬입력-직렬출력 레지스터 회로도이다.

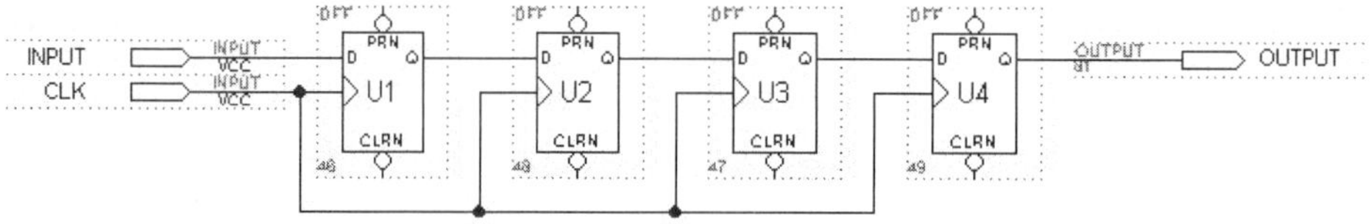

그림 8-10 직렬입력-직렬출력 레지스터 회로도

☞ **회로해석**

1) 입력 데이터 INPUT 신호는 시간에 따라 직렬로 공급된다.
2) 플립플롭의 각 출력은 다음 플립플롭의 입력이 된다.
3) 클럭신호는 동일한 신호를 사용한다.

☞ **동작원리**

1) 그림 8-11에 직렬입력 [0100110101]을 공급하고 제어신호에 의해 출력되는 레지스터의 동작을 나타내었다.

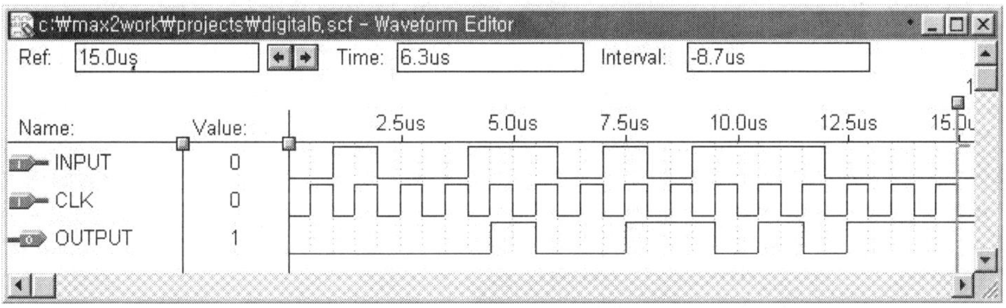

그림 8-11 직렬입력-직렬출력 레지스터의 동작 타이밍도

2) INPUT 신호의 [Low] 레벨이 CLK의 첫 번째 상승에지가 있는 0.5[us]에서 래치되어 [Low]가 U1의 출력으로 나온다.
3) CLK 신호의 두 번째 상승에지에서 U1의 [Low] 출력이 U2의 출력으로 나오고 이 때 U1은 두 번째 데이터인 [High]를 래치하여 출력한다.
4) CLK 신호의 세 번째 상승에지에서 U2의 [Low] 출력이 U3의 출력으로 나오고 이 때 U1에는 세 번째 데이터가 U2에는 두 번째 데이터가 각각 래치된다.
5) CLK 신호의 네 번째 상승에지에서 U3의 [Low] 출력이 U4의 출력으로 나오며 최초의 직렬 입력 데이터가 CLK의 네 번째 상승에지 이후에 출력으로 나오게 된다. 그리고 U1에는 네 번째 데이터가 U2에는 세 번째 데이터가 그리고 U3에는 두 번째 데이터가 각각 래치된다.
6) 모든 입력신호에 대하여 CLK의 상승에지가 계속 공급되는 한 이와 같은 과정이 연속적으로 이루어지며 출력 OUTPUT에는 [0100110101]이 네 번째 CLK의 상승에지 이후에 순차적으로 출력된다.

8-3-1 레지스터를 이용한 간단한 시간지연회로

그림 8-12는 직렬입력-직렬출력 레지스터를 이용하여 입력된 신호를 원하는 시간만큼 지연시키는 회로의 타이밍이다. 1.5[us]에서 [High]로 공급된 INPUT 신호를 CLK의 4주기 후에 출력되도록 하려면 4개의 플립플롭을 직렬로 연결하면 된다. 그림 8-12에서는 4개의 CLK 신호가 공급된 후 입력된 INPUT 신호가 출력되고 있다. 시간지연을 늘리려면 플립플롭을 추가하면 된다. CLK의 주기가 1[us]이므로 입력된 신호는 3[us]의 지연시간 후에 출력으로 나타나게 된다.

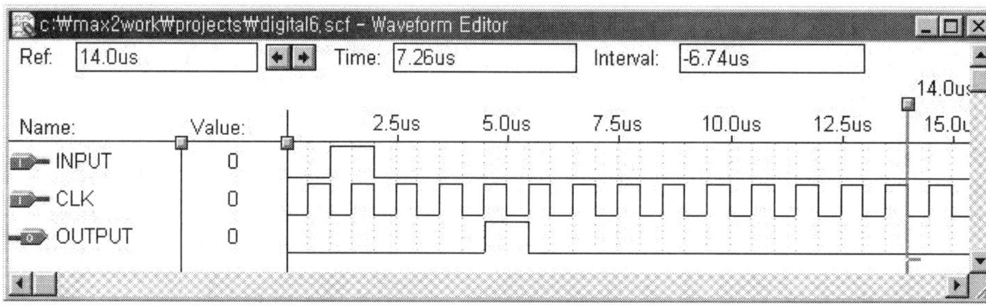

그림 8-12 간단한 시간지연회로의 동작 타이밍도

8-4 직렬입력-병렬출력 레지스터

그림 8-13은 직렬입력-병렬출력 레지스터의 블럭도이며 직렬로 공급된 입력신호가 제어신호에 의해 일정시간이 지난 후 동시에 n비트의 출력으로 나오는 경우를 나타낸 것이다. 이 레지스터는 통신시스템 또는 컴퓨터의 직렬통신에 많이 이용된다.

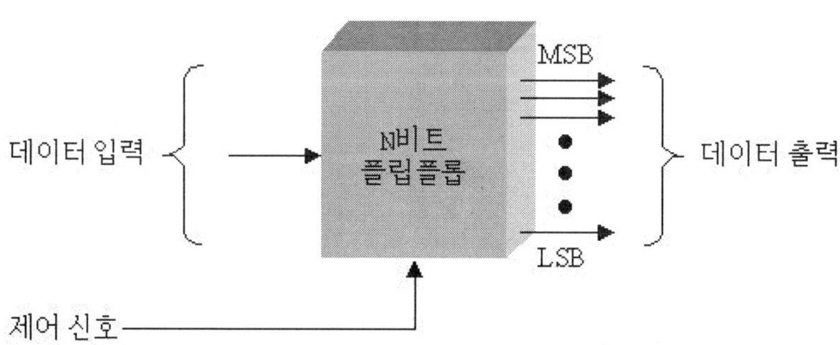

그림 8-13 직렬입력-병렬출력 레지스터 블럭도

☞ 회로해석

1) 그림 8-14는 직렬입력-병렬출력 레지스터의 회로도이며 직렬입력-직렬출력 레지스터 회로의 각 플립플롭에서 출력을 뽑아내면 직렬입력-병렬출력 레지스터가 된다.

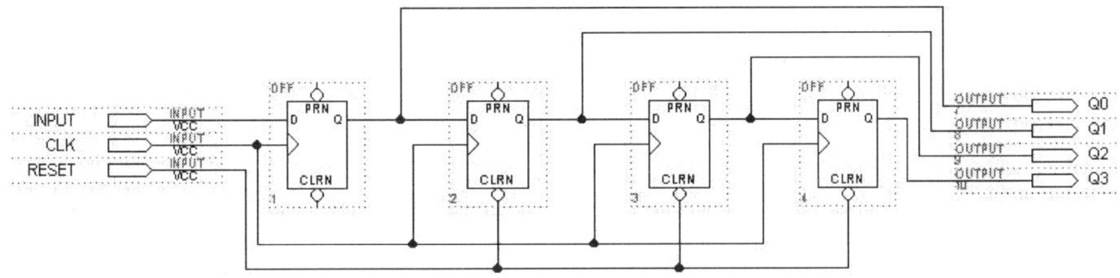

그림 8-14 직렬입력-병렬출력 레지스터 회로도

☞ 동작원리

1) 그림 8-15는 이 회로의 동작 타이밍이다.
2) 이 회로의 모든 플립플롭의 초기상태는 리셋 상태라 정의한다. 즉, 모든 출력은 [Low] 상태를 갖는다.
3) INPUT 신호가 공급되고 CLK의 첫 번째 상승에지가 공급되면 출력은 MSB를 기준으로 [0001] 즉, 1이 나온다.
4) 두 번째 CLK의 상승에지가 공급되면 첫 번째 플립플롭의 출력인 Q0가 두 번째 플립플롭의 출력으로 나타나므로 병렬출력은 2가 된다.
5) 세 번째 CLK의 상승에지가 공급되면 두 번째 플립플롭의 출력인 Q2가 세 번째 플립플롭의 출력으로 나타나므로 병렬출력은 4가 된다.

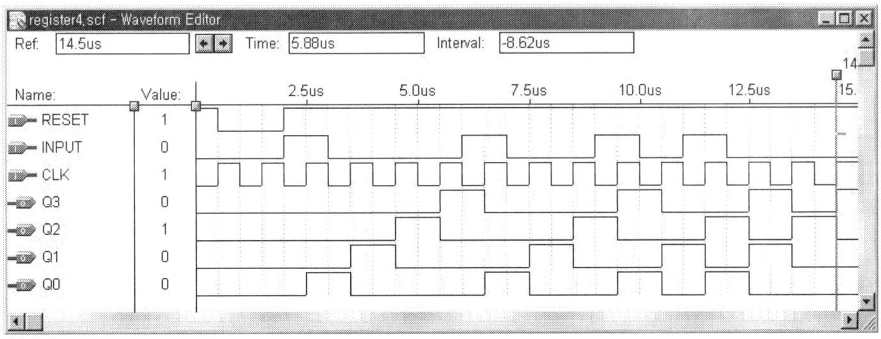

그림 8-15 직렬입력-병렬출력 레지스터 동작 결과파형

6) 네 번째 CLK의 상승에지가 공급되면 세 번째 플립플롭의 출력인 Q3가 네 번째 플립플롭의 출력으로 나타나므로 병렬출력은 8이 된다.

7) 그러므로 네 번째 CLK가 공급된 후의 병렬출력은 [1000]이 된다. 이와 같은 결과로부터 직렬로 공급되는 데이터 중 제일 먼저 입력된 데이터가 네 번째 CLK의 상승에지 이후 MSB로 나타나며 실제적인 병렬 출력은 네 번째 클럭 이후의 데이터가 된다.

8-5 레지스터의 응용

8-5-1 출입문 개폐장치

레지스터를 이용하여 키 패드에 입력되는 숫자의 순서를 저장하고 이미 기억되어 있는 숫자의 순서와 비교하여 출입문을 자동으로 개폐할 수 있는 시스템을 설계해 보자.

☞ **회로설계 및 동작원리**

1) 그림 8-16은 출입문 개폐장치의 설계도이다.
2) 출입문 개폐장치의 비밀번호는 [3479]이다.
3) 처음에 키 패드에서 3을 누르면 표 8-1의 진리표와 같이 74147 디바이스(U11)는 [3]의 BCD 데이터인 [1100]을 D, C, B, A로 출력한다.
4) 이 신호는 7404 NOT 게이트를 거치면서 [0011](3)로 바뀐다.
5) 7442에 [0011]이 공급되면 표 8-2의 진리표와 같이 7442의 4번 핀(Y3)이 [Low]로 되고 나머지 출력은 모두 [High]가 된다. 7442의 출력 핀들은 AND 게이트와 D 플립플롭의 입력으로 사용되며 3, 4, 7 그리고 9 이외의 숫자를 누르면 U12의 7442 출력(Y_1, Y_2, Y_5, Y_6, Y_8) 중 하나가 [Low]로 되어 U15A의 출력인 RESET 신호를 [Low]로 만들어 7474로 구성한 레지스터를 모두 리셋시킨다. 그러므로 U29A의 모든 입력 핀에 [Low]가 공급된다. U29A NAND 게이트의 특성에 따라 입력이 한 개라도 [Low]이면 NAND 게이트의 출력 신호인 CNTL 신호가 [High]로 된다. 이 신호가 [High]로 되면 3상태 버퍼인 U30A가 동작을 하지 않기 때문에 출입문 개폐신호가 전달되지 않는다.
6) 키 패드에서 누르고 있던 3을 놓으면 7442의 4번 핀(Y_3)이 [High]로 변한다. 이 때 발생하는 상승에지는 7474 플립플롭(U2A)의 첫 번째 출력을 [High]로 만든다.
7) 다음에 키 패드의 4를 눌렀다가 놓으면 7442의 5번 핀(Y_4)에서 상승에지가 출력되고 이 상승에지는 첫 번째 플립플롭 U2A의 [High] 출력을 래치하여 두 번째 플립플롭(U1B)의 출력을 [High]로 만든다.
8) 계속해서 7과 9를 눌렀다가 놓으면 7442의 9번 핀(Y_7)과 11번 핀(Y_9)에서 상승에지가 출력되어 세 번째(U1A) 및 네 번째(U2B) 플립플롭의 출력을 [High]로 만든다. 모든 플립플롭의 출력이 [High]이므로 U29A의 출력이 [Low]가 된다. CNTL 신호가 [Low]가 되면 이 신호는 U30A를 동작시켜 U30A의 출력으로 출입문 개폐신호가 전달되도록 한다.

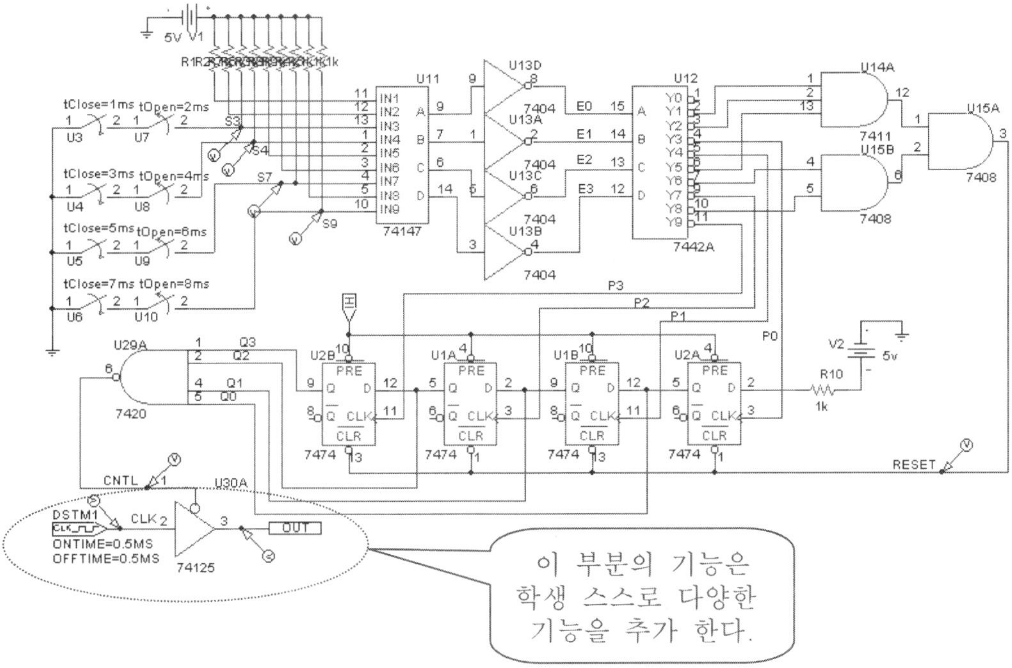

그림 8-16 직렬입력-직렬출력 레지스터를 이용한 출입문 개폐장치 회로도

9) 앞에서 설명한 것과 같이 비밀번호를 순서대로 입력하지 않으면 레지스터가 정상으로 동작하지 않기 때문에 출입문 개폐장치는 정상적인 동작을 하지 않는다.

그림 8-17은 74147 엔코더의 블럭도이고 표 8-1은 74147의 진리표를 나타낸 것이다.

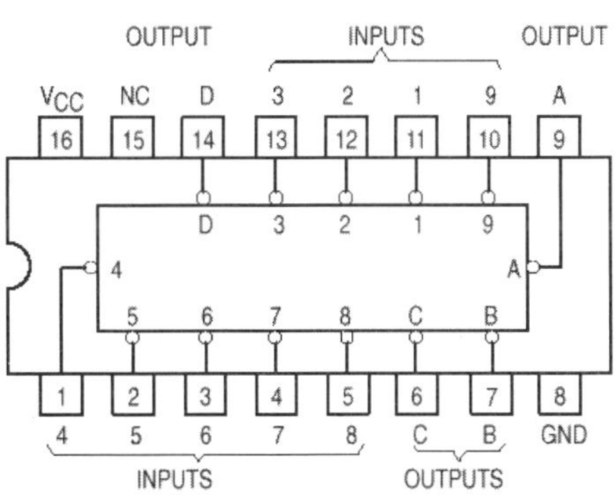

그림 8-17 74147 엔코더 블럭도

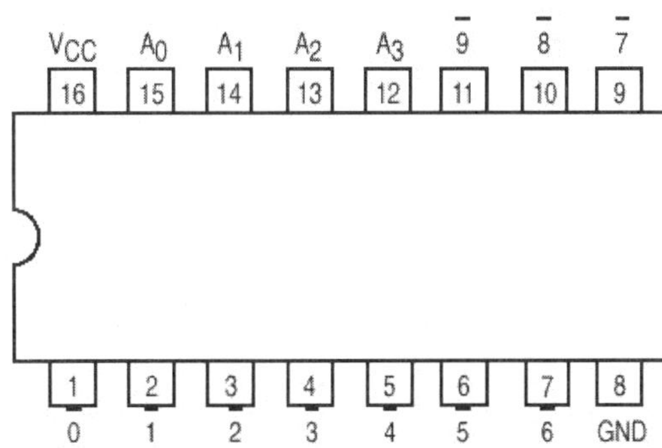

그림 8-18 7442 디코더 블럭도

그림 8-18은 7442 디코더의 블록도이며 표 8-2는 7442 디코더의 진리표이다.

표 8-1 74147 엔코더 진리표

INPUTS									OUTPUTS			
1	2	3	4	5	6	7	8	9	D	C	B	A
H	H	H	H	H	H	H	H	H	H	H	H	H
X	X	X	X	X	X	X	X	L	L	H	H	L
X	X	X	X	X	X	X	L	H	L	H	H	H
X	X	X	X	X	X	L	H	H	H	L	L	L
X	X	X	X	X	L	H	H	H	H	L	L	H
X	X	X	X	L	H	H	H	H	H	L	H	L
X	X	X	L	H	H	H	H	H	H	L	H	H
X	X	L	H	H	H	H	H	H	H	H	L	L
X	L	H	H	H	H	H	H	H	H	H	L	H
L	H	H	H	H	H	H	H	H	H	H	H	L

표 8-2 7442 디코더 진리표

A_0	A_1	A_2	A_3	$\overline{0}$	$\overline{1}$	$\overline{2}$	$\overline{3}$	$\overline{4}$	$\overline{5}$	$\overline{6}$	$\overline{7}$	$\overline{8}$	$\overline{9}$
L	L	L	L	L	H	H	H	H	H	H	H	H	H
H	L	L	L	H	L	H	H	H	H	H	H	H	H
L	H	L	L	H	H	L	H	H	H	H	H	H	H
H	H	L	L	H	H	H	L	H	H	H	H	H	H
L	L	H	L	H	H	H	H	L	H	H	H	H	H
H	L	H	L	H	H	H	H	H	L	H	H	H	H
L	H	H	L	H	H	H	H	H	H	L	H	H	H
H	H	H	L	H	H	H	H	H	H	H	L	H	H
L	L	L	H	H	H	H	H	H	H	H	H	L	H
H	L	L	H	H	H	H	H	H	H	H	H	H	L
L	H	L	H	H	H	H	H	H	H	H	H	H	H
H	H	L	H	H	H	H	H	H	H	H	H	H	H
L	L	H	H	H	H	H	H	H	H	H	H	H	H
H	L	H	H	H	H	H	H	H	H	H	H	H	H
L	H	H	H	H	H	H	H	H	H	H	H	H	H
H	H	H	H	H	H	H	H	H	H	H	H	H	H

8-6 레지스터 IC

레지스터는 4비트와 8비트 레지스터가 일반적으로 많이 사용된다.

8-6-1 74164 8비트 직렬입력 병렬출력 레지스터

그림 8-19는 74164 핀 구성도이고 그림 8-20은 74164 논리 블럭도이다. 이 IC는 그림 8-21과 같이 8개의 D 플립플롭을 가지고 있고 2개의 직렬 입력과 8개의 병렬 출력을 갖고 있다. A 또는 B에 입력되는 직렬입력 데이터는 클럭신호의 상승 에지에 의해 순서대로 출력으로 나타난다. $\overline{MR}$ 신호의 논리 [Low]는 레지스터의 모든 출력을 리셋시키는 기능을 한다.

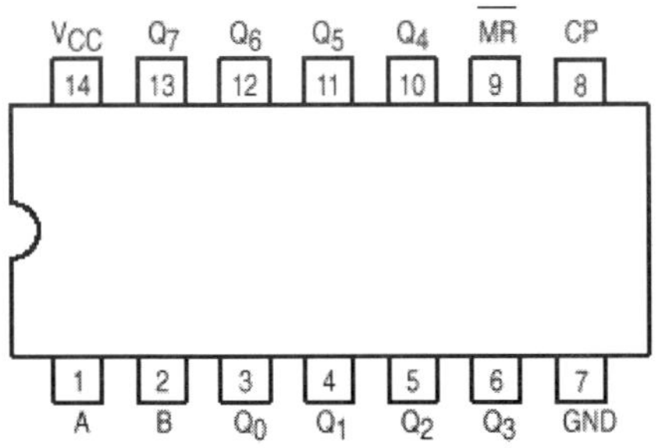

그림 8-19 74164 핀 구성도

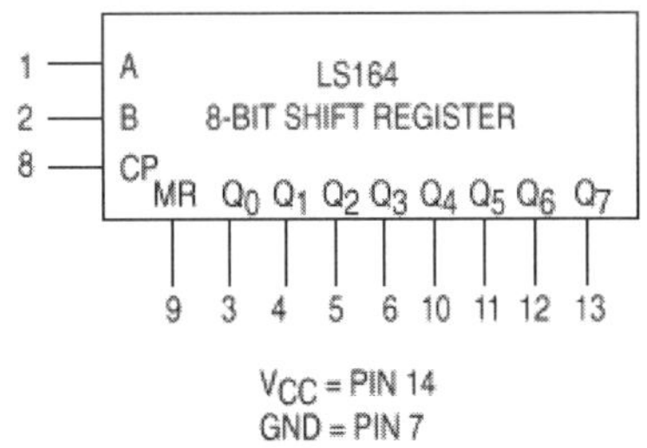

그림 8-20 74164 논리 블럭도

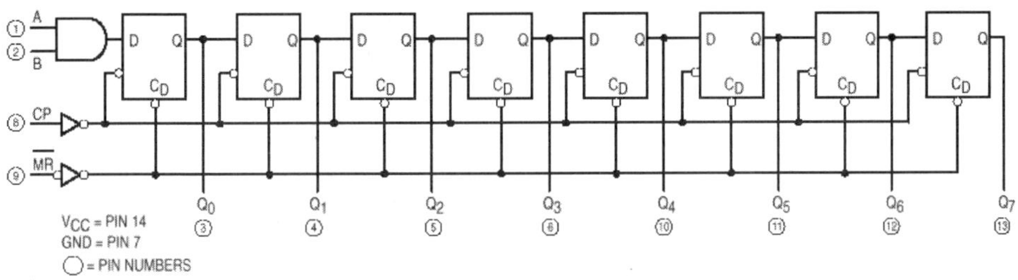

그림 8-21 74164 실제적인 회로도

예제 8-1 74164에 직렬데이터 [01010011]을 입력하여 클럭신호의 상승에지에 의해 출력되는 파형을 그려라.

[풀이] 그림 8-22와 같이 회로를 연결한 다음 클럭의 상승에지에 따라 입력되는 데이터가 Q0부터 Q7까지 순서대로 나올 수 있도록 그린다. 그림 8-23은 이 회로의 결과 파형이다. Reset 신호에 [Low]를 공급하면 모든 출력은 [Low]가 된다. Sin 신호 [01010011]이 순서대로 입력되고 클럭신호의 상승에지가 8개 입력되면 [01010011]이 병렬로 출력된다.

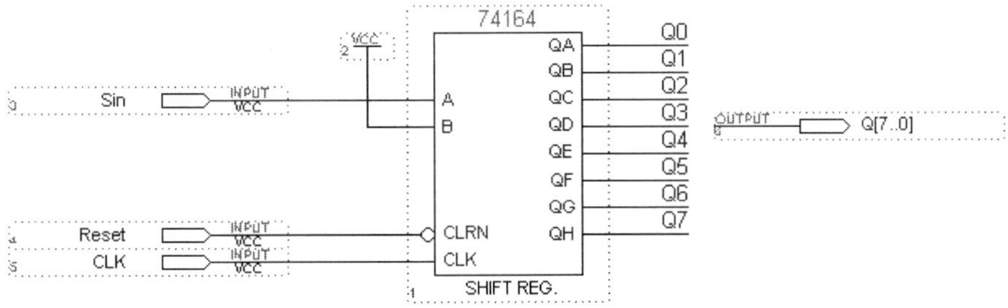

그림 8-22 직렬-병렬 레지스터 회로도

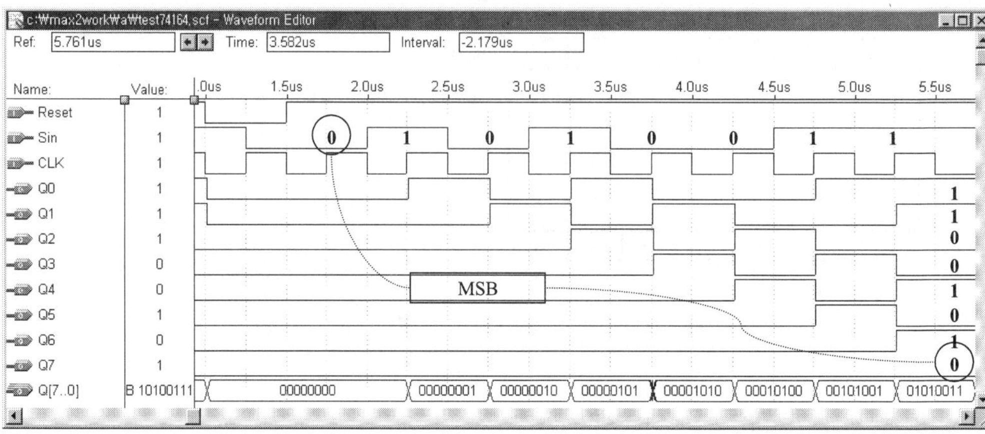

그림 8-23 직렬-병렬 레지스터 동작 타이밍도

8-6-2 74166 8비트 시프트 레지스터

74166은 8비트 병렬입력 또는 직렬입력 그리고 직렬출력 레지스터이며 그림 8-24는 74166의 핀 구성도, 표 8-3은 동작 모드와 관련된 진리표이다.

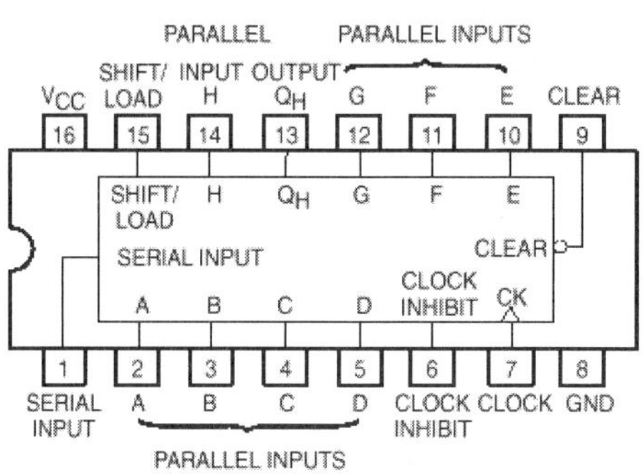

그림 8-24 74166 16진 카운터 블럭도

표 8-3 74166 16진 카운터 진리표

INPUTS						INTERNAL OUTPUTS		OUTPUT Q_H
CLEAR	SHIFT/LOAD	CLOCK INHIBIT	CLOCK	SERIAL	PARALLEL A . . . H	Q_A	Q_B	
L	X	X	X	X	X	L	L	L
H	X	L	L	X	X	Q_{A0}	Q_{B0}	Q_{H0}
H	L	L	↑	X	a . . . h	a	b	h
H	H	L	↑	H	X	H	Q_{An}	Q_{Gn}
H	H	L	↑	L	X	L	Q_{An}	Q_{Gn}
H	X	H	↑	X	X	Q_{A0}	Q_{B0}	Q_{H0}

그림 8-25는 74166의 동작 타이밍을 나타낸 것이다.

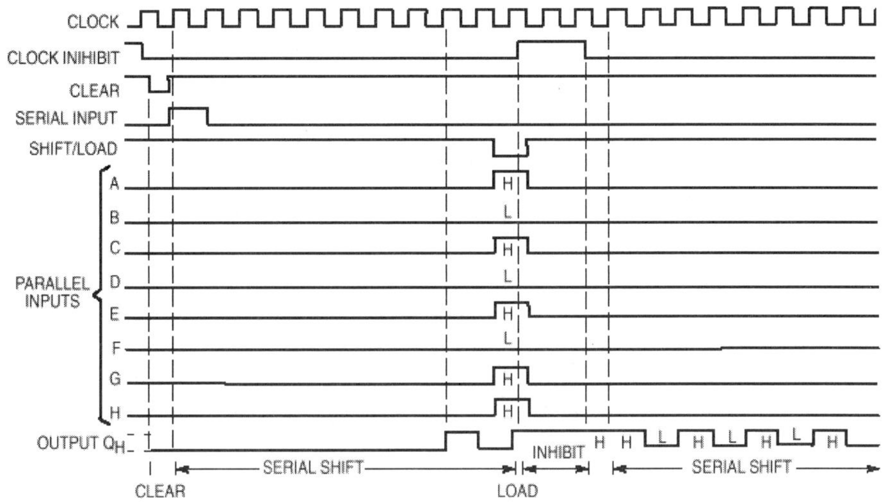

그림 8-25 74166 16진 카운터 동작 타이밍도

☞ **동작원리**

1) CLEAR 신호가 [Low]이면 모든 출력은 [Low]가 된다.
2) 직렬 입력 신호 [10000000]이 입력되면 CLOCK 신호의 여덟 번째 상승에지에서 [1]이 출력된다(serial shift).
3) SHIFT/LOAD 신호를 [Low]로 공급하고 병렬 입력 (A~H) 데이터를 [HLHLHLHH]로 맞춘 다음 CLOCK의 상승에지가 있으면 병렬 데이터가 레지스터에 로드(Load) 된다.
4) CLOCK INHIBIT 신호가 [High]이면 CLOCK 신호 입력을 막을 수 있다.
5) CLOCK INHIBIT 신호를 [Low], SHIFT/LOAD 신호를 [Low]로 한 다음 CLOCK의 상승에지를 입력하면 첫 번째 상승에지에서부터 [HHLHLHLH]가 연속해서 출력으로 나타난다.

8-6-3 74194 8비트 유니버셜 레지스터

74194는 양방향 4비트 유니버셜 시프트 레지스터이며 직렬입력, 병렬입력, 직렬출력, 병렬출력, Shift Left, Shift Right 등의 다양한 기능을 처리할 수 있기 때문에 유니버셜이라는 이름이 붙었다. 그림 8-26은 74194의 핀 구성도, 표 8-4는 74194의 동작 모드를 나타내는 진리표이다.

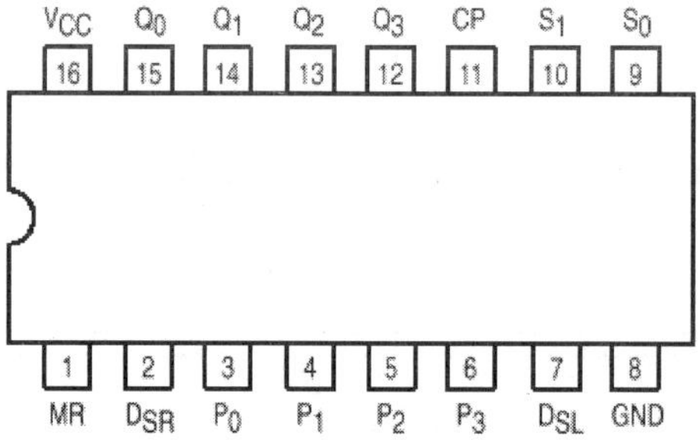

그림 8-26 74194 핀 구성도

표 8-4 74194 유니버셜 레지스터 진리표

OPERATING MODE	INPUTS						OUTPUTS			
	MR	S_1	S_0	D_{SR}	D_{SL}	P_n	Q_0	Q_1	Q_2	Q_3
Reset	L	X	X	X	X	X	L	L	L	L
Hold	H	l	l	X	X	X	q_0	q_1	q_2	q_3
Shift Left	H H	h h	l l	X X	l h	X X	q_1 q_1	q_2 q_2	q_3 q_3	L H
Shift Right	H H	l l	h h	l h	X X	X X	L H	q_0 q_0	q_1 q_1	q_2 q_2
Parallel Load	H	h	h	X	X	P_n	P_0	P_1	P_2	P_3

연습문제

1. 그림 8-27이 CLK의 에지에서 Left Shift인지 Right Shift인지를 판별하라.

2. 그림 8-27이 CLK의 어느 에지에서 Shift되는지를 판별하라.

3. 그림 8-27의 병렬입력인 D3-D0에 [0100]이 입력되었다. 클럭이 2개 입력된 후 Q3와 Q0의 출력을 판단하라. 또한 4개의 클럭이 공급된 후 출력이 어떤 값을 갖는지를 결정하라.

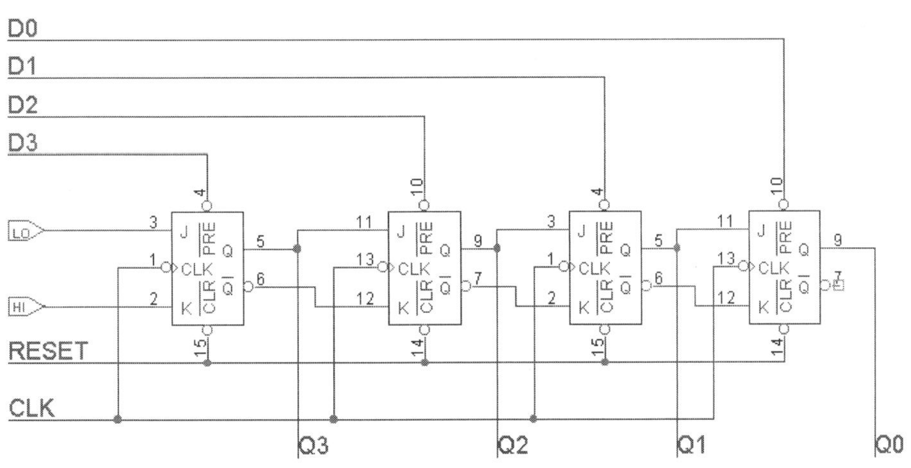

그림 8-27

4. 그림 8-28과 그림 8-29는 시프트 레지스터에 공급되는 클럭과 첫 번째 출력파형을 나타낸 것이다. 이와 같은 출력을 얻으려면 몇 개의 플립플롭이 필요한가?

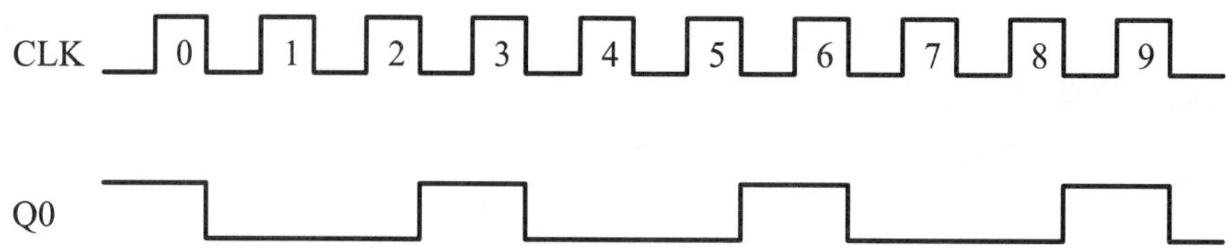

그림 8-28

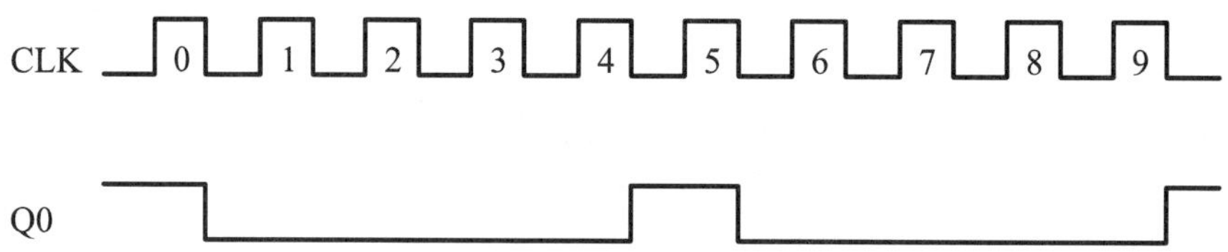

그림 8-29

5. 74164에 [10010110]의 직렬데이터가 입력되고 있다. 클럭신호와 입력데이터 그리고 출력파형을 정확하게 그려라.

6. 74194에 그림 8-30과 같은 신호가 공급되고 있다. 출력파형을 그리고 각 클럭에서의 동작모드를 설명하라. 단, DSR은 1, DSL은 0이고 병렬입력 데이터 D3-D0는 [0001]이다.

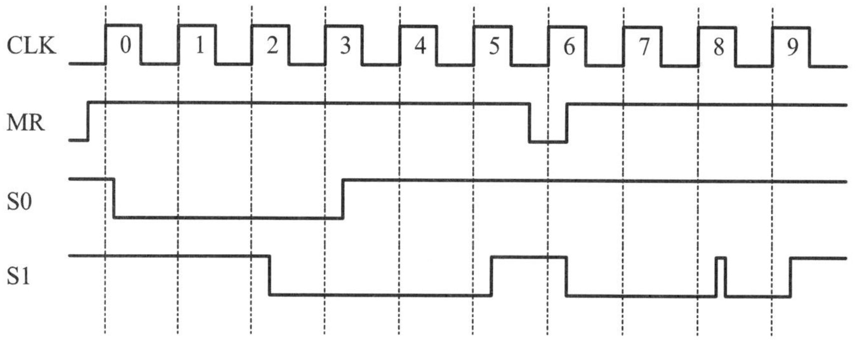

그림 8-30

7. 그림 8-16에서 키 [5]를 눌렀을 때 모든 TTL 디바이스의 출력 상태를 도면 위에 나타내라.

CHAPTER 9

간단한 디지털 시스템의 설계

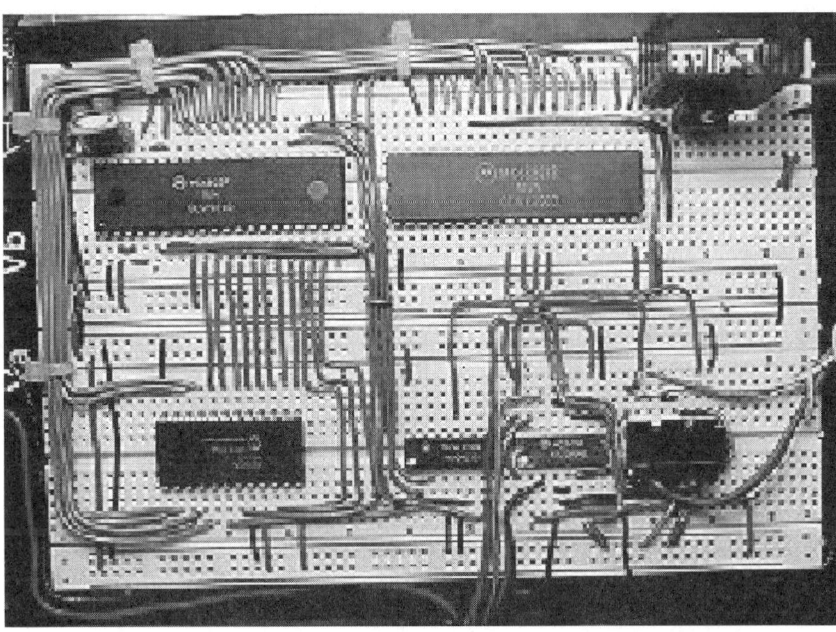

9-1 디지털 시계
9-2 자동차 과속경보장치

이 장에서는 플립플롭, 카운터 기타 디지털 IC를 이용하여 디지털 시스템을 설계하는 방법을 배운다. 이 장에서 소개할 디지털 시스템은 디지털 시계와 자동차 과속경보장치이며 설계 과정을 상세히 나열하였으므로 철저히 분석하여 디지털 시스템 설계능력을 향상시키도록 한다.

9-1 디지털 시계

우리가 일상생활에서 흔히 볼 수 있는 디지털 시계는 1[Hz]라는 신호를 계수하여 시, 분, 초를 표시하는 카운터 응용회로이다. 1[Hz]는 주기가 1초인 신호이며 우리가 사용하는 전원의 주파수가 60[Hz]이므로 이 신호를 60분주하면 1[Hz]의 신호를 얻을 수 있다. 그러나 전원으로부터 디지털 신호를 얻어내는 것이 까다롭기 때문에 수정 발진기를 사용하거나 타이머 555를 사용하는 것이 일반적이다. 디지털 시계의 구성을 그림 9-1에 표시하였다.

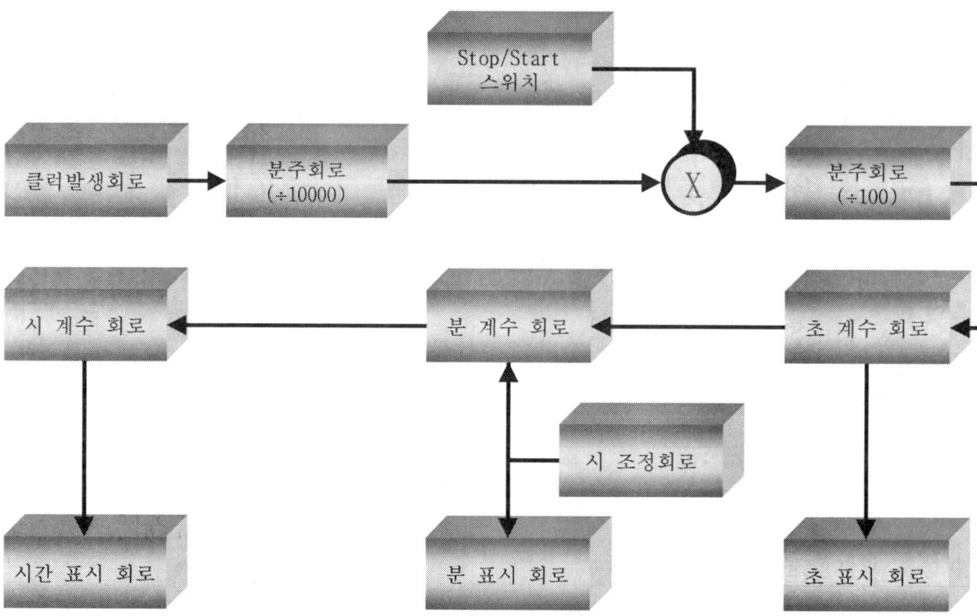

그림 9-1 디지털 시계 블록 다이아그램

클럭을 공급해 주는 발진부의 클럭 발생회로가 1[MHz]의 주파수로 발진한다고 가정할 때 그 출력을 10000 분주하면 100[Hz]의 신호를 얻을 수 있다. 100[Hz] 신호는 Stop/Start(시동/정지 회로) 스위치와 멀티 플렉싱되어 100 분주회로로 공급되고 100 분주회로는 100[Hz]의 신호를 1[Hz]로 분주한다. 이 신호가 시계의 기본 입력이 된다. 1[Hz] 신호는 시계의 1초를 표시하므로 이것을 60번 세면 1분, 1분을 60번 세면 1시간, 1시간을 24번 세면 하루를 표시할 수 있다. 따라서 디지털 시계는 발진부의 출력을 100만 분주, 60분주 및 24 분주회로를 계속 연결하여 구성하게 된다. 또한 시계회로의 시 · 분 · 초 출력을 사람이 알아보게 하기 위해서는 숫자 표시회로가 필요한데, 이 회로는 초, 분 및 시를 표시할 수 있는 회로이며 7-세그먼트 구동 디바이스로 설계할 수 있다. 이 회로는 각 계수부의 4비트 BCD 출력을 받아 10진수로 변환하여 표시한다. 디지털 시계를 제작한 후 동작을 확인하기 위해서는 모든 표시 숫자를 0으로 하는 초기화 회로와 시동/정지 회로 그리고 특정한 시간으로 맞추기 위한 시조정 회로가 부가된다. 초기화 회로는 순간접점 스위치를 이용하여 60 분주 및 24 분주회로를 리셋하게 되며 시동/정지 회로는 게이팅 회로를 이용하여 100[Hz] 신호를 통과 또는 차단시키므로서 구현할 수 있다. 또한 시조정 회로는 24분 주기에 별도의 스위치로 신호를 인가함으로써 구성할 수 있다. 이제 세부 블록별로 설계과정을 소개한다.

9-1-1 클럭 발생회로

클럭 발생회로는 그 구성소자에 따라 수정발진기, 교류전원을 이용한 발진기 및 RC 발진기로 나누어 볼 수 있다. 수정발진기는 고정밀도의 클럭이 필요한 경우에 일반적으로 사용되는 디바이스이며 수 십[ppm] 정도의 정밀도를 보장하지만 다른 디바이스에 비해 비교적 값이 고가이다.

가정에 공급되는 교류 60[Hz]를 신호원으로 하는 발진기는 전력회사에서 교류 신호의 정밀도를 보장해 주므로 간단하게 구현할 수 있으나 상용전원이 공급되는 곳에서만 사용 가능하다는 한계가 있다. RC 발진기는 저항과 커패시터의 부정확성 및 온도특성 때문에 정밀도는 떨어지지만 비교적 넓은 주파수 범위에서 간단하게 구현할 수 있기 때문에 실험실에서 많이 사용되고 있다. 여기서는 타이머 555를 사용하는 예를 적용한다. 그림 9-2는 타이머 555를 이용하여 1[MHz]의 발진주파수를 얻어내기 위한 회로이다.

이 회로에서 출력 신호 1[MHz]는 다음 식에 의하여 구할 수 있다.

$$t_1 = 0.693(500+5K)\cdot 144\times 10^{-12} = 0.548845\times 10^{-6}[s]$$

$$t_2 = 0.693(5K)\cdot 144\times 10^{-12} = 0.488960\times 10^{-6}[s]$$

$$T = t_1 + t_2 = 1.307816\times 10^{-6}[s]$$

$$f = \frac{1}{T} \cong 0.9635619[MHz]$$

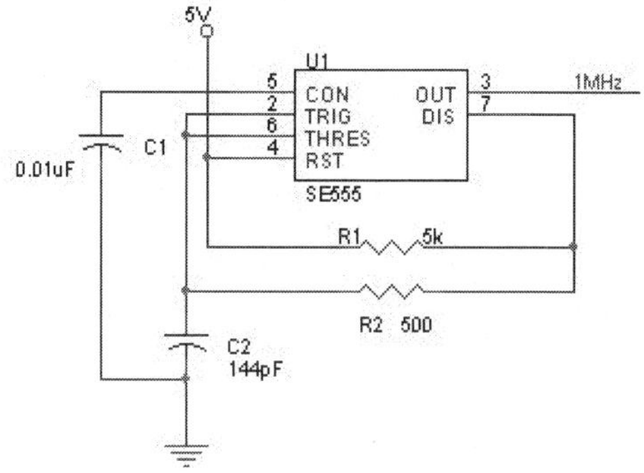

그림 9-2 클럭 발생회로

9-1-2 분주회로(10000분주)

비동기식 10진 카운터인 74LS90 4개를 그림 9-3과 같이 직렬로 연결하여 1[MHz] 클럭신호를 10000분주한다. 10분주회로로 많이 사용되는 74LS90에는 2분주기와 5분주기가 내장되어 있으므로 각각을 2분주기 및 5분주기로 사용할 수도 있고 두 개를 결합하면 10분주기로 동작시킬 수도 있다. 즉, 클럭입력을 그림 9-3의 U2 B(1번 핀)에 공급한 후 U2의 QD(11번 핀) 출력을 다시 U2의 A(14번 핀)에 연결한다. 그런 다음 QD~QA의 출력을 관찰하면 클럭의 하강에지에 맞춰 출력되는 BCD 신호를 얻을 수 있다. 74LS90의 R0(1), R0(2)는 카운터 내부의 플립플롭을 리셋시키는 액티브 [High] 입력이므로 정상 동작시는 접지에 연결한다. 또한 R9(1), R9(2)는 카운터의 플립플롭을 셋트시키는 액티브 [High] 입력이므로 정상 동작시는 역시 접지에 연결하여 사용한다. 그림 9-3에서 U2의 출력 QA는 100[kHz], U3의 출력 QA는 10[kHz], U4의 출력은 1[kHz] 그리고 U5의 출력 QA는 100[Hz]의 주파수를 갖게 된다.

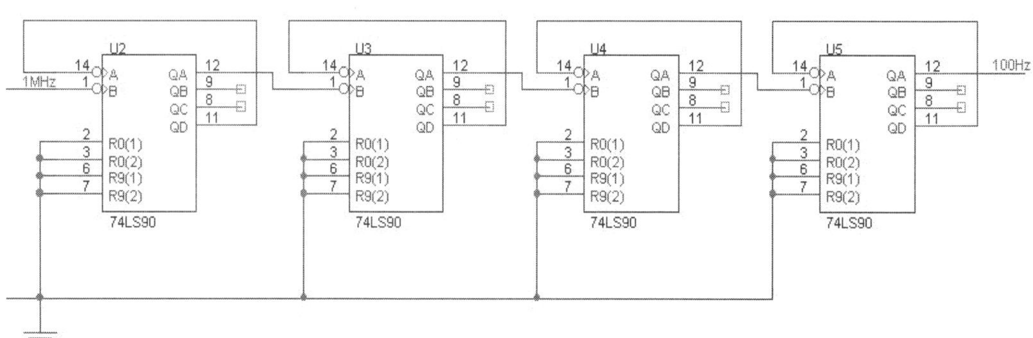

그림 9-3 10000 분주회로

9-1-3 Stop/Start(정지/시동) 스위치

디지털 시계의 전체 동작을 제어하기 위한 회로이며 그림 9-4와 같이 RS 플립플롭을 이용하여 시계에 공급되는 클럭 100[Hz] 신호를 차단함으로써 디지털 시계의 Stop 및 Start를 제어한다. 그림 9-4에 있는 기계적인 스위치 SW1은 내부에 존재하는 스프링의 탄성과 접점면의 불균일성 때문에 스위치를 한 번 개폐하더라도 여러 번 접점이 붙었다가 떨어지게 된다. 따라서 그림 9-4 회로의 출력인 start와 stop 신호에는 전기적 바운싱 현상이 발생한다. 이것은 농구공을 바닥에 한 번 튀기더라도 여러 번 진동하는 것과 같은 현상으로, 회로에서 단일한 입력을 인가한 경우에도 여러 개의 입력이 들어오게 되므로 혼동이 생긴다. 이러한 현상을 제거하기 위해 S/R 래치를 기계스위치 SW1 뒤에 연결하여 사용한다. 대부분의 기계스위치에는 이와 같은 래치회로를 부착하여 제어한다. 이 회로에서 U6A의 출력은 100 분주회로의 클럭신호이고 디지털 시계의 기본 동작 클럭이므로 스위치를 stop 위치로 옮기면 U6B의 출력은 [Low]가 되어 디지털 시계에 클럭이 공급되지 않는다. 분주회로에 클럭을 다시 공급하려면 스위치를 start 위치로 옮기면 된다.

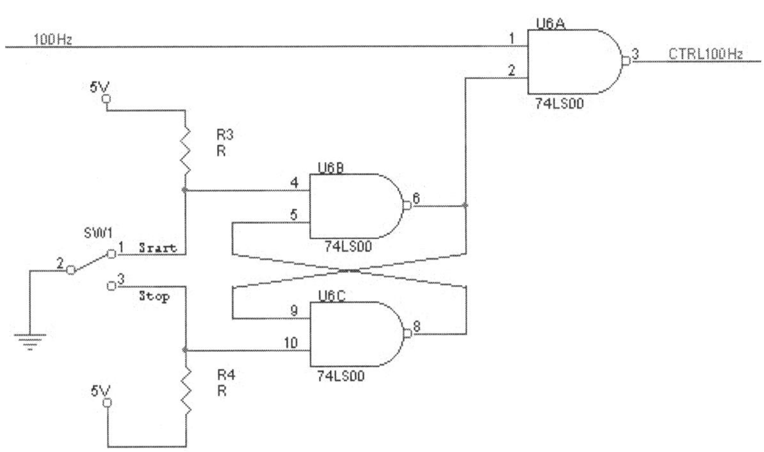

그림 9-4 디지털 시계 Start/Stop 제어회로

9-1-4 분주회로(100분주)

비동기식 10진 카운터인 74LS90 2개를 그림 9-5와 같이 직렬로 연결하여 100[Hz] 클럭신호를 100분주하여 1[Hz]의 신호를 얻어낸다. 10진 카운터는 10000 분주회로에서 사용한 74LS90 10진 카운터와 동일한 디바이스를 사용한다.

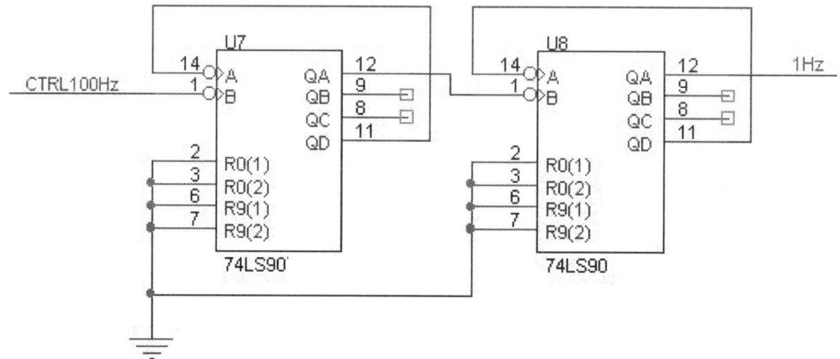

그림 9-5 100 분주회로

9-1-5 초기화 회로

전원이 공급될 때 디지털 시계를 리셋시키거나 또는 디지털 시계가 동작 중에 있을 때 스위치를 이용하여 디지털 시계를 리셋시키기 위한 회로이며 그림 9-6과 같이 RC 정수회로를 이용하여 디지털 시계를 리셋시킨다. SW2를 누르면 5[V] 전원이 저항 R6을 통하여 접지로 연결된다. 이때 U6D의 13번 핀에 [Low]가 공급되므로 CLEAR 신호가 [High]로 출력된다. SW2를 놓으면 U6D의 13번 핀에 [High]가 공급되고 U6D의 12번 핀에도 [High]가 공급되고 있으므로 CLEAR 신호는 [Low]가 된다. 또한 디지털 시계의 전원을 넣으면 저항 R5와 연결되어 있는 C3에 전하가 축적되기 시작한다. 전하가 충분히 축적되기 전, 즉 TTL 게이트의 [Low] 입력 레벨 임계치인 0.8[V]보다 작을 경우 U6D의 출력은 [High]가 되고 전하가 충분히 축적되어 TTL 게이트의 [High] 입력레벨 임계치인 2.0[V]보다 높아지면 U6D의 출력은 [Low]가 된다.

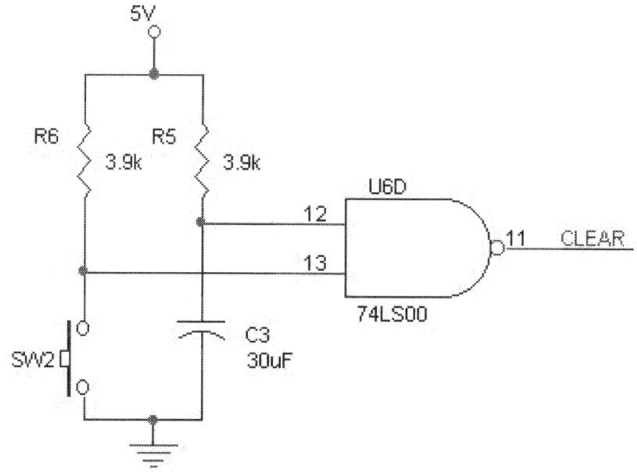

그림 9-6 시분초 초기화 회로

결과적으로 그림 9-6의 CLEAR신호가 [High]이면 초 계수회로, 분 계수회로 및 시 계수 회로가 모두 초기화된다.

9-1-6 초 계수 회로

0에서 59까지 계수한 다음 캐리를 발생시키고 다시 0부터 계수하는 60진 카운터를 설계한다. 74LS90과 74LS92를 이용하여 그림 9-7과 같이 설계한다. U8은 10진 카운터, U9는 6진 카운터로 설계한 것이다. 이 회로에서 U10과 U11은 표시기 구동회로이므로 다음에 다룬다.

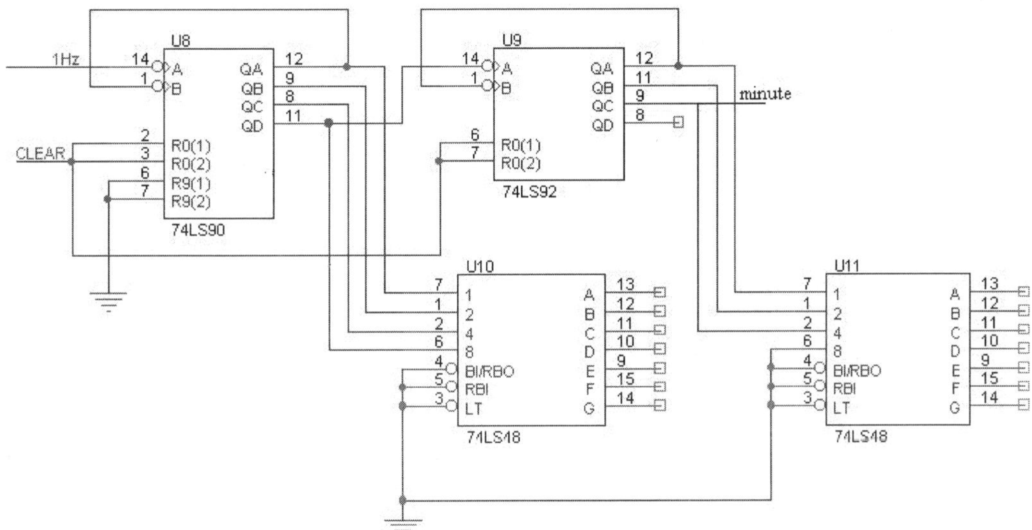

그림 9-7 초 계수 회로

74LS92는 내부에 2분주기와 6분주기가 내장되어 있어서 각각을 2분주기나 6분주기로 사용할 수도 있고 두 개를 결합하면 12분주기로 동작시킬 수도 있다. 그러므로 그림 9-7 초 계수 회로를 60분주기로 사용하기 위해서는 10분주된 74LS90의 QD 출력을 74LS92의 A(14번 핀)에 연결하고 74LS92의 QA(12번 핀) 출력을 다시 74LS92의 B(1번 핀)에 연결하면 된다. 74LS90의 QD~QA 출력은 10분주 출력을 나타내고 74LS92의 QC~QA 출력은 6분주 신호를 나타내게 되므로 전체적으로는 60분주기로서 동작하게 된다. 74LS90과 74LS92를 이용한 60분주기의 회로도와 결과파형을 그림 9-8에 표시하였다. 그림 9-8에서 클럭입력의 하강 에지마다 74LS90은 10분주기로 동작하여 74LS90의 QD(DIV10)는 입력 클럭 10개마다 한 번씩 펄스를 발생하며 이 펄스가 발생된 후 74LS90은 처음 계수상태로 돌아가게 된다. 74LS92는 이 신호를 받아 다시 6분주를 하는데 Q2~Q0의 논리상태를 살펴보면 000~101까지 순차적으로 계수되고 다시 처음 상태로 돌아가는 것을 확인할 수 있다. 그러므로 전체적으로 이 회로는 0~59가 반복되는 60분주기로 동작하게 된다. 초 계수회로에 입력되는 1[Hz] 신호를 60분주하면 U2의 Q2 신호가 발생되며 이 신호는 분 계수 회로의 클럭 입력 신호로 사용된다.

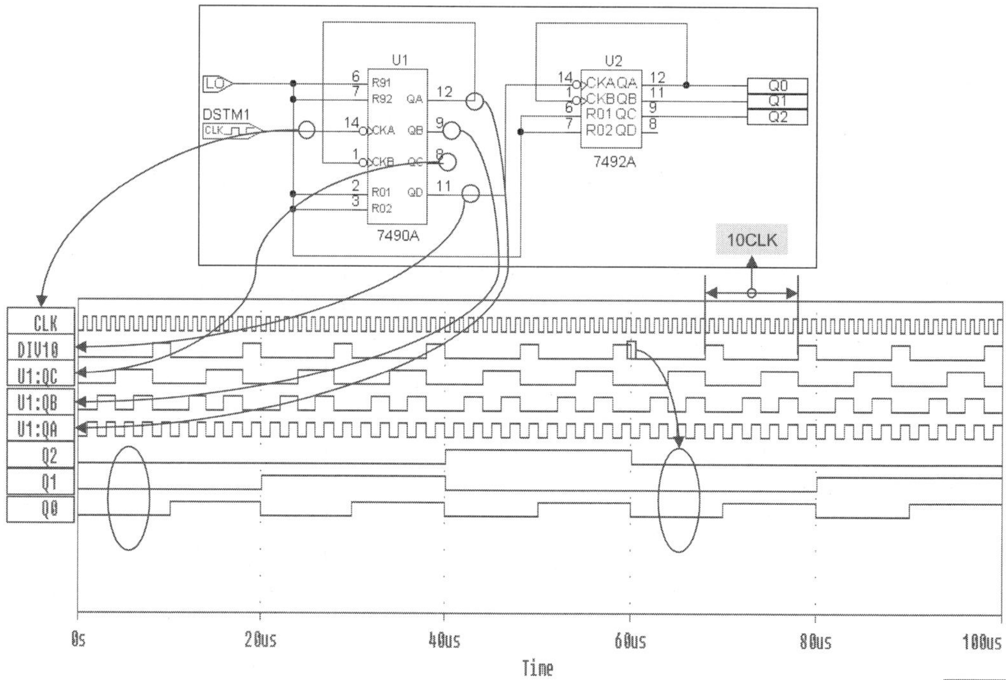

그림 9-8 60분주회로의 결과파형

9-1-7 분 계수 회로

그림 9-9가 분 계수회로이며 초 계수회로와 동일한 방법으로 설계한다.

그림 9-7 초 계수회로의 minute 신호(그림 9-8에서는 Q2 신호)가 분 계수회로의 입력이 된다. 분 계수회로는 59분을 계수한 다음 캐리 신호인 hour 신호를 발생시킨다. hour 신호는 시 계수회로의 클럭 입력신호로 사용된다.

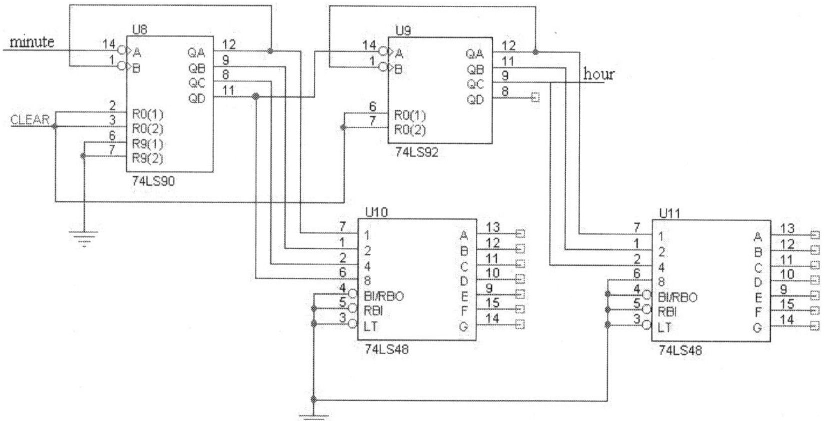

그림 9-9 분 계수 회로

9-1-8 시 계수 회로

12시간과 24시간을 계수할 수 있도록 설계할 수 있으며 분 계수회로의 hour를 받아서 시간을 계수하며 그림 9-10은 24시를 계수할 수 있도록 설계한 회로이다.

24분주회로는 두 개의 74LS90과 게이트를 조합하여 구성하는데 0~23까지 계수한 후 24번째 상태에 도달할 때 분주기를 리셋하여 다시 [0]이 되도록 설계하면 된다. 리셋 신호를 발생시키는 NAND 게이트 U5C의 입력은 첫 번째 74LS90인 U2의 QC와 두 번째 74LS90인 U3의 QB를 연결하면 되는데, [hour] 신호 클럭이 계속 입력되어 U3의 출력이 [2], U2의 출력이 [4] 즉, 24가 되는 순간 NAND 게이트 U5C의 출력은 [Low]가 되고 이때 U5B의 출력이 [High]가 되므로 74LS90이 모두 리셋된다.

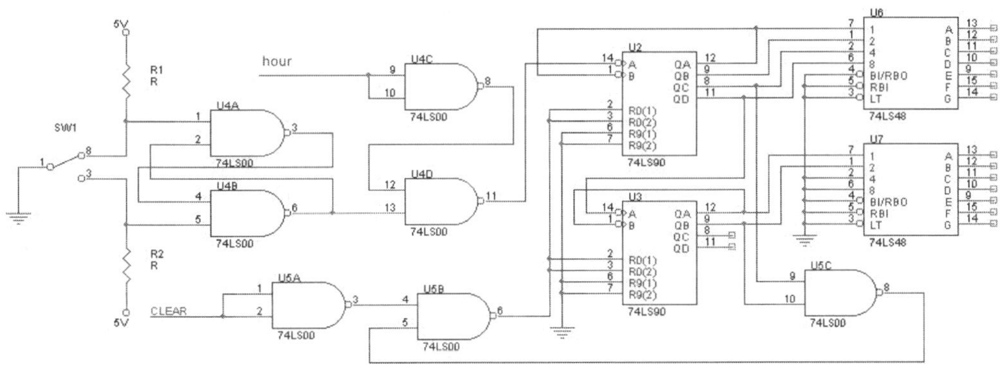

그림 9-10 시 계수 회로 및 시간 조정회로

그림 9-10에는 시간 조정회로가 포함되어 있으며 시계가 정상적인 동작을 할 때에는 SW1을 아래쪽에 연결한다. 시간을 변경하기 위해서 SW1을 윗쪽으로 옮기면 U4B의 출력이 [Low]가 되어 U4D는 [High]가 된다. SW1을 한 번 더 아래쪽으로 연결하면 U4D가 [Low]가 되므로 U2의 클럭 입력에 한 개의 하강 에지가 공급되고 이 하강에지는 시 계수 회로의 시간을 증가시킨다. 그러므로 SW1을 이용하여 시 계수 회로의 시간을 조정할 수 있다.

9-2 자동차 과속경보장치

본 절에서 소개할 자동차 과속경보장치는 자동차의 점화 플러그에서 주기적으로 발생하는 신호를 이용하여 자동차의 현재속도를 측정하고 현재속도가 기준속도를 초과할 경우 경보음을 발생시키는 기능을 처리하는 디지털 시스템이다. 이 장치의 기본 구성도를 그림 9-11에 나타낸다.

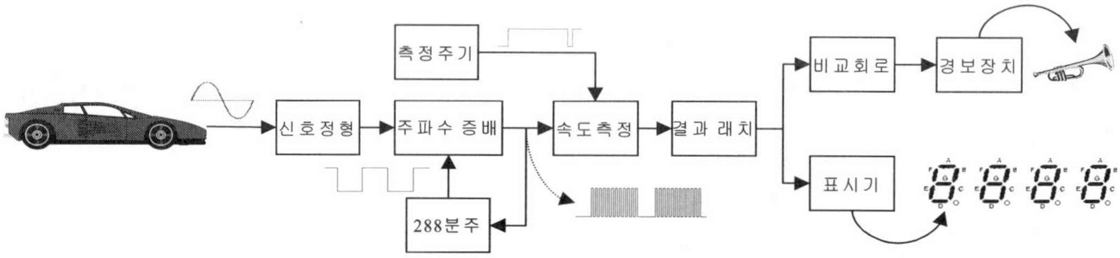

그림 9-11 자동차 과속경보장치의 기본 구성도

(1) 동작원리

그림 9-11에 나타나 있는 자동차 과속경보장치의 동작원리는 다음과 같다.

1) 자동차의 점화 플러그에서 자동차 엔진이 회전할 때마다 주기적인 신호가 발생된다.
2) 이 신호를 신호정형 부분에서 연산 증폭기로 구성한 비교기를 이용하여 구형파로 변환한다.
3) 변환된 구형파는 슈미트 트리거를 이용하여 TTL 레벨의 신호로 변환한다.
4) TTL 레벨의 구형파는 주파수 증배장치로 공급된다.
5) 이 구형파는 주파수 증배장치의 미분기에 공급되고 공급된 구형파의 하강에지에서 미분신호를 발생시킨다. 이 미분신호는 주파수 증배장치를 트리거한다.
6) 미분신호에 의한 트리거 신호가 주파수 증배회로의 플립플롭에 공급되면 주파수 증배 장치로부터 자동차 속도정보를 갖고 있는 계수 클럭이 자동차에서 발생된 신호의 한 주기 동안 출력된다. 이 계수 클럭은 별도의 클럭 발생회로에서 공급된다.
7) 주파수 증배장치에서 출력된 계수클럭은 288 분주회로에 의해 분주되며 288분주회로의 출력신호 하강에지에서 주파수 증배회로의 플립플롭이 리셋되어 계수 클럭의 출력이 중단된다.
8) 주파수 증배장치에서 출력된 계수 클럭은 1초 동안 자동차 속도 측정장치에서 계수된다. 계수된 결과는 래치회로에 일시적으로 저장된다.
9) 저장된 계수결과는 비교기와 표시기에 동시에 공급되며 표시기에는 현재의 자동차 속도가 표시된다.
10) 비교기에서는 현재의 자동차 속도와 미리 설정한 기준속도를 비교하여 기준속도 이상이 되면 비교기가 작동되어 경고음을 발생시키도록 설계한다.

(2) 입력신호와 자동차 속도와의 관계(가정)

1) 자동차 과속경보장치에 입력되는 신호는 자동차의 엔진이 2회전할 때마다 1번씩 발생하는 신호를 이용한다.

Digital Logic Circuits

2) 자동차의 속도는 엔진회전속도에 비례하며 자동차 속도가 60[km/h]일 때 엔진회전속도는 2500[rpm]이라 가정한다. 자동차 속도를 비교하기 위한 기준속도는 3종류로 설정하였으며 엔진 회전속도와 점화 플러그에서 발생하는 신호의 주파수 관계는 다음과 같다.

▣ 자동차 속도가 60[km/h]일 경우 엔진 회전속도는 2500[rpm]이므로 점화 플러그에서 발생하는 신호의 주파수 f_{60}

$$f_{60} = \frac{2500rpm}{60\sec} \cdot 0.5 = 20.833[Hz]$$

▣ 자동차 속도가 70[km/h]일 경우 엔진 회전속도는 2916[rpm]이므로 점화 플러그에서 발생하는 신호의 주파수 f_{70}

$$f_{70} = \frac{2916rpm}{60\sec} \cdot 0.5 = 24.30[Hz]$$

▣ 자동차 속도가 80[km/h]일 경우 엔진 회전속도는 3332[rpm]이므로 점화 플러그에서 발생하는 신호의 주파수 f_{80}

$$f_{80} = \frac{3332rpm}{60\sec} \cdot 0.5 = 27.77[\mathrm{Hz}]$$

3) 설계의 주요관점

자동차 속도가 60[km/h]일 때 발생되는 주파수가 20.833[Hz]이므로 이 신호를 카운트하면 1초 동안 약 20개의 펄스를 셀 수 있을 뿐이다. 60[km/h]일 때 속도 표시기에 60.00이라고 표시하려면 6000개의 펄스를 1초 동안에 셀 수 있어야 하지만 20.833[Hz]로는 불가능하다. 만약에 20.833[Hz]의 각 주기마다 288개씩 새로운 주파수를 발생시킬 수 있다면 어떤 결과를 얻을 수 있는가를 생각해보자. 즉, 20.833×288≒6000이므로 자동차에서 발생하는 신호의 매주기마다 288개씩의 높은 주파수 신호를 출력시킬 수 있다면 20.833[Hz] 주파수에 비례하는 자동차 속도를 얻을 수 있을 것이다. 단, 측정 가능한 최고 자동차 속도는 99.99[km/h]이고 이때의 주파수가 31.25[Hz]이므로 288개의 펄스 주기를 합한 시간이 31.25[Hz]의 주기인 32ms를 초과하면 안 된다. 그러므로 사용할 수 있는 최저 증배 주파수는 약 9[kHz]가 된다.

그림 9-11의 구성도에 따라 설계한 전체 회로는 그림 9-12와 같다. 그림 9-12는 여러 개의 블록으로 구성되어 있으며 각 블록의 내용은 다음절에서 소개한다.

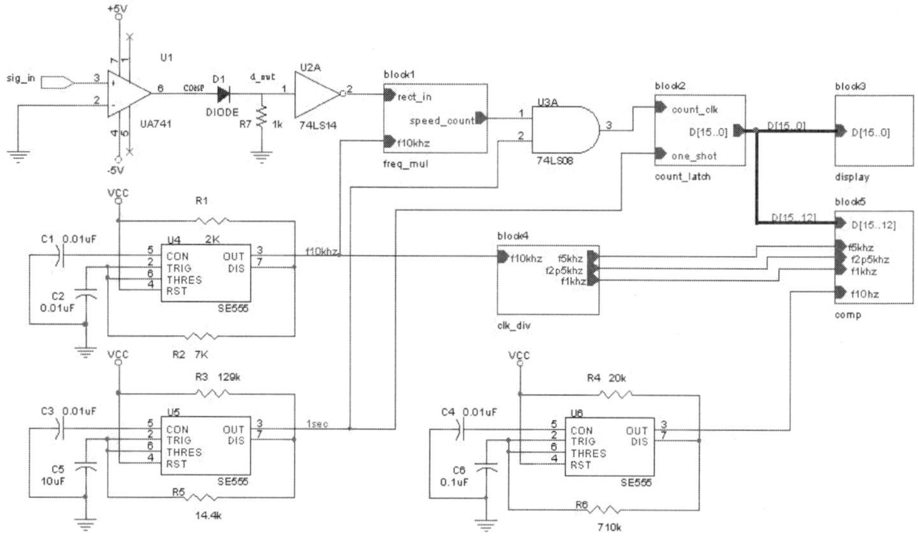

그림 9-12 자동차 과속경보장치의 전체 회로도

9-2-1 신호 정형화 회로의 설계

1) 그림 9-13은 그림 9-12에서 [block0]의 회로도이며 연산 증폭기 UA741과 슈미트 트리거인 7414를 이용하여 자동차에서 발생하는 아날로그 신호를 디지털로 정형화시키기 위한 회로이다.

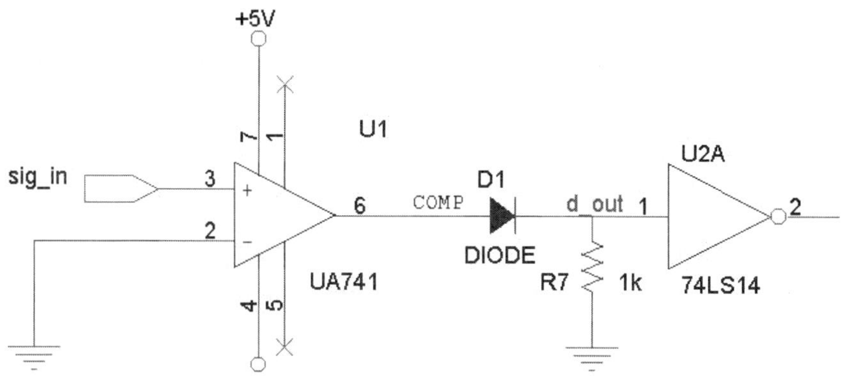

그림 9-13 자동차 입력신호의 디지털 정형화 회로

2) V(IN) : 자동차 엔진에서 출력된 신호(25[Hz], ±1[V])
V(COMP) : 비교기의 출력 신호
SOUT : [COMP] 신호에 대한 슈미트 트리거 출력신호

3) 그림 9-14에서 입력신호 V(IN)이 기준 신호 0[V]보다 크면 V(COMP)신호가 [Low]로 나타나며 입력 신호가 기준 신호 0[V]보다 작으면 V(COMP)신호가 [High]로 나타나고 있으므로 LM311은 입력신호를 기준 신호와 비교하여 출력을 얻을 수 있는 비교기로 동작한다는 것을 알 수 있다. V(COMP)신호는 연산증폭기의 출력이므로 아날로그 신호이다.
4) 그림 9-14에서 V(COMP)신호가 74LS14 슈미트 트리거를 통과하면 [SOUT]이라는 신호가 출력되며 이 신호는 디지털 디바이스와 직접 연결할 수 있는 디지털 신호이다.
   74LS14는 NOT게이트이므로 신호가 반전되어 나타난다.
5) 그림 9-14로부터 [SOUT]신호는 자동차 입력신호의 주기와 일치하여 출력되고 있음을 알 수 있다.

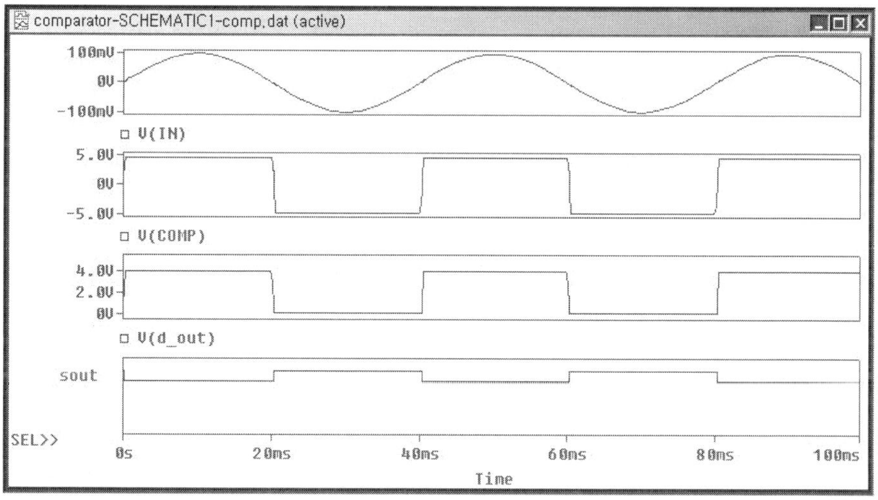

그림 9-14 디지털 정형화 회로의 입·출력 파형

9-2-2 주파수 증배회로의 설계

주파수 증배회로는 그림 9-12에 나타낸 자동차 과속 경보장치의 [block1]에 해당되며 그림 9-15에 [block1]의 회로를 나타내었다. 주파수 증배회로는 미분회로, 플립플롭회로, 288분주회로 그리고 타이머 555를 사용하여 구성한다.

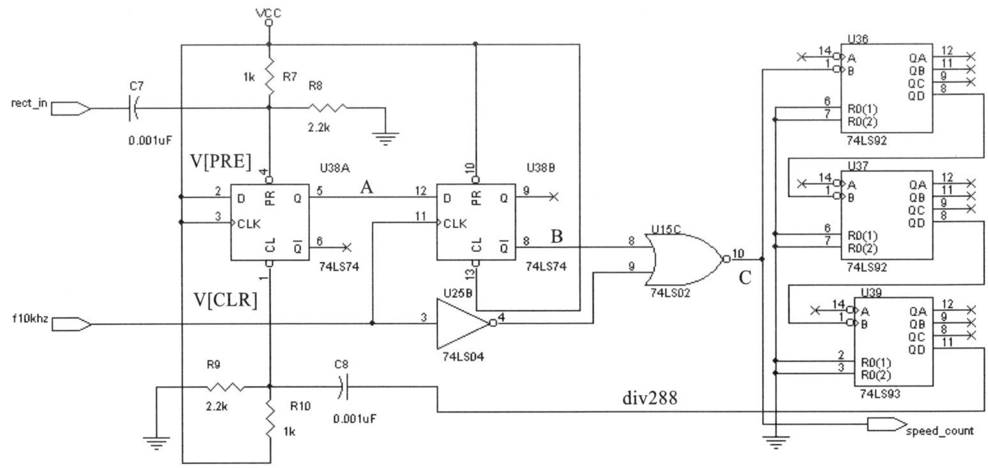

그림 9-15 주파수 증배 회로도

(1) 증배 주파수(10[kHz]) 발생회로

10[kHz] 신호는 자동차 입력신호의 매 주기마다 288개씩 출력하는 증배 주파수로 사용되며 그림 9-15에서 점선으로 분리된 타이머 회로가 10[kHz] 신호를 발생시킨다. 타이머의 발진 주파수는 다음과 같이 결정된다.

1) 타이머 555의 설계 원리

타이머 555는 출력 신호가 TTL 신호 레벨과 호환성을 갖는 디바이스이며 구형파 또는 단안정 멀티 바이브레이터로 널리 사용된다. 그림 9-16은 타이머 555를 이용하여 그림 9-17과 같은 구형파 클럭 신호를 발생시키는 회로이다. 타이머 555를 이용하여 구형파를 발생시키기 위한 조건은 다음과 같다.

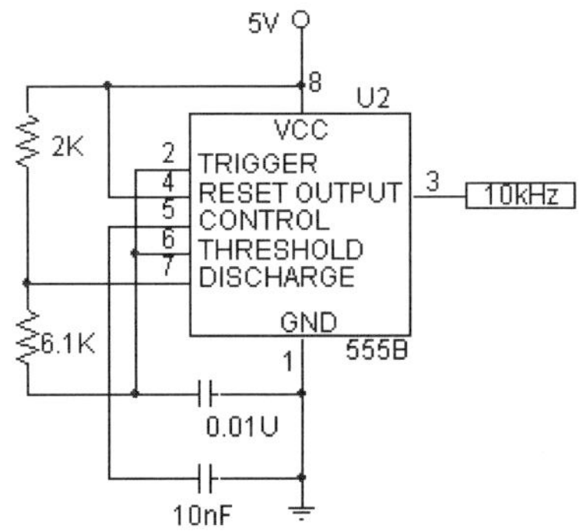

그림 9-16 타이머 555 클럭 발생 회로

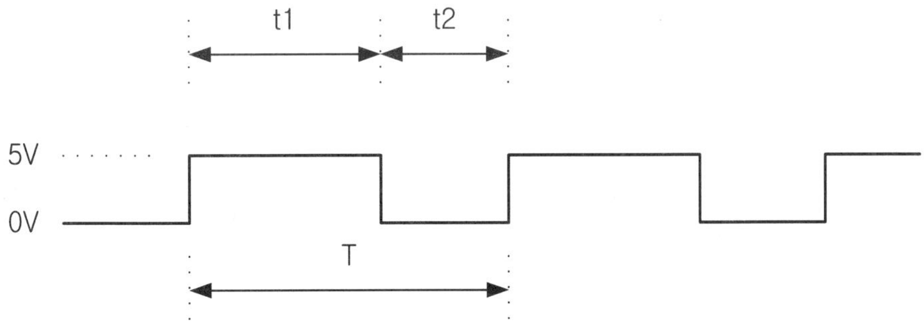

그림 9-17 타이머 555 클럭발생 회로의 구형파

2) 구형파 발생조건

❑ 펄스의 [High] 구간 : t_1

$$t_1 = 0.693 \cdot (R_A + R_B) \cdot C$$

❑ 펄스의 [Low] 구간 : t_2

$$t_2 = 0.693 \cdot R_B \cdot C$$

❑ 펄스의 주파수 : f

$$f = \frac{1}{T} = \frac{1}{(t_1 + t_2)}$$

❑ 펄스의 듀티 싸이클(클럭의 주기에서 [High]가 차지하는 백분율)

$$\text{dutycycle} = \frac{t_1}{T} = \frac{t_1}{t_1 + t_2} = \frac{R_A + R_B}{R_A + 2 \cdot R_B} \times 100\%$$

❑ 그림 9-16에서 [CONTROL]신호인 핀 5와 접지 사이에는 안정된 발진 조건을 위해 반드시 0.01[uF]의 커패시터를 연결한다.

❑ 일반적으로 R_A는 500[Ω] 이상을 사용하지만 470[Ω]을 사용해도 된다.

❑ 펄스의 듀티 싸이클을 50%로 하려면 ($R_B \gg R_A > 500[\Omega]$)인 조건하에서 가능하며 구형파의 논리 [Low]와 논리 [High]의 펄스 폭이 거의 같게 출력된다. 이때의 주파수는 다음과 같다.

$$f \cong \frac{0.72}{R_B \cdot C}$$

3) 10[kHz] 구형파 발생 회로

그림 9-15의 점선 안에 있는 타이머 555회로는 10[kHz] 구형파를 출력하기 위해 다음과 같은 저항과 콘덴서를 사용한다.

$$R_A = 2[k\Omega]$$
$$R_B = 5.1[k\Omega]$$

이므로 이 값들을 위에 주어진 식에 대입하면

$$C = 0.01[\mu F]$$
$$t_1 = 0.693 \cdot (2[k\Omega] + 5.1[k\Omega]) \cdot 0.01[\mu F] = 0.000049203[s]$$
$$t_2 = 0.693 \cdot 5.1[k\Omega] \cdot 0.01[\mu F] = 0.000035343[s]$$
$$f = \frac{1}{T} = \frac{1}{(0.000049203 + 0.000035343)} = 11.827[kHz]$$

가 된다.

> 여기서 한 가지 참고로 알아둘 것이 있다. 이론적인 계산에 의하면 10[kHz]를 얻어내기 위해 R_B 저항 값을 6.1[kΩ]으로 사용해야 하지만 실제 회로를 설계하여 측정해 본 결과 5.1[kΩ]으로 설계할 때 10[kHz]에 근접한 발진 주파수가 나온다. 이것은 타이머 555, 저항 및 콘덴서의 오차 때문인 것으로 판단된다.

(2) 주파수 증배 회로의 동작원리

1) 신호 정형부에서 입력된 [Sout]신호가 그림 9-15의 주파수 증배 회로 [Sout]에 입력되면 콘덴서 [C5]와 저항 [R6], [R7]로 구성된 미분회로에 의해 그림 9-18과 같이 V[pre] 미분신호가 발생되고 V[pre[미분신호의 하강에지에서 플립플롭 U37A가 프리셋 된다.
2) 플립플롭 U37A가 프리셋 되면 U37A의 출력신호 [A]는 그림 9-18과 같이 [High]가 된다.

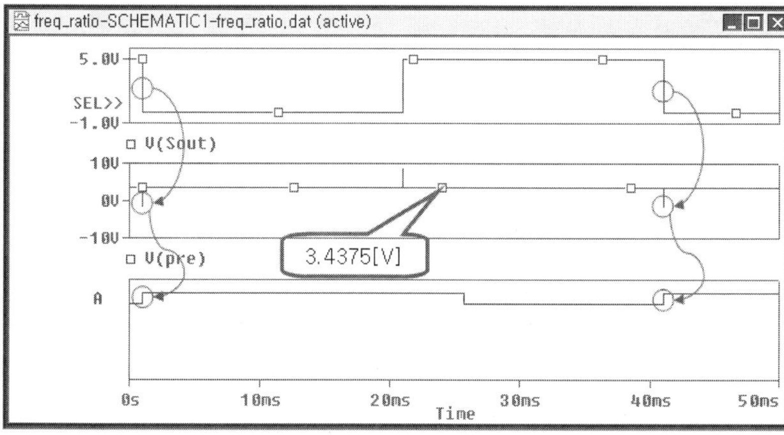

그림 9-18 [Sout]신호와 미분신호 그리고 플립플롭 출력파형

3) U37A의 신호 [A]가 [High]로 출력되었을 때 타이머 555D인 X3에서 출력되는 [f10kHz] 신호의 상승에지는 그림 9-19와 같이 플립플롭 U37B의 출력신호 [B]를 [Low]로 만든다. 즉, U37B의 입력 D신호에 [High]가 공급되고 [f10kHz] 신호의 상승에지가 공급되기 때문에 74LS74 D 플립플롭의 동작특성에 따라 U37B 플립플롭의 [/Q]인 [B]신호는 [Low] 신호를 출력하게 된다.

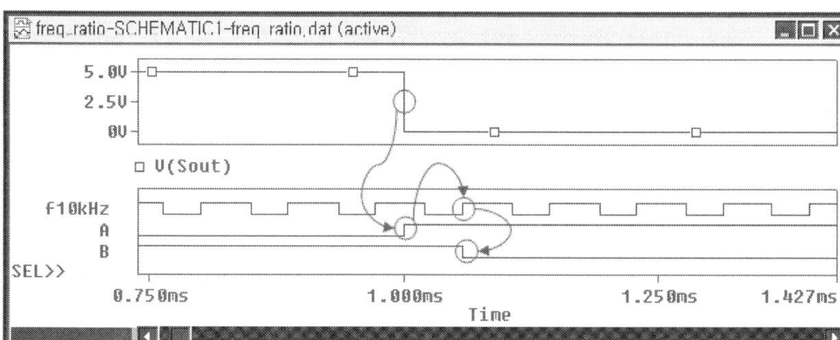

그림 9-19 [Sout] 신호, [f10kHz] 신호, [A] 신호 그리고 [B] 신호의 파형

4) 신호 [B]가 [Low]이면 이 신호는 NOR게이트에 연결된 [f10kHz] 신호가 NOR게이트의 출력으로 나오게 하며 그림 9-20과 같은 결과가 나타난다.

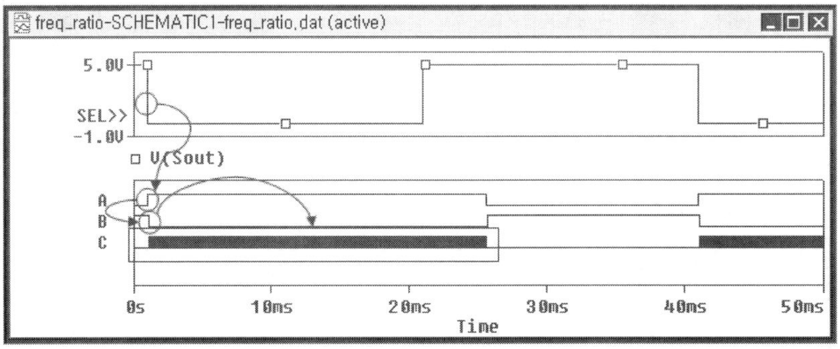

그림 9-20 [Sout] 신호와 [Frat] 신호 파형

5) 결과적으로 신호 [C]는 [Sout]신호의 하강에지를 기준으로 288개의 10[kHz] 신호가 출력되는 신호이며 이 신호의 이름은 [Frat]이다. 이 신호는 7492 12진 카운터 U35의 클럭 입력신호로 공급된다.
6) 12진 카운터 7492는 10[kHz] 신호 [C]인 [Frat]신호를 그림 9-21과 같이 6분주하여 [D] 신호를 출력한다.

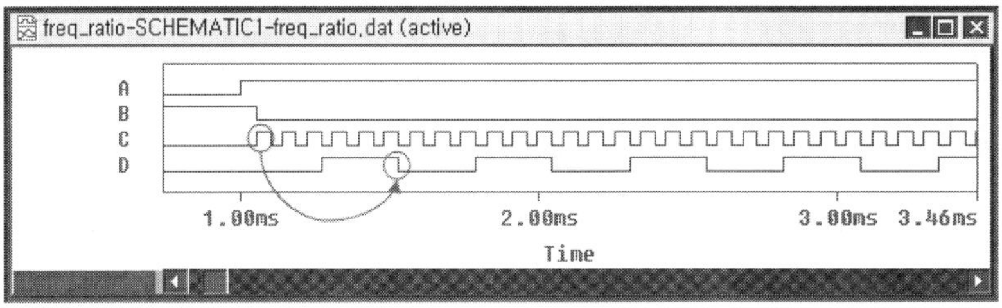

그림 9-21 [Frat] 신호와 6분주 신호 [D]

7) U35 7492 카운터의 출력 [QD]의 신호명은 [D]이며 7492 12진 카운터(U36)의 클럭 입력신호로 공급된다. U36은 U35에서 출력된 [D]신호를 그림 9-22와 같이 6분주하여 신호 [E]를 출력한다.

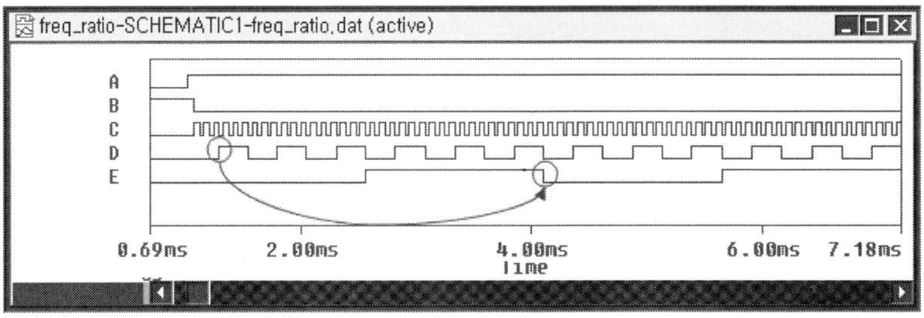

그림 9-22 6분주 신호 [D]와 6분주 신호 [E]

8) U36의 출력 [E]는 U38 16진 카운터 7493의 클럭 입력신호로 공급되며 U38은 U36에서 출력된 [E]신호를 8분주하여 그림 9-23과 같이 [div288]신호를 출력한다.

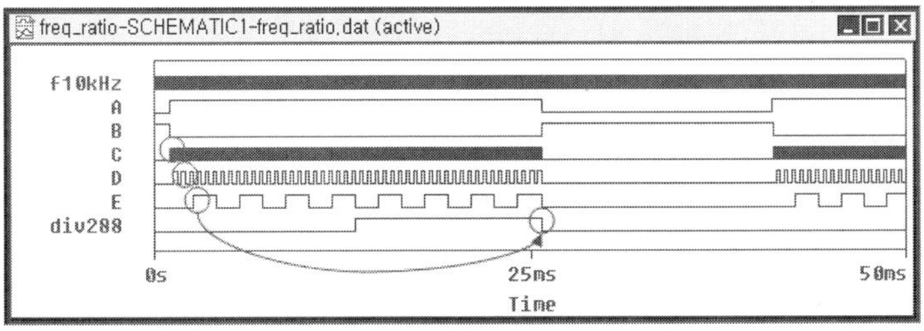

그림 9-23 6분주 신호 [E]와 8분주 신호 [div288]

9) U38에서 출력된 [div288] 신호는 [C]신호인 10[kHz]를 288분주한 것이며 [div288]신호는 콘덴서 [C6], [R9], [R11]로 구성된 미분회로에 공급된다.

10) 미분회로에 공급된 [div288]신호의 하강에지는 플립플롭 U37A를 클리어(리셋)한다.

11) U37A가 리셋되면 신호 [A]는 그림 9-24와 같이 [Low]가 된다.

12) 신호 [A]가 [Low]로 출력되면 타이머에서 공급되는 10[kHz]신호의 상승에지는 플립플롭 U37B의 출력신호 [B]를 그림 9-24와 같이 [High]로 만든다.

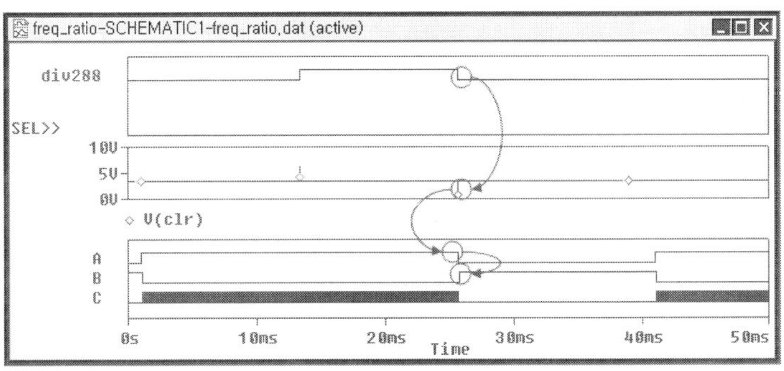

그림 9-24 [div288] 신호의 하강에지에 의한 [A], [B], [C] 신호 파형

13) 신호 [B]가 [High]이면 이 신호는 NOR게이트를 제어하기 때문에 10[kHz] 신호는 더 이상 [C]로 출력되지 않고 그림 9-24와 같이 [Low]가 출력된다.

14) 결과적으로 신호 [C]는 자동차 입력신호의 한 주기마다 10[kHz]신호를 288개 출력하는 신호이며 이 시간은 10[kHz]신호의 주기가 0.1[ms]이므로 28.8[ms]가 된다.

(3) 주파수 증배회로 내의 미분회로

고주파 통과 여파기라고도 불리는 미분회로는 저항과 콘덴서를 이용하여 설계한다. 주기적인 디지털 신호가 미분회로에 입력되면 입력신호 하강에지에서 이 회로에 있는 저항과 콘덴서의 시정수만큼 짧은 펄스가 발생된다. 주파수 증배회로는 2개의 미분회로가 있으며 각각의 미분회로 출력신호는 플립플롭 U38A의 프리셋(preset)과 클리어(clear) 신호를 제어하기 위해 사용한다.

1) 미분회로에 신호가 입력되지 않을 경우 플립플롭의 프리셋 신호인 V(pre)와 클리어 신호인 V(clr)단자에는 다음고 k같은 전압이 공급된다.

$$V_{pre} = \frac{R_2}{R_1 + R_2} \cdot 5[V] = \frac{2.2[k\Omega]}{1[k\Omega] + 2.2[k\Omega]} \cdot 5[V]$$

$$V_{clr} = V_{pre} = 3.4375[V]$$

즉, 3.4375V의 전압이 공급되고 있기 때문에 플립플롭의 프리셋과 클리어 단자에는 디지털 논리 [High]가 공급되고 있다. 이 때 미분회로에 입력신호의 펄스가 공급되면 펄스의 상승에지와 하강에지에서 그림 9-25와 같이 미분신호가 발생한다.

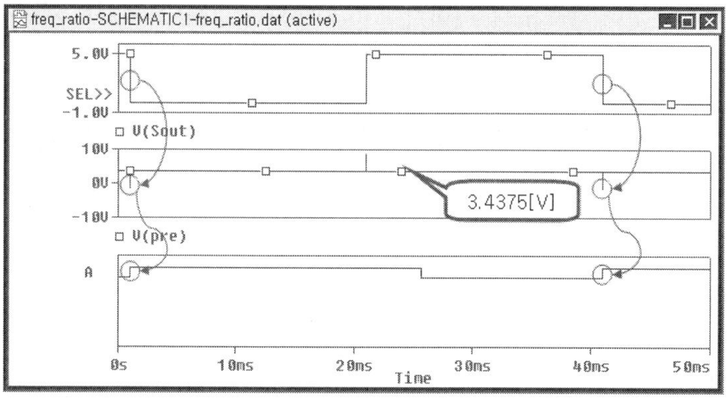

그림 9-25 프리셋 미분신호

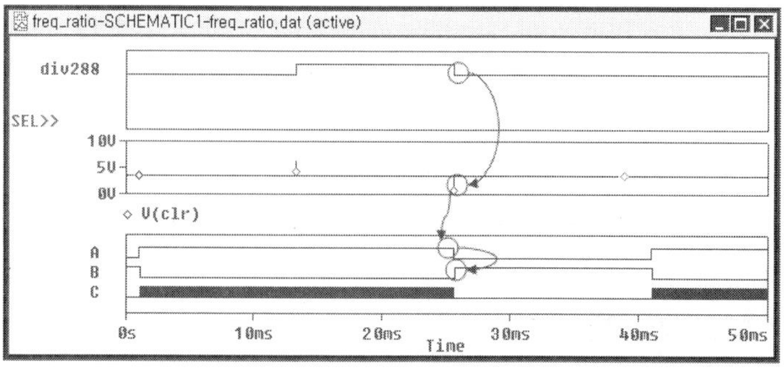

그림 9-26 클리어 미분신호

2) [Sout]과 [div288]의 상승에지와 하강에지에서 V(pre) 및 V(clr)의 미분신호가 발생되지만 기준레벨이 3.4375[V]이고 입력신호의 하강에지에서 발생하는 미분신호만 [Low] 레벨로 인식되기 때문에 플립플롭을 프리셋 또는 리셋하게 된다.

(4) 주파수 증배회로 내의 288분주회로

그림 9-15에서 [Frat]신호인 [C]는 3개의 카운터로 구성된 분주회로의 클럭으로 입력된다. 분주회로에 사용된 카운터는 7492 12진(2×6)카운터 2개와 7493 16진(2×8)카운터 1개로 구성한다. 12진 카운터는 각각 6분주, 16진 카운터는 8분주의 기능만을 사용하여 전체 288분주가 되도록 설계하며 3개의 카운터를 이용한 분주비 [div288]은 다음과 같고 그림 9-27은 288분주회로의 결과 파형을 나타낸 것이다.

$$div288 = 6 \times 6 \times 8 = 288$$

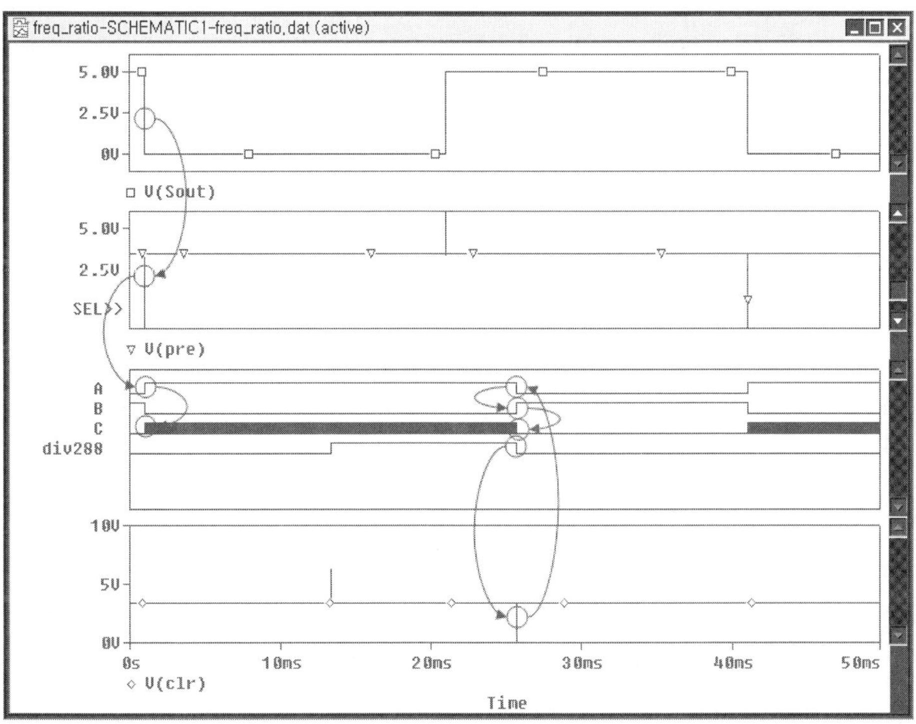

그림 9-27 프리셋 및 클리어 미분신호에 의한 플립플롭의 동작

(5) 주파수 증배 회로의 전체 타이밍도

그림 9-28은 주파수 증배회로의 전체 결과파형이며 자동차 입력신호 V(Sout)의 하강에지에서 V[pre] 신호에 의해 플립플롭이 프리셋 되고, 288 분주회로의 출력인 [div288]신호의 하강에

지에서 리셋 신호 V[clr]가 공급되어 플립플롭을 리셋함으로써 자동차 입력신호의 한 주기 동안에 10[kHz] 신호가 288개 출력되도록 설계한 것이다.

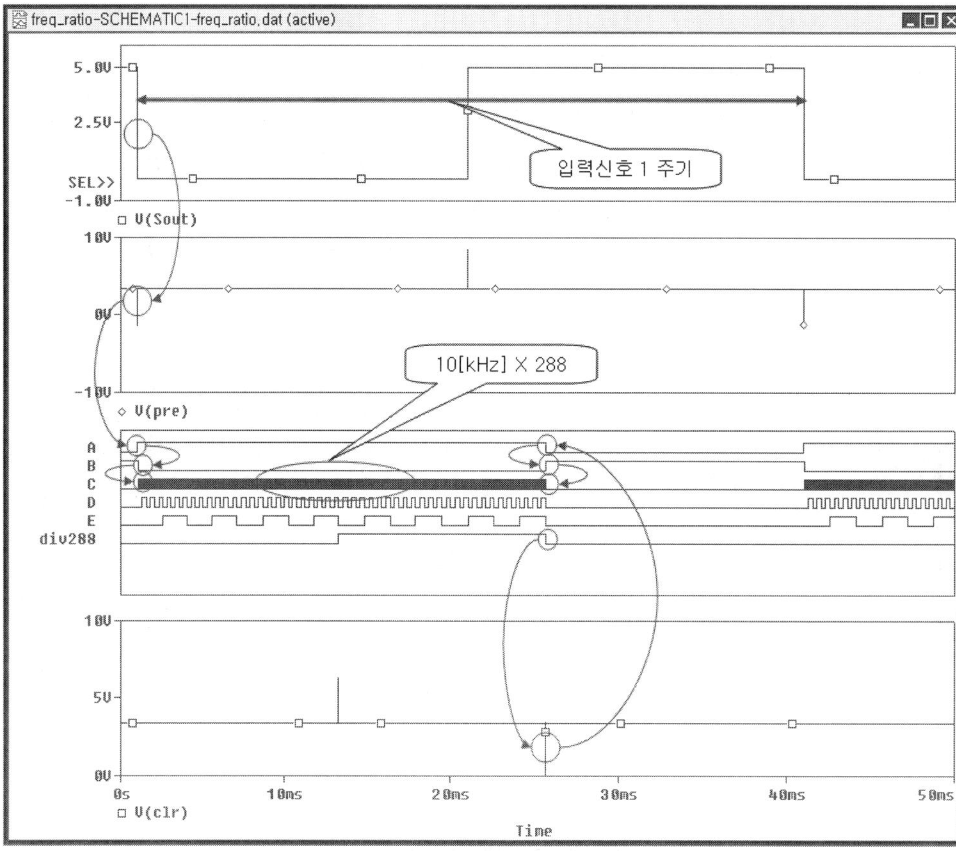

그림 9-28 주파수 증배회로 전체 타이밍 결과 파형

9-2-3 자동차 속도 측정과 측정주기 발생회로 및 제어신호 설계

자동차 엔진 회전속도에 비례하는 자동차 속도를 1초 동안 측정하기 위한 신호이며 측정주기는 타이머 555를 이용하여 1초 동안 [High] 펄스, 0.1초 동안 [Low]펄스가 발생하도록 설계한다. 이 신호의 [High] 펄스 동안 즉, 1초 동안 계수동작이 이루어진다.

(1) 회로설계

그림 9-29는 9-12 자동차 과속 경보장치 전체 블록도 중 [block2]의 회로도를 나타낸 것이며 타이머 555와 AND 게이트 그리고 NOT 게이트를 이용하여 설계한다. 이 회로는 주파수 증배회로에서 출력되는 [Frat] 신호를 계수회로에 1초 동안 공급하고 0.1초 동안 [Frat] 신호의 공급

을 중단하기 위해 타이머 555를 이용하여 설계한 회로이며 이 회로의 결과파형을 이용하여 동작원리를 알아보자. [Frat] 신호는 주파수 증배 회로에서 출력되는 신호이며 [Sout] 신호의 한 주기에 10[kHz] 신호가 288개씩 출력되는 신호이다. 타이머 555에서는 1초 동안 [High] 펄스, 0.1초 동안 [Low] 펄스폭을 갖는 [1sec] 신호를 연속해서 출력한다. 신호 [1sec]는 [Frat] 신호를 1초 동안 [Cclock]으로 출력한다. [Cclock]은 10진 카운터로 구성된 계수 회로의 카운터 입력 클럭으로 신호로 사용한다.

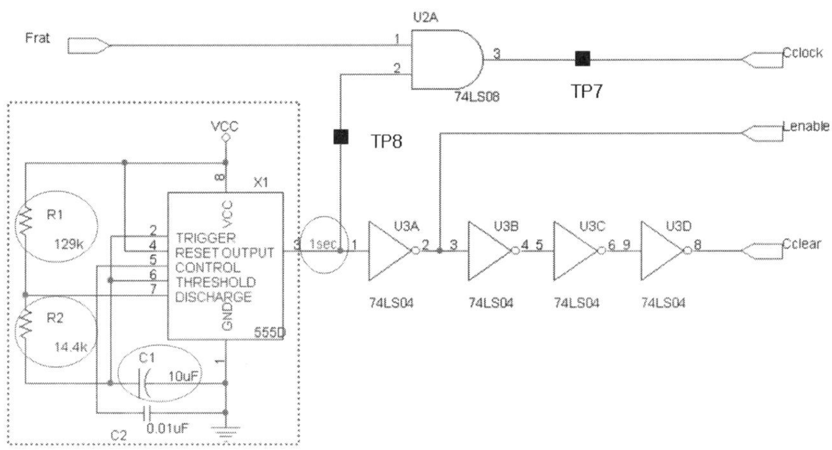

그림 9-29 1초 펄스 발생회로 및 카운터/래치 제어신호 발생회로

(2) 1초 펄스 발생회로 및 제어신호 발생회로의 결과파형

그림 9-30은 1초 펄스 발생회로 및 제어신호 발생회로의 결과파형이며 각 신호에 대한 설명은 다음과 같다.

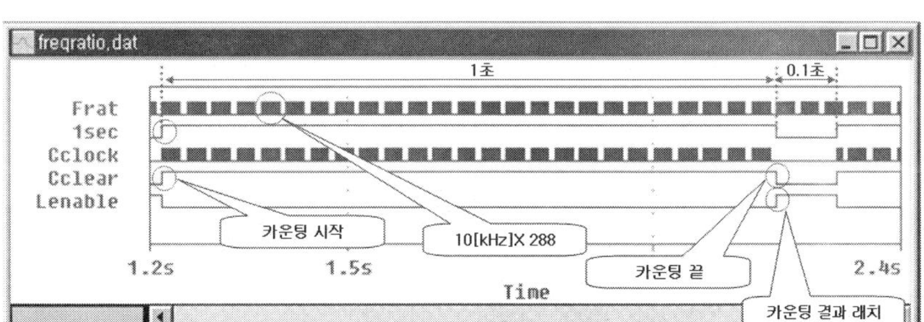

그림 9-30 1초 펄스 및 제어신호 결과파형

1) [Frat] : 자동차 엔진에서 입력되는 신호의 각 주기마다 10[kHz]의 주파수를 갖는 신호가 288개 포함되어 있다. 그림 9-31은 [Frat] 신호를 확대한 것이며 신호의 주기는 증배 주파수 10[kHz]의 주기인 0.1[ms]를 갖는다.

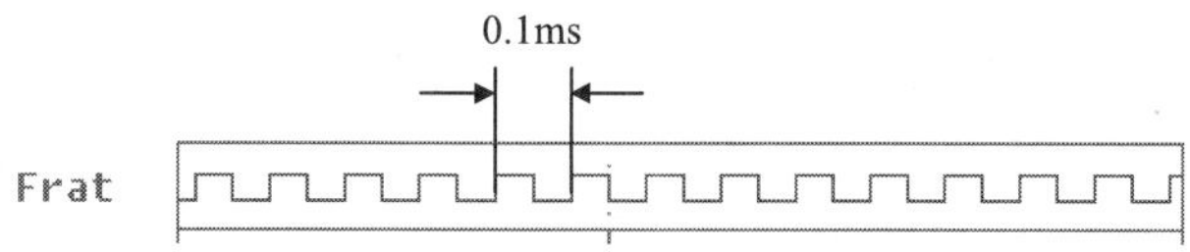

그림 9-31 [Frat] 신호의 확대

2) [1sec] : [Frat] 신호를 1초 동안 계수 회로에 공급하고 0.1초 동안 공급을 중단하기 위한 신호.
3) [Cclock] : 신호 [1sec]의 [High] 펄스 동안 AND 게이트에 의해 출력되는 신호이며 1초 동안 [Frat]과 동일한 신호를 갖는다. 이 신호는 계수 회로의 10진 카운터 클럭 입력신호로 사용한다.

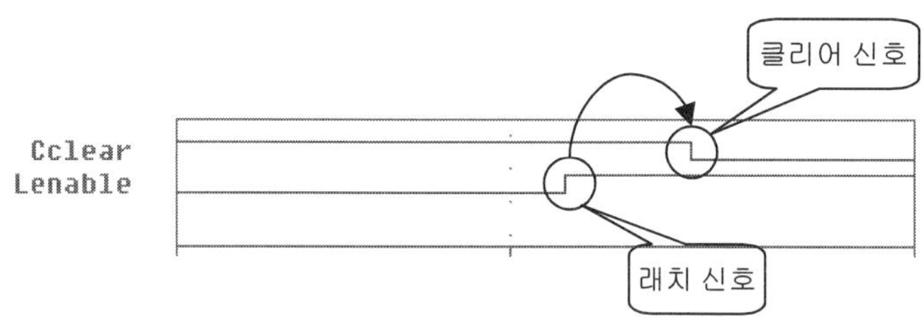

그림 9-32 카운터 클리어 및 계수결과 저장 제어신호

4) [Lenable] : 그림 9-32와 같이 [1sec] 신호를 NOT 게이트를 이용하여 인버트한 것이며 이 신호의 상승에지에서 계수 회로의 계수 결과를 래치한다.
5) [Cclear] : 그림 9-32와 같이 신호 [1sec]를 NOT 게이트 4개를 이용하여 지연시킨 신호이며 계수회로에 있는 10진 카운터들을 클리어한다. [1sec] 신호의 [High] 펄스 동안 계수된 결과는 [Lenable] 신호의 상승에지에서 래치회로에 저장되므로 현재의 계수 결과 저장이 완료된 후 계수 회로를 클리어 해야 다음 1초 동안 정상적인 계수동작이 실행된다. 그림 9-32는 래치신호와 클리어 신호의 동작 순서를 나타낸 것이다. 즉, 계수 결과가 래치회로에 저장된 후 계수회로의 카운터들이 클리어된다.

(3) 타이머 555를 이용하여 1초 펄스 발생시키기

그림 9-29의 점선 안에 있는 타이머 555를 설계하기 위해 다음과 같은 저항과 콘덴서를 사용한다.

$$R_A = 129[k\Omega]$$
$$R_B = 14.4[k\Omega]$$

이므로 이 값들을 위에 주어진 식에 대입하면

$$C = 10[\mu F]$$

$$t_1 = 0.693 \cdot (129[k\Omega] + 14.4[k\Omega]) \cdot 10[\mu F] = 0.993762[s]$$

$$t_2 = 0.693 \cdot 14.4[k\Omega] \cdot 10[\mu F] = 0.099792[s]$$

그러므로 약 1초 동안 [High] 펄스를, 약 0.1초 동안 [Low] 펄스를 발생하게 된다.

9-2-4 계수회로

(1) 회로설계

4개의 10진 카운터를 이용하여 최대 9999까지 계수할 수 있도록 설계한다. 그림 9-33은 그림 9-12에서 [block3]의 회로도를 나타낸 것이며 10진 카운터를 이용하여 9999까지 계수할 수 있도록 설계한 카운터 회로이다. 설계에 사용할 10진 카운터는 74F160이며 0에서 9까지 계수할 수 있고 각 카운터의 캐리 출력신호를 다음 카운터의 클럭 입력신호에 연결하는 Cascading 방식으로 설계한다. 그림 9-33에서 점선으로 표시된 부분이 0에서 9999까지 계수할 수 있는 카운터 회로이며 카운터 출력은 1초에 한번씩 74LS175로 설계한 래치 회로에 저장한다.

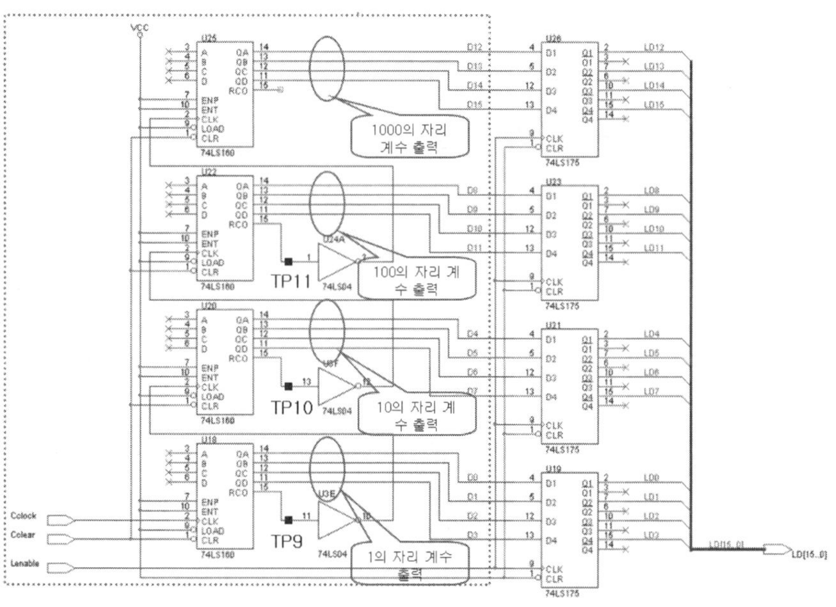

그림 9-33 계수 회로와 래치회로

1) 1의 자리 수를 계수하는 카운터 U18의 클럭은 타이머 555를 이용하여 자동차 입력 신호의 한 주기마다 10[kHz] 신호가 288개씩 출력되는 [Frat] 신호를 1초 동안만 출력하는 [Cclock]을 사용하며 출력은 4비트 BCD 형식의 데이터인 D[3..0]으로 표현한다.
2) 10의 자리 수를 계수하는 카운터 U20의 클럭은 첫 번째 카운터 U18의 캐리 출력신호를 NOT 게이트를 이용하여 인버트한 신호를 사용하며 출력은 4비트 BCD 형식의 데이터인 D[7..4]이다.
3) 100의 자리 수를 계수하는 카운터 U22의 클럭은 두 번째 카운터 U20의 캐리 출력신호를 NOT 게이트를 이용하여 인버트한 신호를 사용하며 출력은 4비트 BCD 형식의 데이터인 D[11..8]이다.
4) 1000의 자리 수를 계수하는 카운터 U25의 클럭은 세 번째 카운터 U22의 캐리 출력신호를 NOT 게이트를 이용하여 인버트한 신호를 사용하며 출력은 4비트 BCD형식의 데이터인 D[15..12]이다.
5) 4개의 카운터는 1초 동안 [Cclock] 신호를 계수하며 1초가 경과하면 계수를 멈춘다. 계수 결과는 [Lenable] 신호의 상승에지에 의해 74LS175로 설계한 래치회로에 저장된다.
6) [Cclear] 신호는 1초 동안 계수한 결과가 래치회로에 저장된 다음 계수 회로에 있는 모든 10진 카운터를 리셋하여 카운터가 0부터 다시 계수하도록 초기화한다.

(2) 계수 회로의 결과 파형 분석

자동차에서 출력(함수 발생기 출력 신호)되는 신호의 주파수가 25[Hz]라 가정하자. 그림 9-34는 이와 같은 가정 하에 얻어진 결과파형이다.

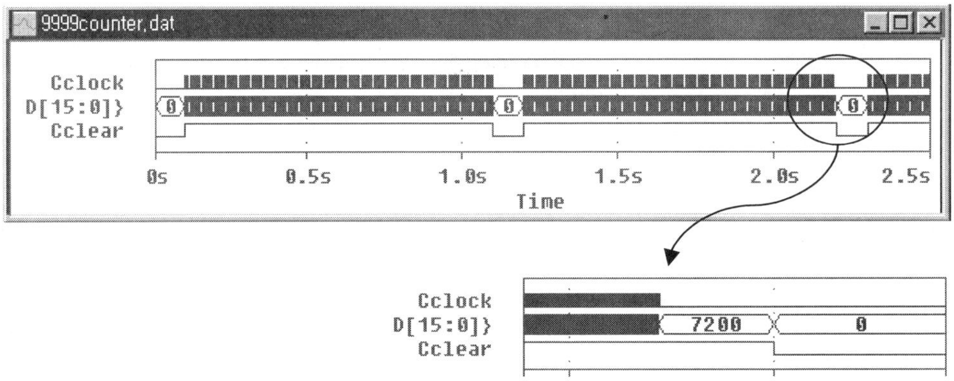

그림 9-34 계수회로의 계수 결과파형

1) [Cclock] 신호는 [1sec] 신호에 의해 1초 동안 10[kHz]의 신호를 288개씩 25번 출력한다.
2) 계수 회로의 클럭 신호가 [Cclock] 신호이므로 1초 동안 [Cclock] 신호를 계수한 결과는 이론적으로 다음과 같다.

$$C_{num} = 25 \times 288 = 7200$$

위의 결과로부터

▣ 1000의 자릿수는 7
▣ 100의 자릿수는 2
▣ 10의 자릿수 0
▣ 1의 자릿수는 0
▣ 계수 회로는 그림 9-34에서 알 수 있듯이 7200을 계수하였으며 D[15:0]의 BCD 데이터 값으로 나타난다.
▣ 그러므로 자동차의 현재 속도는 72.00[km/h]가 된다.

9-2-5 계수결과 래치회로

표시기를 이용하여 사용자에게 현재의 자동차 속도를 알려주고 정해진 속도를 초과할 경우 경고음을 발생시키려면 계수결과를 저장하여 표시기와 비교기 회로에 공급해 주어야 한다.

(1) 회로설계

그림 9-33에 계수결과 래치회로가 포함되어 있으므로 참고한다.

1) 4개의 74F175를 이용하여 10진 카운터 74160의 계수 결과를 저장할 수 있도록 설계한다.
2) 래치회로 74F175를 [CLK]에 공급되는 래치 인에이블 신호는 [1sec] 신호를 NOT 게이트로 인버트 한 [Lenable] 신호이며 이 신호의 상승에지에서 계수 회로로부터 공급된 계수 결과가 래치된다.

(2) 래치회로의 결과 파형 분석

그림 9-35는 래치회로에 공급된 계수 결과 데이터 D[15:0]과 래치 회로의 저장 결과인 LD[15:0]에 대한 결과 파형을 나타낸 것이다. 이 결과 파형에 대한 설명은 다음과 같다.

1) 74160 10진 카운터를 이용한 계수 회로는 [1sec] 신호가 [Low] 레벨이 되면 계수 동작을 중단한다.
2) 계수 회로의 계수 결과는 [Lenable] 신호의 상승에지에 의해 래치회로에 저장된다.
3) 계수 회로의 현재 계수 값(D[15:0])과 래치회로에 저장된 값(LD[15:0])이 서로 같은 값을 갖고 있음을 그림 9-35에서 확인할 수 있다.
4) 계수 결과가 래치된 다음 [Cclear] 신호의 [Low] 레벨을 이용하여 계수 회로의 모든 카운

터를 0으로 클리어 한다.

5) 래치회로에 저장된 계수 결과는 다음 1초 동안 그 값을 유지하면서 표시기 회로에 공급되고 계수 결과의 상위 4비트는 비교회로에 공급된다.
6) 래치회로에 의해 저장된 모든 계수 결과 값은 BCD 데이터이며 표시기를 구동하는 디바이스 7448과 직접 연결해서 사용할 수 있다.
7) 래치 회로의 계수 결과 중 상위 4비트(LD[15:12])는 비교 회로에서 사용한다.

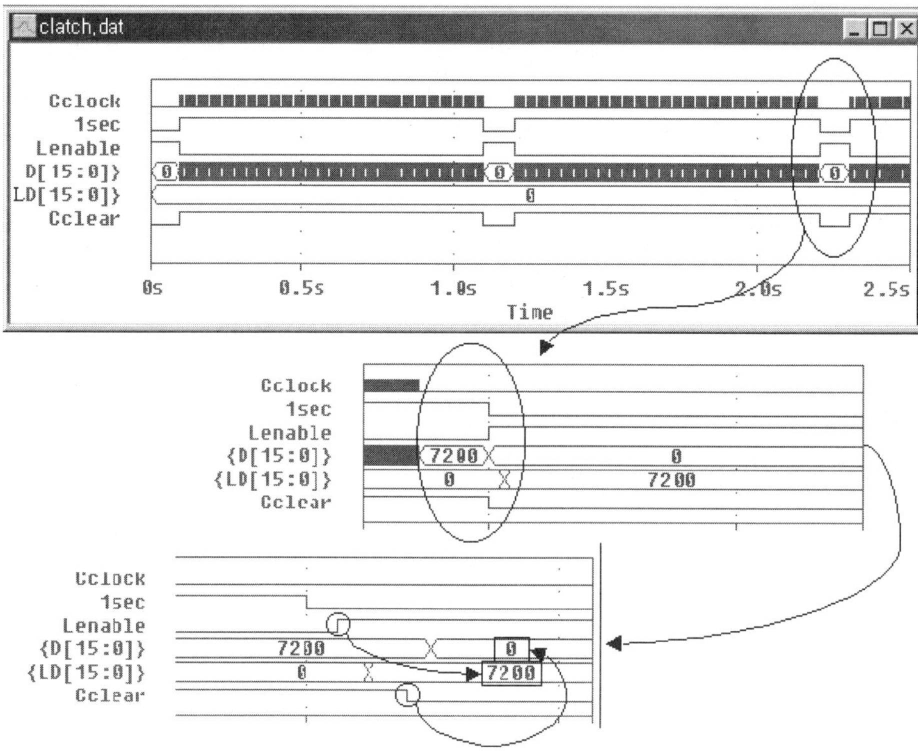

그림 9-35 계수 결과 값과 래치 결과 값에 대한 결과 파형

9-2-6 표시기 회로

7-segment는 자동차의 속도 표시를 위해 설계하며 60[km/h]를 60.00으로 표시해야 하며 4개의 7-segment를 사용한다. 7-segment는 공통 캐소드 형을 사용하고 7-segment를 구동하기 위한 디바이스는 공통 캐소드 형 7-segment 드라이버인 7448을 사용한다. 그림 9-12에서 [block4]에 표시기 회로가 포함되어 있으며 그림 9-36에 표시기 회로를 나타내었다.

(1) 회로설계

그림 9-36의 표시기 회로를 검토해보자.

1) 7448의 제어신호인 [BI], [RBO] 그리고 [LT] 신호는 모두 5[V]에 연결한다.
2) 래치회로에서 출력되는 4비트 BCD신호인 LD[15..0]을 7448의 입력신호에 연결한다.
3) 계수회로에서 6000을 계수하였으면 표시기에 60.00으로 나타나야 하므로 100자릿수 7-segment의 [DOT] 입력 핀을 5[V]에 연결한다.
4) 그림 9-37과 같이 계수 회로가 6523을 계수하였다면 표시기에는 65.23으로 표현되어야 하며 현재 자동차 속도가 65.23[km/h]를 의미한다.

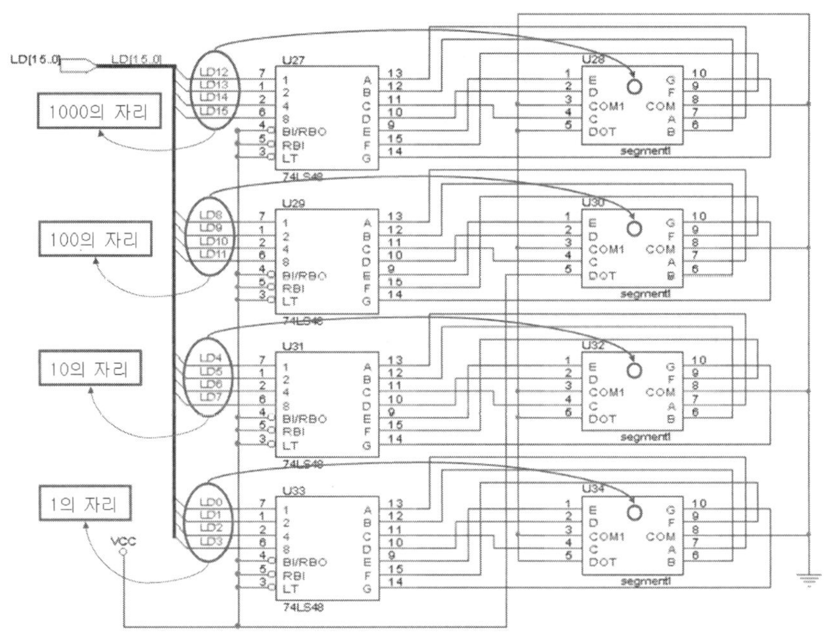

그림 9-36 표시기 회로

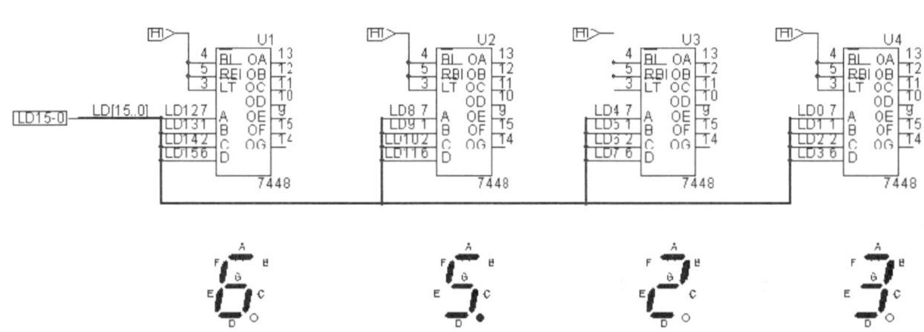

그림 9-37 표시기 회로에 나타난 자동차 속도의 예

(2) 7-segment 드라이버

7-segment는 그림 9-38(a)와 같이 8개의 발광 다이오드(LED)로 구성되어 있다. 7-segment는 계산기, 디지털 시계, 계측기 등의 숫자 표시기로 많이 사용되고 있으며 그림 9-38(b), (c)와 같이 공통 캐소드 형식과 공통 애노드 형식으로 분류한다. 그림 9-38(b)는 공통 캐소드 형이고 그림 9-38(c)는 공통 애노드 형이다. 그림 9-38(d)는 7-segment의 핀 구성도와 각 핀에 대한 정보를 나타낸 것이다. 7-segment를 공통 애노드형으로 사용하려면 [COM1] 또는 [COM]핀을 5[V]에 연결하여 사용하고 공통 캐소드 형으로 사용하려면 [COM1] 또는 [COM]핀을 접지(0[V])에 연결하여 사용하면 된다.

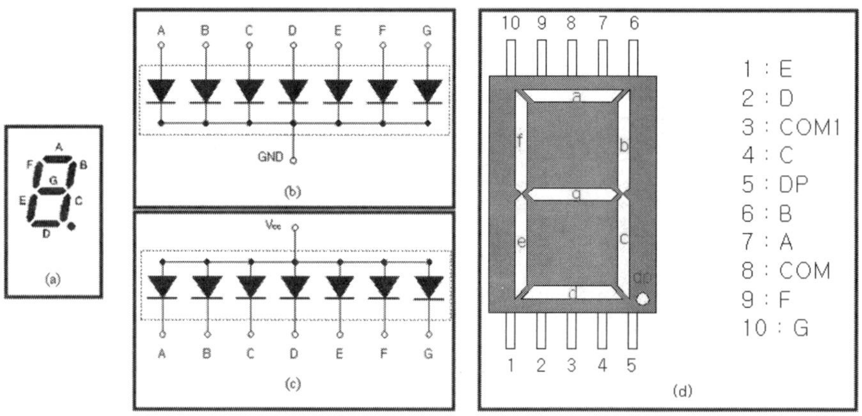

그림 9-38 (a) 7-segment (b) 공통 캐소드형 (c) 공통 애노드형 (d) 핀 구성도

이와 같은 7-segment를 구동하기 위해서는 세그먼트의 형식에 맞는 디코더를 선택해야 한다. 예를 들어 7447은 공통 애노드형 드라이버이고 7448은 공통 캐소드형 드라이버이다.

9-2-7 주파수 분주 회로, 비교기 회로 및 경고음 발생회로

자동차 과속 경보장치의 설계조건에서 자동차 속도에 대한 경고음 발생은 자동차 속도에 따라 3종류 즉, 60[km/h] 이상, 70[km/h] 이상 그리고 80[km/h] 이상으로 설정하였다. 자동차 속도에 비례하는 경고음 발생을 위한 비교 대상은 다음에 주어진 것과 같으므로 비교기에서는 래치회로에 의해 저장된 계수 결과의 상위 4비트 즉, 1000의 자릿수만을 비교하여 경고음을 발생시킨다.

(1) 비교 대상

1) 60.00 ~ 69.99[km/h] : 1[kHz]의 경고음
2) 70.00 ~ 79.99[km/h : 2.5[kHz]의 경고음
3) 80.00 ~ 99.99[km/h] : 5[kHz]의 경고음

위의 비교대상에 주어진 조건을 만족시키려면 계수결과의 상위 4비트를 비교하면 되므로 다음과 같이 회로를 설계한다.

(2) 회로설계

그림 9-39는 7490을 이용하여 10[kHz]를 분주하는 회로이다.

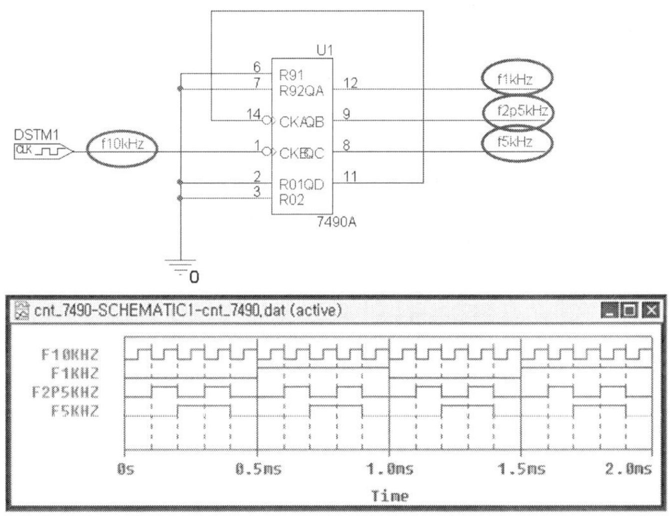

그림 9-39 7490 카운터를 이용한 분주회로와 결과 파형

그림 9-40에 자동차 속도 비교회로와 경보음 발생회로를 나타내었다.

1) 4비트 비교기 3개를 사용하여 1000의 자릿수 BCD데이터로부터 6(0110_2), 7(0111_2) 그리고 8(1000_2) 이상을 검출한다.
2) 4비트 비교기는 7485를 사용한다.
3) 7485는 2그룹의 4비트 데이터에 대해 “크다(A>Bo)”, “같다(A=Bo)” 그리고 “작다(A<Bo)”를 비교할 수 있는 디바이스이며 3개의 비교 결과 출력신호를 갖고 있다.
4) 6과의 비교 : 그림 9-40 비교회로에 있는 U12의 기준신호 B[3..0]을 10진수 6에 해당하는 2진수 [LHHL]로 연결하였으므로 입력되는 비교신호 상위 4비트가 6과 같을 경우 U12의 출력신호 [A=Bo]가 [High]로 출력되며 [c60] 신호가 [High]면 1[kHz]와 10[Hz]가 혼합된 신호가 스피커로 출력되면서 자동차 속도 60[km/h] 이상에 대한 경보음을 발생한다. 이 때, U13, U17 비교기의 출력신호는 모두 논리 [Low]를 출력한다.

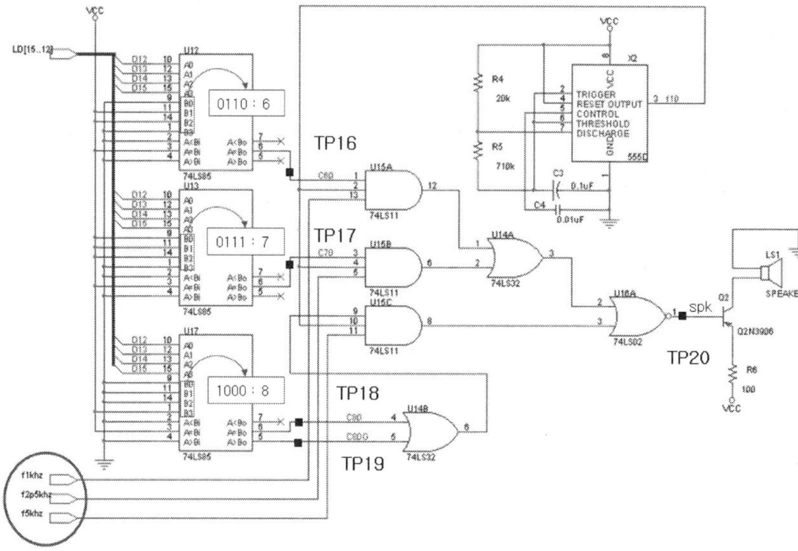

그림 9-40 비교기 회로 및 경보음 발생회로

5) 7과의 비교 : 그림 9-40 비교회로에 있는 U13의 기준신호 B[3..0]을 10진수 7에 해당하는 2진수 [LHHH]로 연결하였으므로 입력되는 비교신호 상위 4비트가 7과 같을 경우 U13의 출력신호 [A=Bo]가 [High]로 출력되며 [c70] 신호가 [High]면 2.5[kHz]와 10[Hz]가 혼합된 신호가 스피커로 출력되면서 자동차 속도 70[km/h] 이상에 대한 경보음을 발생한다. 이때 U12, U17 비교기의 출력 신호는 모두 논리 [Low]를 출력한다.

6) 8이상 비교 : 그림 9-40 비교회로에 있는 U17의 기준신호 B[3..0]을 10진수 8에 해당하는 2진수 [HLLL]로 연결하였으므로 입력되는 비교신호 상위 4비트가 8과 같을 때는 U17의 출력신호 [A=Bo]가 [High]로 출력되며 8보다 클 경우 출력신호 [A>Bo]가 [High]로 출력되어 5[kHz]와 10[Hz]가 혼합된 신호가 스피커로 출력되면서 자동차 속도 80[km/h] 이상에 대한 경보음을 발생한다. 이때 U12, U13 비교기의 출력 신호는 모두 논리 [Low]를 출력한다.

(3) 비교회로 및 경고음 발생장치의 결과파형 분석

1) 자동차 속도가 60[kn/h] 이하 : 그림 9-41에서 자동차의 현재 속도는 60[km/h] 이하이다. 래치 회로의 출력인 상위 4비트 LD[15..12]가 5로 나타나므로 그림 9-40 회로에 있는 모든 비교기 출력은 [Low]가 된다. 이 신호는 U15로 표기된 모든 7411 AND 게이트를 디스에이블 시키고 AND 게이트의 출력은 [Low]가 되어 스피커를 구동하는 PNP 트랜지스터의 베이스에 [High]가 입력된다. PNP 형식의 트랜지스터 베이스에 [High]가 입력되면 트랜지스터가 차단되어 동작하지 않고 트랜지스터 에미터에서 컬렉터로 전류가 흐르지 않으므로 스피커는 경보음을 발생하지 않는다.

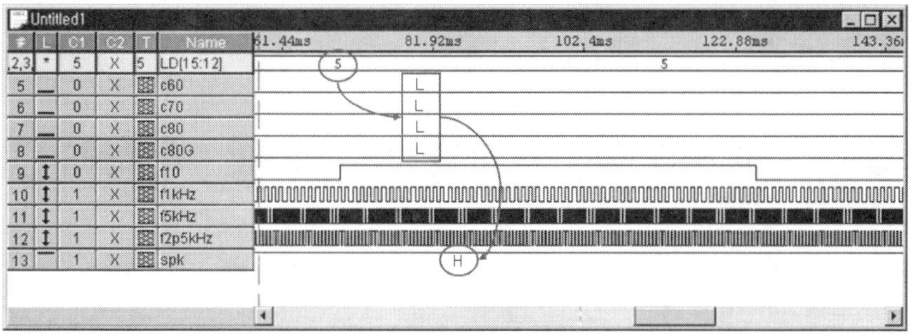

그림 9-41 자동차 속도가 60[km/h] 이하일 때 비교기 및 스피커 출력 파형

2) 자동차 속도가 60~69.99[km/h] 사이 : 그림 9-42에서 자동차의 현재 속도는 60~69.99 [km/h] 사이에 놓여있다. 래치 회로의 출력인 상위 4비트 LD[15..12]가 6으로 나타났으므로 그림 9-40 회로의 첫 번째 비교기 U12의 출력 [c60]은 [High]가 된다. 이 신호는 U15A AND 게이트를 인에이블 시키며 [f10] 신호가 [High]일 때 [f1kHz] 신호가 U14A OR 게이트의 핀 1에 공급되고 이 신호는 NOR 게이트 U16A에 의해 트랜지스터의 베이스에 공급된다. 트랜지스터 베이스에 1[kHz] 구형파가 공급되면 이 신호의 [Low]에서 트랜지스터가 ON되고 [High]에서 OFF되는 동작이 일어나며 스피커를 구동하게 되고 스피커는 1[kHz] 신호음을 발생하게 된다. 결과적으로 스피커는 10[Hz]의 주기로 단속된 1[kHz] 주파수 경보음을 발생시킨다.

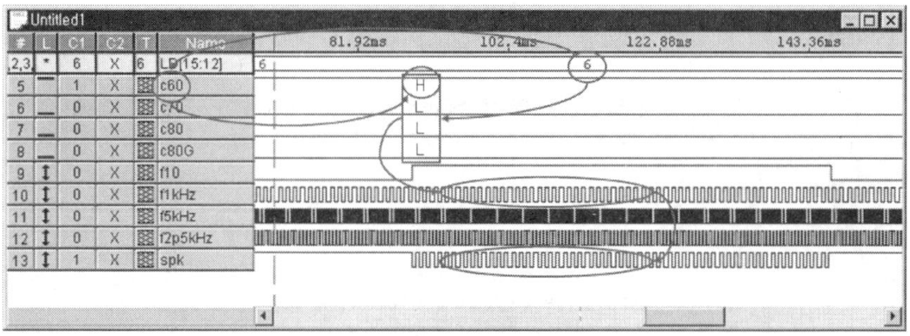

그림 9-42 자동차 속도가 60~69.99[km/h] 사이에 있을 때 비교기 및 스피커 출력 파형

3) 자동차 속도가 70~79.99[km/h] 사이 : 그림 9-43에서 자동차의 현재 속도는 70~79.99 [km/h] 사이에 놓여있다. 래치 회로의 출력인 상위 4비트 LD[15..12]가 7로 나타났으므로 그림 9-40 회로의 두 번째 비교기 U13의 출력 [c70]은 [High]가 된다. 이 신호는 U15B OR 게이트의 핀 2에 공급되고 이 신호는 NOR 게이트 U16A에 의해 트랜지스터의 베이스에 공급된다. 트랜지스터 베이스에 2.5[kHz] 구형파가 공급되면 이 신호의 [Low]에서 트랜지스터가 ON되고 [High]에서 OFF되는 동작이 일어나며 스피커를 구동하게 되고 스

피커는 2.5[kHz] 신호음을 발생하게 된다. 결과적으로 스피커는 10[Hz]의 주기로 단속된 2.5[kHz] 주파수 경보음을 발생시킨다.

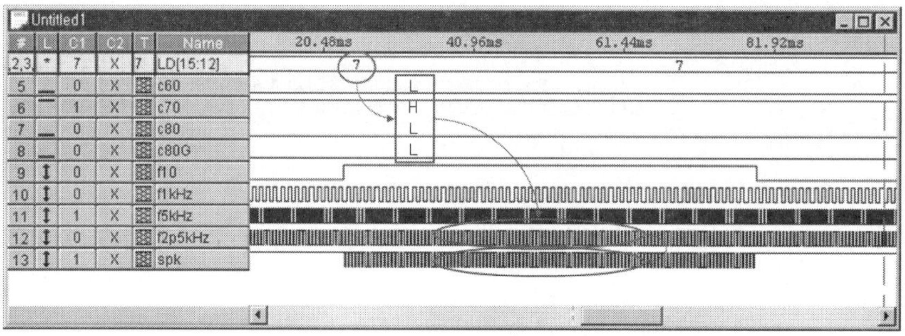

그림 9-43 자동차 속도가 70~79.99[km/h] 사이에 있을 때 비교기 및 스피커 출력 파형

4) 자동차 속도가 80~89.99[km/h] 사이 : 그림 9-44에서 자동차의 현재 속도는 80~89.99[km/h] 사이에 놓여있다. 래치 회로의 출력인 상위 4비트 LD[15..12]가 8로 나타났으므로 그림 9-40 회로의 세 번째 비교기 U17의 출력 [c80]이 [High]가 된다. 이 신호는 U14B OR게이트 출력을 [High]로 만들며 U14B의 출력은 U15C를 인에이블 시키므로 [f10] 신호가 [High]일 때 [f5kHz] 신호가 U14A OR게이트의 핀 2에 공급된다. 이 신호는 NOR 게이트 U16A에 의해 트랜지스터 베이스에 공급된다. 트랜지스터 베이스에 5[kHz] 구형파가 공급되면 이 신호의 [Low]에서 트랜지스터가 ON되고 [High]에서 OFF 되는 동작이 일어나며 스피커를 구동하게 되고 스피커는 5[kHz] 신호음을 발생하게 된다. 결과적으로 스피커는 10[Hz]의 주기로 단속된 5[kHz] 주파수 경보음을 발생시킨다.

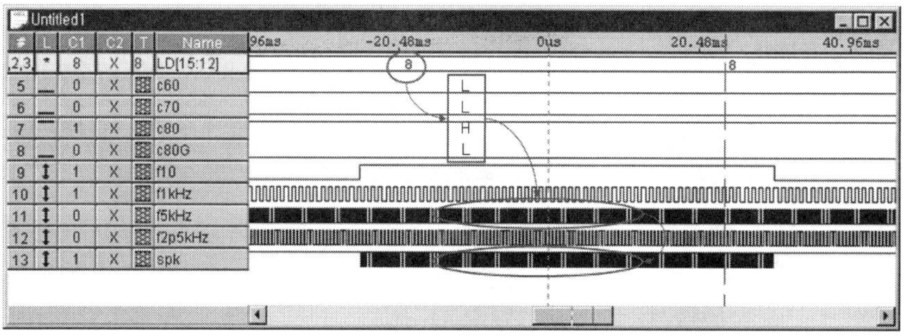

그림 9-44 자동차 속도가 80~89.99[km/h] 사이에 있을 때 비교기 및 스피커 출력 파형

5) 자동차 속도가 90~99.99[km/h] 사이 : 그림 9-45에서 자동차의 현재 속도는 90~99.99[km/h] 사이에 놓여 있다. 래치 회로의 출력인 상위 4비트 LD[15..12]가 9로 나타났으므로 그림 9-40 회로의 세 번째 비교기 U17의 출력 [c80G]는 [High]가 된다. 이 신호는 U14B OR게이트 출력을 [High]로 만들며 U14B의 출력은 U15C를 인에이블 시키므로 [f10] 신호

가 [High]일 때 [f5kHz] 신호가 U14A OR게이트의 핀 2에 공급된다. 이 신호는 NOR 게이트 U16A에 의해 트랜지스터의 베이스에 공급된다. 트랜지스터 베이스에 5[kHz] 구형파가 공급되면 이 신호의 [Low]에서 트랜지스터가 ON되고 [High]에서 Off되는 동작이 일어나며 스피커를 구동하게 되고 스피커는 5[kHz] 신호음을 발생하게 된다. 결과적으로 스피커는 10[Hz]의 주기로 단속된 5[kHz] 주파수 경보음을 발생시킨다.

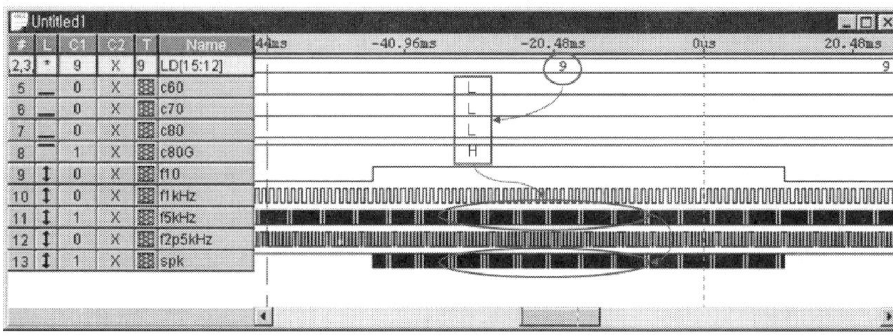

그림 9-45 자동차 속도가 90~89.99[km/h] 사이에 있을 때 비교기 및 스피커 출력 파형

연습문제

1. 그림 9-10의 시 계수회로를 살펴보면 10진 카운터 2개를 이용하여 24시간을 계수하고 있다. 이 회로를 참고하여 12시간을 계수하는 시 계수 회로를 설계하라.

2. 그림 9-10에서 24시간을 계수하기 위해 10진 카운터 2개를 이용하고 있다. 10진 카운터와 D 플립플롭(74LS74)을 이용하여 24시간을 계수하는 회로를 설계하라.

3. 자동차 과속 경보장치에서 증배 주파수는 10[kHz]를 사용하고 있다. 발진 회로의 설계 실수로 7[kHz]가 나오고 있고 자동차에서 입력되는 주파수는 27[Hz]이다. 이 장치에서 측정할 수 있는 속도는 얼마일까?

4. 그림 9-15에서 U37은 입력되는 클럭신호의 주파수를 6분주하기 위해 사용되었다. U37의 설계가 잘못되어 8분주로 동작하고 자동차에서 공급되는 신호의 주파수가 25[Hz]라면 계수할 수 있는 속도는 얼마일까?

5. 자동차 과속 경보장치에 23[Hz]의 신호가 공급되고 있을 때 자동차 속도를 구하라. 그리고 설계 잘못으로 그림 9-21에서 출력되는 1초 신호의 [High] 펄스폭이 0.9초가 되었다. 이때 측정할 수 있는 자동차 속도를 구하라.

6. 그림 9-24에서 카운터의 클리어 신호와 래치의 클리어 신호 간에 NOT 게이트를 이용하여 지연시간을 추가한 이유를 상세히 설명하라.

7. 그림 9-29에서 f10Hz 신호는 듀티 싸이클이 50%인 10[Hz] 신호이다. 이 신호가 그림 9-29에 작용하여 나타나는 출력 신호의 특성을 설명하라.

CHAPTER 10

프로그래머블 디바이스와 응용회로

10-1 프로그램 가능한 로직이란?

AND, OR, INVERTER, LATCH, FLIP-FLOP 등과 같은 논리소자가 배열로 구성되어 있고 이렇게 구성된 디바이스에 프로그램을 하여 사용자가 원하는 디지털 논리회로를 구현할 수 있는 소자를 프로그램이 가능한 로직이라 부른다. PLA, PROM, PAL, GAL, ASIC, FPGA 그리고 CPLD 등이 대표적인 디바이스이다. 프로그램이 가능한 로직은 1978년 Monolithic Memory 회사에서 최초로 개발되어 사용되기 시작한 PAL(Programmable Array Logic)이 효시이며 TTL을 개별적으로 사용하는데 있어서의 단점을 극복하는데 주로 사용되었다. 즉, 설계의 용이성, 지연시간, 소비전력의 문제점, 신뢰성 및 제작비용 등에서 TTL을 개별적으로 사용하는 것보다 유리하며 이미 널리 사용되고 있는 PROM(Programmable Read Only Memory) 기술은 최종 사용자들로 하여금 자기가 구성한 회로의 실리콘화를 가능하게 하고, 널리 이 용되고 있다. 최근 이와 같은 디바이스의 설계를 지원하는 소프트웨어(ABEL, PALASM, CUPL, AHDL, OrCAD-PLD LOG/ic)가 다양하게 지원됨으로써 사용자들이 low -level 하드웨어 실현을 위한 단조로운 작업을 피할 수 있게 지원해 주며 좀 더 복잡한 디지털 논리회로 설계를 단기간에 수행할 수 있도록 지원체제가 다양해지고 있다. 그리고 현재 많은 분야에서 PLD가 적용되고 있으며 앞으로도 더욱 더 많은 분야에 PLD가 사용될 것이다.

10-2 전통적인 프로그램 가능소자의 기본적인 구조

PLD는 디지털 시스템 설계자가 원하는 디지털 논리함수(logic function)를 일련의 프로그램과 개발 장치를 사용하여 직접 프로그램 할 수 있는 디바이스이며 소자의 구조는 다양하지만, 보통의 표준 PLD는 OR 배열과 AND 배열로 되어 있다.

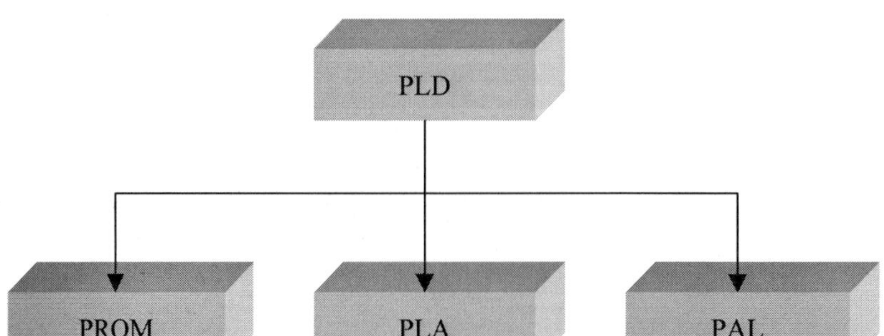

그림 10-1 전통적인 PLD의 종류

일반적으로 입력단자는 AND 배열에 가해져서 원하는 AND 함수 동작을 수행하면서 곱항(product term)을 생성한다. 이 product term은 다시 OR 배열로 입력되고 여러 가지 product term

을 결합하여 원하는 출력을 얻게 된다. 또한 소자의 입·출력에 데이터 저장기능을 갖는 flip-flop, latch 등을 포함하고 있는 소자도 있으며, 이밖에 마크로 셀(macro cell)을 포함하고 있어 사용자가 설계에 필요한 입·출력의 타입까지도 프로그램 가능하도록 한 소자도 있다. 대표적인 PLD로는 그림 10-1과 같이 PROM, PLA 그리고 PAL이 있다. 이들 디바이스의 문제는 퓨즈(fuse) 방식으로 설계되어 한 번 프로그램하면 퓨즈가 녹아서 끊어지기 때문에 더 이상 사용할 수 없다는 점이다.

(1) PROM(Programmable Read Only Memory)

PROM은 그림 10-2와 같이 두 개의 영역으로 나뉘어지며 프로그래밍이 가능한 Programmable OR Array와 고정된 Fixed AND Array로 분류된다. 그림에서 "•" 표시는 고정되어 있음을 의미하며 프로그램이 가능한 OR Array에서 "×"표시는 프로그램이 이루어진 것을 의미한다. 즉, 프로그램이 가능한 OR Array의 모든 교차점은 퓨즈로 연결되어 있으며 논리식에 따라 프로그램이 입력되면 해당 신호는 연결상태로 남고(× 표시) 나머지는 (○ 표시) 끊어진다. 그러므로 그림 10-2의 출력 Q는 다음과 같은 논리식이 성립한다.

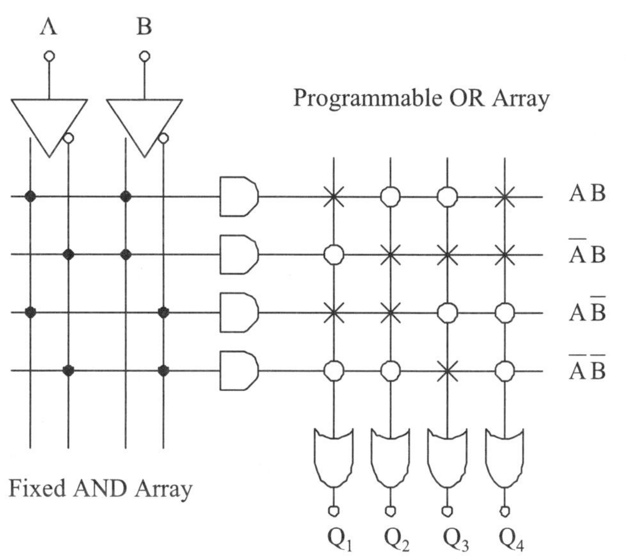

그림 10-2 PROM의 기본 구조

$$Q_1 = AB + A\overline{B} = A$$
$$Q_2 = \overline{A}B + A\overline{B} = A \oplus B$$
$$Q_3 = \overline{A}B + \overline{A}\,\overline{B} = \overline{A}$$
$$Q_4 = AB + \overline{A}B = B$$

(2) PAL(Programmable Array Logic)

PAL은 그림 10-3과 같이 두 개의 영역으로 나뉘어지며 프로그래밍이 가능한 AND Array와 고정된 OR Array로 분류된다. 그림에서 "●"표시는 고정되어 있음을 의미하며 프로그램이 가능한 OR Array에서 "×"표시는 프로그램이 이루어진 것을 의미한다. 즉, 프로그램이 가능한 AND Array의 모든 교차점은 퓨즈로 연결되어 있으며 논리식에 따라 프로그램이 입력되면 해당 신호는 남고(× 표시) 나머지(○ 표시)는 끊어진다. 그러므로 그림 10-3의 출력 Q는 다음과 같은 논리식이 성립한다.

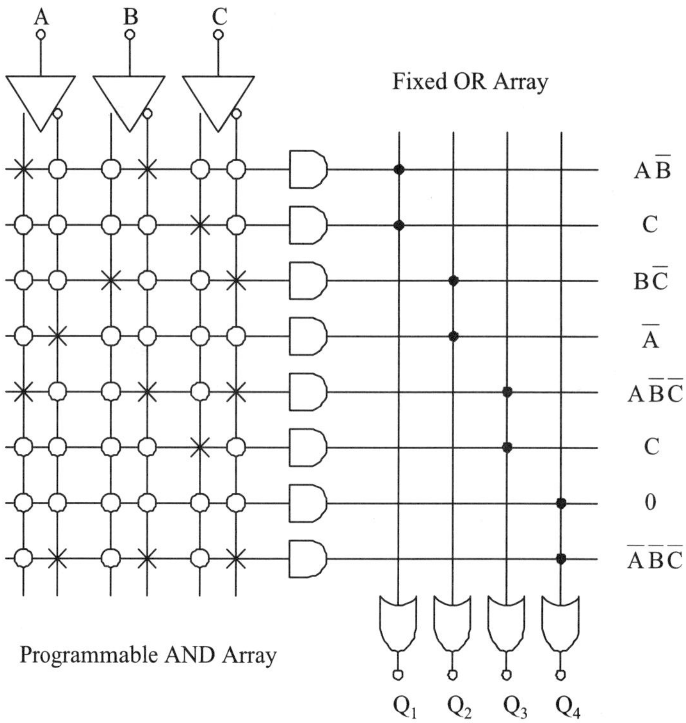

그림 10-3 PAL의 기본 구조

$$Q_1 = A\overline{B} + C$$
$$Q_2 = \overline{A} + B\overline{C}$$
$$Q_3 = A\overline{B}\,\overline{C} + C = A\overline{B} + C$$
$$Q_4 = \overline{A}\,\overline{B}\,\overline{C}$$

- 위의 논리식에서 알 수 있듯이 PAL은 모든 논리함수를 SOP형으로 표현한다.

(3) PLA(Programmable Logic Array)

PLA는 그림 10-4와 같이 두 개의 영역으로 나뉘어지며 프로그래밍이 가능한 AND Array와 OR Array로 분류된다. 이 디바이스는 두 영역이 모두 프로그램이 가능하며 "×" 표시는 프로그램이 이루어진 것을 의미한다. 즉, 프로그램이 가능한 AND Array와 OR Array의 모든 교차점은 퓨즈로 연결되어 있으며 논리식에 따라 프로그램이 입력되면 해당 신호는 남고(× 표시) 나머지(○ 표시)는 끊어진다. 그러므로 그림 10-4의 출력 Q는 다음과 같은 논리식이 성립한다.

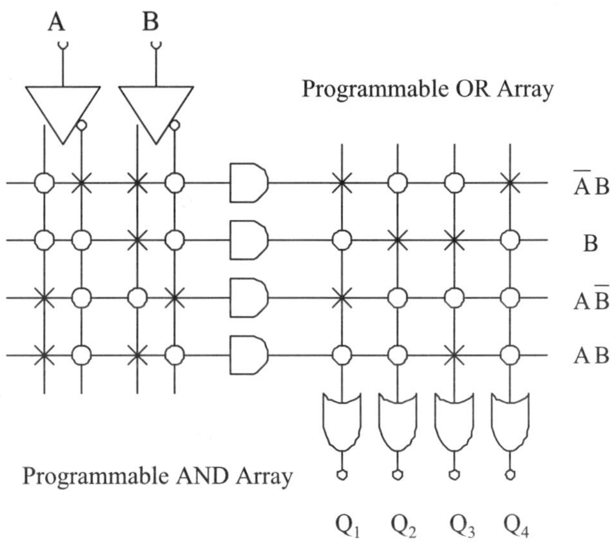

그림 10-4 PLA의 기본 구조

$$Q_1 = \overline{A}B + A\overline{B} = A \oplus B$$
$$Q_2 = B$$
$$Q_3 = B + AB = A$$
$$Q_4 = \overline{A}B$$

- PLA는 회로가 복잡하고 전파지연시간이 큰 것이 단점이다.

10-3 여러 번 프로그램이 가능한 PLD

최근의 PLD는 한 번 사용할 수 있는 퓨즈방식보다 EEPROM, SRAM, FLASH Memory 등을 사용하여 여러 번 사용할 수 있는 구조로 되어 있으며 용량과 구조에 따라 그림 10-5와 같이 분류할 수 있다.

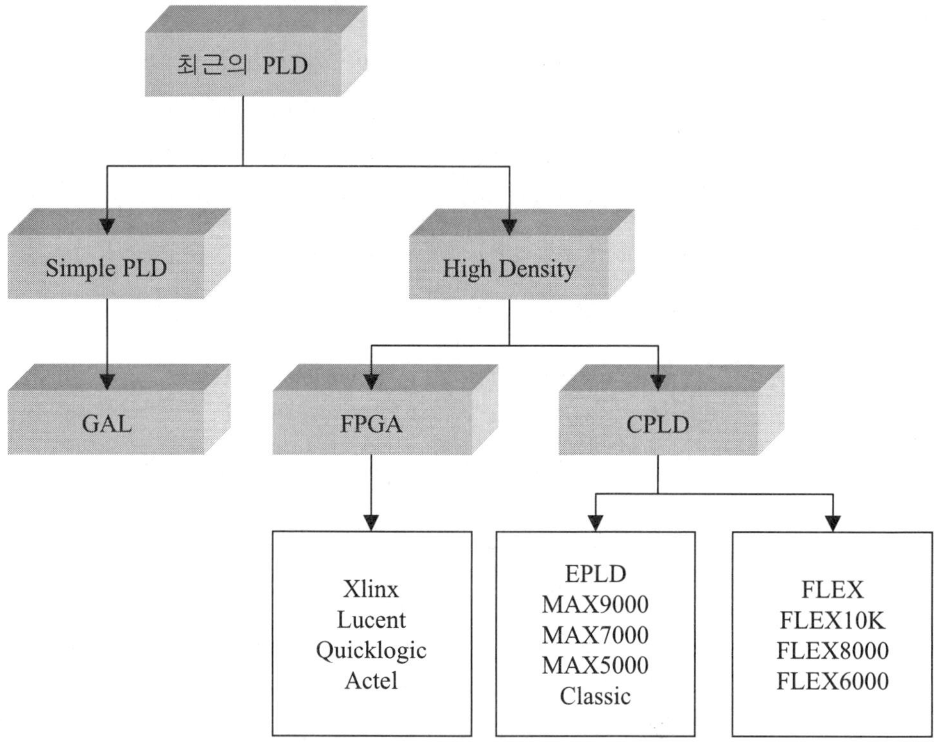

그림 10-5 최근에 자주 사용되는 PLD의 분류

(1) GAL(Generic Array Logic)

GAL은 Generic Array Logic의 약어로서, PAL의 문제점을 해결하기 위해 개발된 CMOS 형식의 PLD 소자이다. GAL은 기존의 PAL 기능을 구현할 수 있도록 되어 있고, 출력 마크로 셀(OLMC: Output Logic Macro Cell)을 포함한 구조로 되어 있다. 즉, 출력부를 프로그램함으로써 수십 종류의 PAL을 GAL16V8과 GAL20V8과 같은 GAL로 대치가 가능하다. 따라서 여러 개의 다른 PAL을 사용하여 설계한 회로는 같은 종류의 GAL을 사용하여 구성이 가능하다. 따라서 회로 제작시 필요한 부품의 수를 줄이고, 대신 같은 종류의 GAL 부품을 사용할 수 있기 때문에 경제적인 제작이 가능하다. 또한 PAL과 다르게 여러 번 프로그램할 수 있기 때문에 디지털 시스템 설계 엔지니어에게 매우 유용하다. PAL은 프로그램 어레이의 행과 열 교차점이 퓨즈 형식으로 되어 있지만 GAL은 E^2CMOS 셀로 구성되어 있다.

(2) FPGA(Field Programmable Gate Array)

FPGA는 사용자가 원하는 디지털논리의 프로그램이 가능한 소자이며 여러 단계의 로직이 포함되어 있다. 그리고 전기적으로 프로그램이 가능한 게이트 어레이형 IC이다. FPGA의 특징으로는 높은 게이트 집적도, 고성능, 사용자가 정의할 수 있는 많은 수의 입출력 단자들, 상호 연결구조의 유연성, 게이트 어레이와 같은 설계 환경 등이다. 이 FPGA는 통상적인 AND-OR

배열로 구성되어 있지 않고, 구성 가능한 로직 블록(CLB : Configurable Logic Block)이 매트릭스 구조로 되어 있으며, 둘레에는 I/O 블록(IOB)으로 구성되어 있다. 각 CLB는 프로그램 가능한 조합논리와 레지스터를 포함한다. 따라서, 이 CLB와 IOB를 프로그램하여 원하는 논리 함수회로를 구현할 수 있다. FPGA의 문제점은 타이밍 예측이 어렵고 논리소자의 성능이 CPLD에 비해 떨어진다는 점이다. 장점은 게이트의 용량이 CPLD에 비해 많고 플립플롭을 사용하거나 대용량이 필요한 곳에 적합한 장점을 갖고 있다. 그 외에 주문형 게이트 어레이 설계는 수주의 기간이 걸리는데 반해 FPGA는 훨씬 짧은 기간 내에 설계 및 검증이 가능하다.

(3) CPLD(Complex Programmable Logic Array)

CPLD는 복합적인 프로그램 가능소자로서, PLA 특성을 일부 가지며 프로그램 셀이 매우 많은 PAL이라 할 수 있다. 기본적인 구조는 고정된 OR항에 대해 AND항 수를 증가시킨 PAL의 구조와 매우 유사하다. CPLD의 구조는 RAM, ROM, FIFO 그리고 Dual Port RAM 등을 구현할 수 있도록 설계되어 있으며 빠른 성능이나 정확한 타이밍 예측을 필요로 하는 곳에 적합한 구조로 되어 있다. EPROM 또는 EEPROM을 필요로 하는 MAX 계열 디바이스는 전원이 제거되어도 해당 프로그램을 유지할 수 있는 장점을 갖고 있으나 프로그램의 회수가 제한된다. 반면 FLEX 계열은 SRAM을 사용하기 때문에 프로그램의 회수에 제한이 없는 장점이 있으나 전원이 제거되면 프로그램을 유지할 수 없다는 단점을 갖고 있다.

10-4 프로그래밍의 기본

PLD를 프로그램하기 위한 다양한 소프트웨어가 제공되고 있으며 표 10-1과 같이 부울대수, CUPL, PALASM 등은 논리식의 표현 방법에 다소 차이가 있으나 프로그램의 기본 구조는 같다. 본 장에서는 CUPL을 프로그램하는 방법을 소개한다.

표 10-1 부울대수, CUPL 그리고 PALASM의 논리 연산자 표기

연산자의 표현	부울대수	CUPL	PALASM	우선순위
논리 등식	=	=	=	
NOT	—	!	/	1
AND	·	&	*	2
OR	+	#	+	3
XOR	:+:	$	:+:	4
CLOCK		.d	:=	

1. 기본적인 논리 게이트의 표현

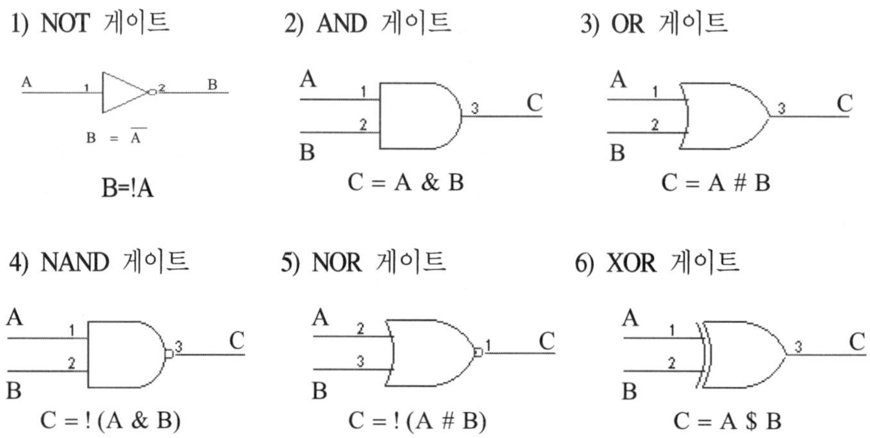

그림 10-6 기본 논리 소자에 대한 CUPL 논리식 표현

❑ PALASM에서는 다음과 같이 각종 논리게이트를 프로그램한다.

B=/A(NOT),	C=A*B(AND),
C=A+B(OR)	C=/(A*B)(NAND),
C=/(A+B)(NOR),	C=A :+: B

2. 기본적인 조합논리회로의 프로그램

1) AND와 OR 조합회로

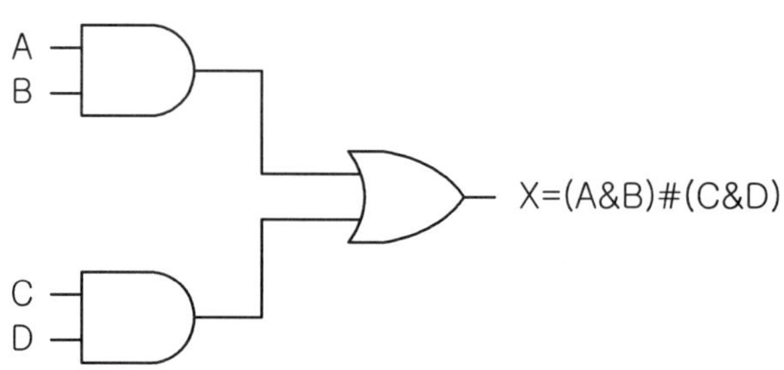

그림 10-7 AND, OR 조합회로

2) AND와 OR 그리고 NOT 조합회로

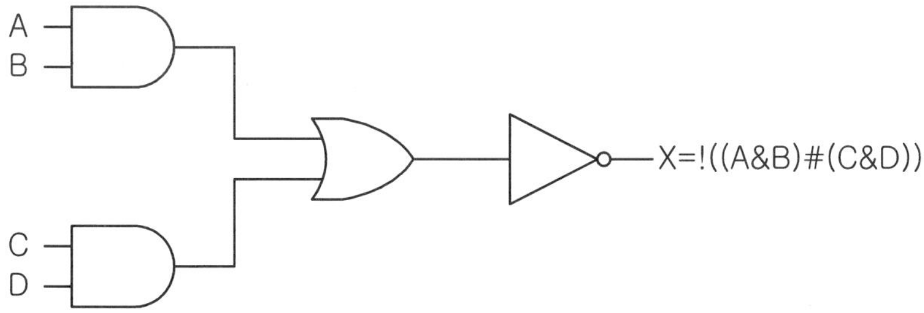

그림 10-8 AND, OR 그리고 NOT 조합회로

3) 엔코더(Encoder)를 PLD로 구현하기

그림 10-9는 4개의 입력과 2개의 출력을 갖는 엔코더이며 이 엔코더의 진리표는 표 10-2와 같다. 표 10-2의 진리표에 따라 CUPL을 이용하여 논리식을 작성한 것은 다음과 같다.

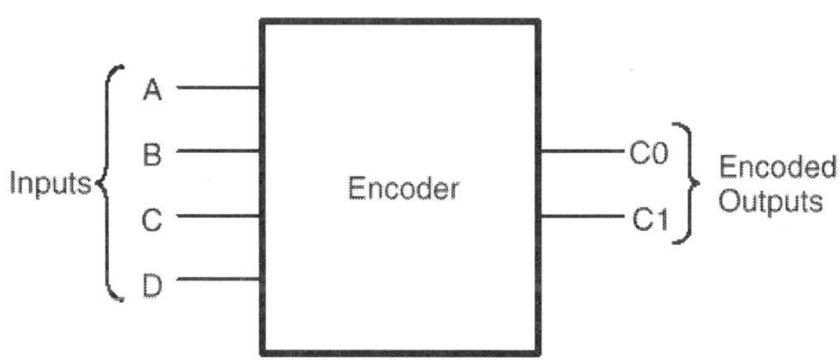

그림 10-9 엔코더 블럭도

C0 = (!A & !B & C & !D) # (!A & !B & !C & D)
C1 = (!A & B & !C & !D) # (!A & !B & !C & D)

표 10-2 4입력 엔코더의 진리치표

Inputs				Outputs	
A	B	C	D	C0	C1
1	0	0	0	L	L
0	1	0	0	L	H
0	0	1	0	H	L
0	0	0	1	H	H

4) 디코더(Decoder)

디코더인 74LS138을 PLD로 구현해 보자. 그림 10-10은 74LS138의 핀 구성도이고 표 10-3은 진리표를 나타낸 것이다.

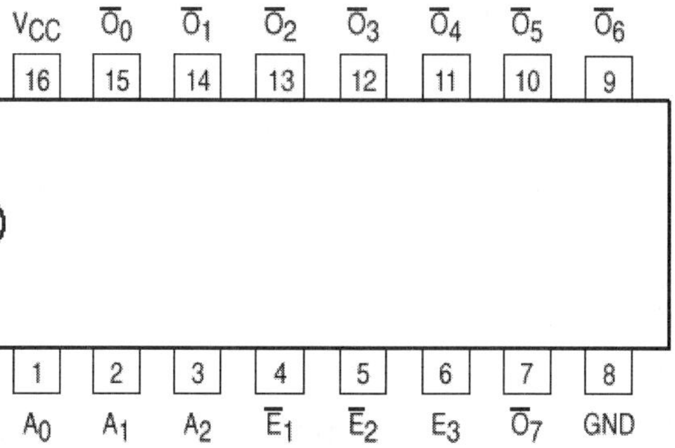

그림 10-10 74LS138의 핀 구성도

표 10-3 74LS138 진리치표

Inputs						Outputs							
$\overline{E}_1$	$\overline{E}_2$	E_3	A_0	A_1	A_2	$\overline{O}_0$	$\overline{O}_1$	$\overline{O}_2$	$\overline{O}_3$	$\overline{O}_4$	$\overline{O}_5$	$\overline{O}_6$	$\overline{O}_7$
H	X	X	X	X	X	H	H	H	H	H	H	H	H
X	H	X	X	X	X	H	H	H	H	H	H	H	H
X	X	L	X	X	X	H	H	H	H	H	H	H	H
L	L	H	L	L	L	L	H	H	H	H	H	H	H
L	L	H	H	L	L	H	L	H	H	H	H	H	H
L	L	H	L	H	L	H	H	L	H	H	H	H	H
L	L	H	H	H	L	H	H	H	L	H	H	H	H
L	L	H	L	L	H	H	H	H	H	L	H	H	H
L	L	H	H	L	H	H	H	H	H	H	L	H	H
L	L	H	L	H	H	H	H	H	H	H	H	L	H
L	L	H	H	H	H	H	H	H	H	H	H	H	L

□ **살펴보기**

① 엔코더에서는 진리표의 최소항(SOP : Sum of Product)을 이용하여 프로그램하였으나 디코더는 진리표의 최대항(POS : Product of Sum)을 이용하는 것이 최소항을 이용하는 것보다 훨씬 간단히 표현할 수 있음을 살펴보자.

② 74LS138은 3개의 입력신호와 3개의 제어신호가 있다.

③ 입력신호가 3개이므로 출력신호는 8개가 된다. 표 10-3에서

$$Q_0 = E1 \# E2 \# !E3 \# A0 \# A1 \# A2$$

이므로 이 논리식의 좌 • 우변을 각각 부정하면

!Q_0 = !E1 & !E2 & E3 & !A0 & !A1 & !A2

④ 표 10-3으로부터 Q_0의 신호를 얻는 방법을 이용하여 나머지 출력에 대한 CUPL 논리식을 얻을 수 있다.

!Q_1 = !E1 & !E2 & E3 & A0 & !A1 & !A2

!Q_2 = !E1 & !E2 & E3 & !A0 & A1 & !A2

!Q_3 = !E1 & !E2 & E3 & A0 & A1 & !A2

!Q_4 = !E1 & !E2 & E3 & !A0 & !A1 & A2

!Q_5 = !E1 & !E2 & E3 & A0 & !A1 & A2

!Q_6 = !E1 & !E2 & E3 & !A0 & A1 & A2

!Q_7 = !E1 & !E2 & E3 & A0 & A1 & A2

5) 멀티플렉서(Multiplexer)

그림 10-11은 74LS153 멀티플렉서의 내부 블록도이고 표 10-4는 진리표를 나타낸 것이다. PLD를 이용하여 멀티플렉서를 구현하는 방법을 살펴보자.

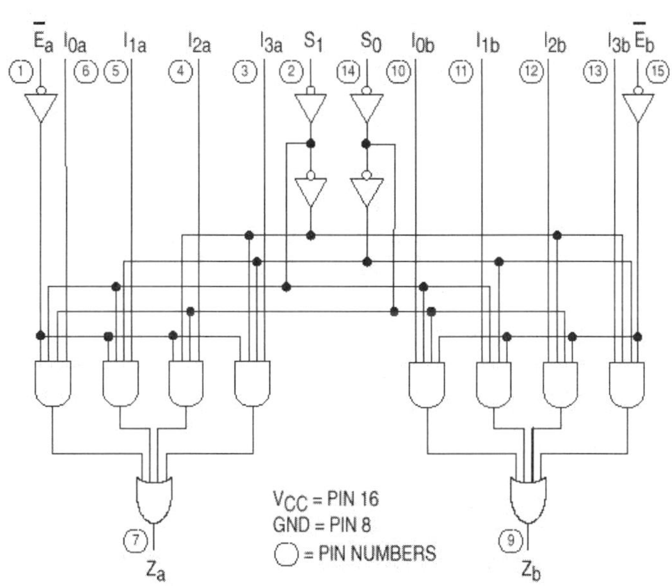

그림 10-11 74LS153 멀티플렉서의 블럭도

표 10-4 진리표를 이용하여 출력 Z에 대해 프로그램한 결과는 다음과 같다.

$$Z = (!S_0 \& !S_1 \& !E \& I_0)$$
$$\# (S_0 \& !S_1 \& !E \& I_1)$$
$$\# (!S_0 \& S_1 \& !E \& I_2)$$
$$\# (S_0 \& S_1 \& !E \& I_3)$$

표 10-4 74LS153 멀티플렉서의 진리표

SELECT INPUTS		INPUTS (a or b)					OUTPUT
S_0	S_1	$\overline{E}$	I_0	I_1	I_2	I_3	Z
X	X	H	X	X	X	X	L
L	L	L	L	X	X	X	L
L	L	L	H	X	X	X	H
H	L	L	X	L	X	X	L
H	L	L	X	H	X	X	H
L	H	L	X	X	L	X	L
L	H	L	X	X	H	X	H
H	H	L	X	X	X	L	L
H	H	L	X	X	X	H	H

3. 순서논리회로의 프로그램

1) NAND 게이트를 이용한 RS 플립플롭

그림 10-12에 NAND 게이트를 사용한 RS 플립플롭을 나타내었다.

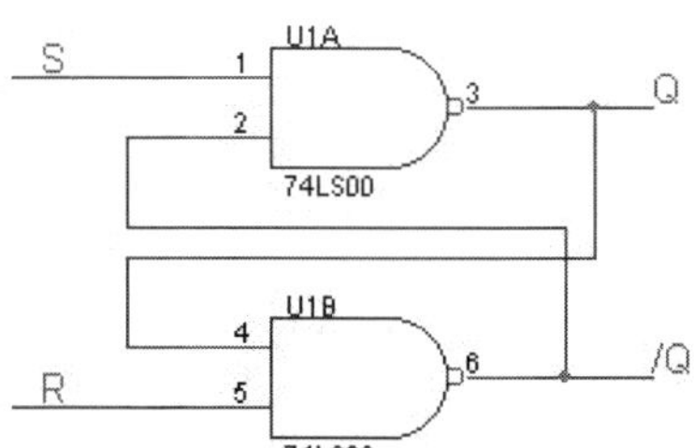

그림 10-12 NAND RS FF

표 10-5와 10-6에서 Q_{N-1}과 $/Q_{N-1}$은 입력신호인 S와 R이 공급되기 전의 이전 출력 상태로 정의하였으므로 Q_{N-1}과 $/Q_{N-1}$은 RS 플립플롭의 피드백 신호가 된다. 논리식을 작성할 때는 Q_{N-1}과 $/Q_{N-1}$은 Q, /Q와 동일한 신호임을 기억해야 한다.

표 10-5 Q의 진리표

S	R	Q_{N-1}	Q
0	0	0	1
0	0	1	1
0	1	0	1
0	1	1	1
1	0	0	0
1	0	1	0
1	1	0	0
1	1	1	1

표 10-6 /Q의 진리표

S	R	$/Q_{N-1}$	/Q
0	0	0	1
0	0	1	1
0	1	0	0
0	1	1	0
1	0	0	1
1	0	1	1
1	1	0	0
1	1	1	1

표 10-5와 표 10-6은 RS 플립플롭에서 발생할 수 있는 모든 경우의 수를 적용하여 입력에 대한 출력 상태를 정의한 것이다. RS 플립플롭의 진리표를 충분히 이해한 다음 논리식을 작성해보자. 표 10-5와 10-6을 그림 10-13과 10-14 카노프맵에 적용하여 논리식을 간소화하면 다음과 같이 프로그램할 수 있다.

S \ R Q_{N-1}	00	01	11	10
0	1	1	1	1
1	0	0	1	0

그림 10-13 Q신호에 대한 카노프맵

Q = !S # R & Q

S \ R $/Q_{N-1}$	00	01	11	10
0	1	1	0	0
1	1	1	1	0

그림 10-14 /Q신호에 대한 카노프맵

/Q = !R # S & /Q

2) 각종 플립플롭

그림 10-15는 각종 플립플롭의 입력과 출력신호에 대해 나타낸 것이다. 이들 플립플롭을 프로그램하는 방법을 살펴보자.

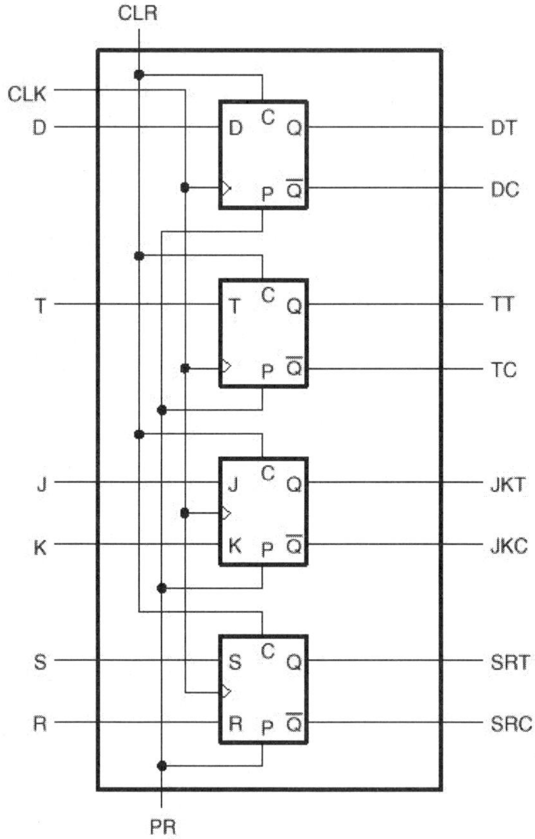

그림 10-15 각종 플립플롭

① D 플립플롭인 경우

74LS74의 진리표를 표 10-7과 10-8에 나타내었다. 표 10-7과 10-8에 따라 그림 10-16, 10-17과 같이 카노프맵을 적용하여 출력 DT와 DC를 프로그램하면 다음과 같다.

표 10-7 74LS74 DT에 대한 진리표

입력 신호			출력신호
PR	CLR	D	DT
0	X	X	1
1	0	X	0
1	1	0	0
1	1	1	1

표 10-8 74LS74 DC에 대한 진리표

입력 신호			출력신호
PR	CLR	D	DC
0	X	X	0
1	0	X	1
1	1	0	1
1	1	1	0

PR \ CLR D	00	01	11	10
0	1	1	1	1
1	0	0	1	0

그림 10-16 7474 D 플립플롭 DT 카노프맵

PR \ CLR D	00	01	11	10
0	1	1	0	0
1	1	1	0	1

그림 10-17 7474 D 플립플롭 DC 카노프맵

DT.d= !PR # D & CLR

DC.d= !CLR # !D & PR

7474D 플립플롭에서 PR 신호와 CLR 신호에 논리 [Low]가 동시에 입력될 경우 출력은 모두 [High]가 나오는 것으로 프로그램한다.

여기서 ".d"는 클럭신호에 의해 동작한다는 것을 의미하며 PALASM에서는 ":="을 사용한다는 것을 표 10-1에 이미 나타내었다.

② T 플립플롭의 경우

TT.d= T & !TT & CLR # !T & TT & CLR # !PR & CLR

TC.d= T & !TC & PR # !T & TC & PR # !CLR

③ JK 플립플롭의 경우

표 10-9와 표 10-10의 진리표에서 [PR]과 [CLR] 신호는 클럭 신호와 관계없이 동작하기 때문에 카노프 맵을 작성할 때 입력 신호로 사용하지 않는다. 그리고 [PR] 신호가 논리 [Low]이면서 [CLR] 신호가 논리 [High]이면 플립플롭은 세트 모드로 동작하게 설계한다. 또한 [PR] 신호와 [CLR] 신호가 동시에 논리 [Low]이면 플립플롭의 출력은 모두 논리 [High]로 나타나도록 설계한다. 표 10-9와 표 10-10을 그림 10-18, 10-19 카노프 맵에 적용하여 논리식을 작성하면 다음과 같은 결과를 얻을 수 있다.

표 10-9 JK-FF 74112 Q의 진리표

입력 신호					출력신호
PR	CLR	J	K	Q	Q
0	1	X	X	X	1
1	1	0	0	0	0
1	1	0	0	1	1
1	1	0	1	0	0
1	1	0	1	1	0
1	1	1	0	0	1
1	1	1	0	1	1
1	1	1	1	0	1
1	1	1	1	1	0

표 10-10 JK-FF 74112 Q b의 진리표

입력 신호					출력신호
PR	CLR	J	K	Q_b	Q_b
0	1	X	X	X	0
1	1	0	0	0	0
1	1	0	0	1	1
1	1	0	1	0	1
1	1	0	1	1	1
1	1	1	0	0	0
1	1	1	0	1	0
1	1	1	1	0	1
1	1	1	1	1	0

J \ K Q	00	01	11	10
0	0	1	0	0
1	1	1	0	1

그림 10-18 74112 JK-FF Q의 카노프맵

J \ K Q_b	00	01	11	10
0	0	1	1	1
1	0	0	1	1

그림 10-19 74112 JK-FF Q_b의 카노프맵

Q.d= J & !Q & CLR # !K & Q & CLR # !PR & CLR
Q__b.d= !J & Q__b & PR # K & !Q__b & PR # !CLR

10-5 PLD 디바이스와 실제의 프로그램

10-5-1 PAL 및 GAL Family

(1) PAL Family

PAL 소자의 패밀리는 크게 핀 수 및 내부구조에 의해 나뉘어진다. 핀 수로 구분하면 20핀 타입과 24핀 타입이 있다. 각 PAL들은 간단한 조합회로만으로 구성된 소자(H, L, C 형식)와 내부 귀환회로 및 출력레지스터(R, X 형식)로 구성된 좀더 복잡한 형식의 소자로 나눌 수 있다. 20핀과 24핀 PAL들을 표 10-11과 표 10-12에 나타내었다.

표 10-11 20핀 PAL Family의 일반적인 특성

품명	입력핀	출력핀	입출력 공용핀수	레지스터	출력 극성	함수
10H8	10	8			AND-OR	AND-OR Array
12H6	12	6			AND-OR	AND-OR Array
14H4	14	4			AND-OR	AND-OR Array
16H2	16	2			AND-OR	AND-OR Array
10L8	10	8			AND-NOR	AND-OR-Invert Array
12L6	12	6			AND-NOR	AND-OR-Invert Array
14L4	14	4			AND-NOR	AND-OR-Invert Array
16L2	16	2	6		AND-NOR	AND-OR-Invert Array
16C1	16	1			AND-OR/NOR	AND-OR/-NOR-Invert Array
16L8	10	8			AND-NOR	AND-OR-Invert Array
16R8	8	8	2	8	AND-OR	AND-OR-Invert Register
16R6	8	8		6	AND-OR	AND-OR-Invert Register
16R4	8	8	4	4	AND-OR	AND-OR-Invert Register

표 10-12 24핀 PAL Family의 일반적인 특성

품명	입력핀	출력핀	입출력 공용핀수	레지스터	출력 극성	함수
12L10	12	10			AND-NOR	AND-OR-Invert Array
14L8	14	8			AND-NOR	AND-OR-Invert Array
16L6	16	6			AND-NOR	AND-OR-Invert Array
18L4	18	4			AND-NOR	AND-OR-Invert Array
20L2	20	2			AND-NOR	AND-OR-Invert Array
20L8	14	2	6		AND-NOR	AND-OR-Invert Array
20L10	12	2	8		AND-NOR	AND-OR-Invert Array
20R8	12	8		8	AND-NOR	AND-OR-Invert w/Registers
20R6	12	6	2	6	AND-NOR	AND-OR-Invert w/Registers
20R4	12	4	4	4	AND-NOR	AND-OR-Invert w/Registers
20X10	10	10		10	AND-NOR	AND-OR-XOR Invert w/Reg.
20X8	10	8	2	8	AND-NOR	AND-OR-XOR Invert w/Reg.
20X4	10	4	6	4	AND-NOR	AND-OR-XOR Invert w/Reg.

❑ PAL 소자 부품번호의 의미

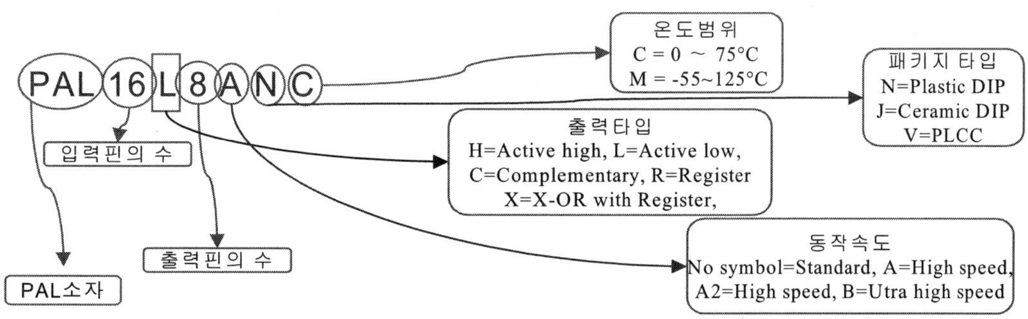

(2) PAL 소자의 주요 구성

PAL 소자의 주요 패밀리는 앞의 표 10-11과 10-12에서 보는 바와 같고, 설계하고자 하는 디지털 논리회로가 SSI/MSI를 이용한 디지털 논리회로보다 집적도가 낮은 경우에 PAL을 이용하여 회로를 구성하면 경제적인 설계가 가능해진다. 따라서 구현하고자 하는 회로에 적당한 PAL을 선택하여 사용하여야 한다. PAL은 크게 3개의 기본적인 구성으로 되어 있다. 이들에 대해 간단히 살펴보면 다음과 같다.

1) 게이트들(Gates)

PAL은 12×10(12개의 입력 핀, 10개의 출력 핀)에서 20×2까지 있고, active-high, active-low 등의 출력을 갖는다. 입력/출력 단자의 다양한 특성은 각기 다른 크기의 회로 블록을 하나의 칩으로 대치 가능하도록 한다.

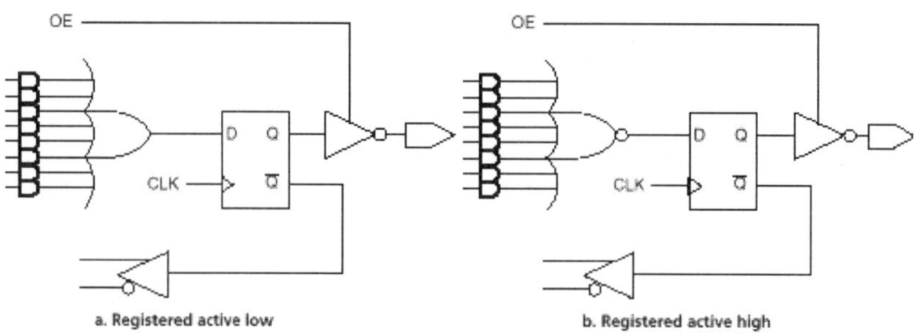

그림 10-20 레지스터를 갖는 PAL

2) 출력단 레지스터의 귀환(Register Options with Feedback)

일부 PAL 소자는 레지스터 귀환기능을 갖고 있기 때문에 데이터를 래치할 수 있다. 그림 10-20에서 보는 바와 같이 각 SOP(Sum of product)항들은 클럭의 상승 시간에 D 플립플롭에 저장된다. 플립플롭의 Q-출력은 Tri-state 버퍼의 제어신호에 의해 출력단자에 전달된다. 이 같은 전달특성 외에 Q-출력은 귀환되어 입력항으로 사용된다. 이 귀환기능은 "이전 상태"를 기억하는 기능이 있어, count up, count down, skip, shift, branch 등과 같은 기본적인 동작을 수행할 수 있어 상태머신(state machine)을 PAL로 구성하는데 사용된다.

3) 프로그램이 가능한 I/O(Programmable I/O)

PAL 소자의 또 다른 특징은 프로그램이 가능한 I/O를 갖고 있다는 점이다. PAL의 출력을 직접 제어하는 것으로 곱항(product terms)이 사용된다. 하나의 곱항은 트라이 스테이트 버퍼의 출력을 인에이블시켜, 각 곱항의 합을 출력시키는 제어신호로 사용한다. 이 출력은 PAL 배열에 귀환되어 입력으로 사용할 수 있다. 이 I/O핀은 트라이 스테이트 버퍼가 디스에이블되면,

입력단자로 사용된다. 따라서 이 I/O 핀은 입력 혹은 출력으로 사용할 수가 있고, 직렬 데이터의 shift, rotate등과 같은 동작을 위한 양방향 출력단자로 사용할 수가 있다.

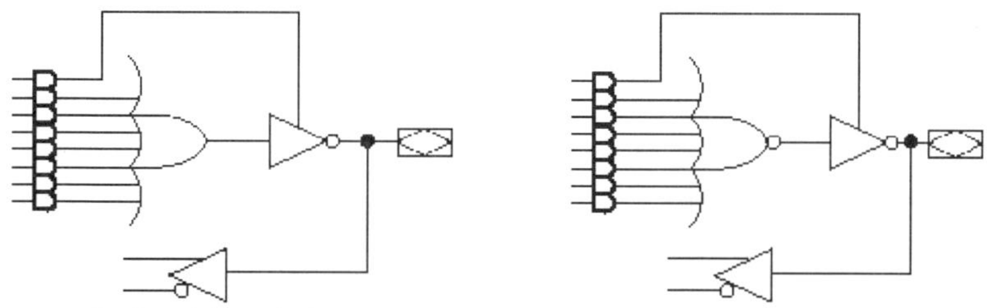

c. Combinatorial I/O active low　　d. Combinatorial I/O active high

그림 10-21 프로그램 가능한 I/O

(3) GAL Family

GAL은 앞 절에서 설명한 바와 같이 전기적으로 소거가 가능하고 반복하여 사용할 수 있는 EECMOS(E^2CMOS) 기술로 만들어진 낮은 소비전력, 고속의 프로그램 가능한 로직 셀이다. GAL이란 용어는 Generic Array Logic의 약자로서 Lattice 회사의 등록상표이고, 반도체 회사마다 상호 호환이 되지만 각기 다른 명칭으로 사용된다. 현재는 반복사용이 불가능한 PAL 대신이 GAL을 이용하는 추세라고 할 수 있다. 물론 대부분의 PAL은 이 GAL을 사용하여 같은 기능을 구현할 수 있다. 여기서는 GAL의 개략적인 설명과 주요 내부구조를 중심으로 살펴본다.

1) 주요 GAL family

GAL의 가장 큰 장점은 앞에서도 언급한 바와 같이 전기적으로 소거가 가능하므로 반복하여 사용할 수 있다. 따라서 로직 설계시 설계자의 실수나 프로그램의 착오가 있다고 하더라도 다시 프로그램할 수 있다. GAL 내부에 있는 프로그램 카운터는 128회까지를 기록할 수 있도록 되어 있고, 따라서 설계자가 안심하고 사용할 수 있으며, Lattice사의 데이터 쉬트에는 회수 제한없이 사용가능하다고 설명되어 있다. 현재 업계에서 많이 사용하고 있는 소자를 표 10-13에 나타내었다.

표 10-13 전기적으로 소거가능한 대표적인 PLD(GAL)

소자명	핀수	제조회사
GAL16V8	20	Lattice, SGS Thosmson
GAL20V8	24	National Sem.
VP16V8	20	VLSI Tech.
VP20V8	24	
PALCE16V8	20	AMD
PALCE20V8	24	
PEEL18CV8	20	ICT
PEEL20CG10	24	

2) GAL의 아키텍쳐

GAL의 기본적인 구조를 살펴보기 위해 AMD 회사의 16V8 GAL인 PALCE16V8을 중심으로 하여 GAL의 기본적인 구조를 그림 10-22에 나타내었다.

앞의 표에서 타 회사의 동일 GAL인 16V8도 기능적인 면 및 입·출력핀이 호환되기 때문에 사용자측에서는 동일한 구조로 취급하여도 큰 문제가 없을 것으로 판단된다. 16V8은 8개의 독립적으로 구성가능한 마크로 셀을 갖고 있고, 각 마크로 셀은 레지스터형(registered) 출력, 조합형(combinatorial) 출력, 조합형 입·출력 또는 고정된(dedicated) 입력으로 구성되어 있다. 프로그래밍 매트릭스는 프로그램 가능 AND 배열로 되어 있고, 고정된 OR 배열에 입력된다. 입력 신호의 버퍼는 사용자가 입력신호의 극성을 이용하여 프로그램 가능하도록 상보(complementary) 출력을 갖는다. 1번 및 11번 핀은 입력단자로 사용되거나 혹은 클럭(CLK) 및 모든 플립플롭의 출력 인에이블(/OE) 단자로 사용된다.

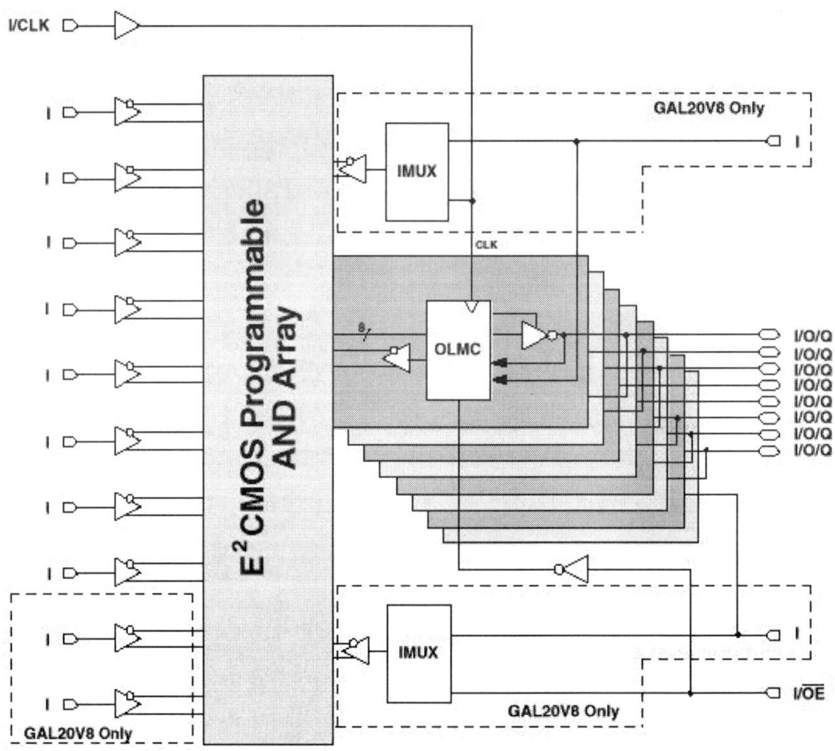

그림 10-22 GAL의 기본 구조

10-5-2 실제의 프로그램

본 절에서는 CUPL을 이용하여 사용자가 원하는 하드웨어 로직을 PLD로 구현하는 방법을 소개한다.

그림 10-23은 컴퓨터와 프린터 포트 그리고 유니버셜 프로그래머(Universal Programmer)를 나타낸 것이다. 대부분의 유니버셜 프로그래머가 유사한 특성을 갖고 있으므로 사용상에 특별한 어려움은 없다. 그림 10-23에서 유니버셜 프로그래머에 전원 케이블을 연결한 다음 프린터 케이블을 컴퓨터의 프린터 포트에 장착한다.

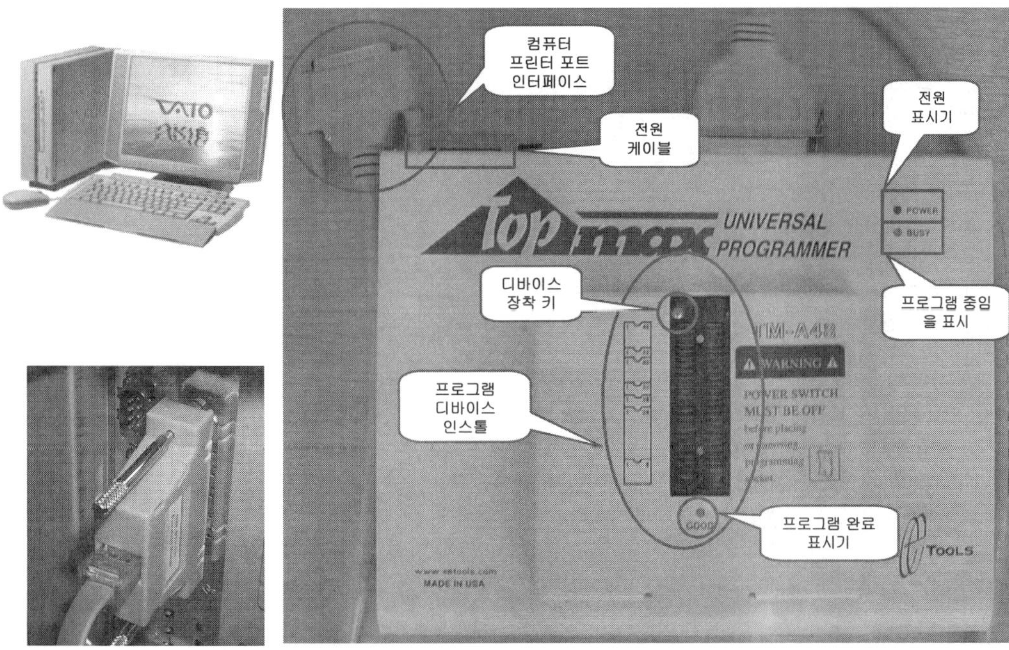

그림 10-23 컴퓨터와 유니버셜 프로그래머

(1) 일반적인 게이트의 프로그램

1) 프로그램의 입력

```
/*프로그램의 동작과는 관계없지만 프로그램과 관련된 일반적인 사항을 입력한다.*/
Name        Gates;
Partno      dongyang1;
Revision    00;
Date        10/08/99;
Designer    kjpark;
Company     DongYang
Location    None;
```

```
Assembly        None;
Device          G16V8;

/*****************************************************************/
/*      Target Devices: P16L8, P16LD8, G16V8, EP300, and 82S153 */
/*****************************************************************/
/*
 * Inputs:  입력 신호 및 핀 번호를 정의한다.
 */

Pin 1 =  a;
Pin 2 =  b;
/*
 * Outputs:  출력 신호 및 핀 번호를 정의한다. 그리고 출력은 Active High로 정
의한다.
 */
Pin 12 = inva;
Pin 13 = invb;
Pin 14 = and;
Pin 15 = nand;
Pin 16 = or;
Pin 17 = nor;
Pin 18 = xor;
Pin 19 = xnor;

/*
 * Logic:  프로그램을 작성한다.
 */

inva = !a;               /* inverters */
invb = !b;               /* inverters */
and  = a & b;            /* and gate */
nand = !(a & b);         /* nand gate */
or   = a # b;            /* or gate */
nor  = !(a # b);         /* nor gate */
xor  = a $ b;            /* exclusive or gate */
xnor = !(a $ b);         /* exclusive nor gate */
```

2) 컴파일을 하여 얻은 곱 항

프로그램을 입력한 다음 컴파일을 실행한다. 오류가 없으면 출력파일이 만들어지며 출력파일에는 다음과 같은 논리식의 결과가 나타난다.

```
and => a & b,              inva => !a,             invb => !b
nand => a & b,             nor => a # b,           or => a # b
xnor => a & !b # !a & b,   xor => a & !b # !a & b
```

3) 컴파일이 완료된 후 칩 다이어그램(Chip Diagram)

다음의 칩 다이아그램으로부터 20핀 GAL 디바이스에 프로그램한 그대로 핀 번호와 신호명이 나타나 있는 것을 확인할 수 있다. 작성한 프로그램의 입·출력 핀 번호와 칩 다이아그램의 핀 번호가 일치하는지를 확인하라.

```
              ______________
             |    Gates     |
      a x---|1            20|---x Vcc
      b x---|2            19|---x xnor
        x---|3            18|---x xor
        x---|4            17|---x nor
        x---|5            16|---x or
        x---|6            15|---x nand
        x---|7            14|---x and
        x---|8            13|---x invb
        x---|9            12|---x inva
    GND x---|10           11|---x
             |______________|
```

4) JEDEC 파일의 확인

프로그램에 의해 디바이스에 다운로드할 JEDEC 파일은 다음과 같다. 이 파일은 특정한 장비를 이용하여 프로그램 내용대로 디바이스에 퓨징(Fusing)할 데이터 파일이다.

```
CUPL(WM)        5.0a  Serial# 20009653
Device          g16v8s  Library DLIB-h-40-9
Created         Thu Feb 10 12:20:12 2000
Name            Gates
Partno          Dongyang1
Revision        00
Date            10/08/99
Designer        kjpark
Company         Dongyang
Assembly        None
Location        None
*QP20
*QF2194
*G0
*F0
*L00000 10011111111111111111111111111111
```

```
*L00032 01101111111111111111111111111111
*L00256 10011111111111111111111111111111
*L00288 01101111111111111111111111111111
*L00512 11011111111111111111111111111111
*L00544 01111111111111111111111111111111
*L00768 11011111111111111111111111111111
*L00800 01111111111111111111111111111111
*L01024 01011111111111111111111111111111
*L01280 01011111111111111111111111111111
*L01536 10111111111111111111111111111111
*L01792 11101111111111111111111111111111
*L02048 01010111011101000110010101110011
*L02080 01110100001100010000000000000000
*L02112 00000000000000001111111111111111
*L02144 11111111111111111111111111111111
*L02176 111111111111111110
*C3AD3
* D35C
```

(2) 플립플롭을 이용한 분주회로의 설계

1) 프로그램의 입력

```
Name            Flops;
Partno          DongYang2;
Revision        00;
Date            10/08/99;
Designer        kjpark;
Company         DongYang
Location        None;
Assembly        None;
Device          16v8;

/******************************************************************/
/*                                                                */
/*      이 프로그램은 D 플립플롭을 이용한 2진 카운터의           */
/*      다양한 설계방법을 표현한 것이다.                          */
/*                                                                */
/******************************************************************/
/*      Target Devices: PAL16R8, PAL16RP8, G16V8, EP300           */
/******************************************************************/

/* Inputs : 입력 신호명과 핀 번호를 정의한다.                     */

Pin 1 =  clock;
```

```
Pin 2 =  reset;
Pin 11 = !enable;
/*
 * Outputs:  출력 신호명 및 핀 번호를 정의한다.
 */

Pin 19 = qa0; Pin 18 = qa1;
Pin 17 = qb0; Pin 16 = qb1;
Pin 15 = qc0; Pin 14 = qc1;
Pin 13 = qd0; Pin 12 = qd1;

/*
 * Logic:  프로그램을 입력한다.
 */

/* 2비트 카운터  No. 1*/
/* XOR 형식을 적용 */

qa0.d = !reset & !qa0;
qa1.d = !reset & (qa1 $ qa0);

/* 2비트 카운터 No. 2*/

qb0.d = !reset & (!qb0 & !qb1
              # !qb0 & qb1);
qb1.d = !reset & (!qb0 & qb1
              # qb0 & !qb1);

/* 2비트 카운터 No. 3*/

field state = [qc1,qc0];

qc0.d = !reset & (state : 0 # state : 2);
qc1.d = !reset & (state : 1 # state : 2);

/* 2비트 카운터 No. 3*/

field q = [qd0,qd1];

q.d = !reset & ([!qd0,qd1] & [!qd1,!qd0]
             # [!qd0,!qd1] & [qd1,qd0]);
```

2) 컴파일을 하여 얻은 Product Term

```
q  => qd0 , qd1
qa0.d  => !qa0 & !reset
qa1.d  =>  qa0 & !qa1 & !reset # !qa0 & qa1 & !reset
qb0.d  => !qb0 & !reset
qb1.d  => qb0 & !qb1 & !reset # !qb0 & qb1 & !reset
qc0.d  => !qc0 & !reset
qc1.d  => !qc0 & qc1 & !reset # qc0 & !qc1 & !reset
qd0.d  => !qd0 & !reset
qd1.d  => qd0 & !qd1 & !reset # !qd0 & qd1 & !reset
state   =>  qc1 , qc0
```

3) 컴파일이 완료된 후의 칩 다이어그램(Chip Diagram)

```
                 ______________
                |    Flops     |
       clock x---|1          20|---x Vcc
       reset x---|2          19|---x qa0
             x---|3          18|---x qa1
             x---|4          17|---x qb0
             x---|5          16|---x qb1
             x---|6          15|---x qc0
             x---|7          14|---x qc1
             x---|8          13|---x qd0
             x---|9          12|---x qd1
         GND x---|10         11|---x !enable
                |______________|
```

4) JEDEC 파일의 확인

```
CUPL(WM)        5.0a  Serial# 20009653
Device          g16v8ms  Library DLIB-h-40-11
Created         Thu Feb 10 13:00:09 2000
Name            Flops
Partno          Dongyang2
Revision        03
Date            10/08/99
Designer        kjpark
Company         Dongyang
Assembly        None
Location        None
*QP20
*QF2194
```

```
*QV6
*G0
*F0
*L00000 10101111111111111111111111111111
*L00256 10011101111111111111111111111111
*L00288 10101101111111111111111111111111
*L00512 10111111111011111111111111111111
*L00768 10111111110111101111111111111111
*L00800 10111111111011011111111111111111
*L01024 10111111111111111110111111111111
*L01280 10111111111111111110110111111111
*L01312 10111111111111111101111011111111
*L01536 10111111111111111111111111101111
*L01792 10111111111111111111111111011110
*L01824 10111111111111111111111111101101
*L02048 11111111010000110100000100110000
*L02080 00110000000110000000110010000000
*L02112 00000000000000001111111111111111
*L02144 11111111111111111111111111111111
*L02176 111111111111111101
*C3715
*P 1 2 3 4 5 6 7 8 9 10 11 12 13 14 15 16 17 18 19 20
*V0001 XXXXXXXXXNXXXXXXXXXN
*V0002 XXXXXXXXXNXXXXXXXXXN
*V0003 XXXXXXXXXNXXXXXXXXXN
*V0004 XXXXXXXXXNXXXXXXXXXN
*V0005 XXXXXXXXXNXXXXXXXXXN
*V0006 XXXXXXXXXNXXXXXXXXXN
* 0F43
```

(3) 10진 카운터의 설계

1) 프로그램 입력

```
Name          decade counter;
Partno        dongyang3;
Revision      00;
Date          10/08/99;
Designer      Kjpark;
Company       DongYang
Location      None;
Assembly      None;
Device        16v8;
/**********************************************************************/
```

```
/*                                                                  */
/* 4비트 10진 Up/Down 카운터                                          */
/*                                                                  */
/******************************************************************/
/* Allowable Target Device Types :  PAL16RP4, GAL16V8, EP300       */
/******************************************************************/

/**  입력 신호명 및 핀 번호 정의  **/

Pin 1        = clk;              /* 카운터 클럭                     */
Pin 2        = clr;              /* 카운터 리셋트 입력 신호          */
Pin 3        = dir;              /* Up/Down 제어 신호ut             */
Pin 11       = !oe;              /* 출력 제어 신호nable              */

/**  출력 신호 명 및 핀 번호 정의  **/

Pin [14..17] = [Q3..0];          /* 카운터 출력                     */
Pin 18 = carry;                  /* Ripple carry out               */

/** 변수 정의 **/

field count = [Q3..0];           /* 카운터 비트 필드 선언            */
$define S0 'b'0000               /* 카운터 상태 선언                 */
$define S1 'b'0001
$define S2 'b'0010
$define S3 'b'0011
$define S4 'b'0100
$define S5 'b'0101
$define S6 'b'0110
$define S7 'b'0111
$define S8 'b'1000
$define S9 'b'1001
field mode = [clr,dir];            /* 모드 제어 필드 선언            */
up = mode:0;                       /* Up 카운트 모드                 */
down = mode:1;                     /* Down 카운트 모드               */
clear = mode:[2..3];               /* 카운트 리셋트 모드              */

/** 논리 함수 **/

Sequenced count {

present S0      if up          next S1;
                if down        next S9;
                if clear       next S0;
                if down        out carry;              /* 캐리 출력 */
present S1      if up          next S2;
```

```
                if down         next S0;
                if clear        next S0;
present S2      if up           next S3;
                if down         next S1;
                if clear        next S0;
present S3      if up           next S4;
                if down         next S2;
                if clear        next S0;
present S4      if up           next S5;
                if down         next S3;
                if clear        next S0;
present S5      if up           next S6;
                if down         next S4;
                if clear        next S0;
present S6      if up           next S7;
                if down         next S5;
                if clear        next S0;
present S7      if up           next S8;
                if down         next S6;
                if clear        next S0;
present S8      if up           next S9;
                if down         next S7;
                if clear        next S0;
present S9      if up           next S0;
                if down         next S8;
                if clear        next S0;
                if up           out carry;              /* 캐리 출력 */
}
```

2) 컴파일을 하여 얻은 Product Term

```
Q0.d  => !Q0 & !Q1 & !Q2 & Q3 & !clr # !Q0 & !Q3 & !clr
Q1.d  => !Q0 & !Q1 & !Q2 & Q3 & !clr & dir
   # Q0 & !Q1 & !Q3 & !clr & !dir
   # !Q0 & Q1 & !Q3 & !clr & !dir
   # Q0 & Q1 & !Q3 & !clr & dir
   # !Q0 & !Q1 & Q2 & !Q3 & !clr & dir
Q2.d  => !Q0 & !Q1 & !Q2 & Q3 & !clr & dir
   # Q0 & Q1 & !Q2 & !Q3 & !clr & !dir
   # !Q1 & Q2 & !Q3 & !clr & !dir
   # Q0 & Q2 & !Q3 & !clr & dir
   # !Q0 & Q1 & Q2 & !Q3 & !clr
Q3.d  => Q0 & !Q1 & !Q2 & Q3 & !clr & dir
   # !Q0 & !Q1 & !Q2 & !Q3 & !clr & dir
```

```
    # Q0 & Q1 & Q2 & !Q3 & !clr & !dir
    # !Q0 & !Q1 & !Q2 & Q3 & !clr & !dir
carry => !Q0 & !Q1 & !Q2 & !Q3 & !clr & dir
    # Q0 & !Q1 & !Q2 & Q3 & !clr & !dir
clear  => clr
count  => Q3 , Q2 , Q1 , Q0
down => !clr & dir
mode => clr , dir
up   => !clr & !dir
carry.oe  => 1
```

3) 컴파일이 완료된 후의 칩 다이어그램(Chip Diagram)

```
              ______________
             |   decade10    |
    clk x---|1           20|---x Vcc
    clr x---|2           19|---x
    dir x---|3           18|---x carry
        x---|4           17|---x Q0
        x---|5           16|---x Q1
        x---|6           15|---x Q2
        x---|7           14|---x Q3
        x---|8           13|---x
        x---|9           12|---x
    GND x---|10          11|---x !oe
             |______________|
```

4) JEDEC 파일의 확인

```
CUPL(WM)        5.0a  Serial# 20009653
Device          g16v8ms  Library DLIB-h-40-11
Created         Fri Feb 11 10:58:45 2000
Name            decadecount
Partno          Dongyang3
Revision        00
Date            10/08/99
Designer        kjpark
Company         Dongyang
Assembly        None
Location        None
*QP20
*QF2194
*G0
*F0
```

```
*L00256 11111111111111111111111111111111
*L00288 10110111110111011101110111111111
*L00320 10111011110111101110110111111111
*L00512 10111111111011101110110111111111
*L00544 10111111111011111111111011111111
*L00768 10110111110111011101101111111111
*L00800 10111011110111101111111011111111
*L00832 10111011111011011111111011111111
*L00864 10110111101110111111111011111111
*L00896 10110111110111011011110111111111
*L01024 10110111110111011101101111111111
*L01056 10111011110111011110111011111111
*L01088 10111011111111101101111011111111
*L01120 10110111101111111011110111111111
*L01152 10111111111011011101111011111111
*L01280 10110111101111011101101111111111
*L01312 10110111110111011101110111111111
*L01344 10111011110111011101111011111111
*L01376 10111011111011101110110111111111
*L02048 01111100010000110100000100110000
*L02080 00110000000110011000000000000000
*L02112 00000000110000111111111111111111
*L02144 11111111111111111111111111111111
*L02176 1111111111111101
*C464B
* 0A3B
```

10-5-3 자동차 과속경보장치 중 일부분의 PLD화

9부에서 다룬 그림 9-12 자동차 과속 경보장치 전체 블록도 중에서 10진 카운터 7490과 [block5] 회로의 일부분을 PLD 소자를 이용하여 프로그램한다. 그림 10-24의 점선부분 Ⓐ는 10진 카운터 7490을 이용하여 10[kHz] 구형파 디지털 클럭을 5[kHz], 2.5[kHz] 그리고 1[kHz]로 분주하는 회로이며 그림 10-24의 점선부분 Ⓑ는 자동차 속도 비교기 회로의 일부분이다. 그림 10-24의 10진 카운터는 플립플롭 형식을 갖고 있는 순서논리회로이므로 레지스터 기능을 표현할 수 있는 [16R8] 형식의 PLD를 이용하면 되고 그림 10-24의 Ⓑ부분은 순수 논리 게이트를 이용한 조합논리회로이므로 [16L8] 형식의 PLD를 사용하면 된다. 그렇지만 GAL은 두 가지 형식을 모두 적용할 수 있으므로 [16V8] 형식의 PLD를 이용하여 두 가지 회로를 한 개의 PLD로 대치하는 방법을 다룬다.

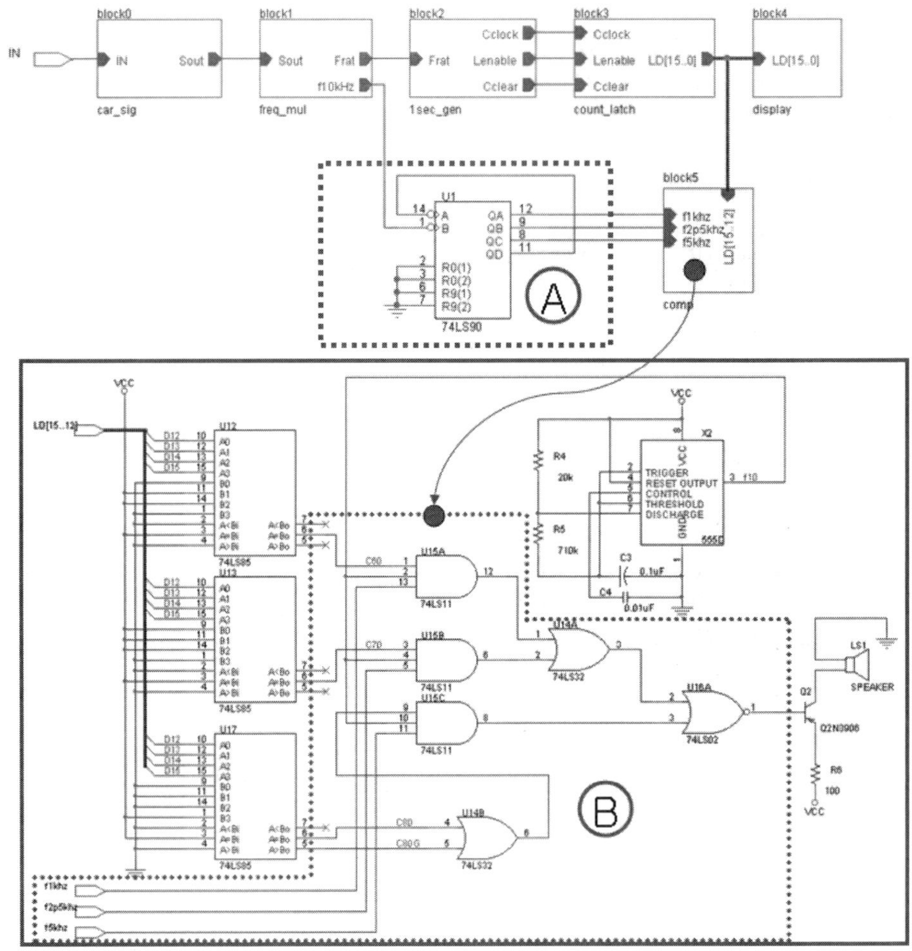

그림 10-24 자동차 과속 경보장치에서 PLD로 전환할 부분

(1) 회로설계

표 10-14와 같이 PLD 디바이스의 입력 신호와 출력 신호를 정의한다.

표 10-14 PLD 디바이스의 입력 신호와 출력 신호

입력			출력		
핀 번호	신호 이름	비고	핀 번호	신호 이름	비고
1	f10kHz	[block1]의 발진 회로 출력 신호 (10[kHz] 구형파)	15	Q3	0000011111
2	f1[kHz	PLD 출력이며 1[kHz] 구형파	14	Q2	0000111100
3	f2p5kHz	PLD 출력이며 2.5[kHz] 구형파	13	Q1	0011001100
4	f5kHz	PLD 출력이며 5[kHz] 구형파	12	Q0	0101010101
5	f10	[block5]의 발진 회로 출력 신호 (10[Hz])	19	SPK	
6	c60	비교기 U12 출력 신호 (자동차 속도 : 60~69[km/h])			
7	c70	비교기 U13 출력 신호 (자동차 속도 : 70~79[km/h])			
8	c80	비교기 U17 출력 신호 (자동차 속도 : 80~89[km/h])			
9	c80G	비교기 U17 출력 신호 (자동차 속도 : 90~99[km/h])			
11	oe	PLD 인에이블 신호			

(2) 회로도

그림 10-25는 GAL을 이용하여 그림 10-24 회로의 점선 부분 Ⓐ와 Ⓑ를 대치하기 위해 설계한 회로도이다. GAL에 [f10kHz] 신호가 입력되면 Q[3..0]신호에 [f10kHz] 신호를 10분주한 결과가 나타난다. Q[3..0] 신호는 다시 GAL의 입력신호로 사용되며 다른 입력 신호와 함께 프로그램 되어 스피커 구동 신호인 [SPK] 신호를 출력한다.

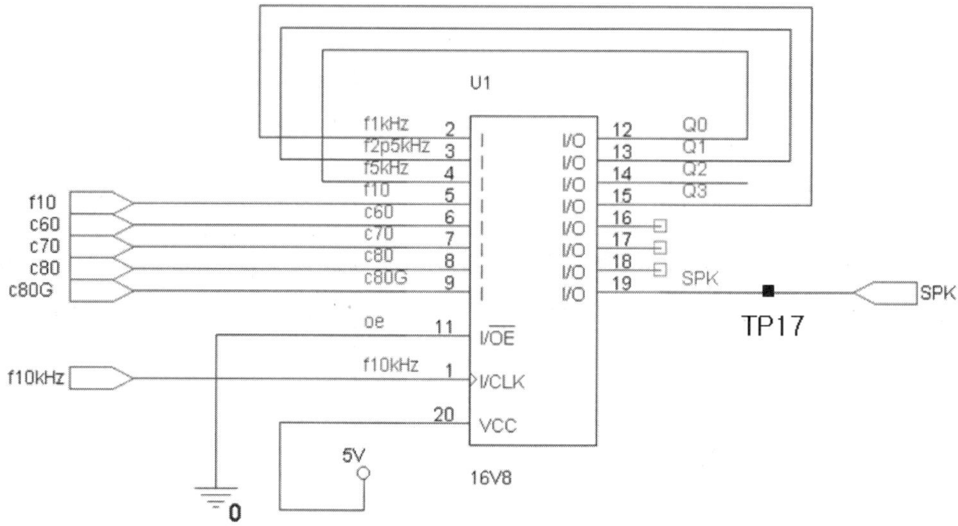

그림 10-25 PLD로 대치된 회로

(3) 프로그램의 입력 및 컴파일하기

아래의 프로그램을 CUPL 편집기를 이용하여 입력한다. 파일명은 [div10_comp.pld]로 입력한다.

```
Name         div10_comp;
Partno       p3;
Revision     00;
Date         10/12/99;
Designer     kjpark;
Company      kjpark;
Location     None;
Assembly     None;
Device       g16v8;
/*************************************************************/
/*                                                           */
/* 자동차 과속 경보장치 회로 일부분의 PLD화                  */
/*                                                           */
/*************************************************************/
/* Allowable Target Device Types :  PAL16RP4, GAL16V8, EP300 */
/*************************************************************/

/**  입력 신호명 및 핀 번호 정의  **/

Pin 1        = f10KHz;          /* 분주 회로 입력 신호          */
```

```
Pin 2        = f1kHz;            /* 1[kHz] 신호 입력           */
Pin 3        = f2p5kHz;          /* 2.5[kHz] 신호 입력         */
Pin 4        = f5kHz;            /* 5[kHz] 신호 입력           */
Pin 5        = f10;              /* 10[Hz] 신호 입력           */
Pin 6        = c60;              /* 60[km/h] 이상 비교기 출력 */
Pin 7        = c70;              /* 70[km/h] 이상 비교기 출력 */
Pin 8        = c80;              /* 80[km/h] 이상 비교기 출력 */
Pin 9        = c80G;             /* 90[km/h] 이상 비교기 출력 */
Pin 11       = !oe;              /* 디바이스 인에이블 신호     */

/**  출력 신호 명 및 핀 번호 정의  **/

Pin [15..12] = [Q3..0];          /* 분주기 출력                */
Pin 19 = SPK;                    /* speaker 제어 신호          */

/** 논리 함수 **/
field count = [Q3..0];           /* 카운터 비트 필드 선언      */
$define S0 'b'0000               /* 카운터 스테이트 정의       */
$define S1 'b'0001
$define S2 'b'0010
$define S3 'b'0011
$define S4 'b'0100
$define S5 'b'0101
$define S6 'b'0110
$define S7 'b'0111
$define S8 'b'1000
$define S9 'b'1001

/** Logic Equations **/

Sequenced count {                /* free running counter       */
present S0       next S1;
present S1       next S2;
present S2       next S3;
present S3       next S4;
present S4       next S5;
present S5       next S6;
present S6       next S7;
present S7       next S8;
present S8       next S9;
present S9       next S0;
}
SPK = !((c60&f1kHz&f10)#(c70&f2p5kHz&f10)#((c80#c80G)&f5kHz&f10));
```

(4) 컴파일을 하여 얻은 Product Term

```
Q0.d  =>
    (!Q0 & !Q2 & !Q3) # (!Q0 & !Q1 & !Q2 & Q3)
  # (!Q0 & !Q1 & Q2 & !Q3) # !Q0 & Q1 & Q2 & Q3

Q1.d  =>
    (!Q0 & Q1 & Q2 & Q3) # (Q0 & !Q1 & !Q2 & !Q3)
  # (!Q0 & Q1 & !Q2 & !Q3) # (Q0 & !Q1 & Q2 & Q3)

Q2.d  =>
    (!Q0 & Q1 & Q2 & Q3) # (Q0 & Q1 & !Q2 & !Q3)
  # (!Q0 & !Q1 & Q2 & !Q3) # (Q0 & !Q1 & Q2 & Q3)

Q3.d  =>
    (!Q0 & !Q1 & !Q2 & Q3) # (!Q0 & !Q1 & Q2 & !Q3)
  # (Q0 & Q2 & Q3) # (!Q0 & Q1 & Q2 & Q3)

SPK =>
    (c60 & f10 & fQ3) # (c70 & f10 & fQ1) # (c80 & f10 & fQ0) # (c80G & f10 & fQ0)

count =>
   Q3 , Q2 , Q1 , Q0

SPK. oe  =>   1
```

(5) JEDEC 파일의 확인

```
CUPL(WM)        5.0a  Serial# 20009383
Device          g16v8ms  Library DLIB-h-40-11
Created         Fri Jun 01 14:36:08 2001
Name            div10_comp
Partno          CA0018
Revision        02
Date            05/03/01
Designer        Kjaprk
Company         Dongyang
Assembly        None
Location        None
*QP20
*QF2194
*G0
*F0
```

```
*L00000 11111111111111111111111111111111
*L00032 01111111111101110111111111111111
*L00064 11110111111101111111011111111111
*L00096 11111111011101111111111111011111111
*L00128 11111111011101111111111111110111
*L01024 11111111111111111011110111011101110
*L01056 111111111111111111101101110111 0
*L01088 11111111111111111101110111111101
*L01120 11111111111111111101110111011110
*L01280 11111111111111111101110111011110
*L01312 11111111111111111101110110111101

*L01344 11111111111111111110110111101110
*L01376 11111111111111111101110111101101
*L01536 11111111111111111101110111011110
*L01568 11111111111111111110111011101101
*L01600 11111111111111111110111011011110
*L01632 11111111111111111101110111101101
*L01792 11111111111111111110111011111110
*L01824 11111111111111111101111011101110
*L01856 11111111111111111110110111101110
*L01888 11111111111111111101110111011110
*L02048 00001111010000110100000100110000
*L02080 00110000000110001001110000000000
*L02112 00000000111100001111111111111111
*L02144 11111111111111111111111111111111
*L02176 1111111111111111101
*C5140
* 1B2D
```

(6) 하드웨어의 변경

1) 자동차 과속 경보장치 전체 회로도에서 10진 카운터 7490을 제거한다.
2) 자동차 과속 경보장치 전체 회로도에서 그림 10-24의 점선 부분 Ⓑ를 제거한다.
3) 자동차 과속 경보장치 전체 블록도 중 [block1]에서 출력되는 [f10kHz] 신호를 프로그램 된 PLD 디바이스의 핀 1에 연결한다.
4) 비교기의 U12, U13 그리고 U17 출력신호를 프로그램 된 PLD 디바이스에 표 10-15와 같이 연결한다.
5) 프로그램 된 PLD 디바이스의 스피커 출력단인 [SPK] 신호를 PNP 트랜지스터 2N3906의 베이스에 연결한다.

표 10-15 기존 회로도와 PLD 연결방법

기존 회로도		PLD 연결방법	
IC 번호	핀 번호	핀 번호	신호 이름
U12	핀 6	핀 6	c60
U13	핀 6	핀 7	c70
U17	핀 6	핀 8	c80
U17	핀 5	핀 9	c80G
X2	핀 3	핀 5	f10
block1	f10kHz	핀 1	f10kHz
Q2	base	핀 19	SPK

INDEX

[차]

[카]

[타]

[파]

[하]

연습문제 해답

제 2 장 수의 세계와 각종 부호

1. 1) $2^5+2^3+2^1+2^0=43$
   2) $2^2+2^1=6$
   3) $2^2+2^1+2^0=7$
   4) $2^3+2^2+2^0+2^{-3}=13.125$
   5) $2^7+2^5+2^4+2^2+2^0=181$
   6) $2^7+2^5+2^2+2^1+2^0=167$
   7) $2^4+2^3+2^2+2^0+2^{-1}+2^{-2}+2^{-3}=29.875$
   8) $2^4+2^1+2^{-1}=18.5$

2. 1) $12\times16^1+5\times16^0=197$
   2) $15\times16^1+10\times16^0=250$
   3) $13\times16^1+6\times16^0=214$
   4) $10\times16^2+9\times16^1+4\times16^0=2708$
   5) $15\times16^2+5\times16^1+13\times16^0=3933$
   6) $1\times16^3+1\times16^0=4097$
   7) $10\times16^2+11\times16^1+12\times16^0=2748$
   8) $3\times16^2+5\times16^1+11\times16^0=859$

3. 1) B9 2) DC 3) FB 4) 57A
   5) 28F.58 6)F0

4. 1) 1010 0110 1111 2) 1100 1101 1111 0001
   3) 0011 1100 1010 1011

5. 1) 2A 2) 88 3) 31.8

6. 1) 10110　2) 11000.011　3) 10100
4) -10111.1111　5) 100011　6) 101010.01101
7) 1100　8) 11100

7. 1) 01101010　2) 00010101

8. 1) 00000111　2) 001000111
3) 11100100 ----- (-00011011)　4) 10101111 ----- (-01010001)

9.

2진수				그레이 코드			
B3	B2	B1	B0	G3	G2	G1	G0
0	0	0	0	0	0	0	0
0	0	0	1	0	0	0	1
0	0	1	0	0	0	1	1
0	0	1	1	0	0	1	0
0	1	0	0	0	1	1	0
0	1	0	1	0	1	1	1
0	1	1	0	0	1	0	1
0	1	1	1	0	1	0	0
1	0	0	0	1	1	0	0
1	0	0	1	1	1	0	1
1	0	1	0	1	1	1	1
1	0	1	1	1	1	1	0
1	1	0	0	1	0	1	0
1	1	0	1	1	0	1	1
1	1	1	0	1	0	0	1
1	1	1	1	1	0	0	0

10. 1) 98　2) 69　3) 74
4) 36　5) 13　6) 81

11. 1) 1000 0111　2) 0001 0100 0011　3) 1001 0111
4) 0110 0001　5) 0100 0100　6) 0111 1001 0100
7) 0001 0101 1000 0011　8) 0110 0010 0101 0100

12. 1) 25 2) 24 32 34 3) 4E 2D 37
4) 43 50 55 5) 50 67 6) 7B 33 34 35 7D
7) 61 62 63 64 8) 36 35 34

13. 1) 21 2) 24 32 34 3) 4E 2D 37
4) 43 50 55 5) 50 67 6) 7B 33 34 35 7D
7) 61 62 63 64 8) 36 35 34

제 3 장 디지털 신호, TTL 게이트 그리고 부울대수 및 카노프 맵

1. $\frac{1}{1[\text{MHz}]} = 1[\mu s]$

2. $\frac{1}{0.5[\mu s]} = 2[\text{MHz}]$

3. 주기 = 1.0[μs]
주파수 = 1[MHz]

4. 1)

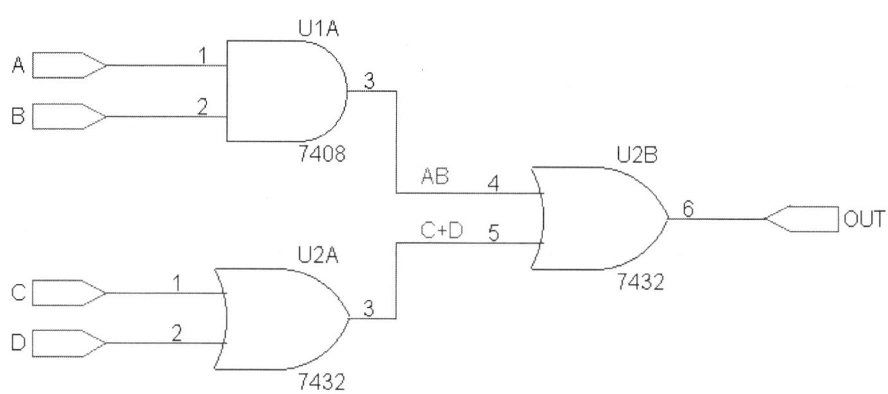

2)

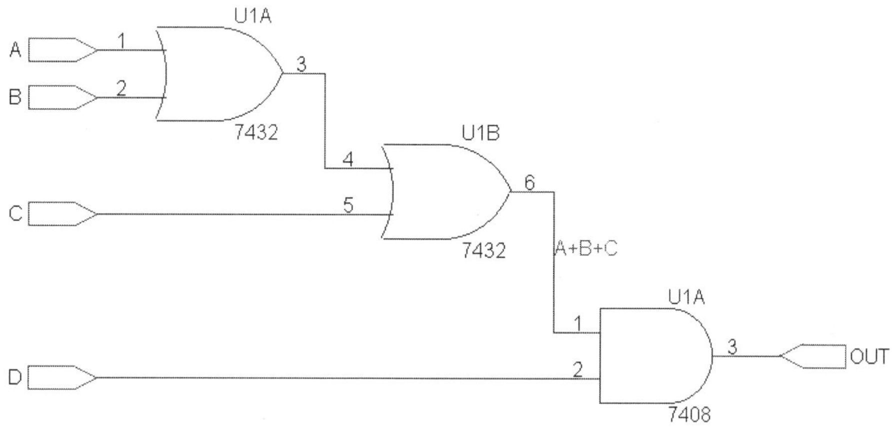
U1A
A
B
1
2
3
7432
U1B
4
5
6
C
7432
A+B+C
U1A
1
2
3
D
OUT
7408

3)

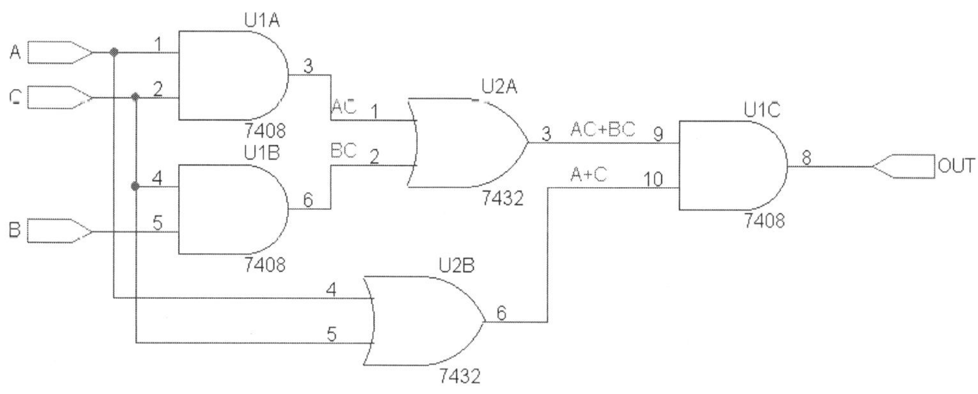
U1A
A
C
B
1
2
3
7408
U1B
4
5
6
7408
AC
BC
U2A
1
2
3
7432
AC+BC
A+C
U1C
9
10
8
OUT
7408
U2B
4
5
6
7432

4)

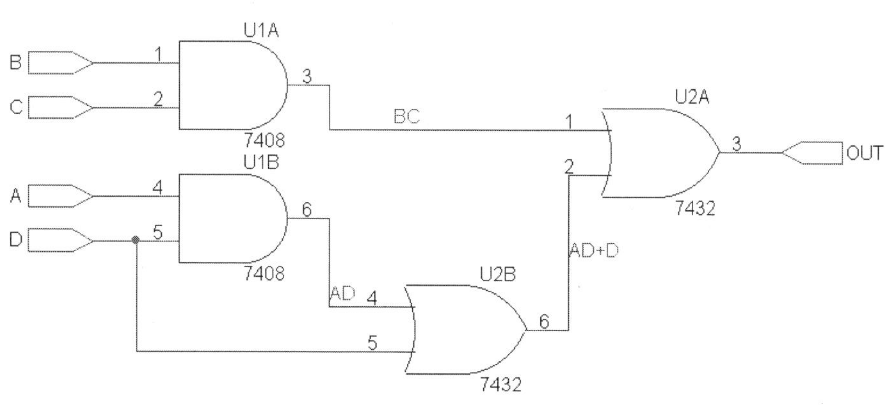
U1A
B
C
1
2
3
7408
BC
U1B
A
D
4
5
6
7408
U2A
1
2
3
OUT
7432
AD+D
AD
U2B
4
5
6
7432

5.

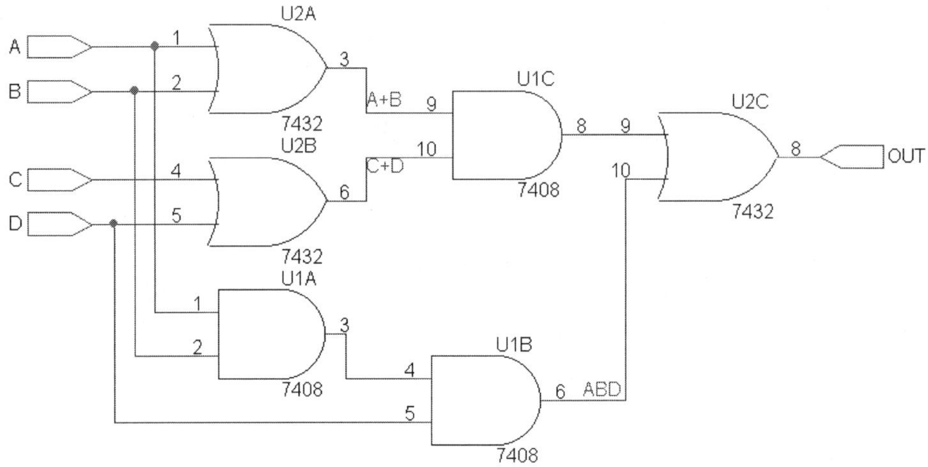

6. 1) $\overline{A}+\overline{B}$ 2) $\overline{B}+\overline{C}$ 3) $\overline{C}$

4) $A\overline{B}\,\overline{C}$ 5) $\overline{A}+B+\overline{C}+D$ 6) 1

7) $\overline{A}\,\overline{B}+C\overline{D}+BC+\overline{A}\,\overline{D}+\overline{B}\,\overline{D}+\overline{A}C$

7. 1) $A\overline{B}+\overline{B}C$ 2) $A+B$ 3) $A+Y$

4) $BC+A\overline{C}$ 5) $\overline{B}\,\overline{D}+\overline{B}\,\overline{C}+\overline{A}C\overline{D}$ 6) Y

7) $\overline{A}D+\overline{A}C+\overline{B}C+A\overline{B}\,\overline{D}$

8. OUT = AB

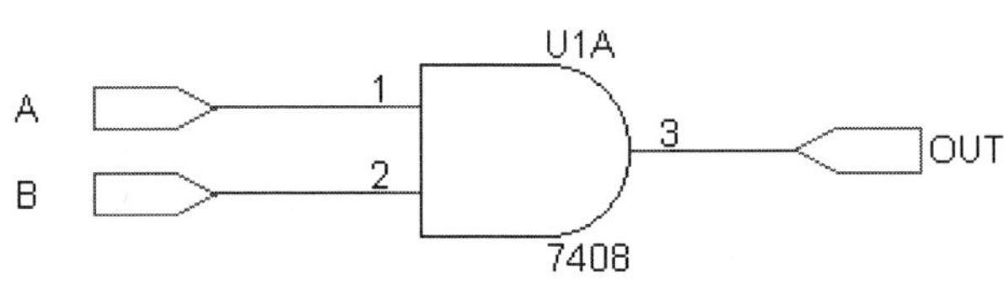

9. $OUT = AB + CD$

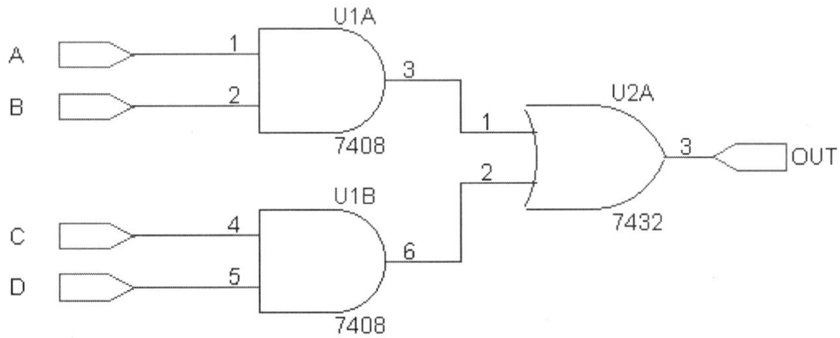

10.

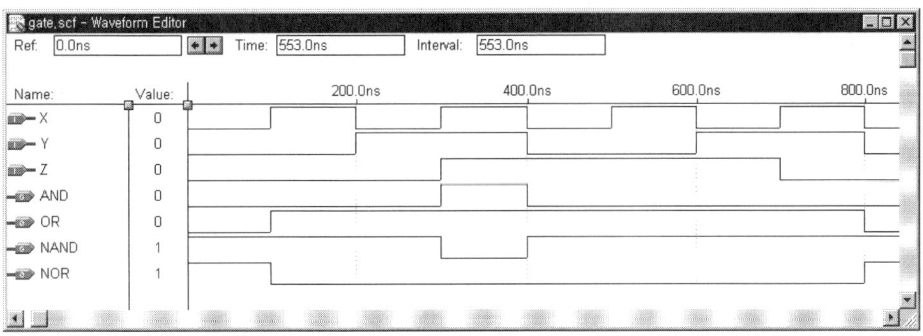

11. OUT = AB+C

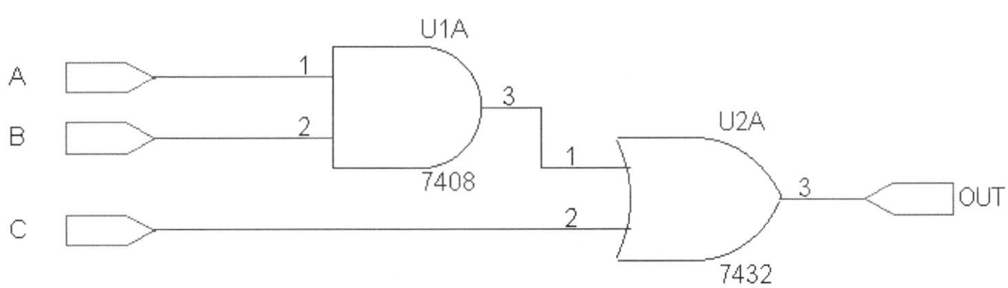

OUT = XYZ

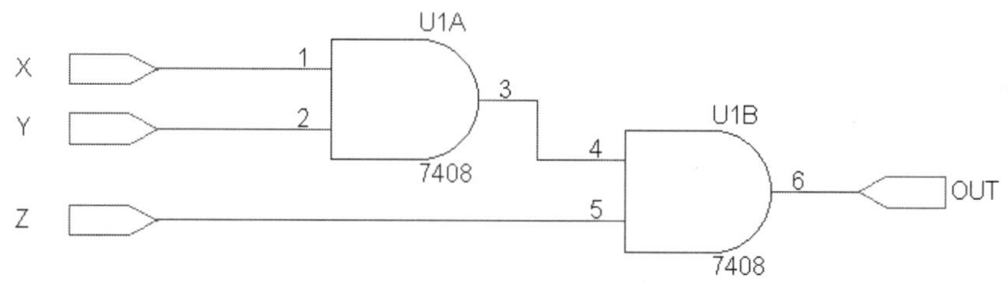

12.

IC 핀 번호	처리방법
U1A의 13번 핀	V_{CC} 또는 2번 핀과 연결
U4A의 13번 핀	V_{CC} 또는 2번 핀과 연결
U5A의 3번 핀	접지 또는 2번 핀과 연결
U3A의 2번 핀	V_{CC} 또는 1번 핀과 연결
U6A의 3번 핀	접지 또는 2번 핀과 연결

13.

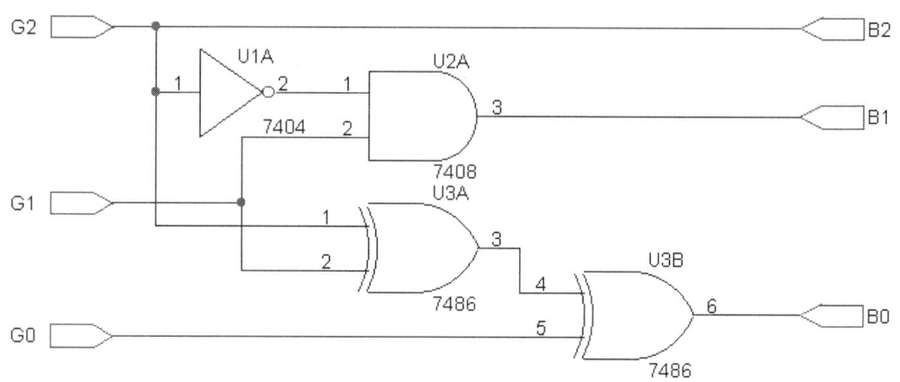

제 4 장 실제적인 디지털 IC의 해석

1. 1) High 2) High 3) 알 수 없다(Undefined) 4) Low

2. 본문참조

3. (부호는 생략한다.)

1) $V_a = 3.4[V]$ $I_a = 400[\mu A]$

2) $V_a = 4.6[V]$ $I_a(5[V]일\ 때) = 400[\mu A]$

$(0[V]일\ 때) = 16[mA]$

3) $V_a = 0.2[V]$ $I_a = 3.2[mA]$

4) $I_a = 400[\mu A]$ $V_a = 3.6[V]$

4. 1) 4.545[kHz] 또는 $\frac{1}{220}[\mu s]$

2) 상승시간 = 2[μs], 하강시간 = 3[μs]

3) t_{PLH} = 8[μs], t_{PHL} = 6[μs]

5. 본문참조

6. 1) OUT = 0 2) $OUT = A\overline{B}\,\overline{C}$

7. 학생들이 자료를 참조하여 작성하기 바람

8. 학생들이 자료를 참조하여 작성하기 바람

9. 본문참조

제 5 장 조합논리회로와 응용

1.

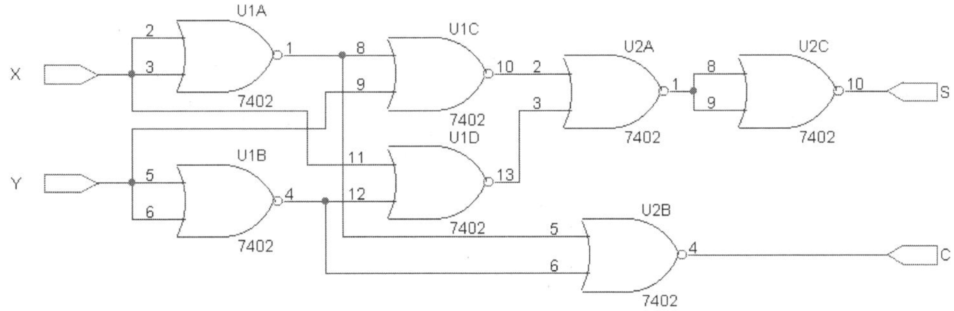

2. 본문참조

3. 본문참조

4. 1) 1개 2) 1개 3) 2개 4) 2개

5.

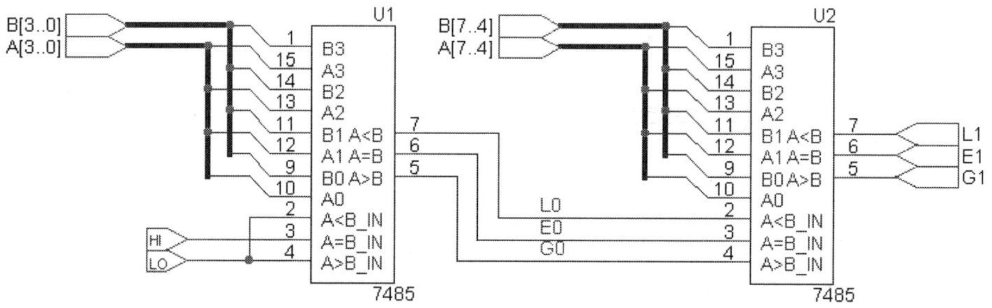

6. 1) U_1의 출력 U_2의 출력

L_0 = Low L_1 = Low

E_0 = High E_1 = High

G_0 = Low G_1 = Low

2) U_1의 출력 U_2의 출력

L_0 = Low L_1 = High

E_0 = Low E_1 = Low

G_0 = High G_1 = Low

7.

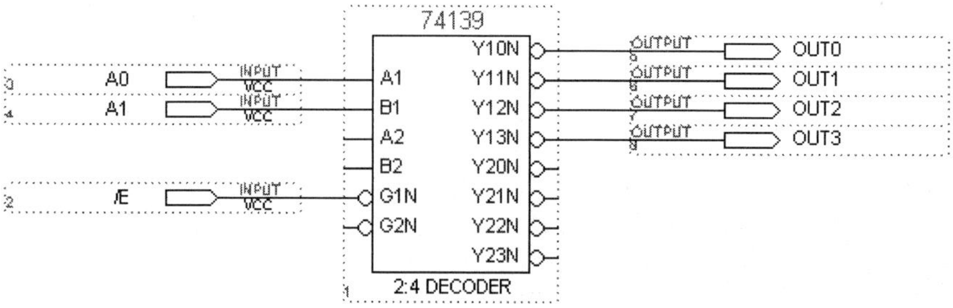

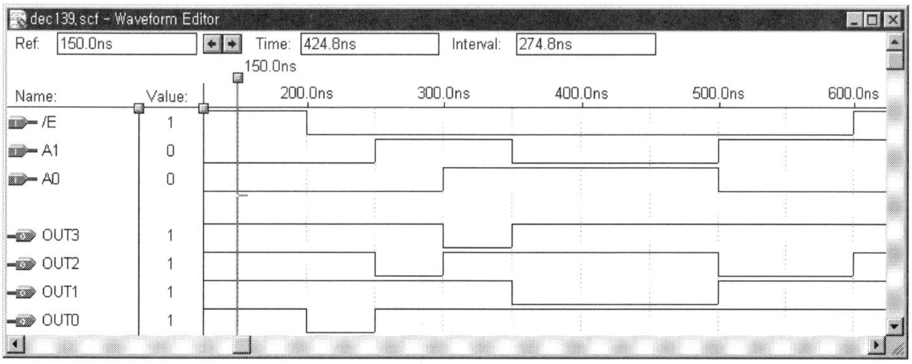

8.

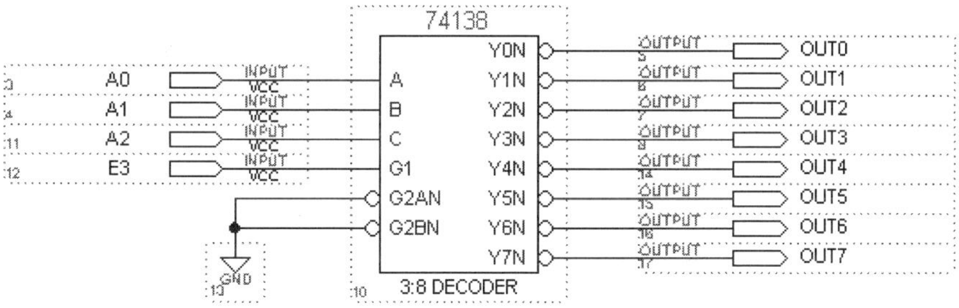

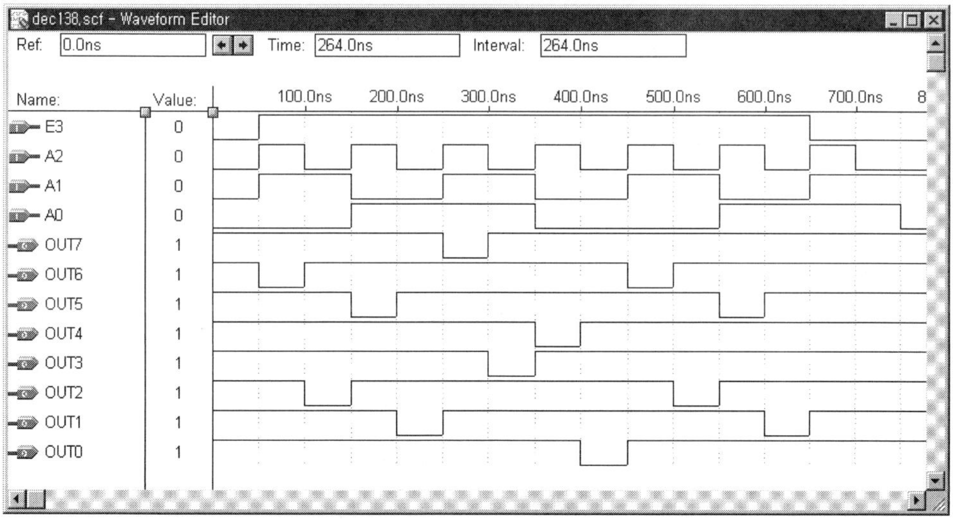

9. 공통 애노드 형식(Common Anode Type)

10.

a	b	c	d	e	f	g
L	L	H	H	L	L	H

11. 우선순위가 있고 큰 수가 작은 수에 비해 우선 순위가 높기 때문에 큰 수를 출력한다.

12.

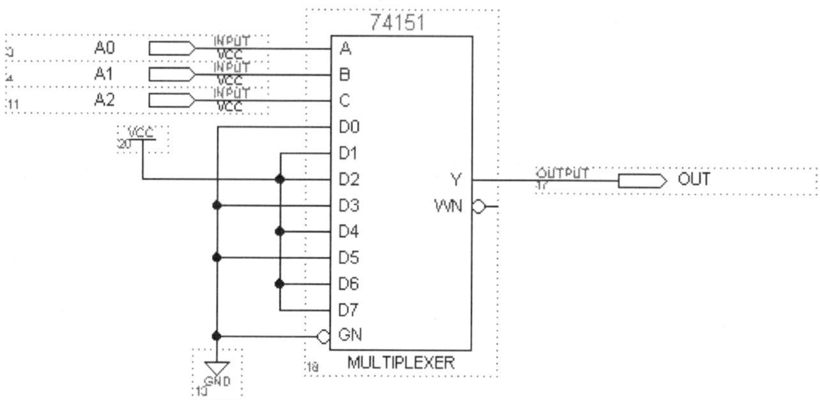

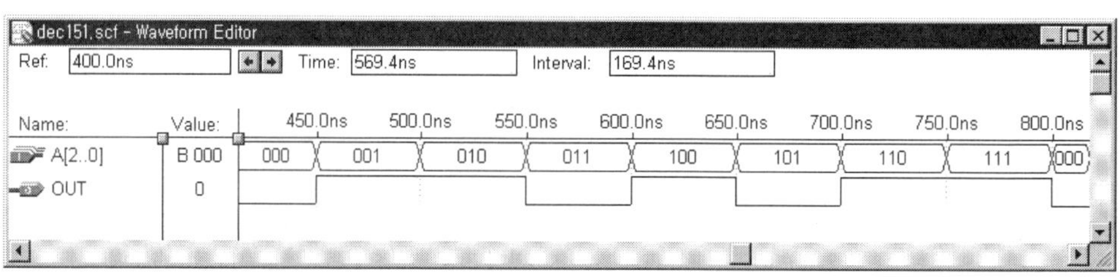

13.

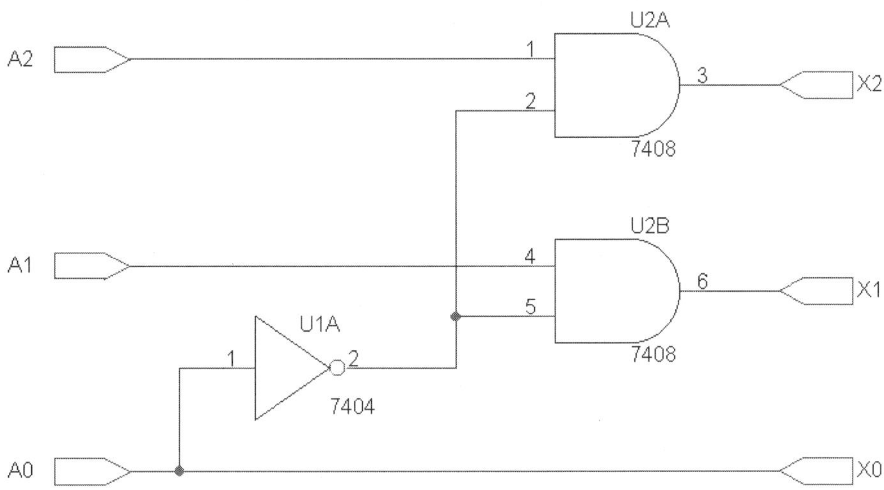

제 6 장 플립플롭과 순서논리회로

1.

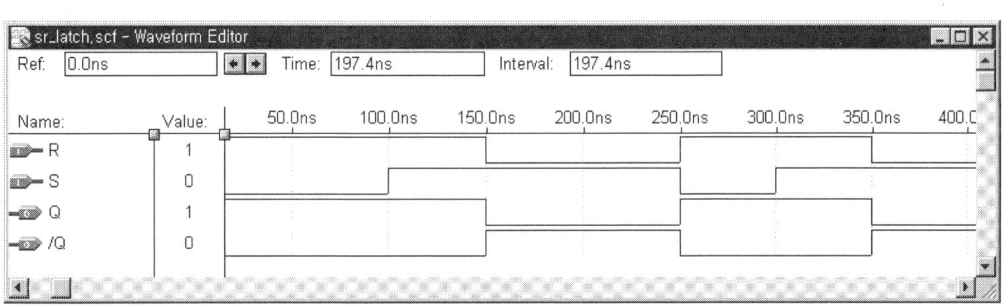

2.

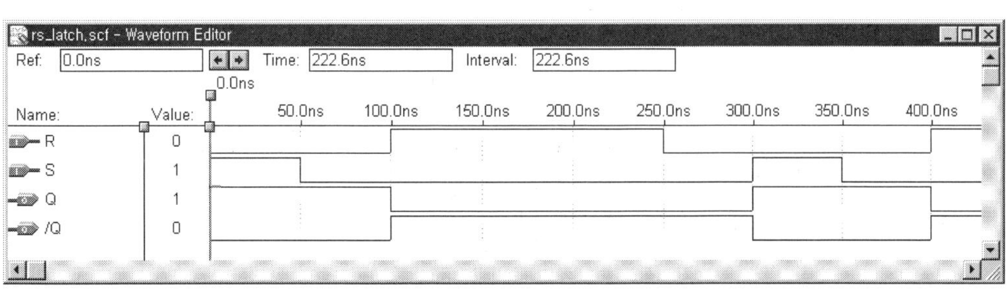

3.

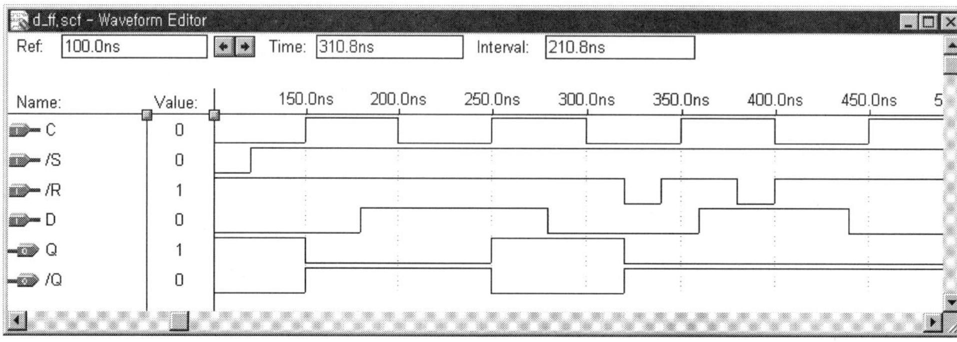
d_ff.scf - Waveform Editor
Ref: 100.0ns
Time: 310.8ns
Interval: 210.8ns
Name:
Value:
C 0
/S 0
/R 1
D 0
Q 1
/Q 0

4.

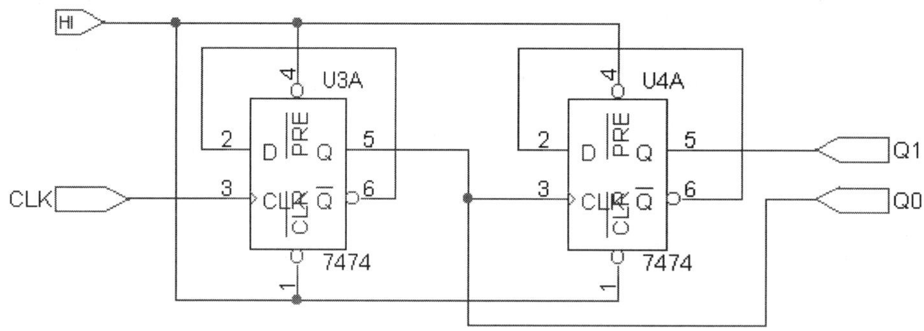
HI
CLK
U3A
U4A
7474
7474
Q1
Q0

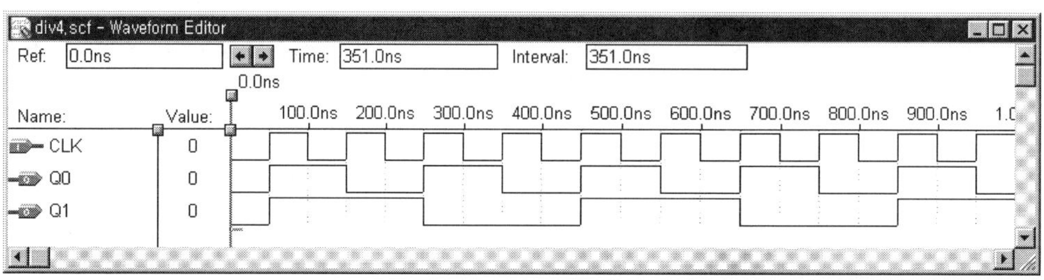
div4.scf - Waveform Editor
Ref: 0.0ns
Time: 351.0ns
Interval: 351.0ns
Name:
Value:
CLK 0
Q0 0
Q1 0

5.

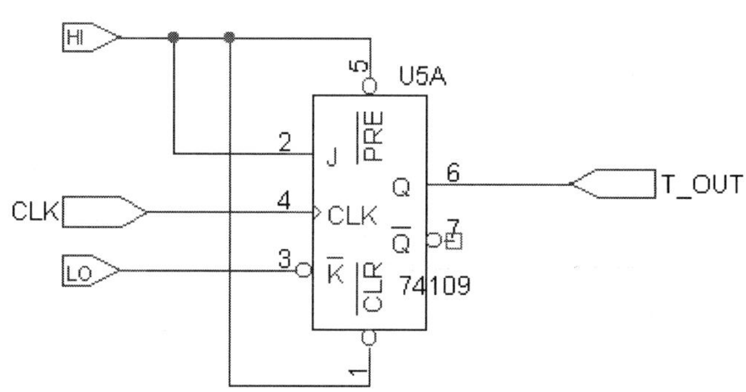
HI
CLK
LO
U5A
74109
T_OUT

6. R_B = 500[kΩ]
   C = 720[pF]

7. 2886[Ω]

8. 144.3[kΩ]

9. 주기 = 11.2266[μs]
   주파수 = 0.089[MHz]
   듀티 싸이클 = 70.987[%]

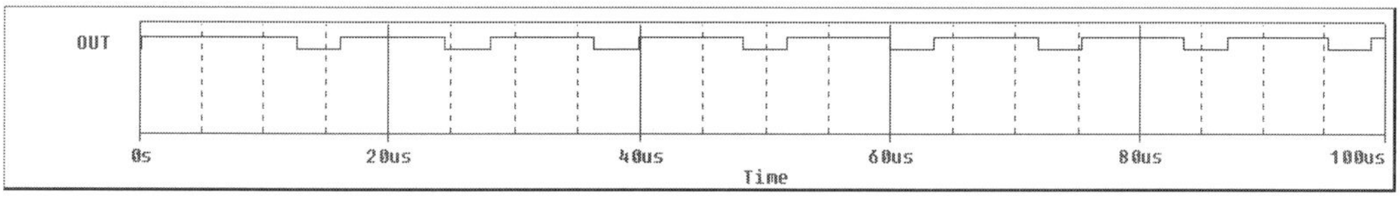

10. 최대 주파수 = 0.089[MHz]
    최저 주파수 = 0.03986[MHz]

11.

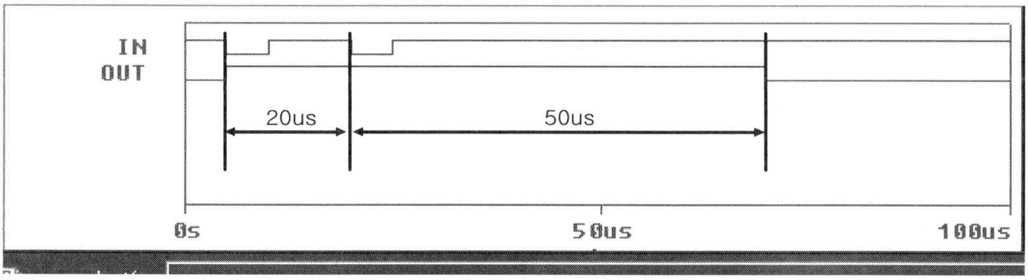

제 7 장 카운터(Counter)와 카운터 응용

1. 본문참조

2. q0 = 0.5[ms], q1 = 0.25[ms], q2 = 0.125[ms]

3. 주기 = 80[μs], 주파수 = 12.5[㎑]

4. 1) 3개 2) 3개 3) 1개 4) 5개 5) 6개

5.

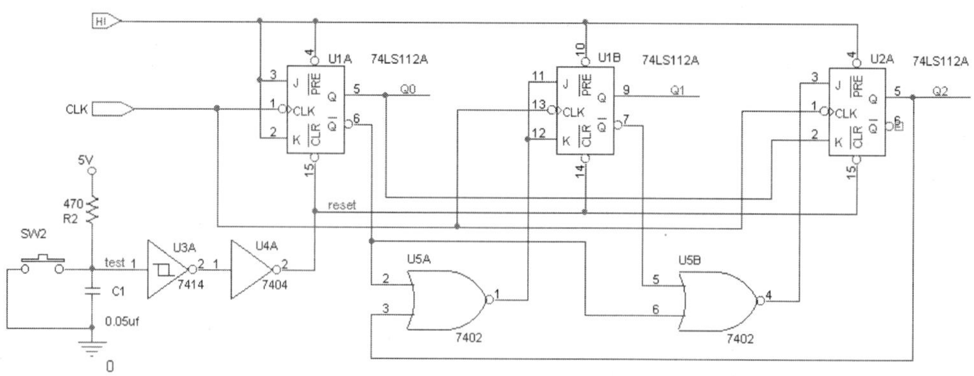

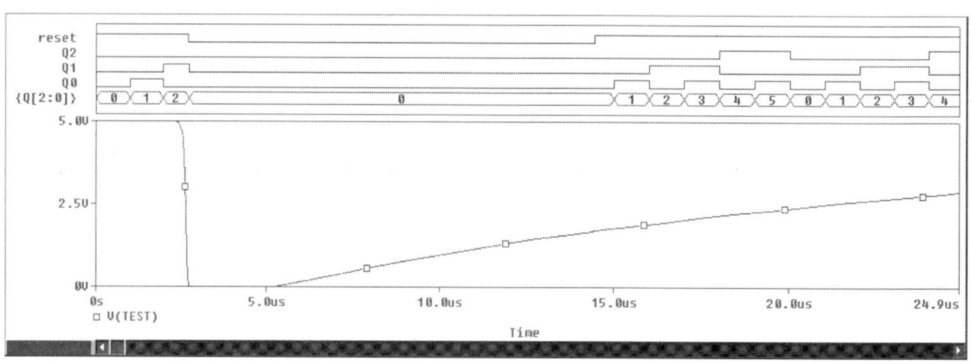

6.

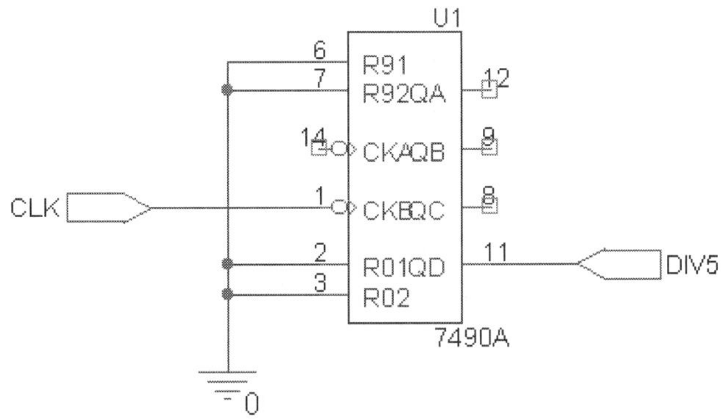
U1
R91
R92QA
CKAQB
CKBQC
R01QD
R02
7490A
CLK
DIV5
0

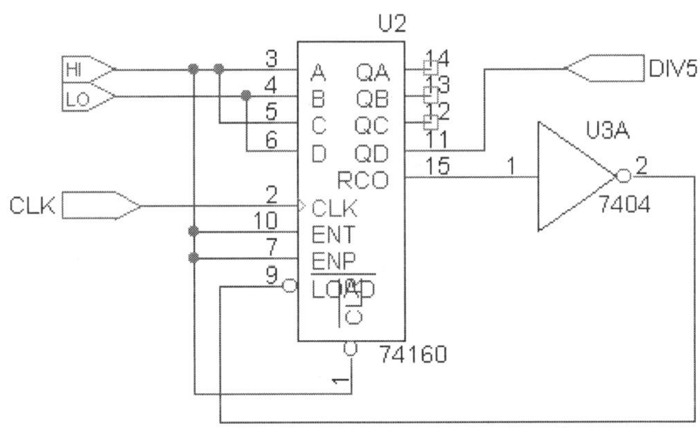
U2
HI
LO
A QA
B QB
C QC
D QD
RCO
CLK
ENT
ENP
LOAD
74160
DIV5
U3A
7404
CLK

7.

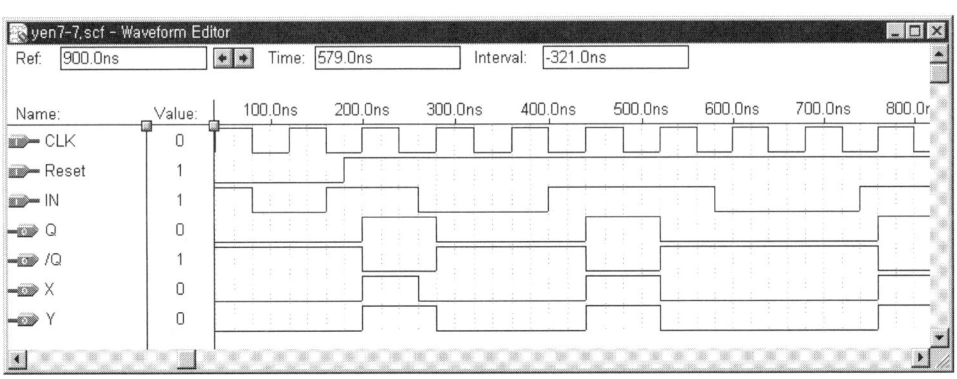
yen7-7.scf - Waveform Editor
Ref: 900.0ns
Time: 579.0ns
Interval: -321.0ns
Name:
Value:
100.0ns
200.0ns
300.0ns
400.0ns
500.0ns
600.0ns
700.0ns
CLK 0
Reset 1
IN 1
Q 0
/Q 1
X 0
Y 0

8. ☞ 동기식

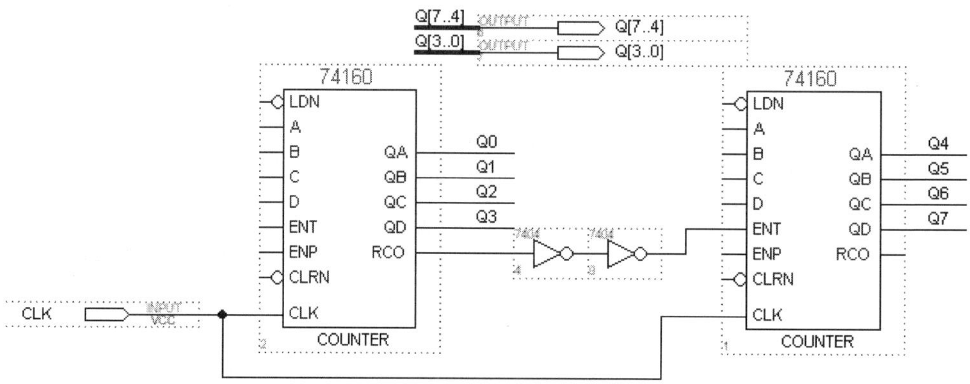
Q[7..4]
Q[3..0]
OUTPUT
Q[7..4]
Q[3..0]
74160
LDN
A
B
C
D
ENT
ENP
CLRN
CLK
QA
QB
QC
QD
RCO
COUNTER
Q0
Q1
Q2
Q3
7404
7404
74160
LDN
A
B
C
D
ENT
ENP
CLRN
CLK
QA
QB
QC
QD
RCO
COUNTER
Q4
Q5
Q6
Q7
CLK
INPUT
VCC

☞ 비동기식

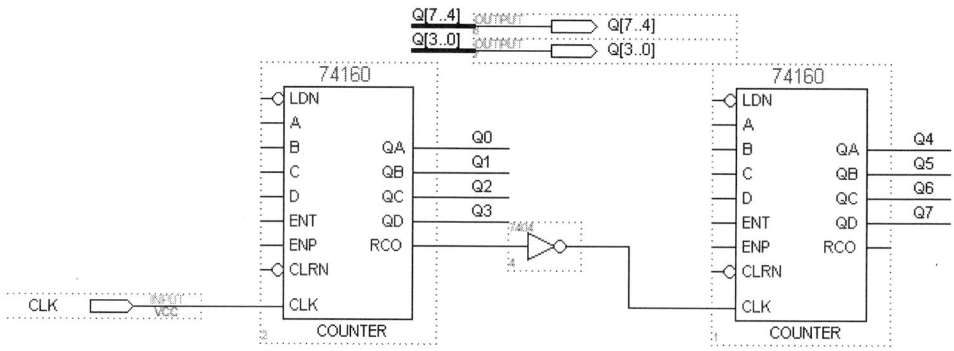
Q[7..4]
Q[3..0]
OUTPUT
Q[7..4]
Q[3..0]
74160
LDN
A
B
C
D
ENT
ENP
CLRN
CLK
QA
QB
QC
QD
RCO
COUNTER
Q0
Q1
Q2
Q3
7404
74160
LDN
A
B
C
D
ENT
ENP
CLRN
CLK
QA
QB
QC
QD
RCO
COUNTER
Q4
Q5
Q6
Q7
CLK
INPUT
VCC

9.

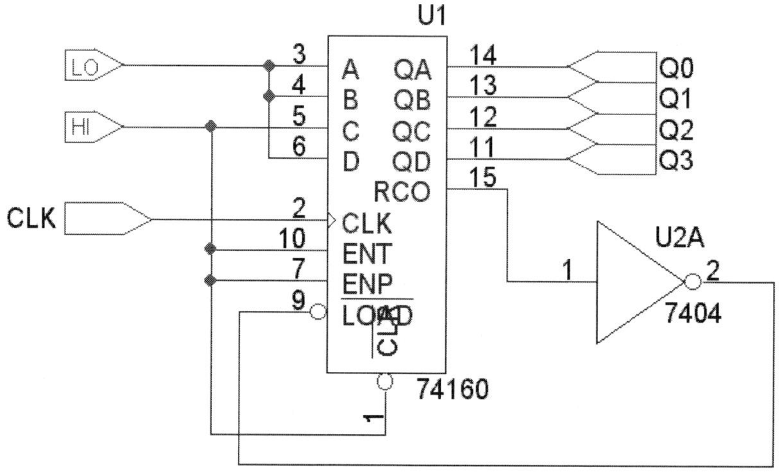
U1
LO
HI
CLK
A
B
C
D
CLK
ENT
ENP
LOAD
CLR
QA
QB
QC
QD
RCO
74160
Q0
Q1
Q2
Q3
U2A
7404

10.

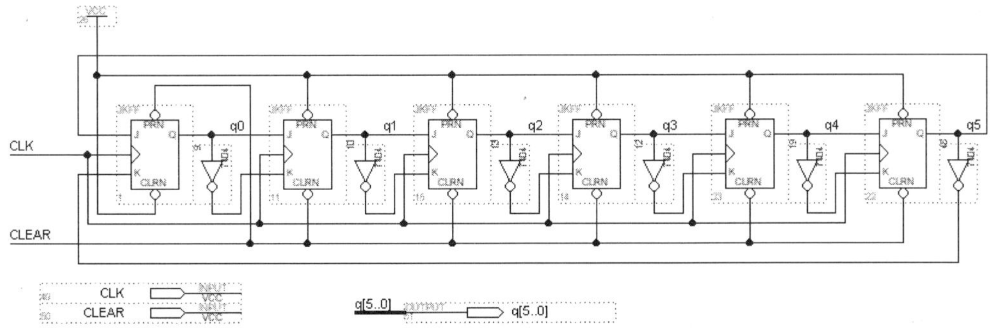
VCC
CLK
CLEAR
q0
q1
q2
q3
q4
q5
PRN
CLRN
CLK
CLEAR
q[5..0]
q[5..0]

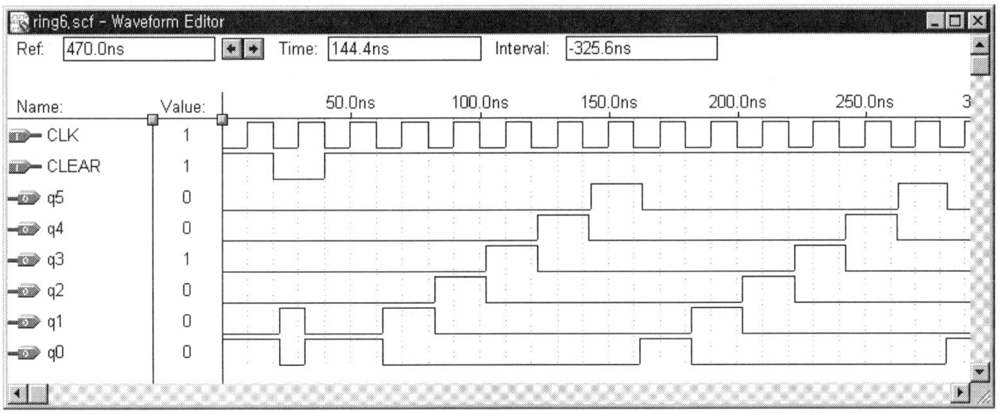
ring6.scf - Waveform Editor
Ref: 470.0ns
Time: 144.4ns
Interval: -325.6ns
Name:
Value:
50.0ns
100.0ns
150.0ns
200.0ns
250.0ns
CLK 1
CLEAR 1
q5 0
q4 0
q3 1
q2 0
q1 0
q0 0

11.

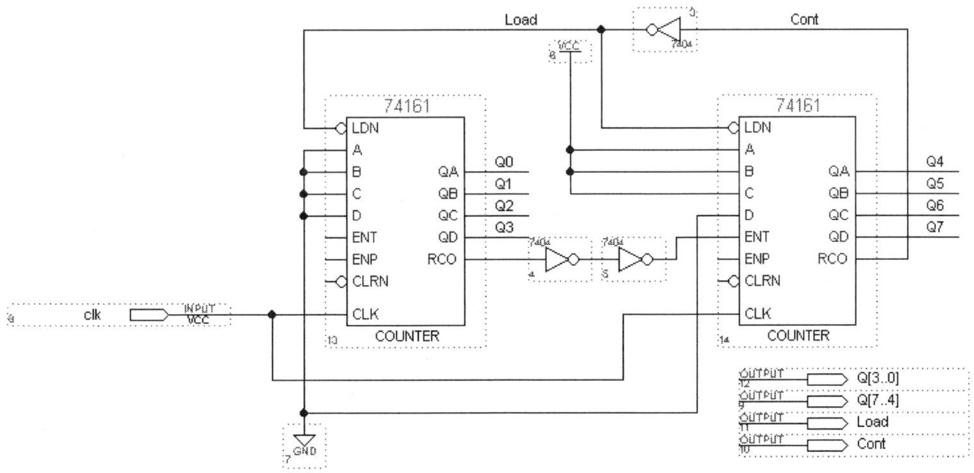
Load
Cont
VCC
74161
LDN
A
B
C
D
ENT
ENP
CLRN
CLK
QA
QB
QC
QD
RCO
COUNTER
Q0
Q1
Q2
Q3
Q4
Q5
Q6
Q7
7404
clk
GND
Q[3..0]
Q[7..4]
Load
Cont

제 8 장 레지스터(Register)

1. Right Shift

2. 하강 에지(Falling Edge)

3.

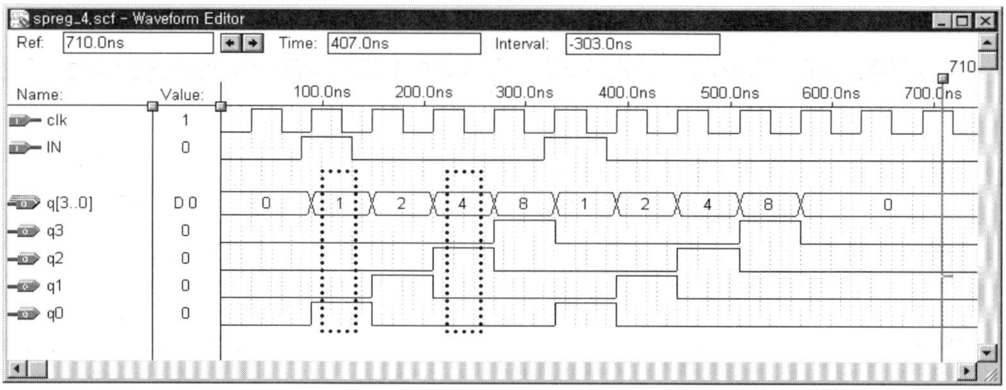

4. 그림 8-28의 경우 : 3개
   그림 8-29의 경우 : 5개

5.

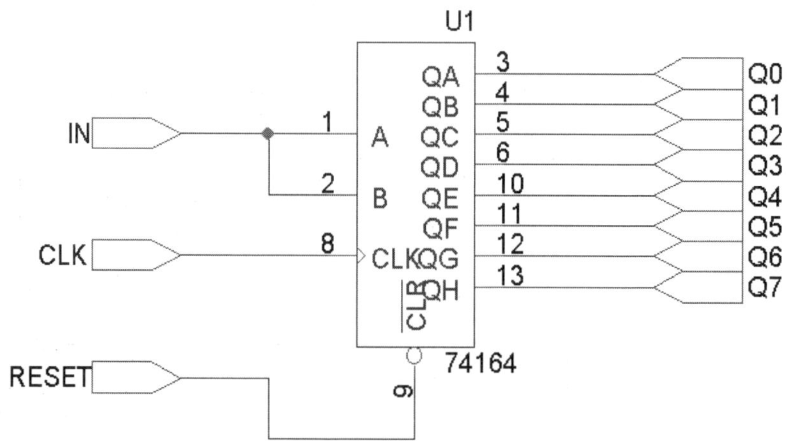

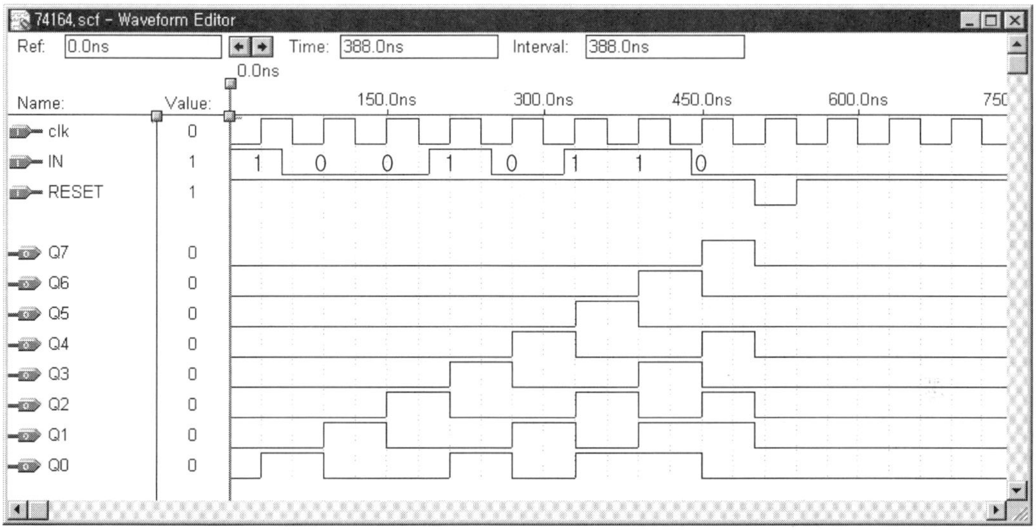
74164.scf - Waveform Editor
Ref: 0.0ns
Time: 388.0ns
Interval: 388.0ns
Name:
Value:
clk
IN
RESET
Q7
Q6
Q5
Q4
Q3
Q2
Q1
Q0

6.

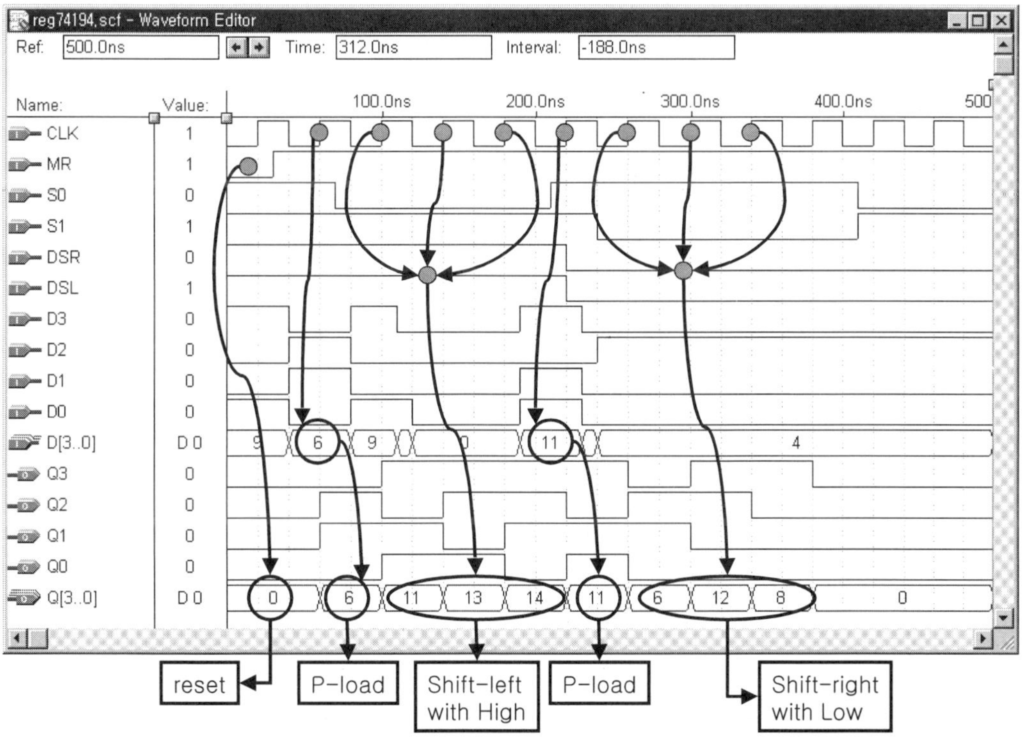
reg74194.scf - Waveform Editor
Ref: 500.0ns
Time: 312.0ns
Interval: -188.0ns
Name:
Value:
CLK
MR
S0
S1
DSR
DSL
D3
D2
D1
D0
D[3..0]
Q3
Q2
Q1
Q0
Q[3..0]
reset
P-load
Shift-left with High
P-load
Shift-right with Low

7.

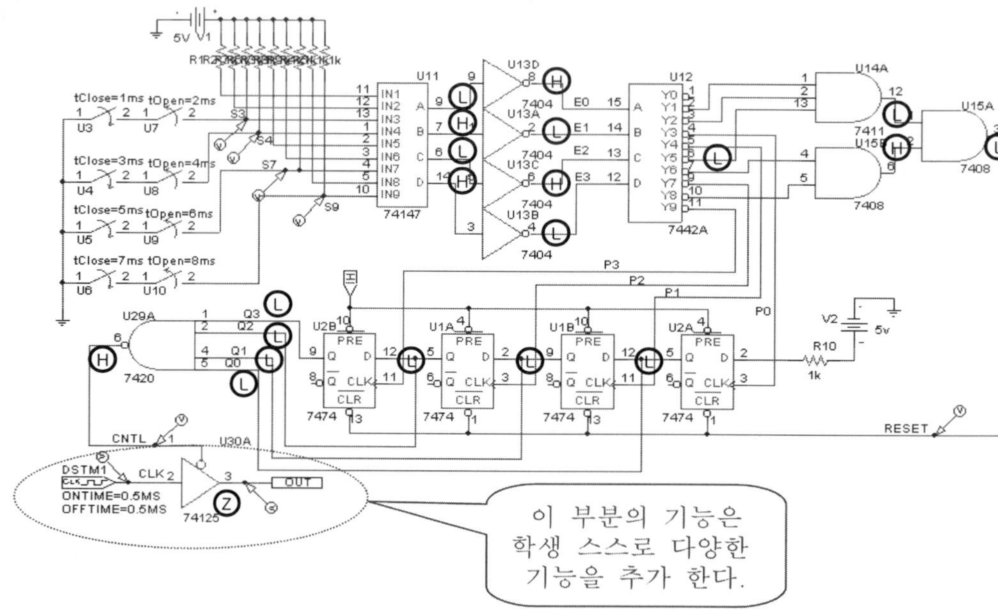

제 9 장 간단한 디지털 시스템의 설계

1.

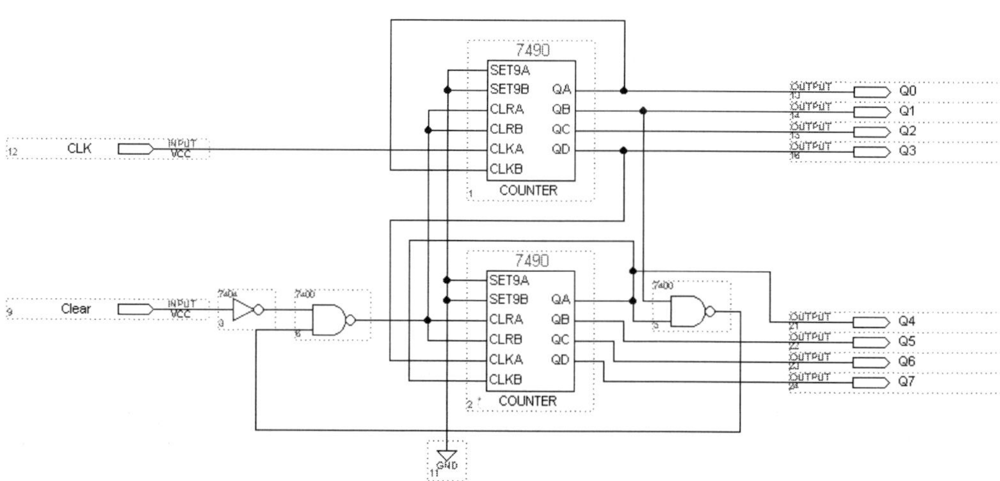

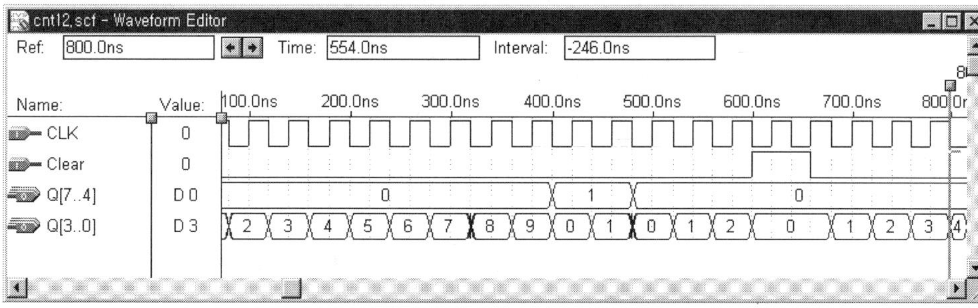

2.

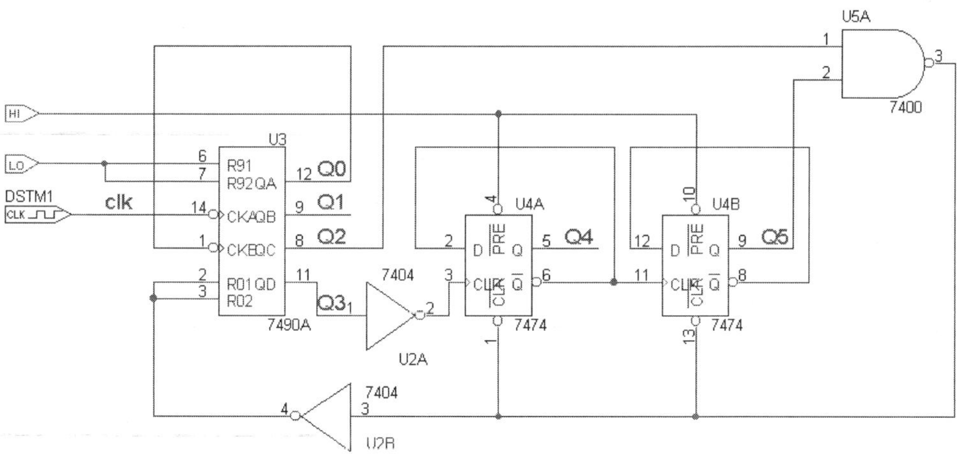

3. 1) 발진 주파수가 정상이고(10[㎑]) 자동차 속도 주파수가 27[Hz]일 때 측정할 수 있는 자동차 속도는 27×288 = 77.76[㎞/h]

2) 발진 주파수가 비정상이고(7[㎑]) 자동차 속도 주파수가 27[Hz]일 때 측정할 수 있는 자동차 속도는 27×259.25 = 70.00[㎞/h]

4. 1) 정상적인 동작일 때 측정속도는 25×288 = 72.00[㎞/h]

2) 분주율이 288이 아닌 384로 동작하기 때문에 측정속도는 25×384 = 96[㎞/h]

5. 1) 23×288 = 66.24[㎞/h]

2) 23×288×0.9 = 59.61[㎞/h]

6. 자동차 속도를 측정하기 위해 카운터와 래치를 사용한다. 1초 동안 측정한 결과는 래치에 저장된 다음 처리된다. 래치에 측정 결과가 저장된 후 카운터는 새로운 속도를 측정해야 하는데 카운터를 초기화한 다음 측정해야 된다. 자동차 속도 측정 결과를 래치한 후 카운터를 클리어 해야 하므로 신호를 지연시킨 것이다.

7. 경보음을 발생할 때 0.05초 동안 경보음을 내고 0.05초 동안 경보음을 중단하는 단속음을 만들어 내기 위한 신호이다.

디지털 논리회로의 기초와 응용

8판 3쇄 2026년 3월 3일

저 자 박군종 / 정성순 / 정길수
발행인 송광헌
발행처 **복두(더)**
주 소 서울특별시 영등포구 경인로82길 3-4
센터플러스 807호 (우) 07371
전 화 02-2164-2580
FAX 02-2164-2584
등 록 1993. 11. 22. 제 10-902 호

정가 : 28,000원

ISBN : 979-11-6675-446-3 93560

한국과학기술출판협회 회원사